微视频系列
学工控

三菱
PLC、变频器
与触摸屏组态技术

零基础入门到精通

蔡杏山　编著

中国电力出版社
CHINA ELECTRIC POWER PRESS

内 容 提 要

本书介绍了三菱 PLC、变频器与触摸屏组态技术，全书共分 15 章，主要内容有 PLC 基础与项目实战、三菱
FX3S/3G/3U 系列 PLC 介绍、三菱 PLC 编程与仿真软件的使用、基本指令的使用与实例、步进指令的使用与实例、
应用指令的使用及举例、PLC 通信、变频器的原理与使用、变频器的典型电路与参数设置、变频器的选用、安装
与维护、PLC 与变频器的综合应用、三菱触摸屏（人机界面 HMI）介绍、三菱 GT Works3 组态软件快速入门、
GT Works3 软件常用对象及功能的使用、三菱触摸屏操作和监视 PLC 全程实战。

本书具有起点低、由浅入深、语言通俗易懂等特点，并且内容结构安排符合学习认知规律。本书还配有二维
码教学视频，可帮助读者更快、更直观地掌握有关技能。本书适合作为 PLC、变频器和触摸屏组态技术的自学图
书，也适合作为职业院校电类专业的 PLC、变频器和触摸屏组态技术教材。

图书在版编目（CIP）数据

三菱 PLC、变频器与触摸屏组态技术零基础入门到精通/蔡杏山编著 .—北京：中国电力出版
社，2020.7

（微视频学工控系列）

ISBN 978-7-5198-4655-8

Ⅰ.①三… Ⅱ.①蔡… Ⅲ.①PLC 技术 ②变频器 ③触摸屏 Ⅳ.①TM571.61 ②TN773
③TP334.1

中国版本图书馆 CIP 数据核字（2020）第 073051 号

出版发行：中国电力出版社

地 址：北京市东城区北京站西街 19 号（邮政编码 100005）

网 址：http：//www.cepp.sgcc.com.cn

责任编辑：杨 扬（y-y@sgcc.com.cn）

责任校对：黄 蓓 郝军燕 李 楠

装帧设计：王红柳

责任印制：杨晓东

印 刷：三河市航远印刷有限公司

版 次：2020 年 7 月第一版

印 次：2020 年 7 月北京第一次印刷

开 本：787 毫米×1092 毫米 16 开本

印 张：25.75

字 数：736 千字

定 价：98.00 元

前　言

工控是指工业自动化控制，主要利用电子电气、机械、软件组合来实现工厂自动化控制，使工厂的生产和制造过程更加自动化、效率化、精确化，并具有可控性及可视性。工控技术的出现和推广带来了第三次工业革命，使工厂的生产速度和效率提高了300%以上。20世纪80年代初，国外先进的工控设备和技术进入我国，这些设备和技术大大推动了我国的制造业自动化进程，为我国现代化的建设作出了巨大的贡献。目前广泛使用的工业控制设备有PLC、变频器和触摸屏等。

PLC又称可编程序控制器，其外形像一只有很多接线端子和一些接口的箱子，接线端子分为输入端子、输出端子和电源端子，接口分为通信接口和扩展接口。通信接口用于连接计算机、变频器或触摸屏等设备，扩展接口用于连接一些特殊功能模块，增强PLC的控制功能。当用户从输入端子给PLC发送命令（如按下输入端子外接的开关）时，PLC内部的程序运行，再从输出端子输出控制信号，去驱动外围的执行部件（如接触器线圈），从而完成控制要求。PLC输出怎样的控制信号由内部的程序决定，该程序一般是在计算机中用专门的编程软件编写，再下载到PLC。

变频器是一种电动机驱动设备，在工作时，先将工频（50Hz或60Hz）交流电源转换成频率可变的交流电源并提供给电动机，只要改变输出交流电源的频率，就能改变电动机的转速。由于变频器输出电源的频率可连续变化，故电动机的转速也可连续变化，从而实现电动机无级变速调节。

触摸屏是一种带触摸显示功能的数字输入/输出设备，又称人机界面（HMI）。当触摸屏与PLC连接起来后，在触摸屏上不但可以对PLC进行操作，还可在触摸屏上实时监视PLC内部一些软元件的工作状态。要使用触摸屏操作和监视PLC，须在计算机中用专门的组态软件为触摸屏制作（又称组态）相应的操作和监视画面项目，再把画面项目下载到触摸屏。

为了让读者能更快更容易掌握工控技术，我们推出了"微视频学工控"丛书，首批图书包括《西门子PLC、变频器与触摸屏组态技术零基础入门到精通》《西门子PLC零基础入门到精通》《三菱PLC、变频器与触摸屏组态技术零基础入门到精通》和《三菱PLC零基础入门到精通》。

本丛书主要有以下特点：

◆**起点低**。读者只需具有初中文化程度即可阅读本套丛书。

◆**语言通俗易懂**。书中少用专业化的术语，遇到较难理解的内容用形象比喻说明，尽量避免复杂的理论分析和烦琐的公式推导，阅读起来会感觉十分顺畅。

◆**内容解说详细**。考虑到读者自学时一般无人指导，因此在编写过程中对书中的知识技能进行详细解说，让读者能轻松理解所学内容。

◆**图文并茂的表现方式**。书中大量采用读者喜欢的直观、形象的图表方式表现内容，使阅读变得非常轻松，不易产生阅读疲劳。

◆**内容安排符合认知规律**。本书按照循序渐进、由浅入深的原则来确定各章节内容的先后顺序，读者只需从前往后阅读图书，便会水到渠成。

◆**突出显示知识要点**。为了帮助读者掌握书中的知识要点，书中用阴影和文字加粗的方法突出显示知识要点，指示学习重点。

◆**配套教学视频**。扫码观看重要知识点的讲解和操作视频，便于读者更快、更直观地掌握相关技能。

◆**网络免费辅导**。读者在阅读时遇到难理解的问题，可登录易天电学网：www.xxITee.com，观看有关辅导材料或向老师提问进行学习，读者也可以在该网站了解本套丛书的新书信息。

本书在编写过程中得到了许多教师的支持，在此一并表示感谢。由于编者水平有限，书中的错误和疏漏在所难免，望广大读者和同仁予以批评指正。

编者

前言

第 1 章

PLC 基础与项目实战

1.1 认 识 PLC

1.1.1 什么是 PLC

PLC 是英文 Programmable Logic Controller 的缩写，意为可编程序逻辑控制器，是一种专为工业应用而设计的控制器。世界上第一台 PLC 于 1969 年由美国数字设备公司（DEC）研制成功，随着技术的发展，PLC 的功能越来越强大，不仅限于逻辑控制，因此美国电气制造协会 NEMA 于 1980 年对它进行重命名，称为可编程控制器（Programmable Controller），简称 PC，但由于 PC 容易和个人计算机 PC（Personal Computer）混淆，故人们仍习惯将 PLC 当作可编程控制器的缩写。

认识 PLC

由于可编程序控制器一直在发展中，至今尚未对其下最后的定义。国际电工学会（IEC）对 PLC 最新定义为：可编程控制器是一种数字运算操作电子系统，专为在工业环境下应用而设计，它采用了可编程序的存储器，用来在其内部存储执行逻辑运算、顺序控制、定时、计数和算术运算等操作的指令，并通过数字的、模拟的输入和输出，控制各种类型的机械或生产过程，可编程控制器及其有关的外围设备，都应按易于与工业控制系统形成一个整体、易于扩充其功能的原则设计。

图 1-1 所示为几种常见的 PLC，从左往右依次为三菱 PLC、欧姆龙 PLC 和西门子 PLC。

图 1-1 几种常见的 PLC

1.1.2 PLC 控制与继电器控制比较

PLC 控制是在继电器控制基础上发展起来的，为了更好地了解 PLC 控制方式，下面以电动机正转控制为例对两种控制系统进行比较。

继电器控制与
PLC 控制比较

1. 继电器正转控制

图 1-2 所示为一种常见的继电器正转控制线路，可以对电动机进行正转和停转控制，图 1-2（a）为控制电路，图 1-2（b）为主电路。

电路工作原理如下：

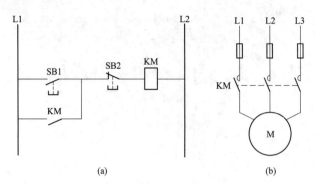

图 1-2　继电器正转控制线路

（a）控制电路；（b）主电路

按下启动按钮 SB1，接触器 KM 线圈得电，主电路中的 KM 主触点闭合，电动机得电运转，与此同时，控制电路中的 KM 常开自锁触点也闭合，锁定 KM 线圈得电（即 SB1 断开后 KM 线圈仍可通过自锁触点得电）。

按下停止按钮 SB2，接触器 KM 线圈失电，KM 主触点断开，电动机失电停转，同时 KM 常开自锁触点也断开，解除自锁（即 SB2 闭合后 KM 线圈无法得电）。

2. PLC 正转控制

图 1-3 所示为 PLC 正转控制线路，可以实现与图 1-2 所示的继电器正转控制线路相同的功能。PLC 正转控制线路也可分作主电路和控制电路两部分，PLC 与外接的输入、输出设备构成控制电路，主电路与继电器正转控制主线路相同。

在组建 PLC 控制系统时，除了要硬件接线外，还要为 PLC 编写控制程序，并将程序从计算机通过专用电缆传送给 PLC。PLC 正转控制线路的硬件接线如图 1-3 所示，PLC 输入端子连接 SB1（启动）、SB2（停止）和电源，输出端子连接接触器线圈 KM 和电源，PLC 本身也通过 L、N 端子获得供电。

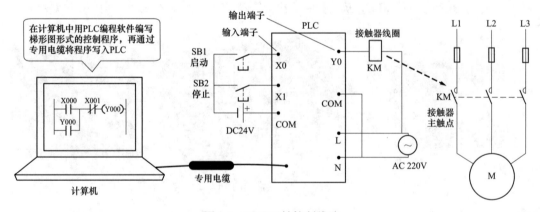

图 1-3　PLC 正转控制线路

PLC 正转控制线路工作过程如下：

按下启动按钮 SB1，有电流流过 X0 端子（电流途径：DC24V 正端→COM 端子→COM、X0 端子之间的内部电路→X0 端子→闭合的 SB1→DC 24V 负端），PLC 内部程序运行，运行结果使 Y0、COM 端子之间的内部触点闭合，有电流流过接触器线圈（电流途径：AC220V 一端→接触器线圈→Y0 端子→Y0、COM 端子之间的内部触点→COM 端子→AC 220V 另一端），接触器 KM 线圈得电，主电路中的 KM 主触点闭合，电动机运转，松开 SB1 后，X0 端子无电流流过，PLC 内部程序维持 Y0、COM 端子之间的内部触点闭合，让 KM 线圈继续得电（自锁）。

按下停止按钮 SB2，有电流流过 X1 端子（电流途径：DC24V 正端→COM 端子→COM、X1 端子之间的内部电路→X1 端子→闭合的 SB2→DC24V 负端），PLC 内部程序运行，运行结果使 Y0、COM 端子之间的内部触点断开，无电流流过接触器 KM 线圈，线圈失电，主电路中的 KM 主触点断开，电动机停转，松开 SB2 后，内部程序让 Y0、COM 端子之间的内部触点维持断开状态。

当 X0、X1 端子输入信号（即输入端子有电流流过）时，PLC 输出端会输出何种控制是由写入 PLC 的内部程序决定的，比如可通过修改 PLC 程序将 SB1 用作停转控制，将 SB2 用作启动控制。

1.2　PLC 分类与特点

1.2.1　PLC 的分类

PLC 的种类很多，下面按结构形式、控制规模和实现功能对 PLC 进行分类。

1. 按结构形式分类

按硬件的结构形式不同，PLC 可分为整体式和模块式两种，如图 1-4 所示。

整体式 PLC 又称箱式 PLC，如图 1-4（a）所示。其外形像一个方形的箱体，这种 PLC 的 CPU、存储器、I/O 接口电路等都安装在一个箱体内。整体式 PLC 的结构简单、体积小、价格低。小型 PLC 一般采用整体式结构。

模块式 PLC 又称组合式 PLC，如图 1-4（b）所示。模块式 PLC 有一个总线基板，基板上有很多总线插槽，其中由 CPU、存储器和电源构成的一个模块通常固定安装在某个插槽中，其他功能模块可随意安装在其他不同的插槽内。模块式 PLC 配置灵活，可通过增减模块来组成不同规模的系统，安装维修方便，但价格较贵。大、中型 PLC 一般采用模块式结构。

(a)　　　　　　　　　　　　　　　　　　(b)

图 1-4　两种类型的 PLC

(a) 整体式 PLC；(b) 模块式 PLC

2. 按控制规模分类

I/O 点数（输入/输出端子的个数）是衡量 PLC 控制规模重要参数，根据 I/O 点数的多少，可将 PLC 分为小型、中型和大型 3 类。

（1）小型 PLC。其 I/O 点数小于 256 点，采用 8 位或 16 位单 CPU，用户存储器容量 4K 字以下。

（2）中型 PLC。其 I/O 点数在 256～2048 点之间，采用双 CPU，用户存储器容量 2～8K 字。

（3）大型 PLC。其 I/O 点数大于 2048 点，采用 16 位、32 位多 CPU，用户存储器容量 8～16K 字。

3. 按功能分类

根据 PLC 具有的功能不同，可将 PLC 分为低档、中档、高档 3 类。

（1）低档 PLC。低档 PLC 具有逻辑运算、定时、计数、移位以及自诊断、监控等基本功能，有些还有少量模拟量输入/输出、算术运算、数据传送和比较、通信等功能。低档 PLC 主要用于逻辑控制、顺序控制或少量模拟量控制的单机控制系统。

（2）中档 PLC。中档 PLC 除了具有低档 PLC 的功能外，还具有较强的模拟量输入/输出、算术运算、数据传送和比较、数制转换、远程 I/O、子程序、通信联网等功能，有些还增设有中断控制、PID 控制等功能。中档 PLC 适用于比较复杂控制系统。

（3）高档 PLC。高档 PLC 除了具有中档 PLC 的功能外，还增加了带符号算术运算、矩阵运算、位逻辑运算、平方根运算及其他特殊功能函数的运算、制表及表格传送功能等。高档 PLC 机具有很强的通信联网功能，一般用于大规模过程控制或构成分布式网络控制系统，实现工厂控制自动化。

1.2.2 PLC 的特点

PLC 是一种专为工业应用而设计的控制器，它主要有以下特点。

（1）可靠性高，抗干扰能力强。为了适应工业应用要求，PLC 从硬件和软件方面采用了大量的技术措施，以便能在恶劣环境下长时间可靠运行。现在大多数 PLC 的平均无故障运行时间已达到几十万小时，如三菱公司的一些 PLC 平均无故障运行时间可达 30 万小时。

（2）通用性强，控制程序可变，使用方便。PLC 可利用齐全的各种硬件装置来组成各种控制系统，用户不必自己再设计和制作硬件装置。用户在硬件确定以后，在生产工艺流程改变或生产设备更新的情况下，无需大量改变 PLC 的硬件设备，只需更改程序就可以满足要求。

（3）功能强，适应范围广。现代的 PLC 不仅有逻辑运算、计时、计数、顺序控制等功能，还具有数字和模拟量的输入/输出、功率驱动、通信、人机对话、自检、记录显示等功能，既可控制一台生产机械、一条生产线，还可控制一个生产过程。

（4）编程简单，易用易学。目前大多数 PLC 采用梯形图编程方式，梯形图语言的编程元件符号和表达方式与继电器控制电路原理图相当接近，这样使大多数工厂企业电气技术人员非常容易接受和掌握。

（5）系统设计、调试和维修方便。PLC 用软件来取代继电器控制系统中大量的中间继电器、时间继电器、计数器等器件，使控制柜的设计安装接线工作量大为减少。另外，PLC 程序可以在计算机上仿真调试，减少了现场的调试工作量。此外，由于 PLC 结构模块化及很强的自我诊断能力，维修也极为方便。

1.3 PLC 组成与工作原理

1.3.1 PLC 的组成方框图

PLC 种类很多，但结构大同小异，典型的 PLC 控制系统组成方框图如图 1-5 所示。在组建 PLC 控制系统时，需要给 PLC 的输入端子连接有关的输入设备（如按钮、触点和行程开关等），给输出端子连接有关的输出设备（如指示灯、电磁线圈和电磁阀等），如果需要 PLC 与其他设备通信，可在 PLC 的通信接口连接其他设备，如果希望增强 PLC 的功能，可给 PLC 的扩展接口连接扩展单元。

1.3.2 PLC 各组成部分说明

PLC 内部主要由 CPU、存储器、输入接口电路、输出接口电路、通信接口和扩展接口等组成，如图 1-5 所示。

1. CPU

CPU 又称中央处理器，是 PLC 的控制中心，它通过总线（包括数据总线、地址总线和控制总线）

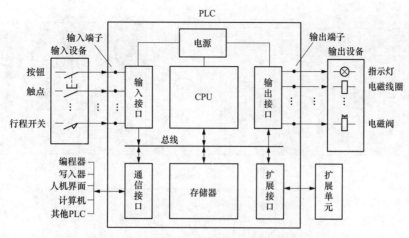

图 1-5 典型的 PLC 控制系统组成方框图

与存储器和各种接口连接，以控制它们有条不紊地工作。 CPU 的性能对 PLC 的工作速度和效率有较大的影响，故大型 PLC 通常采用高性能的 CPU。

CPU 的主要功能如下。

（1）接收通信接口送来的程序和信息，并将它们存入存储器。

（2）采用循环检测（即扫描检测）方式不断检测输入接口电路送来的状态信息，以判断输入设备的状态。

（3）逐条运行存储器中的程序，并进行各种运算，再将运算结果存储下来，然后通过输出接口电路对输出设备进行有关的控制。

（4）监测和诊断内部各电路的工作状态。

2. 存储器

存储器的功能是存储程序和数据。PLC 通常配有 ROM（只读存储器）和 RAM（随机存储器）两种存储器，ROM 用来存储系统程序，RAM 用来存储用户程序和程序运行时产生的数据。

系统程序由厂家编写并固化在 ROM 存储器中，用户无法访问和修改系统程序。系统程序主要包括系统管理程序和指令解释程序。系统管理程序的功能是管理整个 PLC，让内部各个电路能有条不紊地工作。指令解释程序的功能是将用户编写的程序翻译成 CPU 可以识别和执行的代码。

用户程序是用户通过编程器输入存储器的程序，为了方便调试和修改，用户程序通常存放在 RAM 中，由于断电后 RAM 中的程序会丢失，所以 RAM 专门配有后备电池供电。有些 PLC 采用 EEPROM（电可擦写只读存储器）来存储用户程序，由于 EEPROM 存储器中的内容可用电信号擦写，并且掉电后内容不会丢失，因此采用这种存储器可不要备用电池供电。

3. 输入接口电路

输入接口电路是输入设备与 PLC 内部电路之间的连接电路，用于将输入设备的状态或产生的信号传送给 PLC 内部电路。

PLC 的输入接口电路分为开关量（又称数字量）输入接口电路和模拟量输入接口电路，开关量输入接口电路用于接受开关通断信号，模拟量输入接口电路用于接受模拟量信号。模拟量输入接口电路采用 A/D 转换电路，将模拟量信号转换成数字信号。开关量输入接口电路采用的电路形式较多，根据使用电源不同，可分为内部直流输入接口电路、外部交流输入接口电路和外部交/直流输入接口电路。 3 种类型的开关量输入接口电路如图 1-6 所示。

图 1-6（a）为内部直流输入接口电路，输入接口电路的电源由 PLC 内部直流电源提供。当输入开关闭合时，有电流流过光电耦合器和输入指示灯（电流途径是：DC24V 右正→光电耦合器的发光

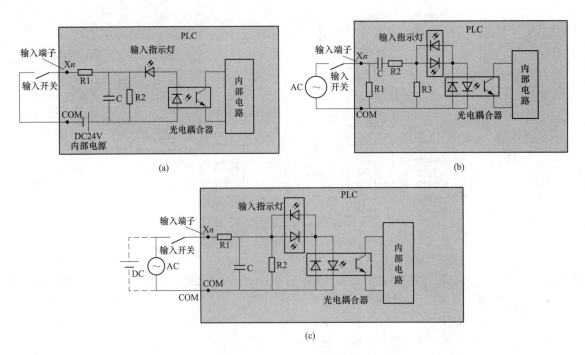

图 1-6　3 种类型的开关量输入接口电路

(a) 内部直流输入接口电路；(b) 外部交流输入接口电路；(c) 外部直/交流输入接口电路

管→输入指示灯→R1→Xn 端子→输入开关→COM 端子→DC24V 左负），光电耦合器的光敏管受光导通，将输入开关状态传送给内部电路，由于光电耦合器内部是通过光线传递信号，故可以将外部电路与内部电路有效隔离，输入指示灯点亮用于指示输入端子有输入。输入端子 Xn 有电流流过时称作输入为 ON（或称输入为 1）。R2、C 为滤波电路，用于滤除输入端子窜入的干扰信号，R1 为限流电阻。

图 1-6 (b) 为外部交流输入接口电路，输入接口电路的电源由外部的交流电源提供。为了适应交流电源的正负变化，接口电路采用了双向发光管型光电耦合器和双向发光二极管指示灯。当输入开关闭合时，若交流电源 AC 极性为上正下负，有电流流过光电耦合器和指示灯（电流途径是：AC 电源上正→输入开关→Xn 端子→C、R2 元件→左正右负发光二极管指示灯→光电耦合器的上正下负发光管→COM 端子→AC 电源的下负），当交流电源 AC 极性变为上负下正时，也有电流流过光电耦合器和指示灯（电流途径是：AC 电源下正→COM 端子→光电耦合器的下正上负发光管→右正左负发光二极管指示灯→R2、C 元件→Xn 端子→输入开关→AC 电源的上负），光电耦合器导通，将输入开关状态传送给内部电路。

图 1-6 (c) 为外部直/交流输入接口电路，输入接口电路的电源由外部的直流或交流电源提供。输入开关闭合后，不管外部是直流电源还是交流电源，均有电流流过光电耦合器。

4. 输出接口电路

输出接口电路是 PLC 内部电路与输出设备之间的连接电路，用于将 PLC 内部电路产生的信号传送给输出设备。

三种输出类型的 PLC

PLC 的输出接口电路也分为开关量输出接口电路和模拟量输出接口电路。模拟量输出接口电路采用 D/A 转换电路，将数字量信号转换成模拟量信号，开关量输出接口电路主要有继电器输出接口电路、晶体管输出接口电路和双向晶闸管（也称双向可控硅）输出接口电路 3 种类型。3 种类型开关量输出接口电路如图 1-7 所示。

图 1-7（a）为继电器输出接口电路，当 PLC 内部电路输出为 ON（也称输出为 1）时，内部电路会输出电流流过继电器 KA 线圈，继电器 KA 常开触点闭合，负载有电流流过（电流途径：电源一端→负载→Yn 端子→内部闭合的 KA 触点→COM 端子→电源另一端）。由于继电器触点无极性之分，故继电器输出接口电路可驱动交流或直流负载（即负载电路可采用直流电源或交流电源供电），但触点开闭速度慢，其响应时间长，动作频率低。

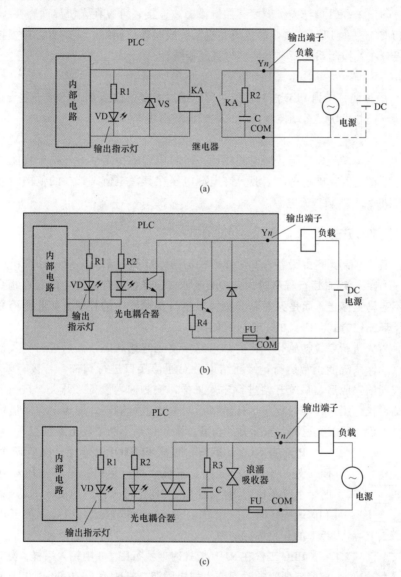

图 1-7 3 种类型开关量输出接口电路

（a）继电器输出接口电路；（b）晶体管输出接口电路；（c）双向晶闸管输出接口电路

图 1-7（b）为晶体管输出接口电路，它采用光电耦合器与晶体管配合使用。当 PLC 内部电路输出为 ON 时，内部电路会输出电流流过光电耦合器的发光管，光敏管受光导通，为晶体管基极提供电流，晶体管也导通，负载有电流流过（电流途径：DC 电源上正→负载→Yn 端子→导通的晶体管→COM 端子→电源下负）。由于晶体管有极性之分，故晶体管输出接口电路只可驱动直流负载（即负载电路只能使用直流电源供电）。晶体管输出接口电路是依靠晶体管导通截止实现开闭的，开闭速度快，动作频率高，适合输出脉冲信号。

图 1-7（c）为双向晶闸管输出接口电路，它采用双向晶闸管型光电耦合器，在受光照射时，光电

耦合器内部的双向晶闸管可以双向导通。双向晶闸管输出接口电路的响应速度快，动作频率高，用于驱动交流负载。

5. 通信接口

PLC 配有通信接口，PLC 可通过通信接口与监视器、打印机、其他 PLC 和计算机等设备进行通信。 PLC 与编程器或写入器连接，可以接收编程器或写入器输入的程序；PLC 与打印机连接，可将过程信息、系统参数等打印出来；PLC 与人机界面（如触摸屏）连接，可以在人机界面直接操作 PLC 或监视 PLC 工作状态；PLC 与其他 PLC 连接，可组成多机系统或联连成网络，实现更大规模控制；与计算机连接，可组成多级分布式控制系统，实现控制与管理相结合。

6. 扩展接口

为了提升 PLC 的性能，增强 PLC 控制功能，可以通过扩展接口给 PLC 加接一些专用功能模块，如 高速计数模块、闭环控制模块、运动控制模块、中断控制模块等。

7. 电源

PLC 一般采用开关电源供电，与普通电源相比，PLC 电源的稳定性好、抗干扰能力强。PLC 的电源对电网提供的电源稳定度要求不高，一般允许电源电压在其额定值±15％的范围内波动。有些 PLC 还可以通过端子往外提供 24V 直流电源。

1.3.3 PLC 的工作方式

PLC 是一种由程序控制运行的设备，其工作方式与微型计算机不同，微型计算机运行到结束指令 END 时，程序运行结束。**PLC 运行程序时，会按顺序依次逐条执行存储器中的程序指令，当执行完最后的指令后，并不会马上停止，而是又重新开始再次执行存储器中的程序，如此周而复始，PLC 的这种工作方式称为循环扫描方式。** PLC 的工作过程如图 1-8 所示。

PLC 通电后，首先进行系统初始化，将内部电路恢复到起始状态，然后进行自我诊断，检测内部电路是否正常，以确保系统能正常运行，诊断结束后对通信接口进行扫描，若接有外设则与其通信。通信接口无外设或通信完成后，系统开始进行输入采样，检测输入设备（开关、按钮等）的状态，然后根据输入采样结果执行用户程序，程序运行结束后对输出进行刷新，即输出程序运行时产生的控制信号。以上过程完成后，系统又返回，重新开始自我诊断，以后不断重新上述过程。

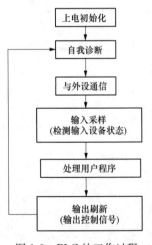

图 1-8　PLC 的工作过程

PLC 有 RUN（运行）模式和 STOP（停止）模式两个工作模式。当 PLC 处于 RUN 模式时，系统会执行用户程序，当 PLC 处于 STOP 模式时，系统不执行用户程序。PLC 正常工作时应处于 RUN 模式，而在下载和修改程序时，应让 PLC 处于 STOP 模式。PLC 两种工作模式可通过面板上的开关进行切换。

PLC 工作在 RUN 模式时，执行图 1-8 中输入采样、处理用户程序和输出刷新所需的时间称为扫描周期，一般为 1～100ms。 扫描周期与用户程序的长短、指令的种类和 CPU 执行指令的速度有很大的关系。

1.3.4 用实例说明 PLC 程序配合硬件线路的控制过程

PLC 的用户程序执行过程很复杂，下面以 PLC 正转控制线路为例进行说明。图 1-9 所示为 PLC 正转控制线路与内部用户程序，为了便于说明，图中画出了 PLC 内部等效图。

图 1-9 PLC 内部等效图中的 X0（也可用 X000 表示）、X1、X2 称为输入继电器，它由线圈和触点两部分组成，由于线圈与触点都是等效而来，故又称为软件线圈和软件触点，Y0（也可用 Y000 表示）称为输出继电器，它也包括线圈和触点。PLC 内部中间部分为用户程序（梯形图程序），程序形式与继

电器控制电路相似，两端相当于电源线，中间为触点和线圈。

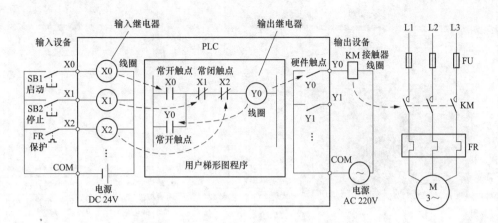

图 1-9　PLC 正转控制线路与内部用户程序

PLC 正转控制线路与内部用户程序工作过程如下：

当按下启动按钮 SB1 时，输入继电器 X0 线圈得电（电流途径：DC24V 正端→X0 线圈→X0 端子→SB1→COM 端子→24V 负端），X0 线圈得电会使用户程序中的 X0 常开触点（软件触点）闭合，输出继电器 Y0 线圈得电（得电途径：左等效电源线→已闭合的 X0 常开触点→X1 常闭触点→Y0 线圈→右等效电源线），Y0 线圈得电一方面使用户程序中的 Y0 常开自锁触点闭合，对 Y0 线圈供电进行锁定，另一方面使输出端的 Y0 硬件常开触点闭合（Y0 硬件触点又称物理触点，实际是继电器的触点或晶体管），接触器 KM 线圈得电（电流途径：AC220V 一端→KM 线圈→Y0 端子→内部 Y0 硬件触点→COM 端子→AC220V 另一端），主电路中的接触器 KM 主触点闭合，电动机得电运转。

当按下停止按钮 SB2 时，输入继电器 X1 线圈得电，它使用户程序中的 X1 常闭触点断开，输出继电器 Y0 线圈失电，一方面使用户程序中的 Y0 常开自锁触点断开，解除自锁，另一方面使输出端的 Y0 硬件常开触点断开，接触器 KM 线圈失电，KM 主触点断开，电动机失电停转。

若电动机在运行过程中长时间电流过大，热继电器 FR 动作，使 PLC 的 X2 端子外接的 FR 触点闭合，输入继电器 X2 线圈得电，使用户程序中的 X2 常闭触点断开，输出继电器 Y0 线圈马上失电，输出端的 Y0 硬件常开触点断开，接触器 KM 线圈失电，KM 主触点闭合，电动机失电停转，从而避免电动机长时间过流运行。

1.4　PLC 项目开发实战

1.4.1　三菱 FX3U 系列 PLC 硬件介绍

三菱 FX3U 系列 PLC 属于 FX 三代高端机型，图 1-10 所示为一种常用的 FX3U-32M 型 PLC 面板，在没有拆下保护盖时，只能看到 RUN/STOP 模式切换开关、RS-422 端口（编程端口）、输入/输出指示灯和工作状态指示灯，如图 1-10（a）所示；拆下面板上的各种保护盖后，可以看到输入/输出端子和各种连接器，如图 1-10（b）所示。如果要拆下输入和输出端子台保护盖，应先拆下黑色的顶盖和右扩展设备连接器保护盖。

三菱 FX3U 型
PLC 面板介绍

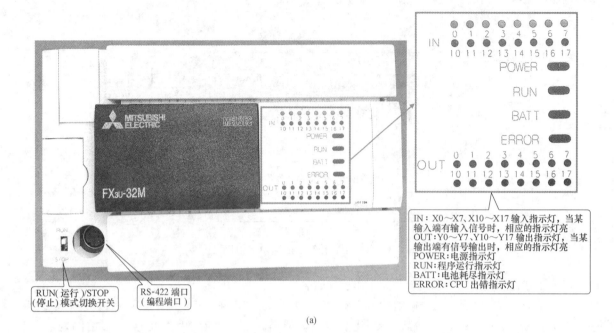

IN：X0～X7、X10～X17 输入指示灯，当某
输入端有输入信号时，相应的指示灯亮
OUT：Y0～Y7、Y10～Y17 输出指示灯，当某
输出端有信号输出时，相应的指示灯亮
POWER：电源指示灯
RUN：程序运行指示灯
BATT：电池耗尽指示灯
ERROR：CPU 出错指示灯

(a)

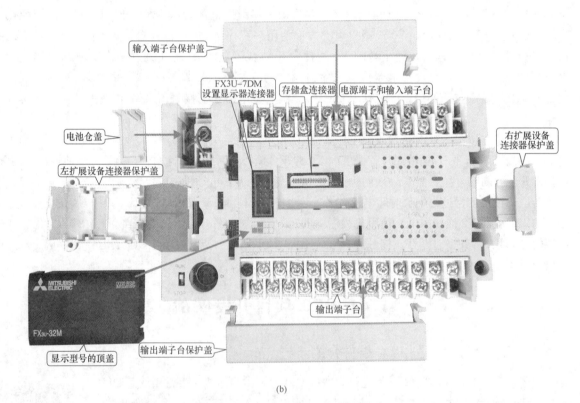

(b)

图 1-10 三菱 FX3U-32M 型 PLC 面板组成部件及名称

(a) 面板一（未拆保护盖）；(b) 面板二（拆下各种保护盖）

1.4.2 PLC 控制双灯先后点亮的硬件线路及说明

三菱 FX3U-MT/ES 型 PLC 控制双灯先后点亮的硬件线路如图 1-11 所示。

1. 电源、输入端和输出端接线

（1）电源接线。220V 交流电源的 L、N、PE 线分作两路：一路分别接到 24V 电源适配器的 L、N、接地端，电源适配器将 220V 交流电压转换成 24V 直流电压输出；另一路分别接到 PLC 的 L、N、接地端，220V 电源经 PLC 内部 AC/DC 电源电路转换成 24V 直流电压和 5V 直流电压，24V 电压从 PLC 的 24V、0V 端子往外输出，5V 电压则供给 PLC 内部其他电路使用。

PLC 控制双灯先后点亮的线路图及说明

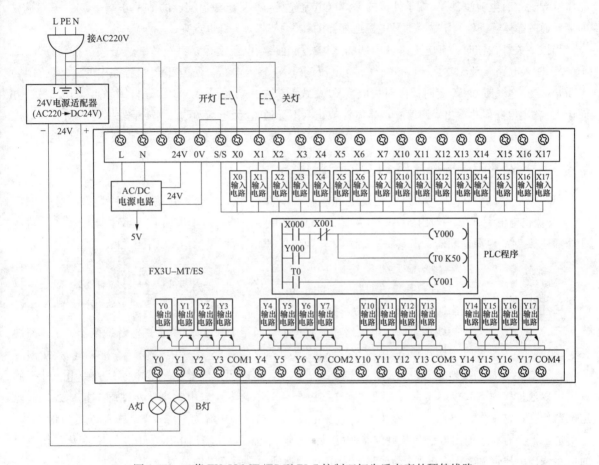

图 1-11 三菱 FX3U-MT/ES 型 PLC 控制双灯先后点亮的硬件线路

（2）输入端接线。PLC 输入端连接开灯、关灯两个按钮，这两个按钮一端连接在一起并接到 PLC 的 24V 端子，开灯按钮的另一端接到 X0 端子，关灯按钮另一端接到 X1 端子，另外需要将 PLC 的 S/S 端子（输入公共端）与 0V 端子用导线直接连接在一起。

（3）输出端接线。PLC 输出端连接 A 灯、B 灯，这两个灯的工作电压为 24V，由于 PLC 为晶体管输出类型，故输出端电源必须为直流电源。在接线时，A 灯和 B 灯一端连接在一起并接到电源适配器输出的 24V 电压正端，A 灯另一端接到 Y0 端子，B 灯另一端接到 Y1 端子，电源适配器输出的 24V 电压负端接到 PLC 的 COM1 端子（Y0～Y3 的公共端）。

2. PLC 控制双灯先后点亮系统的硬、软件工作过程

PLC 控制双灯先后点亮系统实现的功能是：当按下开灯按钮时，A 灯点亮，5s 后 B 灯再点亮，按下关灯按钮时，A、B 灯同时熄灭。

PLC 控制双灯先后点亮系统的硬、软件工作过程如下：

当按下开灯按钮时，有电流流过内部的 X0 输入电路（电流途径是：24V 端子→开灯按钮→X0 端

子→X0 输入电路→S/S 端子→0V 端子），有电流流过 X0 输入电路，使内部 PLC 程序中的 X000 常开触点闭合，Y000 线圈和 T0 定时器同时得电。Y000 线圈得电一方面使 Y000 常开自锁触点闭合，锁定 Y000 线圈得电，另一方面让 Y0 输出电路输出控制信号，控制晶体管导通，有电流流过 Y0 端子外接的 A 灯（电流途径：24V 电源适配器的 24V 正端→A 灯→Y0 端→内部导通的晶体管→COM1 端→24V 电源适配器的 24V 负端），A 灯点亮。在程序中的 Y000 线圈得电时，T0 定时器同时也得电，T0 进行 5s 计时，5s 后 T0 定时器动作，T0 常开触点闭合，Y001 线圈得电，让 Y1 输出电路输出控制信号，控制晶体管导通，有电流流过 Y1 端子外接的 B 灯（电流途径：24V 电源适配器的 24V 正端→B 灯→Y0 端→内部导通的晶体管→COM1 端→24V 电源适配器的 24V 负端），B 灯也点亮。

当按下关灯按钮时，有电流流过内部的 X1 输入电路（电流途径是：24V 端子→关灯按钮→X1 端子→X1 输入电路→S/S 端子→0V 端子），有电流流过 X1 输入电路，使内部 PLC 程序中的 X001 常闭触点断开，Y000 线圈和 T0 定时器同时失电。Y000 线圈失电一方面让 Y000 常开自锁触点断开，另一方面让 Y0 输出电路停止输出控制信号，晶体管截止（不导通），无电流流过 Y0 端子外接的 A 灯，A 灯熄灭。T0 定时器失电会使 T0 常开触点断开，Y001 线圈失电，Y001 端子内部的晶体管截止，B 灯也熄灭。

1.4.3　DC24V 电源适配器与 PLC 的电源接线

PLC 供电电源有 DC24V（24V 直流电源）和 AC220V（220V 交流电源）两种类型。对于采用 220V 交流供电的 PLC，一般内置 AC220V 转 DC24V 的电源电路，对于采用 DC24V 供电的 PLC，可以在外部连接 24V 电源适配器，由其将 AC220V 转换成 DC24V 后再提供给 PLC。

DC24V 电源
适配器介绍

1. DC24V 电源适配器介绍

DC24V 电源适配器的功能是将 220V（或 110V）交流电压转换成 24V 的直流电压输出。图 1-12 所示为一种常用的 DC24V 电源适配器。

接线端、调压电位器和电源指示灯如图 1-12（a）所示，电源适配器的 L、N 端为交流电压输入端，L 端接相线（也称火线），N 端接中性线（也称零线），接地端与接地线（与大地连接的导线）连接，若电源适配器出现漏电使外壳带电，外壳的漏电可以通过接地端和接地线流入大地，这样接触外壳时不会发生触电，当然接地端不接地线，电源适配器仍会正常工作。−V、+V 端为 24V 直流电压输出端，−V 端为电源负端，+V 端为电源正端。电源适配器上有一个输出电压调节电位器，可以调节输出电压，让输出电压在 24V 左右变化，在使用时应将输出电压调到 24V。电源指示灯用于指示电源适配器是否已接通电源。

在电源适配器上一般会有一个铭牌（标签），如图 1-12（b）所示，在铭牌上会标注型号、额定输入和输出电压电流参数，从铭牌可以看出，该电源适配器输入端可接 100~120V 的交流电压，也可以接 200~240V 的交流电压，输出电压为 24V，输出电流最大为 1.5A。

三极电源插座、
插头与电源线

2. 三线电源线及插头、插座说明

图 1-13 所示为常见的三线电源线、插头和插座，其导线的颜色、插头和插座的极性都有规定标准。L 线（即相线，俗称火线）可以使用红、黄、绿或棕色导线，N 线（即中性线，俗称零线）使用蓝色线，PE 线（即接地线）使用黄绿双色线，插头的插片和插座的插孔极性规定具体如图 1-13 所示，接线时要按标准进行。

PLC 的电源接线

3. PLC 的电源接线

在 PLC 下载程序和工作时都需要连接电源，三菱 FX3U-MT/ES 型 PLC 没有采用 DC24V 供电，而是采用 220V 交流电源直接供电，其电源接线如图 1-14 所示。

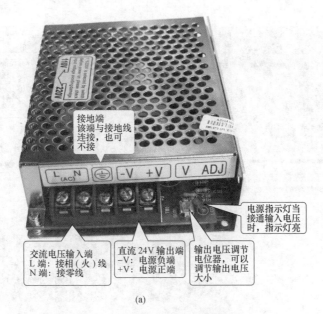

接地端
该端与接地线
连接，也可
不接

电源指示灯当
接通输入电压
时，指示灯亮

交流电压输入端
L端：接相（火）线
N端：接零线

直流24V输出端
-V：电源负端
+V：电源正端

输出电压调节
电位器，可以
调节输出电压
大小

(a)

电源适配器的铭牌：标
有型号和输入、输出电
压和电流等参数

(b)

图 1-12 一种常用的 DC24V 电源适配器

(a) 接线端、调压电位器和电源指示灯；(b) 铭牌

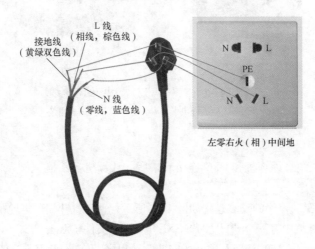

L 线
（相线，棕色线）

接地线
（黄绿双色线）

N 线
（零线，蓝色线）

左零右火（相）中间地

图 1-13 常见的三线电源线、插头和插座

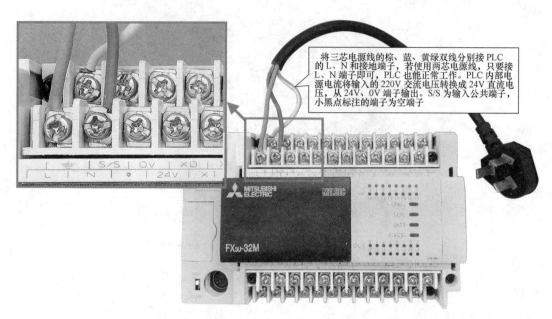

将三芯电源线的棕、蓝、黄绿双线分别接PLC
的L、N和接地端子，若使用两芯电源线，只要接
L、N端子即可，PLC也能正常工作。PLC内部电
源电流将输入的220V交流电压转换成24V直流电
压，从24V、0V端子输出。S/S为输入公共端子，
小黑点标注的端子为空端子

图 1-14　PLC 的电源接线

1.4.4　编程电缆及驱动程序的安装

编程电缆及驱
动程序的安装

1. 编程电缆

在计算机中用 PLC 编程软件编写好程序后，如果要将其传送到 PLC，须用编程
电缆（又称下载线）将计算机与 PLC 连接起来。三菱 FX 系列 PLC 常用的编程电缆
有 FX-232 型和 FX-USB 型，其外形如图 1-15 所示，一些旧计算机有 COM 端口（又称串口，RS-232 端
口），可使用 FX-232 型编程电缆，无 COM 端口的计算机可使用 FX-USB 型编程电缆。

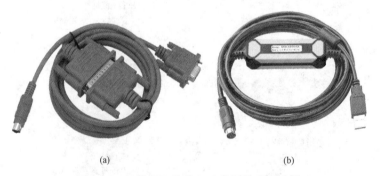

(a)　　　　　　　　　　　　　　　(b)

图 1-15　三菱 FX 系列 PLC 常用的编程电缆
(a) FX-232 型编程电缆；(b) FX-USB 型编程电缆

2. 驱动程序的安装

用 FX-USB 型编程电缆将计算机和 PLC 连接起来后，计算机还不能识别该电缆，需要在计算机中
安装此编程电缆的驱动程序。

FX-USB 型编程电缆驱动程序的安装过程如图 1-16 所示。首先打开编程电缆配套驱动程序的文件夹，
如图 1-16（a）所示，文件夹中有一个 "HL-340.EXE" 可执行文件，双击该文件，将弹出图 1-16（b）所
示对话框，单击 INSTALL（安装）按钮，即开始安装驱动程序，单击 UNINSTALL（卸载）按钮，可以
卸载先前已安装的驱动程序，驱动安装成功后，会弹出安装成功对话框，如图 1-16（c）所示。

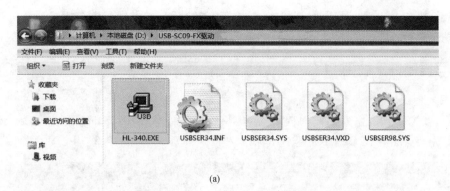

(a)

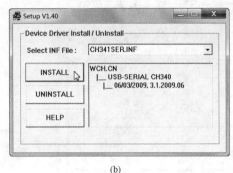

(b)

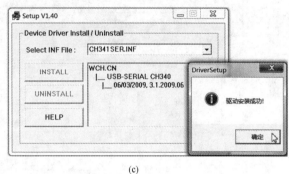

(c)

图 1-16　FX-USB 型编程电缆驱动程序的安装

(a) 打开驱动程序文件夹，执行"HL-340.EXE"文件；(b) 点击"INSTALL"开始安装驱动程序；(c) 驱动安装成功

3. 查看计算机连接编程电缆的端口号

编程电缆的驱动程序成功安装后，在计算机的"设备管理器"中可查看到计算机与编程电缆连接的端口号，如图 1-17 所示。先将 FX-USB 型编程电缆的 USB 口插入计算机的 USB 口，再在计算机桌面上右击"计算机"图标，在弹出右键菜单中选择"设备管理器"，弹出"设备管理器"对话框，其中有一项"端口（COM 和 LPT）"，若未成功安装编程电缆的驱动程序，则不会出现该项（操作系统为 WIN7 系统时），展开"端口（COM 和 LPT）"项，从中可看到一项端口信息"USB-SERIAL CH340（COM3）"，该信息表明编程电缆已被计算机识别出来，分配给编程电缆的连接端口号为 COM3，也就是说，当编程电缆将计算机与 PLC 连接起来后，计算机是通过 COM3 端口与 PLC 进行连接的，记住该

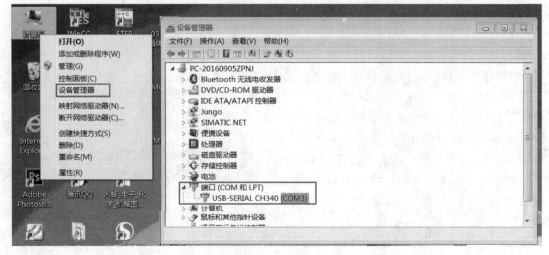

图 1-17　在设备管理器中查看计算机分配给编程电缆的端口号

端口号，在计算机与 PLC 通信设置时要输入或选择该端口号。如果编程电缆插在计算机不同的 USB 口，分配的端口号会不同。

1.4.5 编写程序并下载到 PLC

1. 用编程软件编写程序

三菱 FX1、FX2、FX3 系列 PLC 可使用三菱 GX Developer 软件编写程序。用 GX Developer 软件编写的控制双灯先后点亮的 PLC 程序如图 1-18 所示。

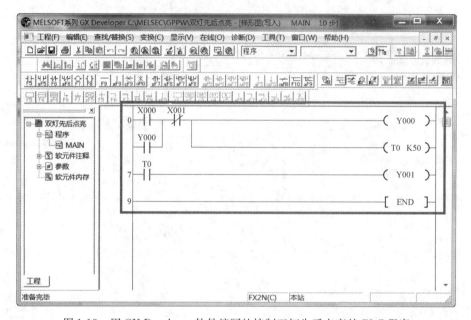

图 1-18　用 GX Developer 软件编写的控制双灯先后点亮的 PLC 程序

编程电缆连接
PLC 与计算机

2. 用编程电缆连接 PLC 与计算机

在将计算机中编写好的 PLC 程序下载到 PLC 前，需要用编程电缆将计算机与 PLC 连接起来，如图 1-19 所示。在连接时，将 FX-USB 型编程电缆一端的 USB 口插入计算机的 USB 口，另一端的 9 针圆口插入 PLC 的 RS-422 口，再给 PLC 接通电源，PLC 面板上的 POWER（电源）指示灯亮。

3. 通信设置

用编程电缆将计算机与 PLC 连接起来后，除了要在计算机中安装编程电缆的驱动程序外，还需要在 GX Developer 软件中进行通信设置，这样两者才能建立通信连接。

在 GX Developer 软件中进行通信设置如图 1-20 所示。在 GX Developer 软件中执行菜单命令"在线"→"传输设置"，如图 1-20（a）所示，将弹出"传输设置"对话框，如图 1-20（b）所示，在该对话框内双击左上角的"串行 USB"项，弹出"PC I/F 串口详细设置"对话框，在此对话框中选中"RS-232"

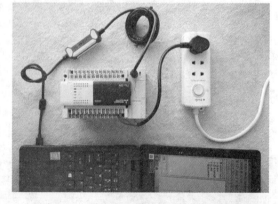

图 1-19　用编程电缆连接 PLC 与计算机

项，COM 端口选择 COM3（须与在设备管理器中查看到的端口号一致，否则无法建立通信连接），传输速度设为 19.2kbit/s，然后单击"确认"按钮关闭当前的对话框，回到上一个对话框（"传输设置"

对话框），再单击对话框"确认"按钮即完成通信设置。

图 1-20 在 GX Developer 软件中进行通信设置

(a) 在 GX Developer 软件中执行菜单命令"在线"→"传输设置"；(b) 通信设置

下载程序到 PLC

4. 将程序下载到 PLC

在用编程电缆将计算机与 PLC 连接起来并进行通信设置后，就可以在 GX Developer 软件中将编写好的 PLC 程序（或打开先前已编写好的 PLC 程序）下载到（又称写入）PLC。

在 GX Developer 软件中将程序下载到 PLC 的操作过程如图 1-21 所示。在 GX Developer 软件中执行菜单命令"在线"→"PLC 写入"，若弹出图 1-21（a）所示的对话框，表明计算机与 PLC 之间未用编程电缆连接，或者通信设置错误；如果计算机与 PLC 连接正常，会弹出"PLC 写入"对话框，如图 1-21（b）所示，在该对话框中展开"程序"项，选中"MAIN（主程序）"，然后单击"执行"按钮，弹出询问是否执行写入对话框，单击"是"按钮，又会弹出一个对话框，如图 1-21（c）所示，询问是否远程让 PLC 进入 STOP 模式（PLC 在 STOP 模式时才能被写入程序，若 PLC 的 RUN/STOP 开关已处于 STOP 位置，则不会出现该对话框），单击"是"按钮，GX Developer 软件开始通过编程电缆往

(a)

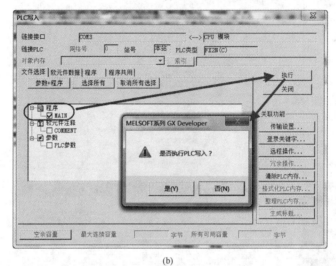

(b)

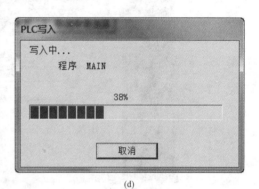

(c)　　　　　　　　　　　　　　　(d)

(e)　　　　　　　　　　　　　　　(f)

图 1-21　在 GX Developer 软件下载程序到 PLC 的操作过程

(a) 对话框提示计算机与 PLC 连接不正常（未连接或通信设置错误）；(b) 选择要写入 PLC 的内容并单击
"执行" 按钮后弹出询问对话框；(c) 单击 "是" 可远程让 PLC 进入 STOP 模式；(d) 程序写入进度条；
(e) 单击 "是" 可远程让 PLC 进入 RUN 模式；(f) 程序写入完成对话框

PLC写入程序；图 1-21（d）为程序写入进度条，程序写入完成后，会弹出一个对话框，如图 1-21（e）所示，询问是否远程让 PLC 进入 RUN 模式，单击"是"按钮，将弹出程序写入完成对话框［见图 1-21（f）］，单击"确定"，完成 PLC 程序的写入。

1.4.6 项目实际接线

图 1-22 为 PLC 控制双灯先后点亮系统的实际接线全图。图 1-23 为实际接线细节图，图 1-23（a）为电源适配器接线，图 1-23（b）为输出端的 A 灯、B 灯接线，图 1-23（c）为 PLC 电源和输入端的开灯、关灯按钮接线。在实际接线时，可对照图 1-11 所示硬件线路图进行。

PLC控制双灯先后点亮的实际接线

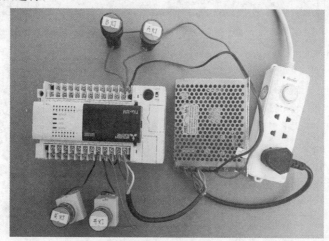

图 1-22　PLC 控制双灯先后点亮系统的实际接线全图

(a)

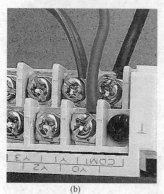

(b)

(c)

图 1-23　PLC 控制双灯先后点亮系统的实际接线细节图

（a）电源适配器接线；（b）输出端的 A 灯、B 灯接线；（c）PLC 电源和输入端的开灯、关灯按钮接线

通电测试说明
与操作演示

1.4.7 项目通电测试

　　PLC控制双灯先后点亮系统的硬件接线完成，程序也已经下载到PLC后，就可以给系统通电，观察系统能否正常运行，并进行各种操作测试，观察能否达到控制要求，如果不正常，应检查硬件接线和编写的程序是否正确，若程序不正确，用编程软件改正后重新下载到PLC，再进行测试。PLC控制双灯先后点亮系统的通电测试过程见表1-1。

表 1-1 　　　　　　　　　　　PLC控制双灯先后点亮系统的通电测试过程

序号	操作说明	操作图
1	按下电源插座上的开关，220V交流电压送到24V电源适配器和PLC，电源适配器工作，输出24V直流电压（输出指示灯亮），PLC获得供电后，面板上的"POWER（电源）"指示灯亮，由于RUN/STOP模式切换开关处于RUN位置，故"RUN"指示灯也亮	
2	按下开灯按钮，PLC面板上的X0端指示灯亮，表示X0端有输入，内部程序运行，面板上的Y0端指示灯变亮，表示Y0端有输出，Y0端外接的A灯变亮	
3	5s后，PLC面板上的Y1端指示灯变亮，表示Y1端有输出，Y1端外接的B灯也变亮	

续表

序号	操作说明	操作图
4	按下关灯按钮，PLC 面板上的 X1 端指示灯亮，表示 X1 端有输入，内部程序运行，面板上的 Y0、Y1 端指示灯均熄灭，表示 Y0、Y1 端无输出，Y0、Y1 端外接的 A 灯和 B 灯均熄灭	
5	将 RUN/STOP 开关拨至 STOP 位置，再按下开灯按钮，虽然面板上的 X0 端指示灯亮，但由于 PLC 内部程序已停止运行，故 Y0、Y1 端均无输出，A、B 灯都不会亮	

第 2 章

三菱FX3S/3G/3U系列PLC介绍

2.1 概 述

2.1.1 三菱 FX 系列 PLC 的一、二、三代机

三菱 FX 系列 PLC 是三菱公司推出的小型整体式 PLC,在我国拥有量非常大,具体分为 FX1S/FX1N/FX1NC/FX2N/FX2NC/FX3SA/FX3S/FX3GA/FX3G/FX3GE/FX3GC/FX3U/FX3UC 等多个子系列,FX1S/FX1N/FX1NC 为一代机,FX2N/FX2NC 为二代机,FX3SA/FX3S/FX3GA/FX3G/FX3GE/FX3GC/FX3U/FX3UC 为三代机,因为一、二代机推出时间有一二十年,故社会的拥有量比较大,不过由于三代机性能强大且价格与二代机差不多,故越来越多的用户开始选用三代机。

FX1NC/FX2NC/FX3GC/FX3UC 分别是三菱 FX 系列的一、二、三代机变形机种,变形机种与普通机种区别主要在于:①变形机种较普通机种体积小,适合在狭小空间安装;②变形机种的端子采用插入式连接,普通机种的端子采用接线端子连接;③变形机种的输入电源只能是 24VDC,普通机种的输入电源可以使用 24VDC 或 AC 电源。

在三菱 FX3 系列 PLC 中,FX3SA/FX3S 为简易机型,FX3GA/FX3G/FX3GE/FX3GC 为基本机型,FX3U/FX3UC 为高端机型。三菱 FX3 系列 PLC 的硬件异同比较见附录 A。

2.1.2 三菱 FX 系列 PLC 的型号含义

PLC 的一些基本信息可以从产品型号了解,三菱 FX 系列 PLC 的型号如下,其含义见表 2-1。

$$\underset{①}{FX2N}-\underset{②}{16}\underset{③}{M}\underset{④}{R}-\underset{⑤}{□}-\underset{⑥}{UA1}/\underset{⑦}{UL}$$

$$\underset{①}{FX3U}-\underset{②}{16}\underset{③}{M}\underset{④}{R}/\underset{⑧}{ES}$$

表 2-1 三菱 FX 系列 PLC 的型号含义

序号	区分	内 容	序号	区分	内 容
①	系列名称	FX1S/FX1N/FX1NC/FX2N/FX2NC/FX3SA/FX3S/FX3GA/FX3G/FX3GE/FX3GC/FX3U/FX3UC	④	输出形式	R:继电器 S:双向晶闸管 T:晶体管
②	输入输出合计点数	8, 16, 32, 48, 64 等	⑤	连接形式等	T:FX2NC 的端子排方式 LT (-2):内置 FX3UC 的 CC-Link/LT 主站功能
③	单元区分	M:基本单元 E:输入输出混合扩展设备 EX:输入扩展模块 EY:输出扩展模块			

续表

序号	区分	内　　容	序号	区分	内　　容
⑥	电源、输入输出方式	无：AC 电源，漏型输出 E：AC 电源，漏型输入、漏型输出 ES：AC 电源，漏型/源型输入，漏型/源型输出 ESS：AC 电源，漏型/源型输入，源型输出（仅晶体管输出） UA1：AC 电源，AC 输入 D：DC 电源，漏型输入、漏型输出 DS：DC 电源，漏型/源型输入，漏型输出 DSS：DC 电源，漏型/源型输入，源型输出（仅晶体管输出）	⑦	UL 规格（电气部件安全性标准）	无：不符合的产品　UL：符合 UL 规格的产品 即使是⑦未标注 UL 的产品，也有符合 UL 规格的机型
			⑧	电源、输入输出方式	ES：AC 电源，漏型/源型输入（晶体管输出型为漏型输出） ESS：AC 电源，漏型/源型输入，源型输出（仅晶体管输出） D：DC 电源，漏型输入、漏型输出 DS：DC 电源，漏型/源型输入（晶体管输出型为漏型输出） DSS：DC 电源，漏型/源型输入，源型输出（仅晶体管输出）

2.2　三菱 FX3SA/FX3S 系列 PLC（三代简易机型）介绍

三菱 FX3SA/FX3S 是 FX1S 的升级机型，是 FX3 三代机中的简易机型，机身小巧但是性能强，自带或易于扩展模拟量和 Ethernet（以太网）、MODBUS 通信功能。FX3SA、FX3S 的区别主要在于 FX3SA 只能使用交流电源（AC100～240V）供电，而 FX3S 有交流电源供电的机型，也有直流电源（DC24V）的机型。

2.2.1　面板说明

三菱 FX3SA/FX3S 基本单元（也称主机单元，可单独使用）面板外形如图 2-1（a）所示，面板组成部件如图 2-1（b）所示。

2.2.2　主要特性

三菱 FX3SA/FX3S 的主要特性如下。

（1）控制规模：10～30 点（基本单元：10/14/20/30 点）。

(a)

图 2-1　三菱 FX3SA/FX3S 基本单元面板外形及组成部件（一）

(a) 外形

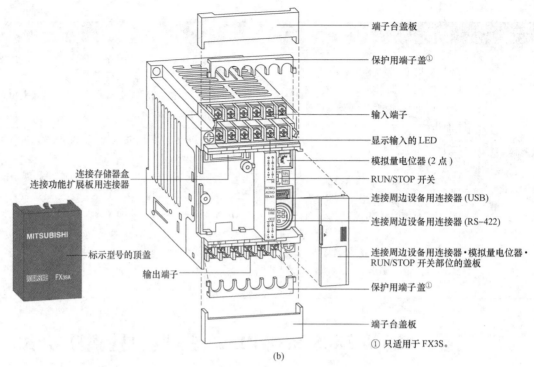

图 2-1 三菱 FX3SA/FX3S 基本单元面板外形及组成部件（二）

（b）组成部件

（2）基本单元内置 CPU、电源、数字输入/输出（有些机型内置模拟量输入功能，如 FX3S-30MR/ES-2AD），可给基本单元安装 FX3 系列的特殊适配器和功能扩展板，但无法安装扩展单元。

（3）支持的指令数：基本指令 29 条，步进指令 2 条，应用指令 116 条。

（4）程序容量 4000 步，无需电池。

（5）支持软元件数量：辅助继电器 1536 点，定时器（计时器）138 点，计数器 67 点，数据寄存器 3000 点。

2.2.3 常用基本单元的型号及 I/O 点数

三菱 FX3SA/FX3S 常用基本单元的型号及 I/O 点数见表 2-2。

表 2-2 三菱 FX3SA/FX3S 常用基本单元的型号及 I/O 点数

型 号		点数		外形尺寸/mm
		输入	输出	$w \times h \times d$
FX3SA 系列	FX3SA-10MR-CM	6	4	60×90×75
	FX3SA-10MT-CM			
	FX3SA-14MR-CM	8	6	
	FX3SA-14MI-CM			
	FX3SA-20MR-CM	12	8	75×90×75
	FX3SA-20MT-CM			
	FX3SA-30MR-CM	16	14	100×90×75
	FX3SA-30MT-CM			

续表

型 号	点数		外形尺寸/mm
	输入	输出	$w \times h \times d$
FX3S-10MT/ESS	6	4	60×90×75
FX3S-10MR-DS			60×90×49
FX3S-10MT/DS			60×90×49
FX3S-10MT/DSS			60×90×49
FX3S-14MT/ESS	8	6	60×90×75
FX3S-14MR/DS			60×90×49
FX3S-14MT/DS			60×90×49
FX3S-14MT/DSS			60×90×49
FX3S-20MT/ESS	12	8	75×90×75
FX3S-20MR/DS			75×90×49
FX3S-20MT/DS			75×90×49
FX3S-20MT/DSS			75×90×49
FX3S-30MT/ESS	16	14	100×90×75
FX3S-30MR/DS			100×90×49
FX3S-30MT/DS			100×90×49
FX3S-30MT/DSS			100×90×49
FX3S-30MR/ES·2AD			100×90×75
FX3S-30MT/ES·2AD			100×90×75
FX3S-30MT/ESS·2AD			100×90×75

（FX3S系列）

2.2.4 规格概要

三菱 FX3SA/FX3S 基本单元规格概要见表 2-3。

表 2-3　　　　　　　　　三菱 FX3SA/FX3S 基本单元规格概要

项目		规 格 概 要
电源、输入输出	电源规格	AC 电源型[①]：AC100～240V 50/60Hz DC 电源型：DC24V
	消耗电量[②]	AC 电源型：19W(10M，14M)，20W（20M），21W（30M） DC 电源型：6W (10M)，6.5W (14M)，7W (20M)，8.5W (30M)
	冲击电流	AC 电源型：最大 15A 5ms 以下/AC100V，最大 28A 5ms 以下/AC200V DC 电源型：最大 20A 1ms 以下/DC24V
	24V 供给电源	DC 电源型：DC24V 400mA
	输入规格	DC24V，5mA/7mA（无电压触点或漏型输入为 NPN、源型输入为 PNP 开路集电极晶体管）
	输出规格	继电器输出型：2A/1 点，8A/4 点 COM AC250V（取得 CE、UL/cUL 认证时为 240V），DC30V 以下 晶体管输出型：0.5A/1 点，0.8A/4 点 COM，DC5～30V
内置通信端口		RS-422，USB Mini-B 各 1ch

① FX3SA 只有 AC 电源机型。

② 这是基本单元上可连接的扩展结构最大时的值（AC 电源型全部使用 DC24V 供给电源）。另外还包括输入电流部分（每点为 7mA 或 5mA）。

2.3 三菱 FX3GA/FX3G/FX3GE/FX3GC 系列 PLC（三代标准机型）介绍

三菱 FX3GA/FX3G/FX3GE/FX3GC 是 FX3 三代机中的标准机型，这 4 种机型的主要区别是：FX3GA 和 FX3G 外形功能相同，但 FX3GA 只有交流供电型，而 FX3G 既有交流供电型，也有直流供电型；FX3GE 是在 FX3G 基础上内置了模拟量输入/输出和以太网通信功能，故价格较高；FX3GC 是 FX3G 小型化的异形机型，只能使用 DC24V 供电。

三菱 FX3GA、FX3G、FX3GE、FX3GC 共有特性如下。

（1）支持的指令数：基本指令 29 条，步进指令 2 条，应用指令 124 条。

（2）程序容量 32000 步。

（3）支持软元件数量：辅助继电器 7680 点，定时器（计时器）320 点，计数器 235 点，数据寄存器 8000 点，扩展寄存器 24000 点，扩展文件寄存器 24000 点。

2.3.1 三菱 FX3GA/FX3G 系列 PLC 说明

三菱 FX3GA/FX3G 系列 PLC 的控制规模为：24~128(FX3GA 基本单元：24 /40/ 60 点)；14~128(FX3G 基本单元：14/24/40/60 点)；使用 CC-Link 远程 I/O 时为 256 点。FX3GA 只有交流供电型（AC 型），FX3G 既有交流供电型，也有直流供电型（DC 型）。

1. 面板及组成部件

三菱 FX3GA/FX3G 基本单元面板外形如图 2-2 (a) 所示，面板组成部件如图 2-2 (b) 所示。

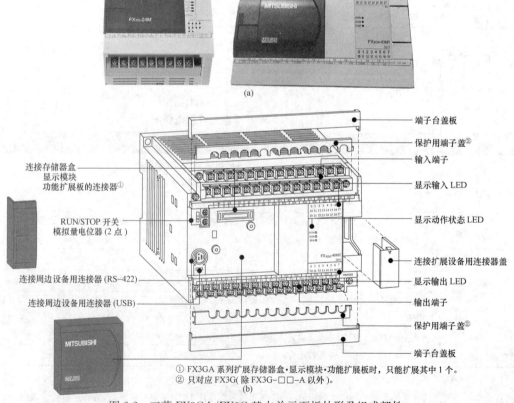

① FX3GA 系列扩展存储器盒·显示模块·功能扩展板时，只能扩展其中 1 个。

② 只对应 FX3G（除 FX3G-□□-A 以外）。

图 2-2　三菱 FX3GA/FX3G 基本单元面板外形及组成部件

(a) 外形；(b) 组成部件

2. 常用基本单元的型号及 I/O 点数

三菱 FX3GA/FX3G 常用基本单元的型号及 I/O 点数见表 2-4。

表 2-4　　　　三菱 FX3GA/FX3G 常用基本单元的型号及 I/O 点数

型　号		点数		外形尺寸/mm
		输入	输出	$w \times h \times d$
FX3GA 系列	FX3GA-24MR-CM	14	10	90×90×86
	FX3GA-24MT-CM			
	FX3GA-40MR-CM	24	16	130×90×86
	FX3GA-40MT-CM			
	FX3GA-60MR-CM	36	24	175×90×86
	FX3GA-60MT-CM			
FX3G 系列	FX3G-14MR/ES-A	8	6	90×90×86
	FX3G-14MT/ES-A			
	FX3G-14MT/ESS			
	FX3G-14MR/DS			
	FX3G-14MT/DS			
	FX3G-14MT/DSS			
	FX3G-24MT/ESS	14	10	
	FX3G-24MR/DS			
	FX3G-24MT/DS			
	FX3G-24MT/DSS			
	FX3G-40MT/ESS	24	16	130×90×86
	FX3G-40MR/DS			
	FX3G-40MT/DS			
	FX3G-40MT/DSS			
	FX3G-60MT/ESS	36	24	175×90×86
	FX3G-60MR/DS			
	FX3G-60MT/DS			
	FX3G-60MT/DSS			

3. 规格概要

三菱 FX3GA/FX3G 基本单元规格概要见表 2-5。

表 2-5　　　　三菱 FX3GA/FX3G 基本单元规格概要

项目		规　格　概　要
电源、输入/输出	电源规格	AC 电源型[①]：AC100～240V 50/60Hz DC 电源型：DC24V
	消耗电量	AC 电源型：31W(14M)，32W(24M)，37W(40M)，40W(60M) DC 电源型[②]：19W(14M)，21W(24M)，25W(40M)，29W(60M)
	冲击电流	AC 电源型：最大 30A 5ms 以下/AC100V 最大 50A 5ms 以下/AC200V
	24V 供给电源	AC 电源型：400mA 以下
	输入规格	DC24V，5/7mA（无电压触点或漏型输入时：NPN 开路集电极晶体管，源型输入时：PNP 开路集电极晶体管）

续表

项　目		规　格　概　要
电源、输入/输出	输出规格	继电器输出型：2A/1 点，8A/4 点 COM，AC250V（取得 CE、UL/cUL 认证时为 240V），DC30V 以下
		晶体管输出型：0.5A/1 点，0.8A/4 点，DC5～30V
	输入输出扩展	可连接 FX2N 系列用扩展设备
内置通信端口		RS-422、USB 各 1ch

① FX3GA 只有 AC 电源机型。

② 为使用 DC28.8V 时的消耗电量。

2.3.2　三菱 FX3GE 系列 PLC 说明

三菱 FX3GE 是在 FX3G 基础上内置了模拟量输入/输出和以太网通信功能，其价格较高。三菱 FX3GE 的控制规模为：24～128（基本单元有 24/40 点，连接扩展 I/O 时可最多可使用 128 点），使用 CC-Link 远程 I/O 时为 256 点。

1. 面板及组成部件

三菱 FX3GE 基本单元面板外形如图 2-3（a）所示，面板组成部件如图 2-3（b）所示。

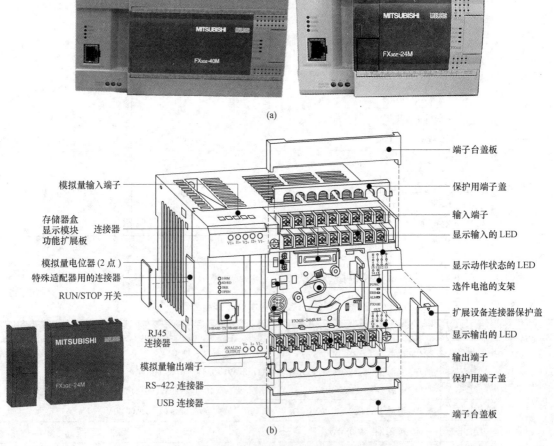

图 2-3　三菱 FX3GE 基本单元面板外形及组成部件

（a）外形；（b）组成部件

2. 常用基本单元的型号及 I/O 点数

三菱 FX3GE 常用基本单元的型号及 I/O 点数见表 2-6。

表 2-6　　　　　　　　　　三菱 FX3GE 常用基本单元的型号及 I/O 点数

型号	点数		外形尺寸/mm
	输入	输出	$w×h×d$
FX3GE-24MR/ES	14	10	130×90×86
FX3GE-24MT/ES			
FX3GE-24MT/ESS			
FX3GE-24MR/DS			
FX3GE 24MT/DS			
FX3GE-24MT/DSS			
FX3GE-40MR/ES	24	16	175×90×86
FX3GE-40MT/ES			
FX3GE-40MT/ESS			
FX3GE-40MR/DS			
FX3GE-40MT/DS			
FX3GE-40MT/DSS			

3. 规格概要

三菱 FX3GE 基本单元规格概要见表 2-7。

表 2-7　　　　　　　　　　三菱 FX3GE 基本单元规格概要

项目		规 格 概 要
电源、输入/输出	电源规格	AC 电源型：AC100～240V 50/60Hz DC 电源型：DC24V
	消耗电量	AC 电源型[①]：32W(24M)，37W(40M) DC 电源型[②]：21W(24M)，25W(40M)
	冲击电流	AC 电源型：最大 30A 5ms 以下/AC100V，最大 50A 5ms 以下/AC200V DC 电源型：最大 30A 1ms 以下/DC24V
	24V 供给电源	AC 电源型：400mA 以下
	输入规格	DC24V，5/7mA（无电压触点或漏型输入时：NPN 开路集电极晶体管，源型输入时：PNP 开路集电极晶体管）
	输出规格	继电器输出型：2A/1 点，8A/4 点 COM，AC250V（取得 CE、UL/cUL 认证时为 240V），DC30V 以下 晶体管输出型：0.5A/1 点，0.8A/4 点，DC5～30V
	输入输出扩展	可连接 FX2N 系列用扩展设备
	内置通信端口	RS-422，USB Mini-B，Ethernet

① 这是基本单元上可连接的扩展结构最大时的值（AC 电源型全部使用 DC24V 供给电源）。另外还包括输入电流部分（每点为 7mA 或 5mA）。

② 为使用 DC28.8V 时的消耗电量。

2.3.3　三菱 FX3GC 系列 PLC 说明

三菱 FX3GC 是 FX3G 小型化的异形机型，只能使用 DC24V 供电，适合安装在狭小的空间。三菱 FX3GC 的控制规模为 32～128（基本单元有 32 点，连接扩展 IO 时最多可使用 128 点），使用 CC-Link

远程 I/O 时可达 256 点。

1. 面板及组成部件

三菱 FX3GC 基本单元面板外形如图 2-4（a）所示，面板组成部件如图 2-4（b）所示。

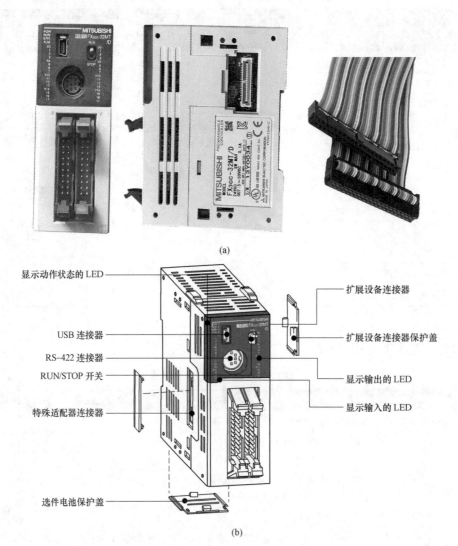

（a）

图 2-4　三菱 FX3GC 基本单元面板外形及组成部件

（a）外形；（b）组成部件

2. 常用基本单元的型号及 I/O 点数

三菱 FX3GC 常用基本单元的型号及 I/O 点数见表 2-8。

表 2-8　　　　　　　　　三菱 FX3GC 常用基本单元的型号及 I/O 点数

型号	点数		外形尺寸/mm
	输入	输出	$w \times h \times d$
FX3GC-32MT/D	16	16	$34 \times 90 \times 87$
FX3GC-32MT/DSS			

3. 规格概要

三菱 FX3GC 基本单元规格概要见表 2-9。

表 2-9   三菱 FX3GC 基本单元规格概要

项目		规 格 概 要
电源、输入/输出	电源规格	DC24V
	消耗电量[①]	8W
	冲击电流	最大 30A 0.5ms 以下/DC24V
	输入规格	DC24V，5/7mA（无电压触点或开路集电极晶体管[②]）
	输出规格	晶体管输出型：0.1A/1 点（Y000～Y001 为 0.3A/1 点）DC5～30V
	输入输出扩展	可以连接 FX2NC、FX2N[③] 系列用的扩展模块
内置通信端口		RS-422，USB Mini-B 各 1ch

① 该消耗电量不包括输入输出扩展模块、特殊扩展单元/特殊功能模块的消耗电量。
关于输入输出扩展模块的消耗电量（电流），请参阅 FX3GC 用户手册的硬件篇。
关于特殊扩展单元/特殊功能模块的消耗电量，请分别参阅相应手册。
② FX3GC-32MT/D 型为 NPN 开路集电极晶体管输入。FX3GC-32MT/DSS 型为 NPN 或 PNP 开路集电极晶体管输入。
③ 需要连接器转换适配器或电源扩展单元。

2.4 三菱 FX3U/FX3UC 系列 PLC（三代高端机型）介绍

三菱 FX3U/FX3UC 是 FX3 三代机中的高端机型，FX3U 是二代机 FX2N 的升级机型，FX3UC 是 FX3U 小型化的异形机型，只能使用 DC24V 供电。

三菱 FX3U/FX3UC 共有特性如下。

（1）支持的指令数：基本指令 29 条，步进指令 2 条，应用指令 218 条。

（2）程序容量 64000 步，可使用带程序传送功能的闪存存储器盒。

（3）支持软元件数量：辅助继电器 7680 点，定时器（计时器）512 点，计数器 235 点，数据寄存器 8000 点，扩展寄存器 32768 点，扩展文件寄存器 32768 点（只有安装存储器盒时可以使用）。

2.4.1 三菱 FX3U 系列 PLC 说明

三菱 FX3U 系列 PLC 的控制规模为 16～256（基本单元有 16/32/48/64/80/128 点，连接扩展 IO 时最多可使用 256 点）；使用 CC-Link 远程 I/O 时为 384 点。

1. 面板及组成部件

三菱 FX3U 基本单元面板外形如图 2-5（a）所示，面板组成部件如图 2-5（b）所示。

(a)

图 2-5 三菱 FX3U 基本单元面板外形及组成部件（一）

(a) 外形

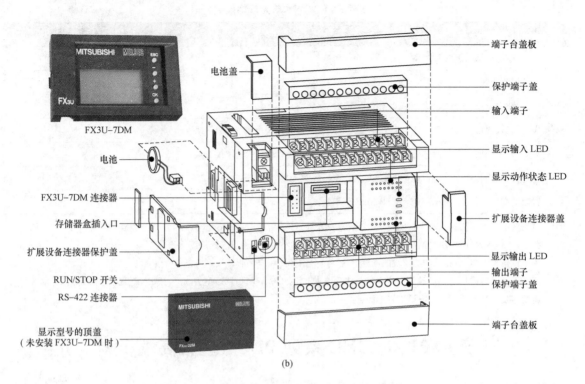

图 2-5 三菱 FX3U 基本单元面板外形及组成部件（二）

（b）组成部件

2. 常用基本单元的型号及 I/O 点数

三菱 FX3U 常用基本单元的型号及 I/O 点数见表 2-10。

表 2-10　　　　　　　　　　　三菱 FX3U 常用基本单元的型号及 I/O 点数

型　　号	点数		外形尺寸/mm
	输入	输出	$w \times h \times d$
FX3U-16MR/ES-A			
FX3U-16MT/ES-A			
FX3U-16MT/ESS	8	8	130×90×86
FX3U-16MR/DS			
FX3U-16MT/DS			
FX3U-16MT/DSS			
FX3U-32MR/ES-A			
FX3U-32MT/ES-A			
FX3U-32MT/ESS			
FX3U-32MR/DS	16	16	150×90×86
FX3U-32MT/DS			
FX3U-32MT/DSS			
FX3U-32MS/ES			
FX3U-32MR/UA1			182×90×86

续表

型 号	点数		外形尺寸/mm
	输入	输出	$w \times h \times d$
FX3U-48MR/ES-A	24	24	182×90×86
FX3U-48MT/ES-A			
FX3U-48MT/ESS			
FX3U-48MR/DS			
FX3U-48MT/DS			
FX3U-48MT/DSS			
FX3U-64MR/ES-A	32	32	220×90×86
FX3U-64MT/ES-A			
FX3U-64MT/ESS			
FX3U-64MR/DS			
FX3U-64MT/DS			
FX3U-64MT/DSS			
FX3U-64MS/ES			
FX3U-64MR/UA1			285×90×86
FX3U-80MR/ES-A	40	40	285×90×86
FX3U-80MT/ES-A			
FX3U-80MT/ESS			
FX3U-80MR/DS			
FX3U-80MT/DS			
FX3U-80MT/DSS			
FX3U-128MR/ES-A	64	64	350×90×86
FX3U-128MT/ES-A			
FX3U-128MT/ESS			

3. 规格概要

三菱 FX3U 基本单元规格概要见表 2-11。

表 2-11　　　　　　　　　　**三菱 FX3U 基本单元规格概要**

项目		规 格 概 要
电源、输入/输出	电源规格	AC 电源型：AC100～240V 50/60Hz DC 电源型：DC24V
	消耗电量	AC 电源型：30W(16M)，35W(32M)，40W(48M)，45W(64M)，50W(80M)，65W(128M) DC 电源型：25W(16M)，30W(32M)，35W(48M)，40W(64M)，45W(80M)
	冲击电流	AC 电源型：最大 30A 5ms 以下/AC100V，最大 45A 5ms 以下/AC200V
	24V 供给电源	AC 电源 DC 输入型：400mA 以下（16M，32M）600mA 以下（48M，64M，80M，128M）
	输入规格	DC 输入型：DC24V，5/7mA（无电压触点或漏型输入时：NPN 开路集电极晶体管，源型输入时：PNP 开路集电极晶体管） AC 输入型：AC100～120V AC 电压输入

续表

项目		规 格 概 要
电源、输入/输出	输出规格	继电器输出型：2A/1 点，8A/4 点 COM，8A/8 点 COM AC250V（取得 CE、UL/cUL 认证时为 240V），DC30V 以下
		双向可控硅型：0.3A/1 点，0.8A/4 点 COM AC85～242V
		晶体管输出型：0.5A/1 点，0.8A/4 点，1.6A/8 点 COM DC5～30V
	输入输出扩展	可连接 FX2N 系列用扩展设备
内置通信端口		RS-422

2.4.2　三菱 FX3UC 系列 PLC 说明

三菱 FX3UC 是 FX3U 小型化的异形机型，只能使用 DC24V 供电，适合安装在狭小的空间。三菱 FX3UC 的控制规模为 16～256（基本单元有 16/32/64/96 点，连接扩展 I/O 时最多可使用 256 点），使用 CC-Link 远程 I/O 时可达 384 点。

1. 面板及组成部件

三菱 FX3UC 基本单元面板外形如图 2-6（a）所示，面板组成部件如图 2-6（b）所示。

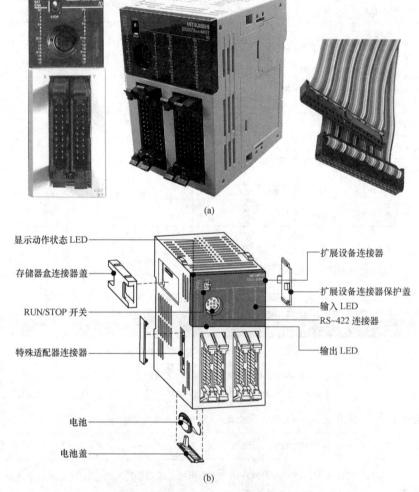

图 2-6　三菱 FX3UC 基本单元面板外形及组成部件

（a）外形；（b）组成部件

2. 常用基本单元的型号及I/O点数

三菱FX3GC常用基本单元的型号及I/O点数见表2-12。

表2-12   三菱FX3GC常用基本单元的型号及I/O点数

型号	点数		外形尺寸/mm
	输入	输出	$w \times h \times d$
FX3UC-16MR/D-T	8	8	$34 \times 90 \times 89$
FX3UC-16MR/DS-T			
FX3UC-16MT/D			$34 \times 90 \times 87$
FX3UC-16MT/DSS			
FX3UC-16MT/D-P4			
FX3UC-16MT/DSS-P4			
FX3UC-32MT/D	16	16	$34 \times 90 \times 87$
FX3UC-32MT/DSS			
FX3UC-64MT/D	32	32	$59.7 \times 90 \times 87$
FX3UC-64MT/DSS			
FX3UC-96MT/D	48	48	$85.4 \times 90 \times 87$
FX3UC-96MT/DSS			

3. 规格概要

三菱FX3UC基本单元规格概要见表2-13。

表2-13   三菱FX3UC基本单元规格概要

项目		规 格 概 要
电源、输入/输出	电源规格	DC24V
	消耗电量[1]	6W(16点型)，8W(32点型)，11W(64点型)，14W(96点型)
	冲击电流	最大30A 0.5ms以下/DC24V
	输入规格	DC24V，5/7mA（无电压触点或开路集电极晶体管[2]）
	输出规格	继电器输出型：2A/1点，4A/1COM AC250V（取得CE、UL/cUL认证时为240V），DC30V以下
		晶体管输出型：0.1A/1点（Y000~Y003为，0.3A/1点）DC5~30V
	输入输出扩展	可以连接FX2NC、FX2N[3]系列用扩展模块
内置通信端口		RS-422

① 该消耗电量不包括输入输出扩展模块、特殊扩展单元/特殊功能模块的消耗电量。

② FX3UC-□□MT/D型为NPN开路集电极晶体管输入。FX3UC-□□MT/DSS型为NPN或是PNP开路集电极晶体管输入。

③ 需要连接器转换适配器或电源扩展单元。

2.5 三菱 FX1/FX2/FX3 系列 PLC 电源、输入和输出端子的接线

2.5.1 电源端子的接线

三菱FX系列PLC工作时需要提供电源，其供电电源类型有AC（交流）和DC（直流）两种，如图2-7所示。AC供电型PLC有L、N两个端子（旁边有一个接地端子），DC供电型PLC有+、−两个端

子，PLC获得供电后会从内部输出24V直流电压，从24V、0V端（FX3系列PLC）输出，或从24V、COM端（FX1/FX2系列PLC）输出。三菱FX1/FX2/FX3系列PLC电源端子的接线基本相同。

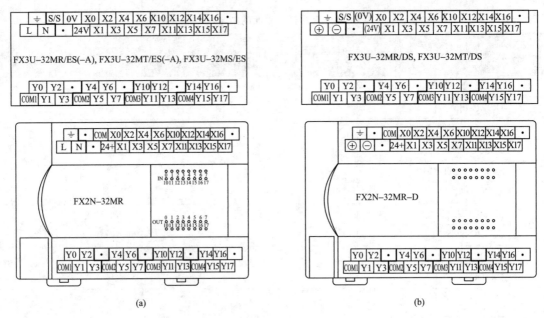

图2-7　两种供电类型的PLC

（a）交流（AC）供电型PLC；（b）直流（DC）供电型PLC

1. AC供电型PLC的电源端子接线

AC供电型PLC的电源端子接线如图2-8所示。AC100～240V交流电源接到PLC基本单元和扩展单元的L、N端子，交流电源在内部经AC/DC电源电路转换得到DC24V和DC5V直流电压，这两个电压一方面通过扩展电缆提供给扩展模块，另一方面DC24V电压还会从24＋、0V（或COM）端子往外输出。

扩展单元和扩展模块的区别在于：扩展单元内部有电源电路，可以往外部输出电压，而扩展模块内部无电源电路，只能从外部输入电源。由于基本单元和扩展单元内部的电源电路功率有限，不要用一个单元的输出电源提供给所有的扩展模块。

2. DC供电型PLC的电源端子接线

DC供电型PLC的电源端子接线如图2-9所示。DC24V电源接到PLC基本单元和扩展单元的＋、－端子，该电压在内部经DC/DC电源电路转换得DC5V和DC24V，这两个电压一方面通过扩展电缆提供给扩展模块，另一方面DC24V电压还会从24＋、0V（或COM）端子往外输出。为了减轻基本单元或扩展单元内部电源电路的负担，扩展模块所需的DC24V可以直接由外部DC24V电源提供。

2.5.2　三菱FX1/FX2/FX3GC/FX3UC系列PLC的输入端子接线

PLC输入端子接线方式与PLC的供电类型有关，具体可分为AC电源/DC输入、DC电源/DC输入、AC电源/AC输入3种方式，其中AC电源/DC输入型PLC最为常用，AC电源/AC输入型PLC使用较少。三菱FX1NC/FX2NC/FX3GC/FX3UC系列PLC主要用在空间狭小的场合，为了减小体积，其内部取消了较占空间的AC/DC电源电路，只能从电源端子直接输入DC电源，即这些PLC只有DC电源/DC输入型。

三菱FX1S/FX1N/FX1NC/FX2N/FX2NC/FX3GC/FX3UC系列PLC的输入公共端为COM端子，故这些PLC的输入端接线基本相同。

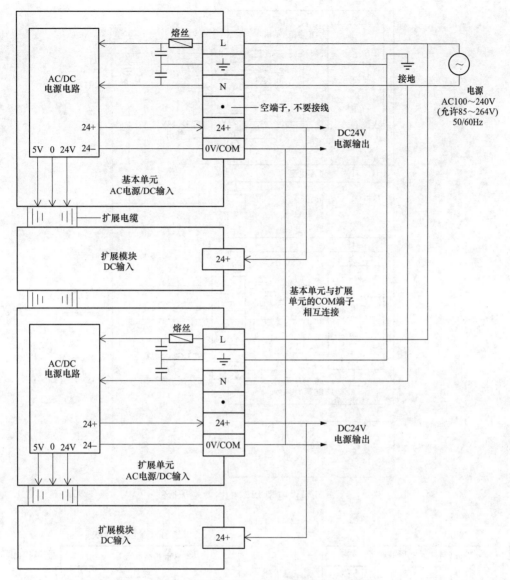

图 2-8 AC 供电型 PLC 的电源端子接线

1. AC 电源/DC 输入型 PLC 的输入接线

AC 电源/DC 输入型 PLC 的输入接线如图 2-10 所示，由于这种类型的 PLC（基本单元和扩展单元）内部有电源电路，它可为输入电路提供 DC24V 电压，在输入接线时只需在输入端子与 COM 端子之间接入开关，开关闭合时输入电路就会形成电源回路。

2. DC 电源/DC 输入型 PLC 的输入接线

DC 电源/DC 输入型 PLC 的输入接线如图 2-11 所示，该类型 PLC 的输入电路所需的电源取自电源端子外接的 DC24V 电源，在输入接线时只需在输入端子与 COM 端子之间接入开关。

3. AC 电源/AC 输入型 PLC 的输入接线

AC 电源/AC 输入型 PLC 的输入接线如图 2-12 所示，这种类型的 PLC（基本单元和扩展单元）采用 AC100~120V 供电，该电压除了供给 PLC 的电源端子外，还要在外部提供给输入电路，在输入接线时将 AC100~120V 接在 COM 端子和开关之间，开关另一端接输入端子。由于我国使用 220V 交流电压，故采用 AC100~120V 类型的 PLC 应用很少。

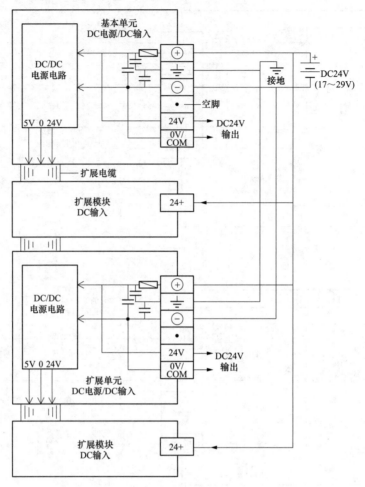

图 2-9　DC 供电型 PLC 的电源端子接线

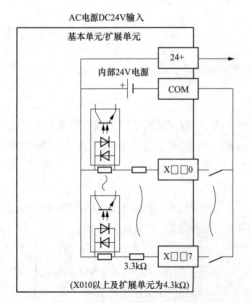

图 2-10　AC 电源/DC 输入型 PLC 的输入接线

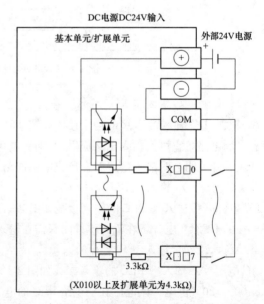

图 2-11　DC 电源/DC 输入型 PLC 的输入接线

4. 扩展模块的输入接线

扩展模块的输入接线如图 2-13 所示，由于扩展模块内部没有电源电路，它只能由外部为输入电路提供 DC24V 电压，在输入接线时将 DC24V 正极接扩展模块的 24＋端子，DC24V 负极接开关，开关另一端接输入端子。

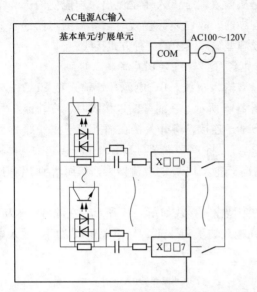

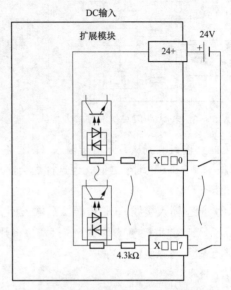

图 2-12 AC 电源/AC 输入型 PLC 的输入接线   图 2-13 扩展模块的输入接线

2.5.3 三菱 FX3SA/FX3S/FX3GA/FX3G/FX3GE/FX3U 系列 PLC 的输入端子接线

在三菱 FX1S/FX1N/FX1NC/FX2N/FX2NC/FX3GC/FX3UC 系列 PLC 的输入端子中，COM 端子既作公共端，又作 0V 端，而三菱 FX3SA/FX3S/FX3GA/FX3G/FX3GE/FX3U 系列 PLC 的输入端子取消了 COM 端子（AC 输入型仍为 COM 端子），增加了 S/S 端子和 0V 端子，其中 S/S 端子用作公共端。

三菱 FX3SA/FX3S/FX3GA/FX3G/FX3GE/FX3U 系列 PLC 的输入方式有 AC 电源/DC 输入型、DC 电源/DC 输入型和 AC 电源/AC 输入型，由于三菱 FX3 系列 PLC 的 AC 电源/AC 输入型的输入端仍保留 COM 端子，故其接线与三菱 FX1、FX2 系列 PLC 的 AC 电源/AC 输入型相同。

1. AC 电源/DC 输入型 PLC 的输入接线

（1）漏型输入接线。AC 电源/DC 输入型 PLC 的漏型输入接线如图 2-14 所示。在漏型输入接线时，将 24V 端子与 S/S 端子连接，再将开关接在输入端子和 0V 端子之间，开关闭合时有电流流过输入电路，电流途径是：24V 端子→S/S 端子→PLC 内部光电耦合器的发光管→输入端子→0V 端子。电流由 PLC 输入端的公共端子（S/S 端）输入，将这种输入方式称为漏型输入，为了方便记忆理解，可将公共端子理解为漏极，电流从公共端输入就是漏型输入。

（2）源型输入接线。AC 电源 DC 输入型 PLC 的源型输入接线如图 2-15 所示。在源型输入接线时，将 0V 端子与 S/S 端子连接，再将开关接在输入端子和 24V 端子之

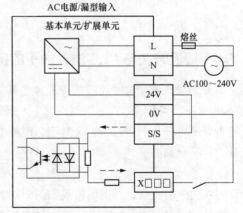

图 2-14 AC 电源/DC 输入型 PLC 的漏型输入接线

间，开关闭合时有电流流过输入电路，电流途径是：24V 端子→开关→输入端子→PLC 内部光电耦合

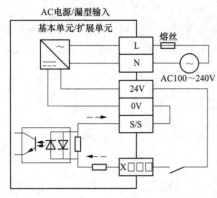

图 2-15　AC 电源型 PLC 的源型输入接线

器的发光管→S/S 端子→0V 端子。电流由 PLC 的输入端子输入，将这种输入方式称为源型输入，为了方便记忆理解，可将输入端子理解为源极，电流从输入端子输入就是源型输入。

由于 PLC 内部光电耦合器的发光管采用双向发光二极管，不管电流是从输入端子流入还是流出，均能使内部光电耦合器的光敏管导通，故在实际接线时，可根据自己的喜好任选漏型输入或源型输入其中的一种方式接线。

2. DC 电源/DC 输入型 PLC 的输入接线

（1）漏型输入接线。DC 电源/DC 输入型 PLC 的漏型输入接线如图 2-16 所示。在漏型输入接线时，将外部 24V 电源正极与 S/S 端子连接，将开关接在输入端子和外部 24V 电源负极之间，输入电流从 S/S 端子输入（漏型输入）。也可以将 24V 端子与 S/S 端子连接起来，再将开关接在输入端子和 0V 端子之间，但这样做会使从电源端子进入 PLC 的电流增大，从而增加 PLC 出现故障的几率。

（2）源型输入接线。DC 电源/DC 输入型 PLC 的源型输入接线如图 2-17 所示。在源型输入接线时，将外部 24V 电源负极与 S/S 端子连接，再将开关接在输入端子和外部 24V 电源正极之间，输入电流从输入端子输入（源型输入）。

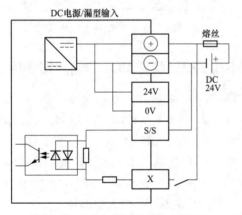

图 2-16　DC 电源/DC 输入型 PLC 的漏型输入接线

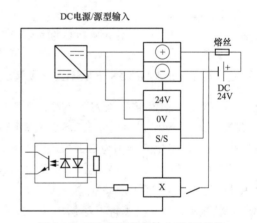

图 2-17　DC 电源/DC 输入型 PLC 的源型输入接线

2.5.4　接近开关与 PLC 输入端子的接线

PLC 的输入端子除了可以接普通触点开关外，还可以接一些无触点开关，如无触点接近开关，如图 2-18 所示，当金属体靠近探测头时，内部的晶体管导通，相当于开关闭合。根据晶体管不同，无触点接近开关可分为 NPN 型和 PNP 型，根据引出线数量不同，可分为两线式和三线式，常用无触点接近开关的符号如图 2-19 所示。

1. 三线式无触点接近开关的接线

三线式无触点接近开关的接线如图 2-20 所示。

图 2-20（a）为三线式 NPN 型无触点接近开关的接线，它采用漏型输入接线，在接线时将 S/S 端子与 24V 端子连接，当金属体靠近接近开关时，内部的 NPN 型晶体管导通，X000 输入电路有电流流过，电流途径是：24V 端子→S/S 端子→PLC 内部光电耦合器→X000 端子→接近开关→0V 端子，电流由公共端子（S/S 端子）输入，此为漏型输入。

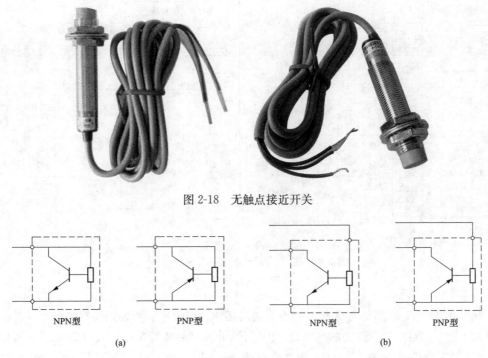

图 2-18　无触点接近开关

NPN型　　　　PNP型　　　　NPN型　　　　PNP型

(a)　　　　　　　　　　(b)

图 2-19　常用无触点接近开关的符号

(a) 两线式；(b) 三线式

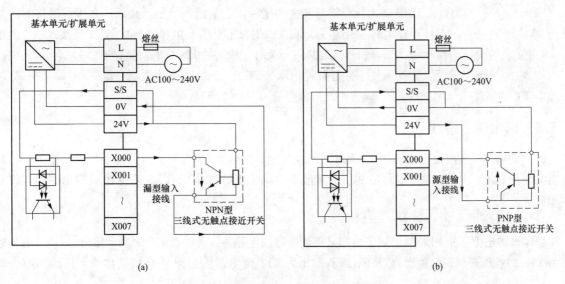

(a)　　　　　　　　　　(b)

图 2-20　三线式无触点接近开关的接线

(a) NPN 型；(b) PNP 型

图 2-20（b）为三线式 PNP 型无触点接近开关的接线，它采用源型输入接线，在接线时将 S/S 端子与 0V 端子连接，当金属体靠近接近开关时，内部的 PNP 型晶体管导通，X000 输入电路有电流流过，电流途径是：24V 端子→接近开关→X000 端子→PLC 内部光电耦合器→S/S 端子→0V 端子，电流由输入端子（X000 端子）输入，此为源型输入。

2. 两线式无触点接近开关的接线

两线式无触点接近开关的接线如图 2-21 所示。

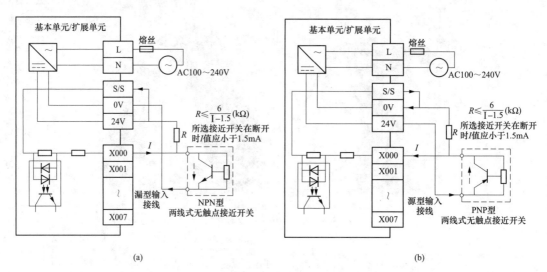

图 2-21　两线式无触点接近开关的接线

（a）NPN 型；（b）PNP 型

图 2-21（a）为两线式 NPN 型无触点接近开关的接线，它采用漏型输入接线，在接线时将 S/S 端子与 24V 端子连接，再在接近开关的一根线（内部接 NPN 型晶体管集电极）与 24V 端子间接入一个电阻 R，R 值的选取见图 2-21（a）。当金属体靠近接近开关时，内部的 NPN 型晶体管导通，X000 输入电路有电流流过，电流途径是：24V 端子→S/S 端子→PLC 内部光电耦合器→X000 端子→接近开关→0V 端子，电流由公共端子（S/S 端子）输入，此为漏型输入。

图 2-21（b）为两线式 PNP 型无触点接近开关的接线，它采用源型输入接线，在接线时将 S/S 端子与 0V 端子连接，再在接近开关的一根线（内部接 PNP 型晶体管集电极）与 0V 端子间接入一个电阻 R，R 值的选取见图 2-21（b）。当金属体靠近接近开关时，内部的 PNP 型晶体管导通，X000 输入电路有电流流过，电流途径是：24V 端子→接近开关→X000 端子→PLC 内部光电耦合器→S/S 端子→0V 端子，电流由输入端子（X000 端子）输入，此为源型输入。

2.5.5　输出端子接线

PLC 的输出类型有继电器输出型、晶体管输出型和晶闸管（又称双向可控硅型）输出型等，不同输出类型的 PLC，其输出端子接线有相应的接线要求。三菱 FX1/FX2/FX3 系列 PLC 输出端的接线基本相同。

1. 继电器输出型 PLC 的输出端接线

继电器输出型是指 PLC 输出端子内部采用继电器触点开关，当触点闭合时表示输出为 ON（或称输出为 1），触点断开时表示输出为 OFF（或称输出为 0）。继电器输出型 PLC 的输出端子接线如图 2-22 所示。

由于继电器的触点无极性，故输出端使用的负载电源既可使用交流电源（AC100～240V），也可使用直流电源（DC30V 以下）。在接线时，将电源与负载串接起来，再接在输出端子和公共端子之间，当 PLC 输出端内部的继电器触点闭合时，输出电路形成回路，有电流流过负载（如线圈、灯泡等）。

2. 晶体管输出型 PLC 的输出端接线

晶体管输出型是指 PLC 输出端子内部采用晶体管，当晶体管导通时表示输出为 ON，晶体管截止时表示输出为 OFF。由于晶体管是有极性的，输出端使用的负载电源必须是直流电源（DC5～30V），晶体管输出型具体又可分为漏型输出（输出端子内接晶体管的漏极或集电极）和源型输出（输出端子内接晶体管的源极或发射极）。

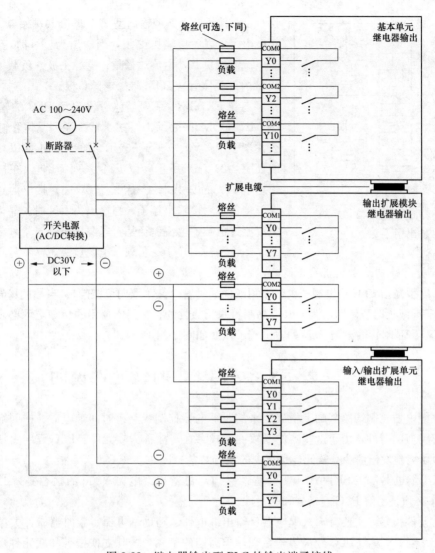

图 2-22 继电器输出型 PLC 的输出端子接线

晶体管输出型 PLC 的输出端子接线如图 2-23 所示，其中漏型输出型 PLC 输出端子接线如图 2-23（a）

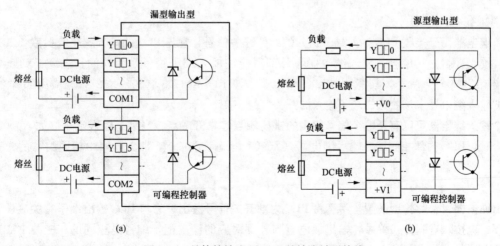

图 2-23 晶体管输出型 PLC 的输出端子接线

（a）漏型输出型；（b）源型输出型

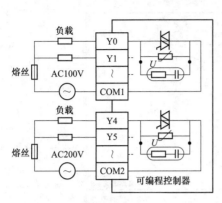

图 2-24　晶闸管输出型 PLC 的
输出端子接线

所示。在接线时，漏型输出型 PLC 的公共端接电源负极，电源正极串接负载后接输出端子，当输出为 ON 时，晶体管导通，有电流流过负载，电流途径是：电源正极→负载→输出端子→PLC 内部晶体管→COM 端→电源负极。

三菱 FX1/FX2 系列晶体管输出型 PLC 的输出公共端用 COM1、COM2…表示，而三菱 FX3 系列晶体管输出型 PLC 的公共端子用＋V0、＋V1…表示。源型输出型 PLC 输出端子接线如图 2-23（b）所示（以 FX3 系列为例）。在接线时，源型输出型 PLC 的公共端（＋V0、＋V1…）接电源正极，电源负极串接负载后接输出端子，当输出为 ON 时，晶体管导通，有电流流过负载，电流途径是：电源正极→＋V＊端子→PLC 内部晶体管→输出端子→负载→电源负极。

3. 晶闸管输出型 PLC 的输出端接线

晶闸管输出型是指 PLC 输出端子内部采用双向晶闸管（又称双向可控硅），当晶闸管导通时表示输出为 ON，晶闸管截止时表示断出为 OFF。晶闸管是无极性的，输出端使用的负载电源必须是交流电源（AC100～240V）。 晶闸管输出型 PLC 的输出端子接线如图 2-24 所示。

2.6　三菱 FX 系列 PLC 的软元件说明

PLC 是在继电器控制线路基础上发展起来的，继电器控制线路有时间继电器、中间继电器等，而 PLC 内部也有类似的器件，由于这些器件以软件形式存在，故称为软元件。**PLC 程序由指令和软元件组成，指令的功能是发出命令，软元件是指令的执行对象**，比如，SET 为置 1 指令，Y000 是 PLC 的一种软元件（输出继电器），"SET Y000" 就是命令 PLC 的输出继电器 Y000 的状态变为 1。由此可见，编写 PLC 程序必须要了解 PLC 的指令和软元件。

PLC 的软元件很多，主要有输入继电器、输出继电器、辅助继电器、定时器、计数器、数据寄存器和常数等。三菱 FX 系列 PLC 分很多子系列，越高档的子系列，其支持指令和软元件数量越多。三菱 FX3 系列 PLC 的软件异同比较见附录 B。

2.6.1　输入继电器（X）和输出继电器（Y）

1. 输入继电器（X）

输入继电器用于接收 PLC 输入端子送入的外部开关信号，它与 PLC 的输入端子有关联，其表示符号为 X，按八进制方式编号，输入继电器与外部对应的输入端子编号是相同的。三菱 FX3U-48M 型 PLC 外部有 24 个输入端子，其编号为 X000～X007、X010～X017、X020～X027，相应内部有 24 个相同编号的输入继电器来接收这样端子输入的开关信号。

一个输入继电器可以有无数个编号相同的常闭触点和常开触点，当某个输入端子（如 X000）外接开关闭合时，PLC 内部相同编号输入继电器（X000）状态变为 ON，那么程序中相同编号的常开触点处于闭合，常闭触点处于断开。

2. 输出继电器（Y）

输出继电器（常称输出线圈）用于将 PLC 内部开关信号送出，它与 PLC 输出端子有关联，其表示符号为 Y，也按八进制方式编号，输出继电器与外部对应的输出端子编号是相同的。三菱 FX3U-48M 型 PLC 外部有 24 个输出端子，其编号为 Y000～Y007、Y010～Y017、Y020～Y027，相应内部有 24 个相同编号的输出继电器，这些输出继电器的状态由相同编号的外部输出端子送出。

一个输出继电器只有一个与输出端子关联的硬件常开触点（又称物理触点），但在编程时可使用无数个编号相同的软件常开触点和常闭触点。当某个输出继电器（如 Y000）状态为 ON 时，它除了会使相同编号的输出端子内部的硬件常开触点闭合外，还会使程序中的相同编号的软件常开触点闭合、常闭触点断开。

三菱 FX 系列 PLC 支持的输入/输出继电器见表 2-14。

表 2-14 三菱 FX 系列 PLC 支持的输入/输出继电器

型号	FX1S	FX1N/FX1NC	FX2N/FX2NC	FX3G	FX3U/FX3UC
输入继电器	X000～X017 (16 点)	X000～X177 (128 点)	X000～X267 (184 点)	X000～X177 (128 点)	X000～X367 (256 点)
输出继电器	Y000～Y015 (14 点)	Y000～Y177 (128 点)	Y000～Y26 7 (184 点)	Y000～Y177 (128 点)	Y000～Y367 (256 点)

2.6.2 辅助继电器(M)

辅助继电器是 PLC 内部继电器，它与输入/输出继电器不同，不能接收输入端子送来的信号，也不能驱动输出端子。辅助继电器表示符号为 M，按十进制方式编号，如 M0～M499、M500～M1023 等。一个辅助继电器可以有无数个编号相同的常闭触点和常开触点。

辅助继电器分为一般型、停电保持型、停电保持专用型和特殊用途型 4 类。三菱 FX 系列 PLC 支持的辅助继电器见表 2-15。

表 2-15 三菱 FX 系列 PLC 支持的辅助继电器

型号	FX1S	FX1N/FX1NC	FX2N/FX2NC	FX3G	FX3U/FX3UC
一般型	M0～M383 (384 点)	M0～M383 (384 点)	M0～M499 (500 点)	M0～M383 (384 点)	M0～M499 (500 点)
停电保持型 (可设成一般型)	无	无	M500～M1023 (524 点)	无	M500～M1023 (524 点)
停电保持专用型	M384～M511 (128 点)	M384～M511 (128 点，EEPROM 长久保持) M512～M1535 (1024 点，电容 10 天保持)	M1024～M3071 (2048 点)	M384～M1535 (1152 点)	M1024～M7679 (6656 点)
特殊用途型	M8000～M8255 (256 点)	M8000～M8255 (256 点)	M8000～M8255 (256 点)	M8000～M8511 (512 点)	M8000～M8511 (512 点)

1. 一般型辅助继电器

一般型（又称通用型）辅助继电器在 PLC 运行时，如果电源突然停电，则全部线圈状态均变为 OFF。当电源再次接通时，除了因其他信号而变为 ON 的以外，其余的仍将保持 OFF 状态，它们没有停电保持功能。

三菱 FX3U 系列 PLC 的一般型辅助继电器点数默认为 M0～M499，也可以用编程软件将一般型设为停电保持型，软元件停电保持（锁存）点数设置如图 2-25 所示，在三菱 PLC 编程软件 GX Developer 的工程列表区双击参数项中的"PLC 参数"，弹出参数设置对话框，切换到"软元件"选项卡，从辅助继电器一栏可以看出，系统默认 M500（起始）～M1023（结束）范围内的辅助继电器具有锁存（停电保持）功能，如果将起始值改为 550，结束值仍为 1023，那么 M0～M550 范围内的都是一般型辅助继电器。

从图 2-25 中不难看出，不但可以设置辅助继电器停电保持点数，还可以设置状态继电器、定时器、计数器和数据寄存器的停电保持点数，编程时选择的PLC类型不同，设置界面的内容也有所不同。

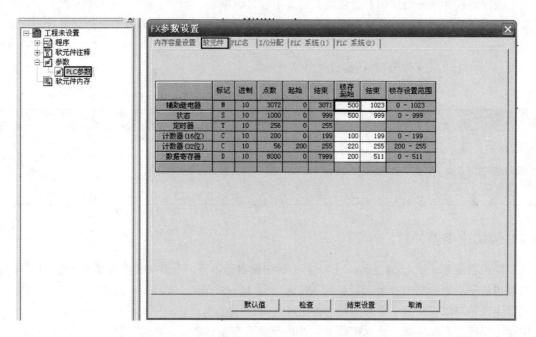

图 2-25 软元件停电保持（锁存）点数设置

2. 停电保持型辅助继电器

停电保持型辅助继电器与一般型辅助继电器的区别主要在于，前者具有停电保持功能，即能记忆停电前的状态，并在重新通电后保持停电前的状态。FX3U系列PLC的停电保持型辅助继电器可分为停电保持型（M500～M1023）和停电保持专用型（M1024～M7679），停电保持专用型辅助继电器无法设成一般型。

图 2-26 所示为说明一般型和停电保持型辅助继电器的区别。

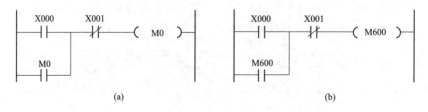

图 2-26 一般型和停电保持型辅助继电器的区别
(a) 采用一般型；(b) 采用停电保持型

图 2-26（a）程序采用了一般型辅助继电器，在通电时，如果X000常开触点闭合，辅助继电器M0状态变为ON（或称M0线圈得电），M0常开触点闭合，在X000触点断开后锁住M0继电器的状态值，如果PLC出现停电，M0继电器状态值变为OFF，在PLC重新恢复供电时，M0继电器状态仍为OFF，M0常开触点处于断开。

图 2-26（b）程序采用了停电保持型辅助继电器，在通电时，如果X000常开触点闭合，辅助继电器M600状态变为ON，M600常开触点闭合，如果PLC出现停电，M600继电器状态值保持为ON，在PLC重新恢复供电时，M600继电器状态仍为ON，M600常开触点仍处于闭合。若重新供电时X001触点处于开路，则M600继电器状态为OFF。

3. 特殊用途型辅助继电器

FX3U 系列中有 512 个特殊用途型辅助继电器，可分成触点型和线圈型两大类。

（1）触点型特殊用途辅助继电器。**触点型特殊用途辅助继电器的线圈由 PLC 自动驱动，用户只可使用其触点，即在编写程序时，只能使用这种继电器的触点，不能使用其线圈。**常用的触点型特殊用途辅助继电器如下。

1）M8000：运行监视 a 触点（常开触点），在 PLC 运行中，M8000 触点始终处于接通状态，M8001 为运行监视 b 触点（常闭触点），它与 M8000 触点逻辑相反，在 PLC 运行时，M8001 触点始终断开。

2）M8002：初始脉冲 a 触点，该触点仅在 PLC 运行开始的一个扫描周期内接通，以后周期断开，M8003 为初始脉冲 b 触点，它与 M8002 逻辑相反。

3）M8011、M8012、M8013 和 M8014 分别是产生 10ms、100ms、1s 和 1min 时钟脉冲的特殊辅助继电器触点。

M8000、M8002、M8012 的时序关系如图 2-27 所示。从中可以看出，在 PLC 运行（RUN）时，M8000 触点始终是闭合的（图 2-27 中用高电平表示），而 M8002 触点仅闭合一个扫描周期，M8012 闭合 50ms、接通 50ms，并且不断重复。

（2）线圈型特殊用途辅助继电器。**线圈型特殊用途辅助继电器由用户程序驱动其线圈，使 PLC 执行特定的动作。**常用的线圈型特殊用途辅助继电器如下。

1）M8030：电池 LED 熄灯。当 M8030 线圈得电（M8030 继电器状态为 ON）时，电池电压降低，发光二极管熄灭。

2）M8033：存储器保持停止。若 M8033 线圈得电（M8033 继电器状态值为 ON），在 PLC 由 RUN→STOP 时，输出映象存储器（即输出继电器）和数据寄存器的内容仍保持 RUN 状态时的值。

3）M8034：所有输出禁止。若 M8034 线圈得电（即 M8034 继电器状态为 ON），PLC 的输出全部禁止。以图 2-28 所示的程序为例，当 X000 常开触点处于断开时，M8034 辅助继电器状态为 OFF，X001~X003 常闭触点处于闭合，使 Y000~Y002 线圈均得电，如果 X000 常开触点闭合，M8034 辅助继电器状态变为 ON，PLC 马上让所有的输出线圈失电，故 Y000~Y002 线圈都失电，即使 X001~X003 常闭触点仍处于闭合。

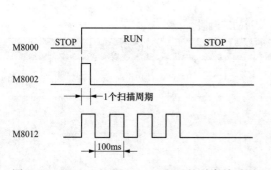

图 2-27 M8000、M8002、M8012 的时序关系图

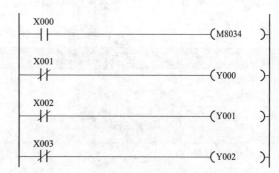

图 2-28 线圈型特殊用途辅助继电器使用举例

4）M8039：恒定扫描模式。若 M8039 线圈得电（即 M8039 继电器状态为 ON），PLC 按数据寄存器 D8039 中指定的扫描时间工作。

更多特殊用途型辅助继电器的功能可查阅三菱 FX 系列 PLC 的编程手册。

2.6.3 状态继电器（S）

状态继电器是编制步进程序的重要软元件，与辅助继电器一样，可以有无数个常开触点和常闭触

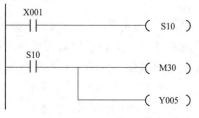

图 2-29　未使用的状态继电器可以当成辅助继电器一样使用

点,其表示符号为 S,按十进制方式编号,如 S0~S9、S10~S19、S20~S499 等。

状态器继电器可分为初始状态型、一般型和报警用途型。对于未在步进程序中使用的状态继电器,可以当成辅助继电器一样使用,如图 2-29 所示,当 X001 触点闭合时,S10 线圈得电(即 S10 继电器状态为 ON),S10 常开触点闭合。状态器继电器主要用在步进顺序程序中。

三菱 FX 系列 PLC 支持的状态继电器见表 2-16。

表 2-16　　　　　　　三菱 FX 系列 PLC 支持的状态继电器

型号	FX1S	FX1N、FX1NC	FX2N、FX2NC	FX3G	FX3U、FX3UC
初始状态用	S0~S9 (停电保持专用)	S0~S9 (停电保持专用)	S0~S9	S0~S9 (停电保持专用)	S0~S9
一般用	S10~S127 (停电保持专用)	S10~S127 (停电保持专用) S128~S999 (停电保持专用, 电容 10 天保持)	S10~S499 S500~S899 (停电保持)	S10~S999 (停电保持专用) S1000~S4095	S10~S499 S500~S899 (停电保持) S1000~S4095 (停电保持专用)
信号报警用	无		S900~S999 (停电保持)	无	S900~S999 (停电保持)

注　停电保持型可以设成非停电保持型,非停电保持型也可设成停电保持型(FX3G 型需安装选配电池,才能将非停电保持型设成停电保持型);停电保持专用型采用 EEPROM 或电容供电保存,不可设成非停电保持型。

2.6.4　定时器(T)

定时器又称计时器,是用于计算时间的继电器,它可以有无数个常开触点和常闭触点,其定时单位有 1ms、10ms、100ms 3 种。定时器表示符号为 T,编号也按十进制,定时器分为普通型定时器(又称一般型)和停电保持型定时器(又称累计型或积算型定时器)。

三菱 FX 系列 PLC 支持的定时器见表 2-17。

表 2-17　　　　　　　三菱 FX 系列 PLC 支持的定时器

PLC 系列	FX1S	FX1N/FX1NC/FX2N/FX2NC	FX3G	FX3U/FX3UC
1ms 普通型定时器 (0.001~32.767s)	T31, 1 点	—	T256~T319, 64 点	T256~T511, 256 点
100ms 普通型定时器 (0.1~3276.7s)	T0~62, 63 点	T0~199, 200 点		
10ms 普通型定时器 (0.01~327.67s)	T32~C62, 31 点	T200~T245, 46 点		
1ms 停电保持型定时器 (0.001~32.767s)	—	T246~T249, 4 点		
100ms 停电保持型定时器 (0.1~3276.7s)	—	T250~T255, 6 点		

普通型定时器和停电保持型定时器的区别如图 2-30 所示。

图 2-30 (a) 梯形图中的定时器 T0 为 100ms 普通型定时器,其设定计时值为 123(123×0.1s=12.3s)。当 X000 触点闭合时,T0 定时器输入为 ON,开始计时,如果当前计时值未到 123 时 T0 定时

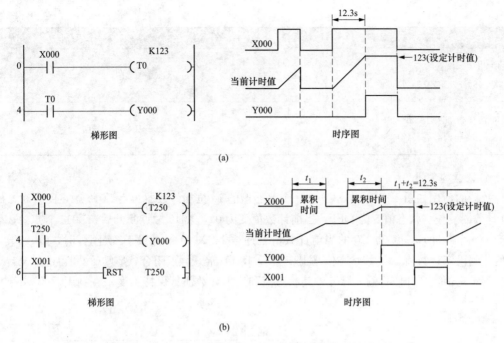

图 2-30 普通型定时器和停电保持型定时器的区别

（a）一般型；（b）停电保持型

器输入变为 OFF(X000 触点断开)，定时器 T0 马上停止计时，并且当前计时值复位为 0，当 X000 触点再闭合时，T0 定时器重新开始计时，当计时值到达 123 时，定时器 T0 的状态值变为 ON，T0 常开触点闭合，Y000 线圈得电。普通型定时器的计时值到达设定值时，如果其输入仍为 ON，定时器的计时值保持设定值不变，当输入变为 OFF 时，其状态值变为 OFF，同时当前计时变为 0。

图 2-30 (b) 梯形图中的定时器 T250 为 100ms 停电保持型定时器，其设定计时值为 123（123× 0.1s=12.3s）。当 X000 触点闭合时，T250 定时器开始计时，如果当前计时值未到 123 时出现 X000 触点断开或 PLC 断电，定时器 T250 停止计时，但当前计时值保持，当 X000 触点再闭合或 PLC 恢复供电时，定时器 T250 在先前保持的计时值基础上继续计时，直到累积计时值到达 123 时，定时器 T250 的状态值变为 ON，T250 常开触点闭合，Y000 线圈得电。停电保持型定时器的计时值到达设定值时，不管其输入是否为 ON，其状态值仍保持为 ON，当前计时值也保持设定值不变，直到用 RST 指令对其进行复位，状态值才变为 OFF，当前计时值才复位为 0。

2.6.5 计数器（C）

计数器是一种具有计数功能的继电器，它可以有无数个常开触点和常闭触点。计数器可分为加计数器和加/减双向计数器。计数器表示符号为 C，编号按十进制方式，计数器可分为普通型计数器和停电保持型计数器两种。

三菱 FX 系列 PLC 支持的计数器见表 2-18。

表 2-18   三菱 FX 系列 PLC 支持的计数器

PLC 系列	FX1S	FX1N/FX1NC/FX3G	FX2N/FX2NC/FX3U/FX3UC
普通型 16 位加计数器 （0～32767）	C0～C15，16 点	C0～C15，16 点	C0～C99，100 点
停电保持型 16 位加计数器 （0～32767）	C16～C31，16 点	C16～C199，184 点	C100～C199，100 点

续表

PLC 系列	FX1S	FX1N/FX1NC/FX3G	FX2N/FX2NC/FX3U/FX3UC
普通型 32 位加减计数器 （－2147483648～＋2147483647）	—		C200～C219，20 点
停电保持型 32 位加减计数器 （－2147483648～＋2147483647）	—		C220～C234，15 点

1. 加计数器的使用

加计数器的使用如图 2-31 所示，C0 是一个普通型的 16 位加计数器。当 X010 触点闭合时，RST 指令将 C0 计数器复位（状态值变为 OFF，当前计数值变为 0），X010 触点断开后，X011 触点每闭合断开一次（产生一个脉冲），计数器 C0 的当前计数值就递增 1，X011 触点第 10 次闭合时，C0 计数器的当前计数值达到设定计数值 10，其状态值马上变为 ON，C0 常开触点闭合，Y000 线圈得电。当计数器的计数值达到设定值后，即使再输入脉冲，其状态值和当前计数值都保持不变，直到用 RST 指令将计数器复位。

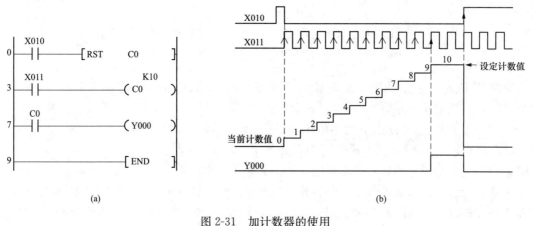

图 2-31 加计数器的使用
(a) 梯形图；(b) 时序图

停电保持型计数器的使用方法与普通型计数器基本相似，两者的区别主要在于：普通型计数器在 PLC 停电时状态值和当前计数值会被复位，上电后重新开始计数，而停电保持型计数器在 PLC 停电时会保持停电前的状态值和计数值，上电后会在先前保持的计数值基础上继续计数。

2. 加/减计数器的使用

三菱 FX 系列 PLC 的 C200～C234 为加/减计数器，这些计数器既可以加计数，也可以减计数，进行何种计数方式分别受特殊辅助继电器 M8200～M8234 控制，比如 C200 计数器的计数方式受 M8200 辅助继电器控制，M8200＝1（M8200 状态为 ON）时，C200 计数器进行减计数，M8200＝0 时，C200 计数器进行加计数。

加/减计数器在计数值达到设定值后，如果仍有脉冲输入，其计数值会继续增加或减少，在加计数达到最大值 2147483647 时，再来一个脉冲，计数值会变为最小值－2147483648，在减计数达到最小值－2147483648 时，再来一个脉冲，计数值会变为最大值 2147483647，所以加/减计数器是环形计数器。在计数时，不管加/减计数器进行的是加计数或是减计数，只要其当前计数值小于设定计数值，计数器的状态就为 OFF，若当前计数值大于或等于设定计数值，计数器的状态为 ON。

加/减计数器的使用如图 2-32 所示。

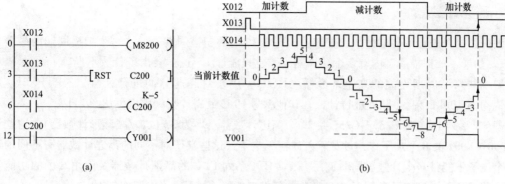

图 2-32 加/减计数器的使用

(a) 梯形图；(b) 时序图

当 X012 触点闭合时，M8200 继电器状态为 ON，C200 计数器工作方式为减计数，X012 触点断开时，M8200 继电器状态为 OFF，C200 计数器工作方式为加计数。当 X013 触点闭合时，RST 指令对 C200 计数器进行复位，其状态变为 OFF，当前计数值也变为 0。

C200 计数器复位后，将 X013 触点断开，X014 触点每通断一次（产生一个脉冲），C200 计数器的计数值就加 1 或减 1。在进行加计数时，当 C200 计数器的当前计数值达到设定值（图 2-32 中 -6 增到 -5）时，其状态变为 ON；在进行减计数时，当 C200 计数器的当前计数值减到小于设定值（图 2-32 中 -5 减到 -6）时，其状态变为 OFF。

3. 计数值的设定方式

计数器的计数值可以直接用常数设定（直接设定），也可以将数据寄存器中的数值设为计数值（间接设定）。 计数器的计数值设定如图 2-33 所示。

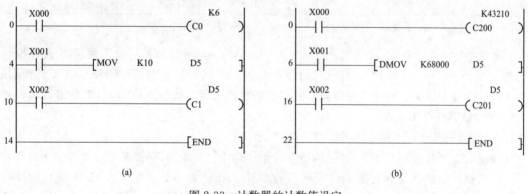

图 2-33 计数器的计数值设定

(a) 16 位计数器；(b) 32 位计数器

16 位计数器的计数值设定见图 2-33（a），C0 计数器的计数值采用直接设定方式，直接将常数 6 设为计数值，C1 计数器的计数值采用间接设定方式，先用 MOV 指令将常数 10 传送到数据寄存器 D5 中，然后将 D5 中的值指定为计数值。

32 位计数器的计数值设定见图 2-33（b），C200 计数器的计数值采用直接设定方式，直接将常数 43210 设为计数值，C201 计数器的计数值采用间接设定方式，由于计数值为 32 位，故需要先用 DMOV 指令（32 位数据传送指令）将常数 68000 传送到 2 个 16 位数据寄存器 D6、D5（两个）中，然后将 D6、D5 中的值指定为计数值，在编程时只需输入低编号数据寄存器，相邻高编号数据寄存器会自动占用。

2.6.6　高速计数器

前面介绍的普通计数器的计数速度较慢，它与 PLC 的扫描周期有关，一个扫描周期内最多只能增 1 或减 1，如果一个扫描周期内有多个脉冲输入，也只能计 1，这样会出现计数不准确，为此 PLC 内部专门设置了与扫描周期无关的高速计数器（HSC），用于对高速脉冲进行计数。三菱 FX3U/3UC 型 PLC 最高可对 100kHz 高速脉冲进行计数，其他型号 PLC 最高计数频率也可达 60kHz。

三菱 FX 系列 PLC 有 C235～C255 共 21 个高速计数器（均为 32 位加/减环形计数器），这些计数器使用 X000～X007 共 8 个端子作为计数输入或控制端子，这些端子对不同的高速计数器有不同的功能定义，一个端子不能被多个计数器同时使用。 三菱 FX 系列 PLC 的高速计数器及使用端子的功能定义见表 2-19。当使用某个高速计数器时，会自动占用相应的输入端子用作指定的功能。

表 2-19　　　　　　　　　　　三菱 FX 系列 PLC 的高速计数器及使用端子的功能定义

高速计数器及使用端子	单相单输入计数器											单相双输入计数器					双相双输入计数器				
	无起动/复位控制功能						有起动/复位控制功能														
端子	C235	C236	C237	C238	C239	C240	C241	C242	C243	C244	C245	C246	C247	C248	C249	C250	C251	C252	C253	C254	C255
X000	U/D						U/D			U/D		U	U		U		A	A		A	
X001		U/D					R			R		D	D		D		B	B		B	
X002			U/D					U/D			U/D		R		R			R		R	
X003				U/D				R			R			U		U			A		A
X004					U/D				U/D					D		D			B		B
X005						U/D			R					R		R			R		R
X006										S					S					S	
X007											S					S					S

注　U/D-加计数输入/减计数输入；R-复位输入；S-起动输入；A-A 相输入；B-B 相输入。

（1）单相单输入高速计数器（C235～C245）。单相单输入高速计数器可分为无起动/复位控制功能的计数器（C235～C240）和有起动/复位控制功能的计数器（C241～C245）。**C235～C245 计数器的加、减计数方式分别由 M8235～M8245 特殊辅助继电器的状态决定，状态为 ON 时计数器进行减计数，状态为 OFF 时计数器进行加计数。**

单相单输入高速计数器的使用举例如图 2-34 所示。

在计数器 C235 输入为 ON（X012 触点处于闭合）期间，C235 对 X000 端子（程序中不出现）输入的脉冲进行计数；如果辅助继电器 M8235 状态为 OFF（X010 触点处于断开），C235 进行加计数，若 M8235 状态为 ON（X010 触点处于闭合），C235 进行减计数。在计数时，不管 C235 进行加计数还是减计数，如果当前计数值小于设定计数值−5，C235 的状态值就为 OFF，如果当前计数值大于或等于−5，C235 的状态值就为 ON；如果 X011 触点闭合，RST 指令会将 C235 复位，C235 当前值变为 0，状态值变为 OFF。

从图 2-34（a）所示梯形图可以看出，计数器 C244 采用与 C235 相同的触点控制，但 C244 属于有专门起动/复位控制的计数器，当 X012 触点闭合时，C235 计数器输入为 ON 马上开始计数，而同时 C244 计数器输入也为 ON 但不会开始计数，只有 X006 端子（C244 的起动控制端）输入为 ON 时，C244 才开始计数，数据寄存器 D1、D0 中的值被指定为 C244 的设定计数值，高速计数器是 32 位计数器，其设定值占用两个数据寄存器，编程时只要输入低位寄存器。对 C244 计数器复位有两种方法：①执行 RST 指令（让 X011 触点闭合）；②让 X001 端子（C244 的复位控制端）输入为 ON。

（2）单相双输入高速计数器（C246～C250）。**单相双输入高速计数器有两个计数输入端，一个为加**

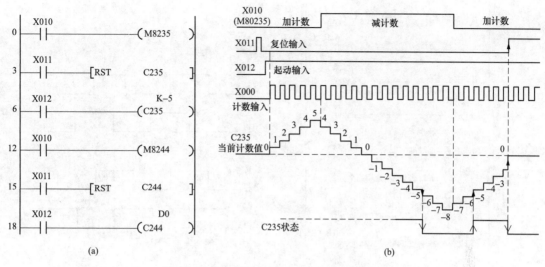

图 2-34 单相单输入高速计数器的使用举例

(a) 梯形图; (b) 时序图

计数输入端, 一个为减计数输入端, 当加计数端输入上升沿时进行加计数, 当减计数端输入上升沿时进行减计数。C246~C250 高速计数器当前的计数方式可通过分别查看 M8246~M8250 的状态来了解, 状态为 ON 表示正在进行减计数, 状态为 OFF 表示正在进行加计数。

　　单相双输入高速计数器的使用举例如图 2-35 所示。当 X012 触点闭合时, C246 计数器启动计数, 若 X000 端子输入脉冲, C246 进行加计数, 若 X001 端子输入脉冲, C246 进行减计数。只有在 X012 触点闭合并且 X006 端子 (C249 的起动控制端) 输入为 ON 时, C249 才开始计数, X000 端子输入脉冲时 C249 进行加计数, X001 端子输入脉冲时 C249 进行减计数。C246 计数器可使用 RST 指令复位, C249 既可使用 RST 指令复位, 也可以让 X002 端子 (C249 的复位控制端) 输入为 ON 来复位。

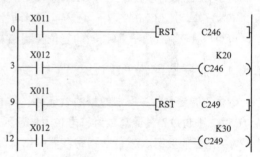

图 2-35 单相双输入高速计数器的使用举例

　　(3) 双相双输入高速计数器 (C251~C255)。**双相双输入高速计数器有两个计数输入端, 一个为 A 相输入端, 一个为 B 相输入端, 在 A 相输入为 ON 时, B 相输入上升沿进行加计数, B 相输入下降沿进行减计数。**C251~C255 的计数方式分别由 M8251~M8255 来监控, 比如 M8251=1 时, C251 当前进行减计数, M8251=0 时, C251 当前进行加计数。

　　双相双输入高速计数器的使用举例如图 2-36 所示。

　　当 C251 计数器输入为 ON (X012 触点闭合) 时, 启动计数, 在 A 相脉冲 (由 X000 端子输入) 为 ON 时对 B 相脉冲 (由 X001 端子输入) 进行计数, B 相脉冲上升沿来时进行加计数, B 相脉冲下降沿来时进行减计数。如果 A、B 相脉冲由两相旋转编码器提供, 编码器正转时产生的 A 相脉冲相位超前 B 相脉冲, 在 A 相脉冲为 ON 时 B 相脉冲只会出现上升沿, 如图 2-36 (b) 所示, 即编码器正转时进行加计数, 在编码器反转时产生的 A 相脉冲相位落后 B 相脉冲, 在 A 相脉冲为 ON 时 B 相脉冲只会出现下降沿, 即编码器反转时进行减计数。

　　C251 计数器进行减计数时, M8251 继电器状态为 ON, M8251 常开触点闭合, Y003 线圈得电。在计数时, 若 C251 计数器的当前计数值大于或等于设定计数值, C251 状态为 ON, C251 常开触点闭合,

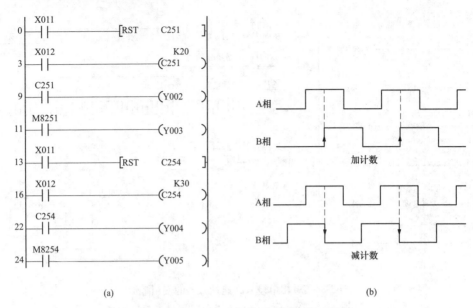

图 2-36　双相双输入高速计数器的使用举例

（a）梯形图；（b）时序图

Y002 线圈得电。C251 计数器可用 RST 指令复位，其状态变为 OFF，将当前计数值清 0。

　　C254 计数器的计数方式与 C251 基本类似，但启动 C254 计数除了要求 X012 触点闭合（让 C254 输入为 ON）外，还须 X006 端子（C254 的启动控制端）输入为 ON。C254 计数器既可使用 RST 指令复位，也可以让 X002 端子（C254 的复位控制端）输入为 ON 来复位。

2.6.7　数据寄存器（D）

　　数据寄存器是用来存放数据的软元件，其表示符号为 **D**，按十进制编号。一个数据寄存器可以存放 **16 位二进制数**，其最高位为符号位（**0** 表示正数，**1** 表示负数），一个数据寄存器可存放 **－32768～＋32767 范围的数据**。16 位数据寄存器的结构如图 2-37 所示。

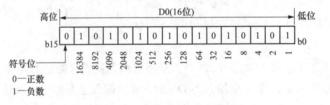

图 2-37　16 位数据寄存器的结构

　　两个相邻的数据寄存器组合起来可以构成一个 **32 位数据寄存器**，能存放 **32 位二进制数**，其最高位为符号位（**0** 表示正数，**1** 表示负数），两个数据寄存器组合构成的 **32 位数据寄存器可存放 －2147483648～＋2147483647 范围的数据**。32 位数据寄存器的结构如图 2-38 所示。

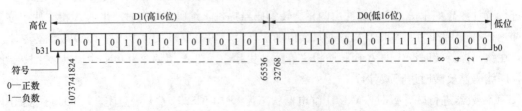

图 2-38　32 位数据寄存器的结构

三菱 FX 系列 PLC 的数据寄存器可分为一般型、停电保持型、文件型和特殊型数据寄存器。三菱 FX 系列 PLC 支持的数据寄存器点数见表 2-20。

表 2-20 三菱 FX 系列 PLC 支持的数据寄存器点数

PLC 系列	FX1S	FX1N/FX1NC/FX3G	FX2N/FX2NC/FX3U/FX3UC
一般型数据寄存器	D0～D127，128 点	D0～D127，128 点	D0～D199，200 点
停电保持型数据寄存器	D128～D255，128 点	D128～D7999，7872 点	D200～D7999，7800 点
文件型数据寄存器	D1000～D2499，1500 点	D1000～D7999，7000 点	
特殊型数据寄存器	D8000～D8255，256 点（FX1S/FX1N/FX1NC/FX2N/FX2NC） D8000～D8511，512（FX3G/FX3U/FX3UC）		

(1) 一般型数据寄存器。当 PLC 从 RUN 模式进入 STOP 模式时，所有一般型数据寄存器的数据全部清 0，如果特殊辅助继电器 M8033 为 ON，则 PLC 从 RUN 模式进入 STOP 模式时，一般型数据寄存器的值保持不变。程序中未用的定时器和计数器可以作为数据寄存器使用。

(2) 停电保持型数据寄存器。停电保持型数据寄存器具有停电保持功能，当 PLC 从 RUN 模式进入 STOP 模式时，停电保持型寄存器的值保持不变。在编程软件中可以设置停电保持型数据寄存器的范围。

(3) 文件型数据寄存器。文件寄存器用来设置具有相同软元件编号的数据寄存器的初始值。PLC 上电时和由 STOP 转换至 RUN 模式时，文件寄存器中的数据被传送到系统的 RAM 的数据寄存器区。在 GX Developer 软件的"FX 参数设置"对话框（见图 2-25），切换到"内存容量设置"选项卡，从中可以设置文件寄存器容量（以块为单位，每块 500 点）。

(4) 特殊型数据寄存器。特殊型数据寄存器的作用是用来控制和监视 PLC 内部的各种工作方式和软元件，如扫描时间、电池电压等。在 PLC 上电和由 STOP 转换至 RUN 模式时，这些数据寄存器会被写入默认值。更多特殊型数据寄存器的功能可查阅三菱 FX 系列 PLC 的编程手册。

2.6.8 扩展寄存器（R）和扩展文件寄存器（ER）

扩展寄存器和扩展文件寄存器是扩展数据寄存器的软元件，只有 FX3GA/FX3G/FX3GE/FX3GC/FX3U 和 FX3UC 系列 PLC 才有这两种寄存器。

对于 FX3GA/FX3G/FX3GE/FX3GC 系列 PLC，扩展寄存器有 R0～R23999 共 24000 个（位于内置 RAM 中），扩展文件寄存器有 ER0～ER23999 共 24000 个（位于内置 EEPROM 或安装存储盒的 EEPROM 中）。对于 FX3U/FX3UC 系列 PLC，扩展寄存器有 R0～R32767 共 32768 个（位于内置电池保持的 RAM 区域），扩展文件寄存器有 ER0～ER32767 共 32768 个（位于安装存储盒的 EEPROM 中）。

扩展寄存器、扩展文件寄存器与数据寄存器一样，都是 16 位，相邻的两个寄存器可组成 32 位。扩展寄存器可用普通指令访问，扩展文件寄存器需要用专用指令访问。

2.6.9 变址寄存器（V、Z）

三菱 FX 系列 PLC 有 V0～V7 和 Z0～Z7 共 16 个变址寄存器，它们都是 16 位寄存器。变址寄存器 V、Z 实际上是一种特殊用途的数据寄存器，其作用是改变元件的编号（变址），如 V0＝5，若执行 D20V0，则实际被执行的元件为 D25（D20＋5）。变址寄存器可以像其他数据寄存器一样进行读写，需要进行 32 位操作时，可将 V、Z 串联使用（Z 为低位，V 为高位）。

2.6.10 常数（十进制数 K、十六进制数 H、实数 E）

三菱 FX 系列 PLC 的常数主要有十进制常数、十六进制常数和实数常数 3 种类型。

十进制常数表示符号为 K，如 K234 表示十进制数 234，数值范围为：$-32768 \sim +32767$（16 位），$-2147483648 \sim +2147483647$（32 位）。

十六进制常数表示符号为 H，如 H2C4 表示十六进制数 2C4，数值范围为：H0 $\sim$ HFFFF（16 位），H0 $\sim$ HFFFFFFFF（32 位）。

实数常数表示符号为 E，如 E1.234、E1.234+2 分别表示实数 1.234 和 1.234×10^2，数值范围为：$-1.0 \times 2^{128} \sim -1.0 \times 2^{-126}$，0，$1.0 \times 2^{-126} \sim 1.0 \times 2^{128}$。

第3章

三菱PLC编程与仿真软件的使用

要让 PLC 完成预定的控制功能，就必须为它编写相应的程序。PLC 编程语言主要有梯形图语言、语句表语言和 SFC 顺序功能图语言。

3.1 编 程 基 础

3.1.1 编程语言

PLC 是一种由软件驱动的控制设备，PLC 软件由系统程序和用户程序组成。系统程序是由 PLC 制造厂商设计编制的，并写入 PLC 内部的 ROM 中，用户无法修改；用户程序是由用户根据控制需要编制的程序，再写入 PLC 存储器中。

写一篇相同内容的文章，既可以采用中文，也可以采用英文，还可以使用法文。同样地，编制 PLC 用户程序也可以使用多种语言。**PLC 常用的编程语言有梯形图语言和指令表编程语言，其中梯形图语言最为常用。**

1. 梯形图语言

梯形图语言采用类似传统继电器控制电路的符号，用梯形图语言编制的梯形图程序具有形象、直观、实用的特点，因此这种编程语言成为电气工程人员应用最广泛的 PLC 编程语言。

下面对相同功能的继电器控制电路与梯形图程序进行比较，如图 3-1 所示。

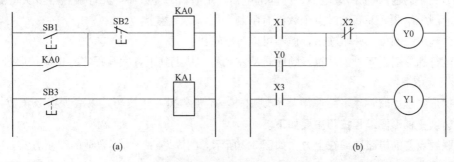

图 3-1　继电器控制电路与梯形图程序比较

(a) 继电器控制电路；(b) 梯形图程序

图 3-1 (a) 为继电器控制电路，当 SB1 闭合时，继电器 KA0 线圈得电；KA0 自锁触点闭合，锁定 KA0 线圈得电；当 SB2 断开时，KA0 线圈失电，KA0 自锁触点断开，解除锁定；当 SB3 闭合时，继电器 KA1 线圈得电。

图 3-1 (b) 为梯形图程序，当常开触点 X1 闭合（其闭合受输入继电器线圈控制，图中未画出）时，输出继电器 Y0 线圈得电，Y0 自锁触点闭合，锁定 Y0 线圈得电；当常闭触点 X2 断开时，Y0 线圈失电，Y0 自锁触点断开，解除锁定；当常开触点 X3 闭合时，继电器 Y1 线圈得电。

不难看出，两种图的表达方式很相似，不过梯形图使用的继电器是由软件来实现的，使用和修改灵活方便，而继电器控制线路需要硬件接线，修改比较麻烦。

2. 语句表语言

语句表语言与微型计算机采用的汇编语言类似，也采用助记符形式编程。在使用简易编程器对PLC进行编程时，一般采用语句表语言，这主要是因为简易编程器显示屏很小，难以采用梯形图语言编程。表3-1中是采用语句表语言编写的程序（针对三菱 FX 系列 PLC），其功能与图 3-1（b）所示梯形图程序完全相同。

表 3-1 采用语句表语言编写的程序

步号	指令	操作数	说　　明
0	LD	X1	逻辑段开始，将常开触点 X1 与左母线连接
1	OR	Y0	将 Y0 自锁触点与 X1 触点并联
2	ANI	X2	将 X2 常闭触点与 X1 触点串联
3	OUT	Y0	连接 Y0 线圈
4	LD	X3	逻辑段开始，将常开触点 X3 与左母线连接
5	OUT	Y1	连接 Y1 线圈

从表 3-1 中的程序可以看出，语句表程序就像是描述绘制梯形图的文字。语句表程序由步号、指令、操作数和说明 4 部分组成，其中说明部分不是必需的，而是为了便于程序的阅读而增加的注释文字，程序运行时不执行说明部分。

3.1.2　梯形图的编程规则与技巧

1. 梯形图的编程规则

（1）梯形图每一行都应从左母线开始，从右母线结束。

（2）输出线圈右端要接右母线，左端不能直接与左母线连接。

（3）在同一程序中，一般应避免同一编号的线圈使用两次（即重复使用），若出现这种情况，则后面的输出线圈状态有输出，而前面的输出线圈状态无效。

（4）梯形图中的输入/输出继电器、内部继电器、定时器、计数器等元件触点可多次重复使用。

（5）梯形图中串联或并联的触点个数没有限制，可以是无数个。

（6）多个输出线圈可以并联输出，但不可以串联输出。

（7）在运行梯形图程序时，其执行顺序是从左到右、从上到下，编写程序时也应按照这个顺序。

2. 梯形图编程技巧

在编写梯形图程序时，除了要遵循基本规则外，还要掌握一些技巧，以减少指令条数，节省内存和提高运行速度。**梯形图编程技巧主要如下。**

（1）**串联触点多的电路应编在上方**，如图 3-2 所示。图 3-2（a）为不合适的编制方式，应将它改为图 3-2（b）的形式。

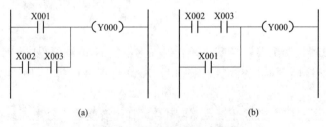

图 3-2　串联触点多的电路应编在上方

(a) 不合适方式；(b) 合适方式

（2）**并联触点多的电路应放在左边**，如图 3-3 所示。

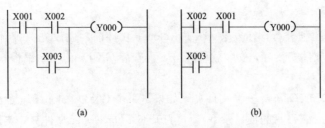

图 3-3　并联触点多的电路应放在左边
(a) 不合适方式；(b) 合适方式

（3）**对于多重输出电路，应将串有触点或串联触点多的电路放在下边**，如图 3-4 所示。

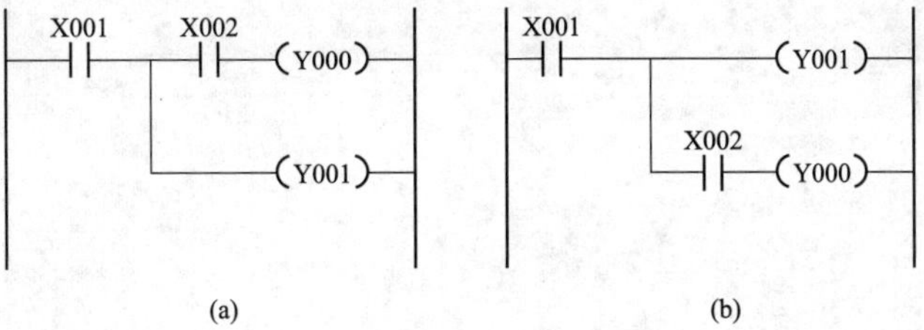

图 3-4　对于多重输出电路应将串有触点或串联触点多的电路放在下边
(a) 不合适方式；(b) 合适方式

（4）**如果电路复杂，可以重复使用一些触点改成等效电路，再进行编程**，如将图 3-5 (a) 改成图 3-5 (b) 所示形式。

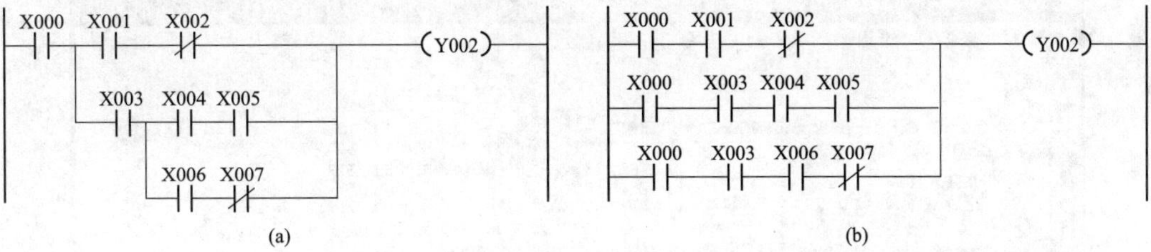

图 3-5　对于复杂电路可重复使用一些触点改成等效电路来进行编程
(a) 不合适方式；(b) 合适方式

3.2　三菱 GX Developer 编程软件的使用

三菱 FX 系列 PLC 的编程软件有 FXGP_WIN-C、GX Developer 和 GX Work 3 种。FXGP_WIN-C 软件体积小巧（约 2M 多）、操作简单，但只能对 FX2N 及以下档次的 PLC 编程，无法对 FX3 系列的 PLC 编程，建议初级用户使用；GX Developer 软件体积在几十到几百 M（因版本而异），不但可对 FX 全系列 PLC 进行编程，还可对中大型 PLC（早期的 A 系列和现在的 Q 系列）编程，建议初、中级用户使用；GX Work 软件体积在几百 M 到几 G，可对 FX 系列、L 系列和 Q 系列 PLC 进行编程，与 GX Developer 软件相比，除了外观和一些小细节上的区别外，最大的区别是 GX Work 支持结构化编程（类似于西门子中大型 S7-300/400 PLC 的 STEP7 编程软件），建议中、高级用户使用。

三菱 PLC 编程软件的安装与启动

3.2.1 软件的安装

为了使软件安装能顺利进行，在安装 GX Developer 软件前，建议先关掉计算机的安全防护软件（如 360 安全卫士等）。软件安装时先安装软件环境，再安装 GX Developer 编程软件。

1. 安装软件环境

在安装时，先将 GX Developer 安装文件夹（如果是一个 GX Developer 压缩文件，则先要解压）复制到某盘符的根目录下（如 D 盘的根目录下），再打开 GX Developer 文件夹，文件夹中包含有 3 个文件夹，如图 3-6 所示，打开其中的 SW8D5C-GPPW-C 文件夹，再打开该文件夹中的 EnvMEL 文件夹，找到 "SETUP.EXE" 文件，如图 3-7 所示，双击它就可以开始安装 MELSOFT 环境软件。

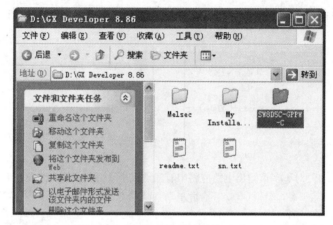

图 3-6　GX Developer 安装文件夹中包含有 3 个文件夹

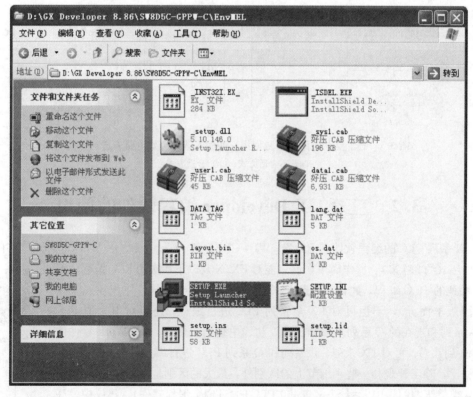

图 3-7　在 SW8D5C-GPPW-C 文件夹的 EnvMEL 文件夹中找到并双击 SETUP.EXE

2. 安装 GX Developer 编程软件

软件环境安装完成后，就可以开始安装 GX Developer 软件。GX Developer 软件的安装过程见表 3-2。

表 3-2 GX Developer 软件的安装过程

序号	操作说明	操作图
1	打开 SW8D5C-GPPW-C 文件夹，在该文件夹中找到 SET-UP. EXE 文件，双击该文件即开始 GX Developer 软件的安装	
2	在"用户信息"对话框中，输入姓名和公司名，单击"下一个"	
3	在"输入产品序列号"对话框中，输入产品系列号，单击"下一个"	

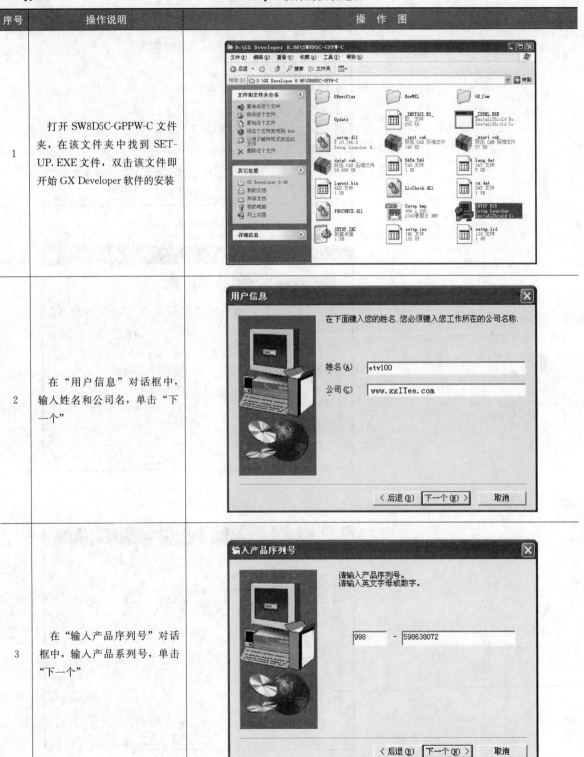

续表

序号	操作说明	操 作 图
4	在"选择部件"对话框中，勾选"结构化文本（ST）语言编程功能"，单击"下一个"	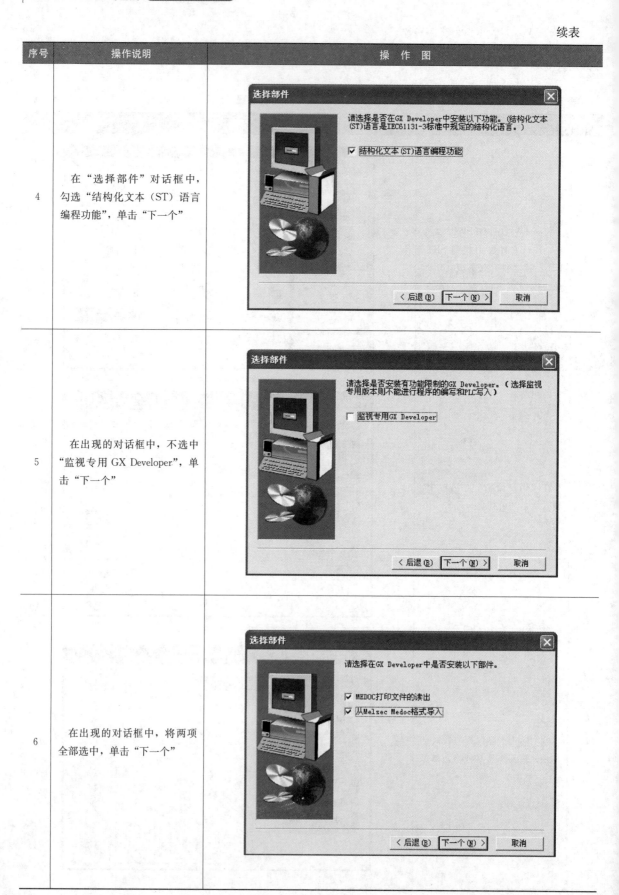
5	在出现的对话框中，不选中"监视专用 GX Developer"，单击"下一个"	
6	在出现的对话框中，将两项全部选中，单击"下一个"	

续表

序号	操作说明	操作图
7	在出现的"选择目标位置"对话框中,选择软件的安装路径,这里保持默认路径,单击"下一个",即开始正式安装 GX Developer	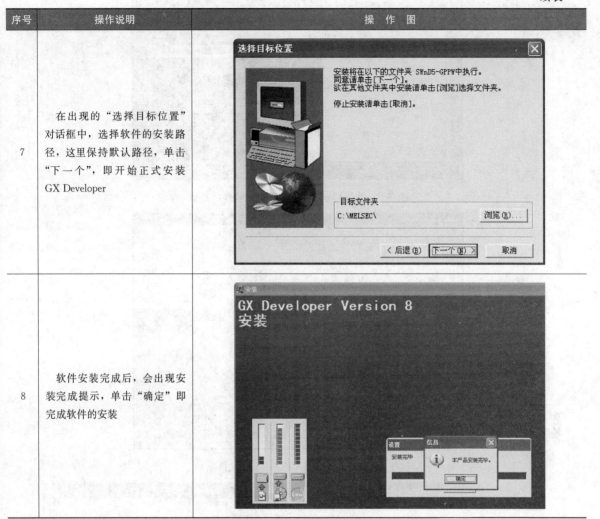
8	软件安装完成后,会出现安装完成提示,单击"确定"即完成软件的安装	

3.2.2 软件的启动与窗口及工具说明

1. 软件的启动

单击计算机桌面左下角"开始"按钮,在弹出的菜单中执行"程序→MELSOFT 应用程序→GX Developer",如图 3-8 所示,即可启动 GX Developer 软件,启动后的 Gx Developer 软件窗口如图 3-9 所示。

2. 软件窗口说明

GX Developer 启动后不能马上编写程序,还需要新建一个工程,再在工程中编写程序。新建工程后(新建工程的操作方法在后面介绍),GX Developer 窗口将发生一些变化。新建工程后的 GX Developer 软件窗口如图 3-10 所示。

GX Developer 软件窗口有以下内容。

(1)标题栏。标题栏主要显示工程名称及保存位置。

(2)菜单栏。菜单栏有 10 个菜单项,通过执行这些菜单项下的菜单命令,可完成软件绝大部分功能。

(3)工具栏。工具栏提供了软件操作的快捷按钮,有些按钮处于灰色状态,表示它们在当前操作环境下不可使用。由于工具栏中的工具条较多,占用了软件窗口较大范围,可将一些不常用的工具条隐藏起来,操作方法是执行菜单命令"显示→工具条",弹出如图 3-11 所示的"工具条"对话框,单击

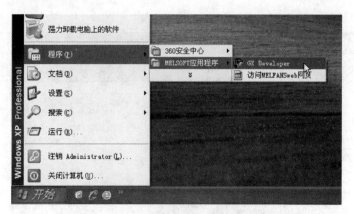

图 3-8　执行启动 GX Developer 软件的操作

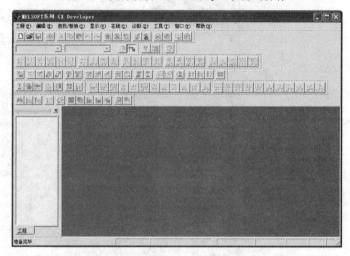

图 3-9　启动后的 GX Developer 软件窗口

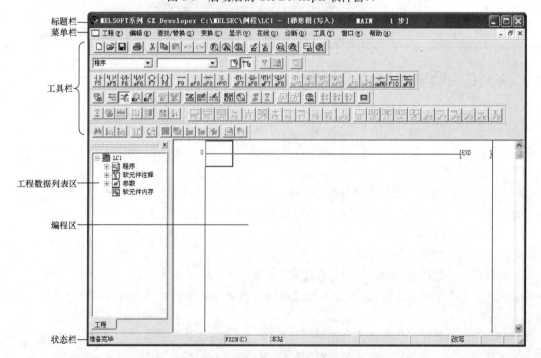

图 3-10　新建工程后的 GX Developer 软件窗口

对话框中工具条名称前的圆圈，使之变成空心圆，则这些工具条将隐藏起来，如果仅想隐藏某工具条中的某个工具按钮，可先选中对话框中的某工具条，如选中"标准"工具条，再单击"定制"，则将会弹出如图 3-12 所示的对话框，显示该工具条中所有的工具按钮，在该对话框中取消某工具按钮，如取消"打印"工具按钮，确定后，软件窗口的标准工具条中将不会显示打印按钮。如果软件窗口的工具条排列混乱，可在图 3-11 所示的工具条对话框中单击"初始化"，软件窗口所有的工具条将会重新排列，恢复到初始位置。

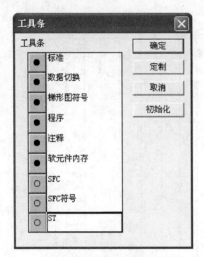 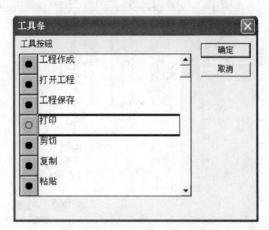

图 3-11 取消某些工具条在软件窗口的显示 　图 3-12 取消某工具条中的某些工具按钮在软件窗口的显示

（4）工程列表区。工程列表区以树状结构显示工程的各项内容（如程序、软元件注释、参数等）。当双击列表区的某项内容时，右方的编程区将切换到该内容编辑状态。如果要隐藏工程列表区，可点击该区域右上角的×，或者执行菜单命令"显示→工程数据列表"。

（5）编程区。编程区用于编写程序，可以用梯形图或指令语句表编写程序，当前处于梯形图编程状态，如果要切换到指令语句表编程状态，可执行菜单命令"显示→列表显示"。如果编程区的梯形图符号和文字偏大或偏小，可执行菜单命令"显示→放大/缩小"，将弹出图 3-13 所示的"放大/缩小"对话框，可在其中选择显示倍率。

（6）状态栏。状态栏用于显示软件当前的一些状态，如鼠标所指工具的功能提示、PLC类型和读写状态等。如果要隐藏状态栏，可执行菜单命令"显示→状态条"。

3. 梯形图工具说明

工具栏中的工具很多，将鼠标移到某工具按钮上停住，鼠标下方会出现该按钮功能说明，如图 3-14 所示。

图 3-13 编程区显示倍率设置 　图 3-14 鼠标停在工具按钮上时会显示该按钮功能说明

　　下面介绍最常用的梯形图工具，其他工具在后面用到时再进行说明。梯形图工具条的各工具按钮说明如图 3-15 所示。

　　工具按钮下部的字符表示该工具的快捷操作方式，常开触点工具按钮下部标有 F5，表示按下键盘上的 F5 键可以在编程区插入一个常开触点，sF5 表示 Shift 键＋F5 键（即同时按下 Shift 键和 F5 键，也可先按下 Shift 键后再按 F5 键），cF10 表示 Ctrl 键＋F10 键，aF7 表示 Alt 键＋F7 键，saF7 表示 Shift 键＋Alt 键＋F7 键。

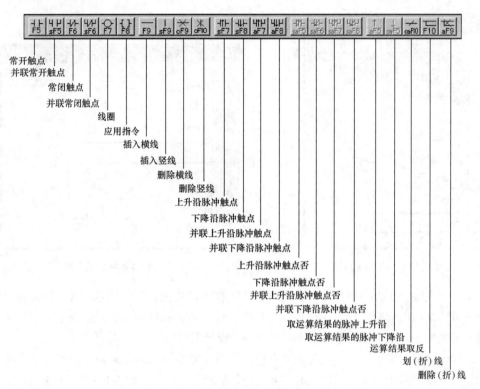

图 3-15　梯形图工具条的各工具按钮说明

3.2.3　创建新工程

　　GX Developer 软件启动后不能马上编写程序，还需要创建新工程，再在创建的工程中编写程序。

　　创建新工程有 3 种方法：①单击工具栏中的 □ 按钮；②执行菜单命令"工程→创建新工程"；③按 Ctrl 键＋N 键。采用这 3 种方法均可弹出"创建新工程"对话框，如图 3-16 所示。在对话框先选择 PLC 系列，见图 3-16（a）；再选择 PLC 类型，见图 3-16（b）。从对话框中可以看出，GX Developer 软件可以对所有的 FX 系列 PLC 进行编程，创建新工程时选择的 PLC 类型要与实际的 PLC 一致，否则程序编写后无法写入 PLC 或写入出错。

　　由于 FX3S（FX3SA）系列 PLC 推出时间较晚，在 GX Developer 软件的 PLC 类型栏中没有该系列的 PLC 供选择，可选择"FX3G"来替代。在较新版本的 GX Work2 编程软件中，其 PLC 类型栏中有 FX3S（FX3SA）系列的 PLC 供选择。

　　PLC 系列和 PLC 类型选好后，单击"确定"即可创建一个未命名的新工程，工程名可在保存时再填写。如果希望在创建工程时就设定工程名，可在创建新工程对话框中选中"设置工程名"，见图 3-16（c），再在下方输入工程保存路径和工程名，也可以单击"浏览"，在弹出的图 3-16（d）所示的对话框中直接选择工程的保存路径并输入新工程名称，这样就可以创建一个新工程。新建工程后的软件窗口如图 3-10 所示。

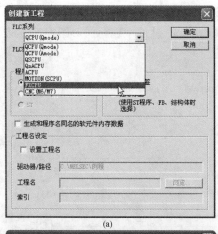

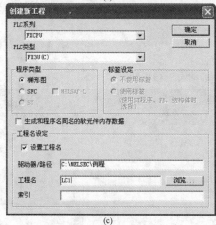

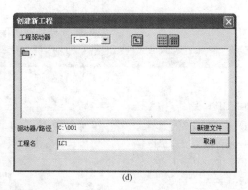

图 3-16 创建新工程

（a）选择 PLC 系列；（b）选择 PLC 类型；（c）直接输入工程保存路径和工程名；（d）用浏览方式选择工程保存路径和并输入工程名

3.2.4 编写梯形图程序

在编写程序时，在工程数据列表区展开"程序"项，并双击其中的"MAIN（主程序）"，将右方编程区切换到主程序编程（编程区默认处于主程序编程状态），再单击工具栏中的 （写入模式）按钮，或执行菜单命令"编辑→写入模式"，也可按键盘上的 F2 键，让编程区处于写入状态，如图 3-17 所示，如果 📖（监视模式）按钮或

编写 PLC 程序

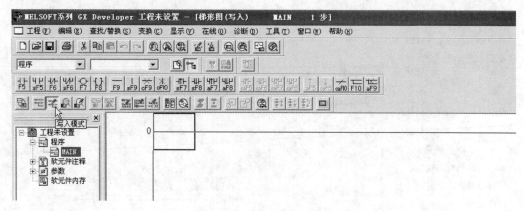

图 3-17 在编程时需将软件设成写入模式

▐▌▐ (读出模式) 按钮被按下，在编程区将无法编写和修改程序，只能查看程序。

下面以图 3-18 所示的程序为例来说明如何在 GX Developer 软件中编写梯形图程序。梯形图程序的编写过程见表 3-3。

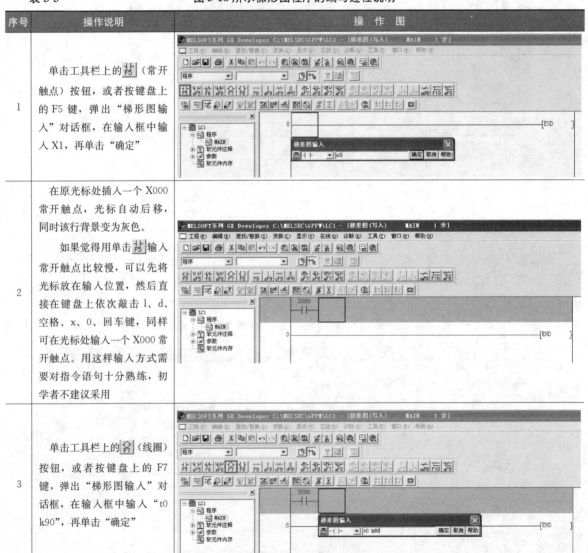

图 3-18 待编写的梯形图程序

表 3-3　　　　　　　　　　图 3-18 所示梯形图程序的编写过程说明

序号	操作说明	操作图
1	单击工具栏上的 ╢╟ (常开触点) 按钮，或者按键盘上的 F5 键，弹出"梯形图输入"对话框，在输入框中输入 X1，再单击"确定"	
2	在原光标处插入一个 X000 常开触点，光标自动后移，同时该行背景变为灰色。 如果觉得用单击 ╢╟ 输入常开触点比较慢，可以先将光标放在输入位置，然后直接在键盘上依次敲击 1、d、空格、x、0、回车键，同样可在光标处输入一个 X000 常开触点。用这样输入方式需要对指令语句十分熟练，初学者不建议采用	
3	单击工具栏上的 ╤○╤ (线圈) 按钮，或者按键盘上的 F7 键，弹出"梯形图输入"对话框，在输入框中输入"t0 k90"，再单击"确定"	

续表

序号	操作说明	操 作 图
4	在编程区输入一个 T0 定时器线圈,定时时间为 90×100ms = 9s(T0 ~ T199 为 100ms 定时器),由于线圈与右母线之间不能再输入指令,故光标自动跳到下一行。 在光标处右击,在弹出的右键菜单中选择"行插入"命令	
5	在原光标位置上方插入一空行,同时光标自动移到该空行	
6	单击工具栏上 (并联常开触点)按钮,也可同时按键盘上的 Shift 键盘和 F7 键,弹出"梯形图输入"对话框,在输入框中输入"y0",再单击"确定"	
7	在原光标处输入一个 Y000 并联常开触点,光标自动后移	
8	单击工具栏上的 (常闭触点)按钮,或者按键盘上 F6 键,弹出"梯形图输入"对话框,在输入框中输入"x1",再点击"确定"	

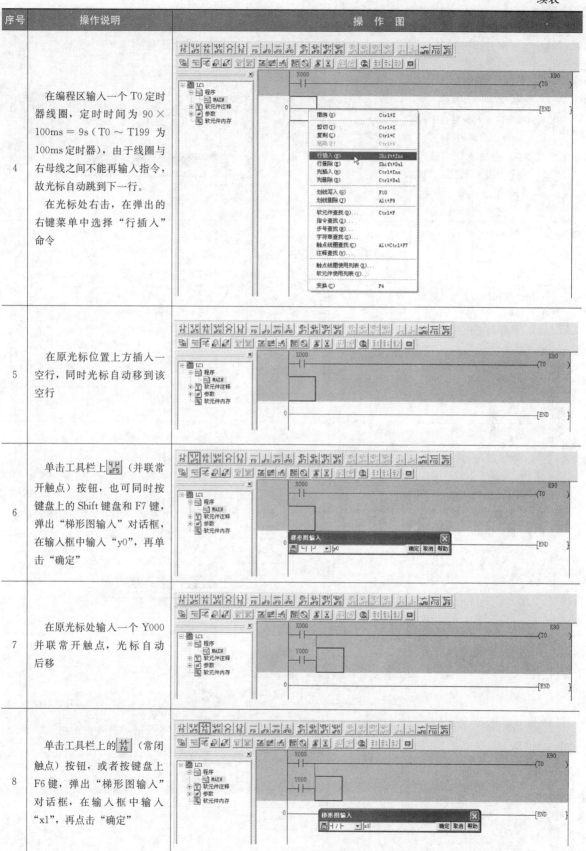

续表

序号	操作说明	操 作 图
9	在原光标处输入一个 X001 常闭触点，光标自动后移； 再单击工具栏上的 (线圈) 按钮，或者按键盘上的 F7 键，弹出"梯形图输入"对话框，在输入框中输入"y0"，再单击"确定"，即可输入一个 Y000 线圈	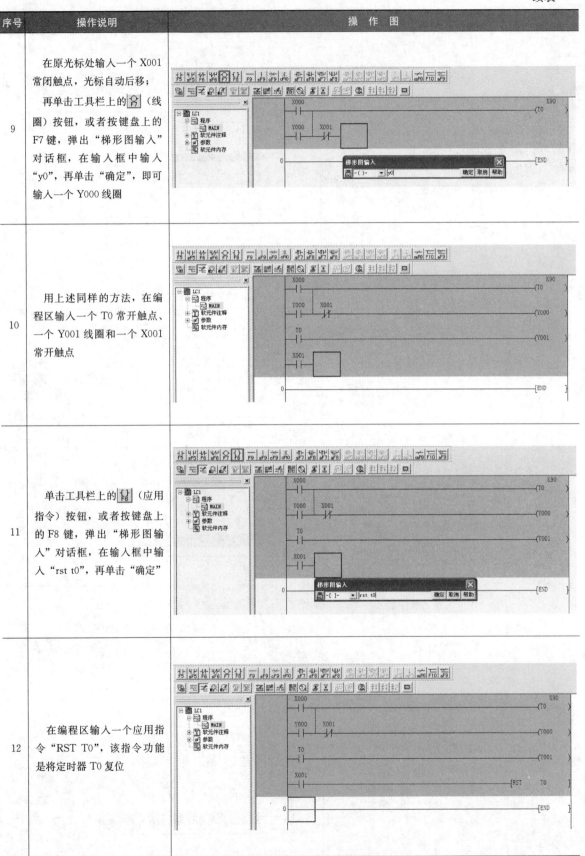
10	用上述同样的方法，在编程区输入一个 T0 常开触点、一个 Y001 线圈和一个 X001 常开触点	
11	单击工具栏上的 (应用指令) 按钮，或者按键盘上的 F8 键，弹出"梯形图输入"对话框，在输入框中输入"rst t0"，再单击"确定"	
12	在编程区输入一个应用指令"RST T0"，该指令功能是将定时器 T0 复位	

续表

序号	操作说明	操作图
13	在编程区右击，在弹出的右键菜单中选择"变换"，也可以直接单击工具栏上的 ⊠ （程序变换/编译），软件会对编写的程序进行变换，如果程序未变换，将不能保存，也不能写入PLC； 　按键盘上的F4键或执行菜单命令"变换→变换"，同样可对程序进行变换（编译）操作； 　如果程序存在一些错误，变换操作将不能进行，变换时光标将停在出错位置	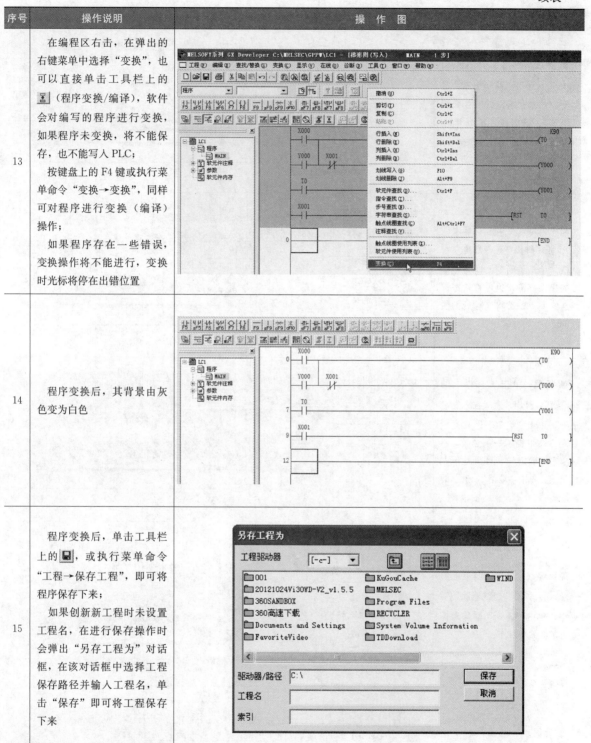
14	程序变换后，其背景由灰色变为白色	
15	程序变换后，单击工具栏上的 ⊟，或执行菜单命令"工程→保存工程"，即可将程序保存下来； 　如果创新新工程时未设置工程名，在进行保存操作时会弹出"另存工程为"对话框，在该对话框中选择工程保存路径并输入工程名，单击"保存"即可将工程保存下来	

3.2.5 梯形图的编辑

1. 画线和删除线的操作

在梯形图中可以画直线和折线，不能画斜线。画线和删除线的操作说明见表3-4。

表 3-4 画线和删除线的操作说明

操作说明	操作图
画横线：单击工具栏上的 F9 按钮，弹出"横线输入"对话框，单击"确定"即在光标处画了一条横线，不断单击"确定"，则不断往右方画横线，单击"取消"，退出画横线	
删除横线：单击工具栏上的 cF9 按钮，弹出"横线删除"对话框，单击"确定"即将光标处的横线删除，也可直接按键盘上的 Delete 键将光标处的横线删除	
画竖线：单击工具栏上的 sF9 按钮，弹出"竖线输入"对话框，点击"确定"即在光标处左方往下画了一条竖线，不断单击"确定"，则不断往下方画竖线，单击"取消"，退出画竖线	
删除竖线：单击工具栏上的 cF10 按钮，弹出"竖线删除"对话框，单击"确定"即将光标左方的竖线删除	
画折线：单击工具栏上的 F10 按钮，将光标移到待画折线的起点处，按下鼠标左键拖出一条折线，松开左键即画出一条折线	

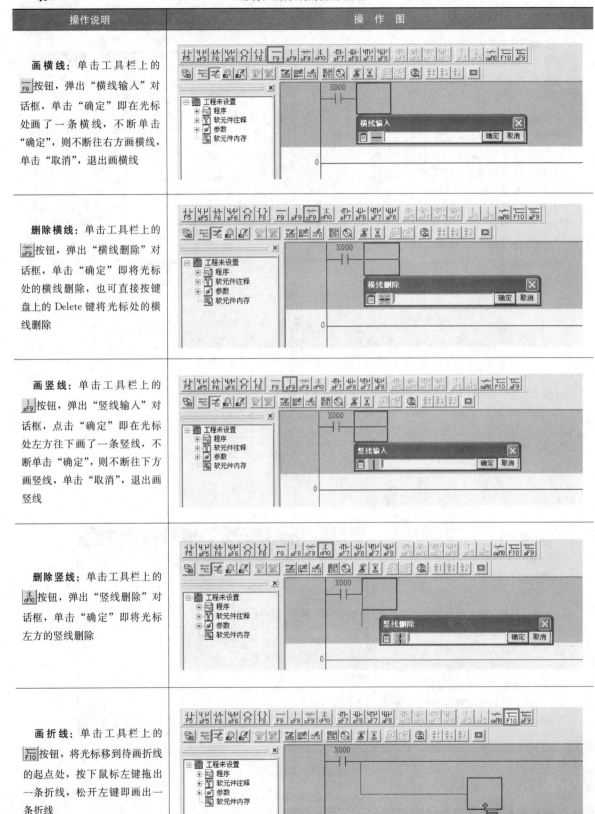

续表

操作说明	操作图
删除折线：单击工具栏上的 按钮，将光标移到折线的起点处，按下鼠标左键拖出一条空白折线，松开左键即将一段折线删除	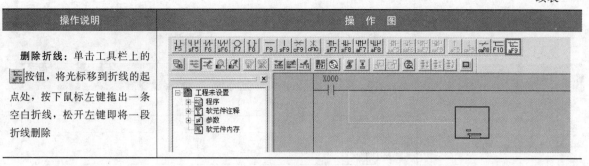

2. 删除操作

一些常用的删除操作说明见表 3-5。

表 3-5 一些常用的删除操作说明

操作说明	操作图
删除某个对象：用光标选中某个对象，按键盘上的 Delete 键即可删除该对象	
行删除：将光标定位在要删除的某行上，右击在弹出的右键菜单中选择"行删除"，光标所在的整个行内容会被删除，下一行内容会上移填补被删除的行	
列删除：将光标定位在要删除的某列上，右击在弹出的右键菜单中选择"列删除"，光标所在 0～7 梯级的列内容会被删除，即 X000 和 Y000 触点会被删除，而 T0 触点不会删除	
删除一个区域内的对象：将光标先移到要删除区域的左上角，然后按下键盘上的 Shift 键不放，再将光标移到该区域的右下角并单击，该区域内的所有对象会被选中，按键盘上的 Delete 键即可删除该区域内的所有对象； 也可以采用按下鼠标左键，从左上角拖到右下角来选中某区域，再执行删除操作	

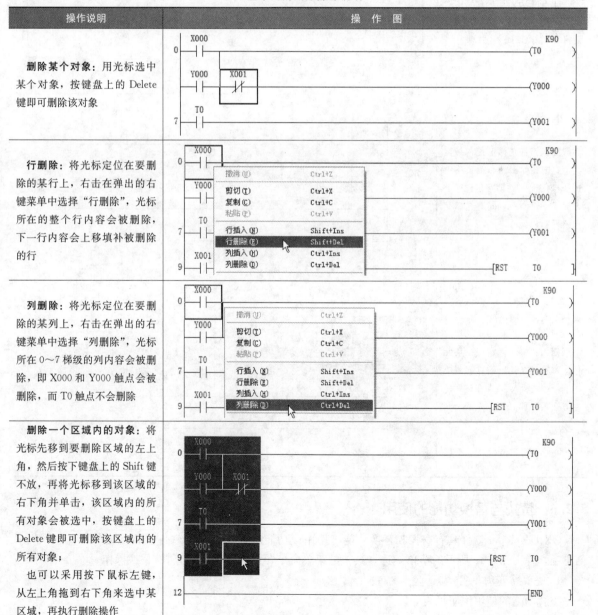

3. 插入操作

一些常用的插入操作说明见表 3-6。

表 3-6　　　　　　　　　　　　　一些常用的插入操作说明

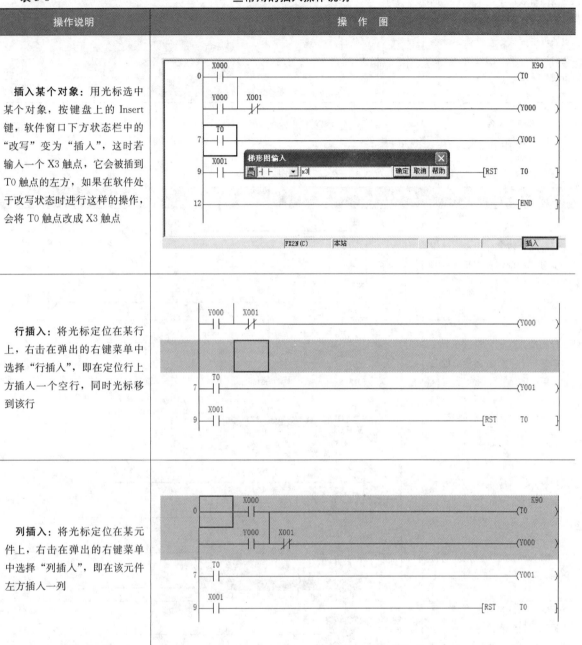

操 作 说 明	操 作 图
插入某个对象：用光标选中某个对象，按键盘上的 Insert 键，软件窗口下方状态栏中的"改写"变为"插入"，这时若输入一个 X3 触点，它会被插到 T0 触点的左方，如果在软件处于改写状态时进行这样的操作，会将 T0 触点改成 X3 触点	
行插入：将光标定位在某行上，右击在弹出的右键菜单中选择"行插入"，即在定位行上方插入一个空行，同时光标移到该行	
列插入：将光标定位在某元件上，右击在弹出的右键菜单中选择"列插入"，即在该元件左方插入一列	

3.2.6 查找与替换功能的使用

GX Developer 软件具有查找和替换功能，使用该功能的方法是单击软件窗口上方的"查找/替换"菜单项，弹出图 3-19 所示的菜单，选择其中的菜单命令即可执行相应的查找/替换操作。

1. 查找功能的使用

查找功能的使用说明见表 3-7。

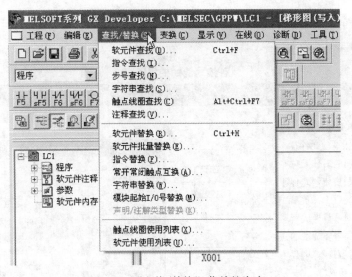

图 3-19 "查找/替换"菜单的内容

表 3-7 查找功能的使用说明

操作说明	操作图
软元件查找: 执行菜单命令"查找/替换→软元件查找",或单击工具栏上的 (查找)按钮,还可以执行右键菜单命令中的"软元件查找",均会弹出"软元件查找"对话框,输入要查找的软元件 T0,查找方向和查找选项保持默认,单击一次"查找下一个"按钮,光标出现在第一个 T0 上,再单击一次该按钮,光标会移到第二个 T0 上	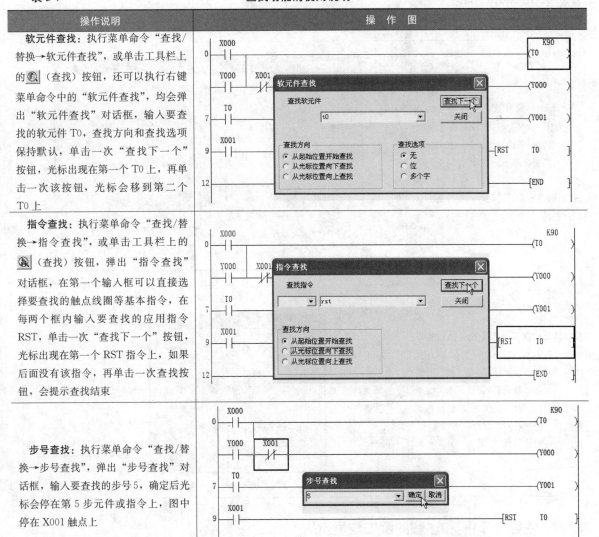
指令查找: 执行菜单命令"查找/替换→指令查找",或单击工具栏上的 (查找)按钮,弹出"指令查找"对话框,在第一个输入框可以直接选择要查找的触点线圈等基本指令,在每两个框内输入要查找的应用指令 RST,单击一次"查找下一个"按钮,光标出现在第一个 RST 指令上,如果后面没有该指令,再单击一次查找按钮,会提示查找结束	
步号查找: 执行菜单命令"查找/替换→步号查找",弹出"步号查找"对话框,输入要查找的步号 5,确定后光标会停在第 5 步元件或指令上,图中停在 X001 触点上	

2.替换功能的使用

替换功能的使用说明见表 3-8。

表 3-8 替换功能的使用说明

操作说明	操作图
软元件替换：执行菜单命令"查找/替换→软元件替换"，弹出"软元件替换"对话框，输入要替换的旧软元件和新元件，单击"替换"按钮，光标出现在第一个要替换的元件上，再单击一次该按钮，旧元件即被替换成新元件，同时光标移到第二个要替换的元件上，如果单击"全部替换"，则程序中的所有旧元件都会替换成新元件； 如果希望将 X001、X002 分别替换成 X011、X012，可将对话框中的替换点数设为 2	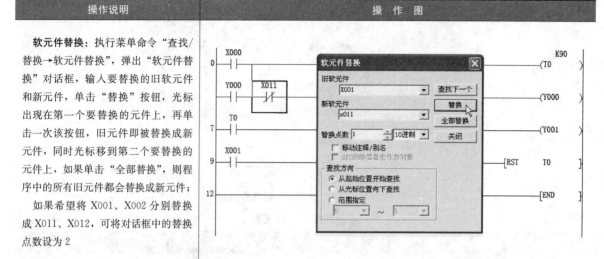
软元件批量替换：执行菜单命令"查找/替换→软元件批量替换"，弹出"软元件批量替换"对话框，在对话框中输入要批量替换的旧元件和对应的新元件，并设好点数，再单击"执行"，即将多个不同元件一次性替找换成新元件	
常开常闭触点互相替换：执行菜单命令"查找/替换→常开常闭触点互换"，弹出"常开常闭触点互换"对话框，输入要替换元件 X001，单击"全部替换"，程序中 X001 所有常开和常闭触点会相互转换，即常开变成常闭，常闭变成常开	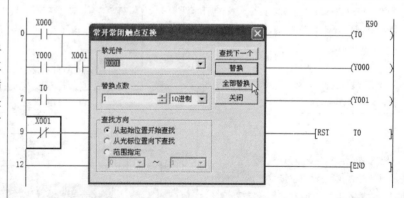

3.2.7 注释、声明和注解的添加与显示

在 GX Developer 软件中，可以对梯形图添加注释、声明和注解，图 3-20 所示为添加了注释、声明

和注解的梯形图程序。声明用于一个程序段的说明,最多允许 64 字符×n 行;注解用于对与右母线连接的线圈或指令的说明,最多允许 64 字符×1 行;注释相当于一个元件的说明,最多允许 8 字符×4 行,一个汉字占 2 个字符。

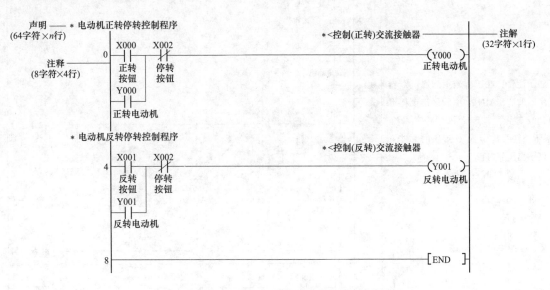

图 3-20 添加了注释、声明和注解的梯形图程序

1. 注释的添加与显示

注释的添加与显示操作说明见表 3-9。

表 3-9 注释的添加与显示操作说明

操作说明	操 作 图
单个添加注释:按下工具栏上的 ![注释编辑] (注释编辑)按钮,或执行菜单命令"编辑→文档生成→注释编辑",梯形图程序处于注释编辑状态,双击 X000 触点,弹出"注释输入"对话框,在输入框中输入注释文字后单击"确定",即给 X000 触点添加了注释	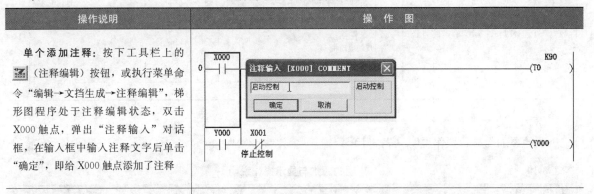
批量添加注释:在工程数据列表区展开"软元件注释",双击"COMMENT",编程区变成添加注释列表,在软元件名框内输入 X000,单击"显示",下方列表区出现 X000 为首的 X 元件,梯形图中使用了 X000、X001、X002 共 3 个元件,给这 3 个元件都添加注释,再在软元件名框内输入 Y000,在下方列表区给 Y000、Y001 添加注释	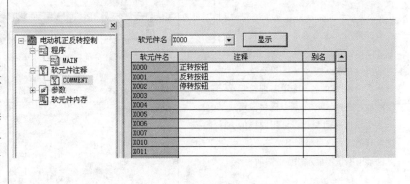

续表

操作说明	操作图
显示注释：在工程数据列表区双击程序下的"MAIN"，编程区出现梯形图，但未显示注释，执行菜单命令"显示→注释显示"，梯形图的元件下方显示出注释内容	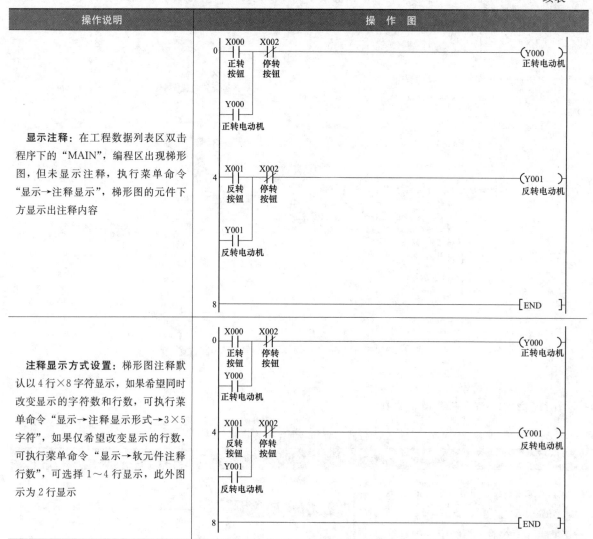
注释显示方式设置：梯形图注释默认以4行×8字符显示，如果希望同时改变显示的字符数和行数，可执行菜单命令"显示→注释显示形式→3×5字符"，如果仅希望改变显示的行数，可执行菜单命令"显示→软元件注释行数"，可选择1~4行显示，此外图示为2行显示	

2. 声明的添加与显示

声明的添加与显示操作说明见表3-10。

表3-10　　　　　　　　　　**声明的添加与显示操作说明**

操作说明	操作图
添加声明：在要添加声明的程序段左方空白处双击，弹出"梯形图输入"对话框，在输入框中输入以英文";"号开头的声明文字，确定后即给程序段添加一条声明，在一个程序段可进行多次添加声明操作，可用同样的方法给其他的程序段添加声明； 梯形图默认不显示添加的声明	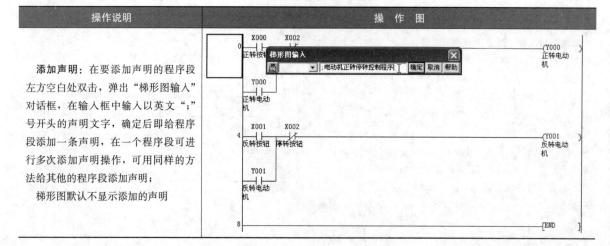

续表

操作说明	操作图
显示声明：要在梯形图中显示添加的声明,可执行菜单命令"显示→声明显示",即可将添加的声明显示出来;在声明上单击,可选中声明,按键盘上的 Delete 键可删除声明	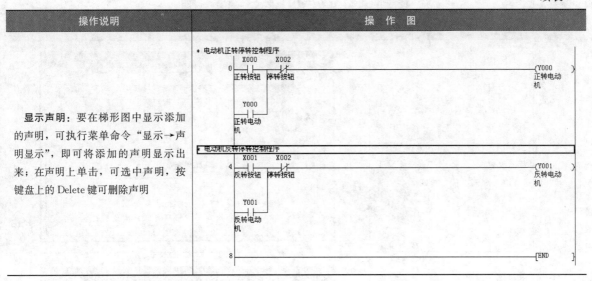

3. 注解的添加与显示

注解的添加与显示操作说明见表 3-11。

表 3-11　　　　　　　　　　　　注解的添加与显示操作说明

操作说明	操作图
添加注解：在要添加注解的某行与右母线连接的线圈或指令上双击,弹出"梯形图输入"对话框,在输入框的线圈或指令之后输入以英文";"号开头的注解文字,确定后即给线圈或指令添加了一条注解; 将输入框内的分号及之后内容删除,即可删除注解	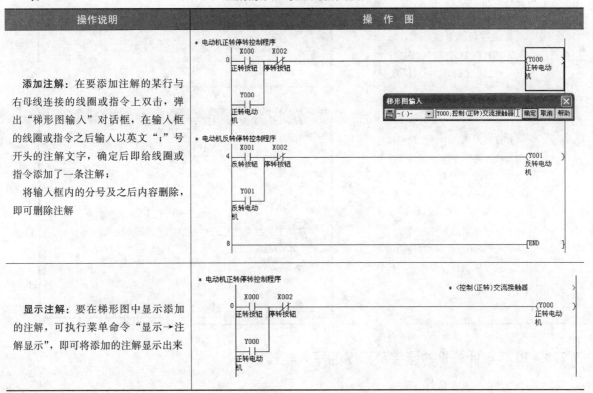
显示注解：要在梯形图中显示添加的注解,可执行菜单命令"显示→注解显示",即可将添加的注解显示出来	

3.2.8　读取并转换 FXGP/WIN 格式文件

在 GX Developer 软件推出之前,三菱 FX 系列 PLC 使用 FXGP/WIN 软件来编写程序,GX Developer 软件具有读取并转换 FXGP/WIN 格式文件的功能。读取并转换 FXGP/WIN 格式文件的操作说明见表 3-12。

表 3-12 读取并转换 FXGP/WIN 格式文件的操作说明

序号	操作说明	操作图
1	启动 GX Developer 软件，然后执行菜单命令"工程→读取其他格式的文件→读取 FXGP（WIN）格式文件"，会弹出"读取 FXGP（WIN）格式文件"对话框	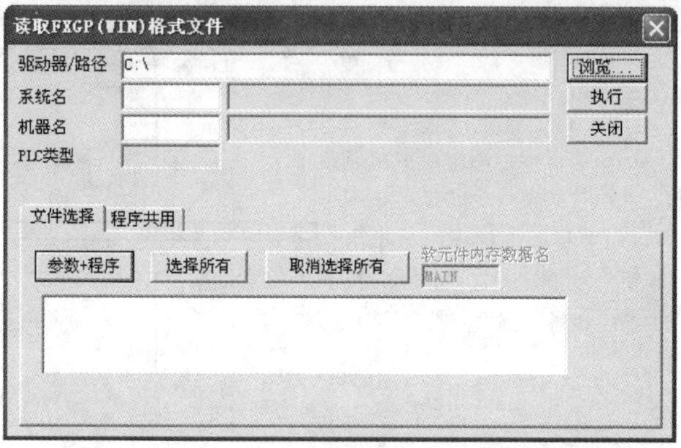
2	单击"浏览"，会弹出"打开系统名，机器名"对话框，在该对话框中选择要读取的 FXGP/WIN 格式文件，如果某文件夹中含有这种格式的文件，该文件夹是深色图标；在该对话框中选择要读取的 FXGP/WIN 格式文件，单击"确认"返回到之前的读取对话框	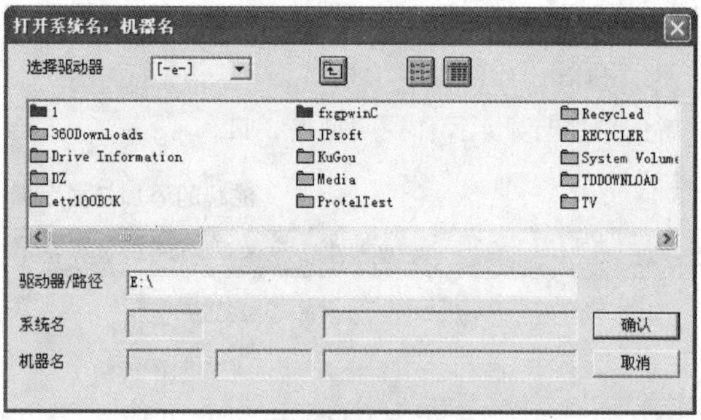
3	在读取对话框中将出现要读取的文件，将下方区域内的 3 项都选中，单击"执行"，即开始读取已选择的 FXGP/WIN 格式文件，单击"关闭"，将读取对话框关闭，同时读取的文件被转换，并出现在 GX Developer 软件的编程区，此时可执行保存操作，将转换来的文件保存下来	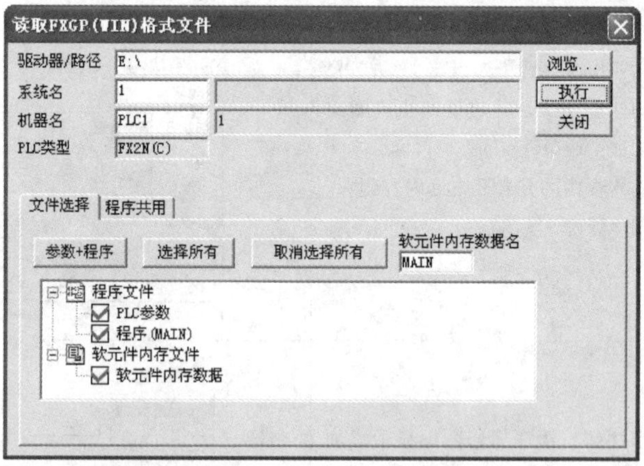

3.2.9 PLC 与计算机的连接及程序的写入与读出

1. PLC 与计算机的硬件连接

PLC 与计算机连接需要用到通信电缆，常用电缆如图 3-21 所示。FX-232AWC-H（简称 SC09）电缆如图 3-21（a）所示，该电缆含有 RS-232C/RS-422 转换器；FX-USB-AW（又称 USB-SC09-FX）电缆如图 3-21（b）所示，该电缆含有 USB/RS-422 转换器。

在选用 PLC 编程电缆时，先查看计算机是否具有 COM 接口（又称 RS-232C 接口），因为现在很多计算机已经取消了这种接口，**如果计算机有 COM 接口，可选用 FX-232AWC-H 电缆连接 PLC 和计算**

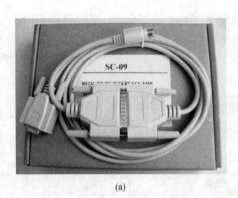 

(a) (b)

图 3-21 计算机与 FX PLC 连接的两种编程电缆

(a) FX-232AWC-H 电缆；(b) FX-USB-AW 电缆

机。在连接时，将电缆的 COM 头插入计算机的 COM 接口，电缆另一端圆形插头插入 PLC 的编程口内。

如果计算机没有 COM 接口，可选用 FX-USB-AW 电缆将计算机与 PLC 连接起来。在连接时，将电缆的 USB 头插入计算机的 USB 接口，电缆另一端圆形插头插入 PLC 的编程口内。当将 FX-USB-AW 电缆插到计算机 USB 接口时，还需要在计算机中安装该电缆配套的驱动程序。驱动程序安装完成后，在计算机桌面上右击"我的计算机"，在弹出的菜单中选择"设备管理器"，将弹出如图 3-22 所示的"设备管理器"窗口，展开其中的"端口（COM 和 LPT）"，从中可看到一个虚拟的 COM 端口，这里为 COM3，记住该编号，在 GX Developer 软件进行通信参数设置时要用到。

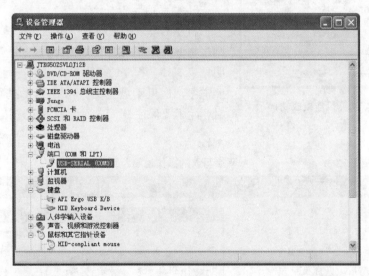

图 3-22 安装 USB 编程电缆驱动程序后在设备管理器会出现一个虚拟的 COM 端口

2. 通信设置

用编程电缆将 PLC 与计算机连接好后，再启动 GX Developer 软件，打开或新建一个工程，再执行菜单命令"在线→传输设置"，弹出"传输设置"对话框，双击左上角的"串行 USB"图标，将出现如图 3-23 所示的详细设置对话框，在该对话框中选中"RS-232C"项，COM 端口一项中选择与 PLC 连接的端口号，使用 FX-USB-AW 电缆连接时，端口号应与设备管理器中的虚拟 COM 端口号一致，在传输速度一项中选择某个速度，如 19.2kbps（19.2kbit/s），单击"确认"返回"传输设置"对话框。如果想知道 PLC 与计算机是否连接成功，可在"传输设置"对话框中单击"通信设置"，若出现图 3-24 所

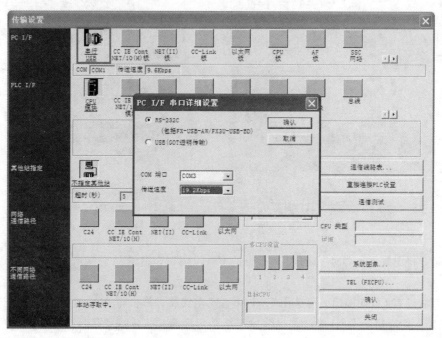

图 3-23　通信设置

图 3-24　PLC 与计算机连接成功提示

示的连接成功提示，表明 PLC 与计算机已成功连接，单击"确认"即完成通信设置。

3. 程序的写入与读出

程序的写入是指将程序由编程计算机送入 PLC，读出则是将 PLC 内的程序传送到计算机中。程序写入的操作说明见表 3-13，程序的读出操作过程与写入基本类似，可参照学习，这里不做介绍。在对 PLC 进行程序写入或读出时，除了要保证 PLC 与计算机通信连接正常外，PLC 还需要接上工作电源。

表 3-13　　　　　　　　　　　　程序写入的操作说明

序号	操作说明	操作图
1	在 GX Developer 软件中编写好程序并变换后，执行菜单命令"在线→PLC 写入"，也可以单击工具栏上的（PLC 写入）按钮，均会弹出"PLC 写入"对话框，在下方选中要写入 PLC 的内容，一般选"MAIN"项和"参数"项，其他项根据实际情况选择，再单击"执行"	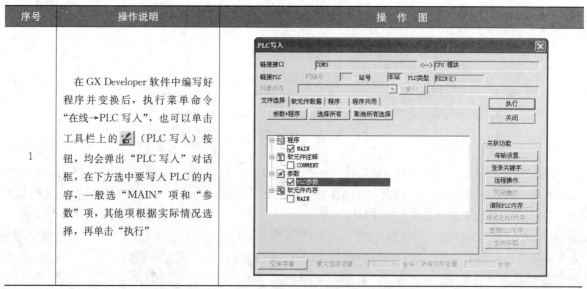

续表

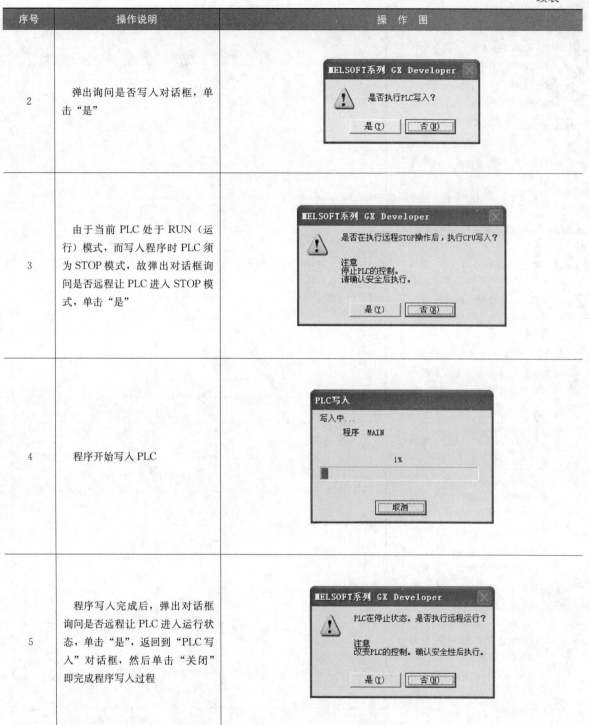

序号	操作说明	操作图
2	弹出询问是否写入对话框，单击"是"	
3	由于当前 PLC 处于 RUN（运行）模式，而写入程序时 PLC 须为 STOP 模式，故弹出对话框询问是否远程让 PLC 进入 STOP 模式，单击"是"	
4	程序开始写入 PLC	
5	程序写入完成后，弹出对话框询问是否远程让 PLC 进入运行状态，单击"是"，返回到"PLC 写入"对话框，然后单击"关闭"即完成程序写入过程	

3.2.10 在线监视 PLC 程序的运行

在 GX Developer 软件中将程序写入 PLC 后，如果希望看见程序在实际 PLC 中的运行情况，可使用软件的在线监视功能，在使用该功能时，应确保 PLC 与计算机间通信电缆连接正常，PLC 供电正常。在线监视 PLC 程序运行的操作说明见表 3-14。

表 3-14   在线监视 PLC 程序运行的操作说明

序号	操作说明	操 作 图
1	在 GX Developer 软件中先将编写好的程序写入 PLC，然后执行菜单命令"在线→监视→监视模式"，或者单击工具栏上的（监视模式）按钮，也可以直接按 F3 键，即进入在线监视模式，软件编程区内梯形图的 X001 常闭触点上有深色方块，表示 PLC 程序中的该触点处于闭合状态	
2	用导线将 PLC 的 X000 端子与 COM 端子短接，梯形图中的 X000 常开触点出现深色方块，表示已闭合，定时器线圈 T0 出现方块，已开始计时，Y000 线圈出现方块，表示得电，Y000 常开自锁触点出现方块，表示已闭合	
3	将 PLC 的 X000、COM 端子间的导线断开，程序中的 X000 常开触点上的方块消失，表示该触点断开，但由于 Y000 常开自锁触点仍闭合（该触点上有方块），故定时器线圈 T0 仍得电计时，当计时到达设定值 90（9s）时，T0 常开触点上出现方块（触点闭合），Y001 线圈出现方块（线圈得电）	
4	用导线将 PLC 的 X001 端子与 COM 端子短接，梯形图中的 X001 常闭触点上方块的方块消失，表示已断开，Y000 线圈上的方块马上消失，表示失电，Y000 常开自锁触点上的方块消失，表示断开，定时器线圈 T0 上的方块消失，停止计时并将当前计时值清 0，T0 常开触点上的方块消失，表示触点断开，X001 常开触点上有方块，表示该触点处于闭合	

续表

序号	操作说明	操作图
5	在监视模式时不能修改程序,如果监视过程中发现程序存在错误需要修改,可单击工具栏上的 （写入模式）按钮,切换到写入模式,程序修改并变换后,再将修改的程序重新写入PLC,然后又切换到监视模式来监视修改后的程序运行情况; 　使用"监视（写入模式）"功能,可以避免上述麻烦的操作。单击工具栏上的 按钮,或执行菜单命令"在线→监视→监视（写入模式）"进入监视（写入模式）,在进入监视（写入模式）时,软件先将当前程序自动写入PLC,再监视PLC程序的运行,如果对程序进行了修改并交换后,修改后的新程序又自动写入PLC,开始新程序的监视运行	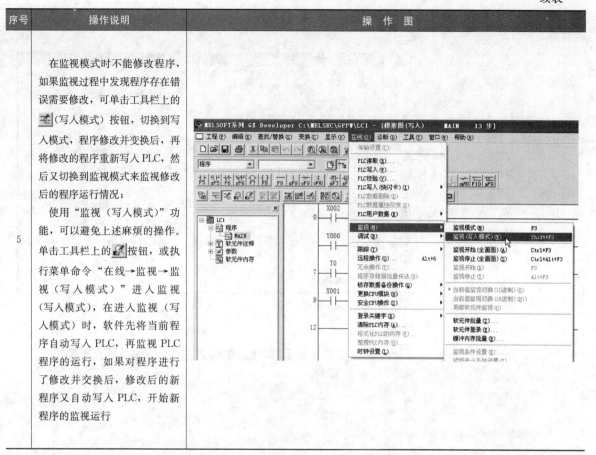

3.3　三菱 GX Simulator 仿真软件的使用

编程计算机连接实际的 PLC 可以在线监视 PLC 程序运行情况,但由于受条件限制,很多学习者并没有 PLC,这时可以使用三菱 GX Simulator 仿真软件,安装该软件后,就相当于给编程计算机连接了一台模拟的 PLC,可以将程序写入这台模拟 PLC 在线监视 PLC 程序运行。

GX Simulator 软件具有以下特点:①具有硬件 PLC 没有的单步执行、跳步执行和部分程序执行调试功能;②调试速度快;③不支持输入/输出模块和网络,仅支持特殊功能模块的缓冲区;④扫描周期被固定为 100ms,可以设置为 100ms 的整数倍。

GX Simulator 软件支持 FX1S/FX1N/FX1NC,FX2N/FX2NC 绝大部分的指令,但不支持中断指令、PID 指令、位置控制指令、与硬件和通信有关的指令。GX Simulator 软件从 RUN 模式切换到 STOP 模式时,停电保持的软元件的值被保留,非停电保持软元件的值被清除,软件退出时,所有软元件的值被清除。

3.3.1　安装 GX Simulator 仿真软件

GX Simulator 仿真软件是 GX Developer 软件的一个可选安装包,如果未安装该软件包,GX Developer 可正常编程,但无法使用 PLC 仿真功能。

GX Simulator 仿真软件的安装说明见表 3-15。

表 3-15   GX Simulator 仿真软件的安装说明

序号	操作说明	操作图
1	在安装时，先将 GX Simulator 安装文件夹复制到计算机某盘符的根目录下，再打开 GX Simulator 文件夹，打开其中的 EnvMEL 文件夹，找到 "SETUP. EXE" 文件，并双击它，就开始安装 MELSOFT 环境软件	
2	环境软件安装完成后，在 GX Simulator 文件夹中找到 "SETUP. EXE" 文件，双击该文件即开始安装 GX Simulator 仿真软件	
3	在出现的 "输入产品 ID 号" 对话框中输入产品序列号（安装本书免费提供下载的 GX Simulator 仿真软件时也可使用本序列号），单击 "下一个"	

续表

序号	操作说明	操 作 图
4	在出现的"选择目标位置"对话框中,选择软件的安装路径,这里保持默认路径,单击"下一个",即开始正式安装 GX Simulator 软件	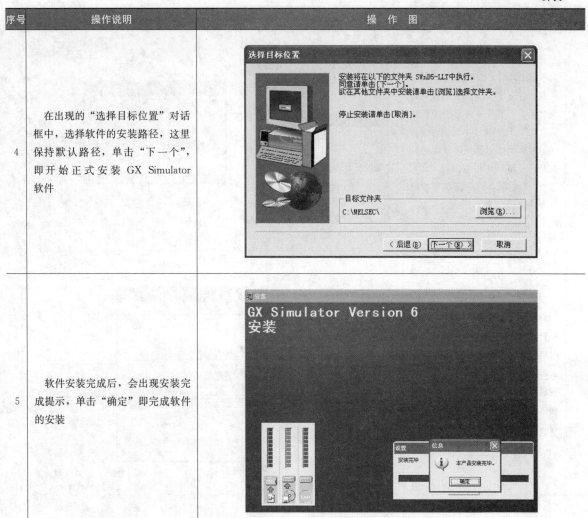
5	软件安装完成后,会出现安装完成提示,单击"确定"即完成软件的安装	

3.3.2 仿真操作

仿真操作内容包括将程序写入模拟 PLC 中,再对程序中的元件进行强制 **ON** 或 **OFF** 操作,然后在 **GX Developer** 软件中查看程序在模拟 PLC 中的运行情况。仿真操作说明见表 3-16。

表 3-16   仿真操作说明

序号	操作说明	操 作 图
1	在待仿真的程序中,M8012 是一个 100ms 时钟脉冲触点,在 PLC 运行时,该触点自动以 50ms 通、50ms 断的频率不断重复	梯形图程序:0 行 X000 X001 —(Y000);Y000 自锁;4 行 M8012 —(Y001);6 行 [END]

序号	操作说明	操作图
2	单击工具栏上的 ▣（梯形图逻辑测试启动/停止）按钮，或执行菜单命令"工具→梯形图逻辑测试启动"，编程软件中马上出现梯形图逻辑测试工具（可看作是模拟 PLC）窗口，稍后出现"PLC写入"对话框，提示正在将程序写入模拟 PLC 中	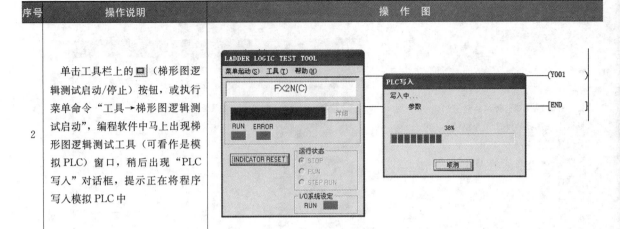
3	程序写入完成后，模拟 PLC 的 RUN 指示灯由灰色变成黄色，同时编程软件中的程序进入监视模式，X001 常闭触点上出现方块，表示触点处于闭合，M8012 触点和 Y001 线圈上的方块以 100ms 的频率闪动	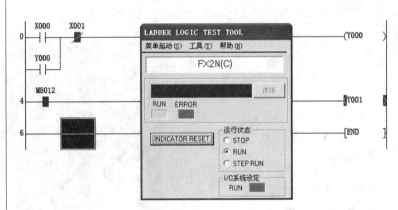
4	选中程序中的 X000 常开触点，单击工具栏上的 ▣（软元件测试）按钮，或执行菜单命令"在线→调试→软元件测试"，还可以执行右键菜单中的"软元件测试"，将弹出"软元件测试"对话框，软元件输入框中出现选择的软元件 X000，单击下方的"强制 ON"，即让程序中的 X000 常开触点为 ON（闭合），程序中的 X000 常开触点上马上出现方块，Y000 线圈也出现方块，表示线圈得电，Y000 常开自锁触点上出现方块，表示闭合	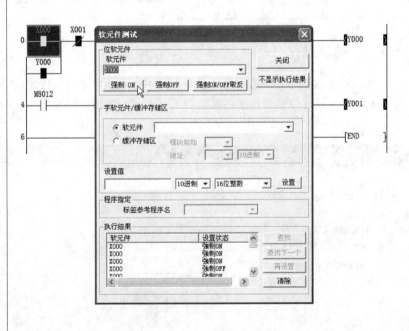

续表

序号	操作说明	操 作 图
5	在"软元件测试"对话框中先将 X000 常开触点强制 OFF,再在软元件输入框中输入 X001,并强制 ON,程序中的 X001 常闭触点上的方块马上消失,表示该触点断开,Y000 线圈上方块消失(线圈失电),Y000 常开自锁触点的方块也消失(断开)	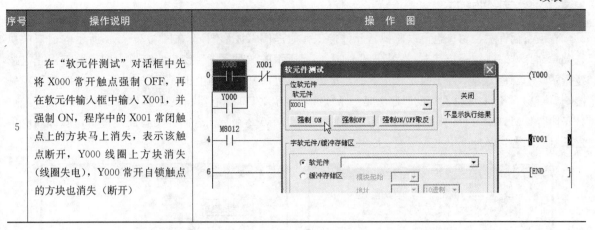

在仿真时,如果要退出仿真监视状态,可单击编程软件工具栏上的■按钮,使该按钮处于弹起状态即可,梯形图逻辑测试工具窗口会自动消失。在仿真时,如果需要修改程序,可先退出仿真状态,在让编程软件进入写入模式(按下工具栏中的 ■ 按钮),就可以对程序进行修改,修改并变换后再按下工具栏上的■按钮,重新进行仿真。

3.3.3 软元件监视

在仿真时,除了可以在编程软件中查看程序在模拟 PLC 中的运行情况,也可以通过仿真工具了解一些软元件状态。图 3-25 所示为在设备内存监视窗口中监视软元件状态。

在梯形图逻辑测试工具窗口中执行菜单命令"菜单起动→继电器内存监视",弹出图 3-25(a)所示的 DEVICE MEMORY MONITOR(设备内存监视)窗口,在该窗口执行菜单命令"软元件→位软元件窗口→X",下方马上出现 X 继电器状态监视窗口,再用同样的方法调出 Y 线圈的状态监视窗口,见图 3-25(b),从中可以看出,X000 继电器有黄色背景,表示 X000 继电器状态为 ON,即 X000 常开触点处于闭合状态、常闭触点处于断开状态,Y000、Y001 线圈也有黄色背景,表示这两个线圈状态都为 ON。单击窗口上部的黑三角,可以在窗口显示前、后编号的软元件。

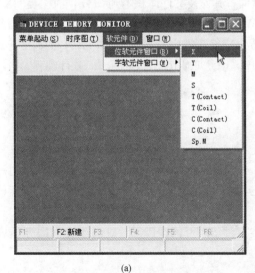

(a)

(b)

图 3-25 在设备内存监视窗口中监视软元件状态

(a)在设备内存监视窗口中执行菜单命令;(b)调出 X 继电器和 Y 线圈监视窗口

3.3.4 时序图监视

在设备内存监视窗口也可以监视软元件的工作时序图（波形图）。在图 3-25（a）所示的窗口中执行菜单命令"时序图→起动"，将弹出图 3-26（a）所示的"时序图"窗口，窗口中的"监控停止"按钮指示灯为红色，表示处于监视停止状态，单击该按钮，窗口中马上出现程序中软元件的时序图，见图 3-26（b），X000 元件右边的时序图是一条蓝线，表示 X000 继电器一直处于 ON，即 X000 常开触点处于闭合；M8012 元件的时序图为一系列脉冲，表示 M8012 触点闭合断开交替反复进行，脉冲高电平表示触点闭合，脉冲低电平表示触点断开。

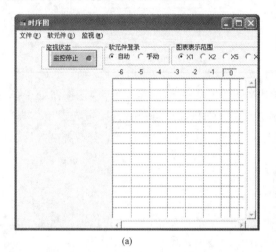 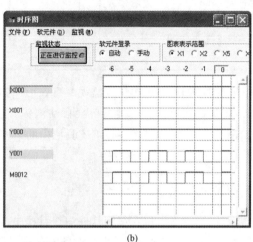

(a)　　　　　　　　　　　　　　　　(b)

图 3-26　软元件的工作时序监视

（a）时序监视处于停止；（b）时序监视启动

3.4　三菱 FXGP/WIN-C 编程软件的使用

三菱 FXGP/WIN-C 软件也是一款三菱 PLC 编程软件，其安装文件体积不到 3MB，而三菱 GX Developer 文件体积有几十到几百兆（因版本而异），GX Work2 体积更是达几百兆到上千兆。这 3 款软件编写程序的方法大同小异，但在用一些指令（如步进指令）编写程序时存在不同，另外很多三菱 PLC 教程手册中的实例多引用 FXGP/WIN-C 软件编写的程序，因此即使用 GX Developer 软件编程，也应对 FXGP/WIN-C 软件有所了解。

3.4.1 软件的安装和启动

1. 软件的安装

三菱 FXGP/WIN-C 软件推出时间较早（不支持 64 位操作系统），新购买三菱 FX 系列 PLC 时一般不配带该软件，读者可以在互联网上搜索查找，也可到易天电学网（www.xxITee.com）免费索要该软件。

在安装时，打开 fxgpwinC 安装文件夹，找到安装文件 SETUP32.EXE，双击该文件即开始安装 FXGP/WIN-C 软件，如图 3-27 所示。

2. 软件的启动

FXGP/WIN-C 软件安装完成后，从开始菜单的"程序"项中找到"FXGP_WIN-C"图标，如图 3-28 所示，单击该图标即开始启动 FXGP/WIN-C 软件。启动完成的软件界面如图 3-29 所示。

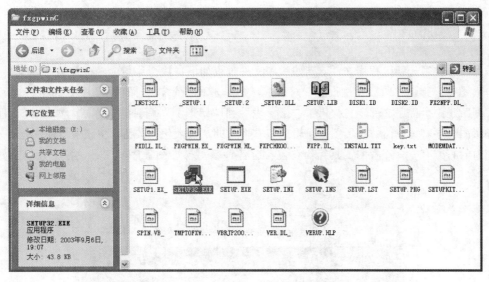

图 3-27 双击 SETUP32. EXE 文件开始安装 FXGP/WIN-C 软件

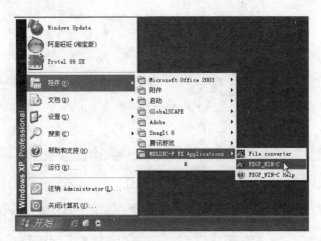

图 3-28 启动 FXGP_WIN-C 软件

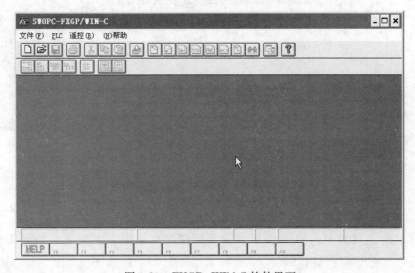

图 3-29 FXGP_WIN-C 软件界面

3.4.2 程序的编写

1. 新建程序文件

要编写程序，须先新建程序文件。 新建程序文件过程如下：执行菜单命令"文件→新文件"，也可单击"□"图标，弹出"PLC类型设置"对话框，如图3-30所示，选择"FX2N/FX2NC"类型，单击"确认"，即新建一个程序文件，它提供了"指令表"和"梯形图"两种编程方式，如图3-31所示。若要编写梯形图程序，可单击"梯形图"编辑窗口右上方的"最大化"按钮，将该窗口最大化。

在窗口的右方有一个浮置的工具箱，它包含有各种编写梯形图程序的工具，各工具功能如图3-32所示。

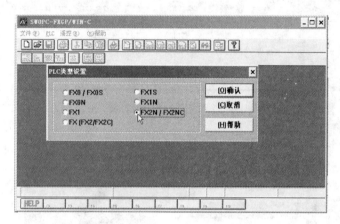

图 3-30 "PLC类型设置"对话框

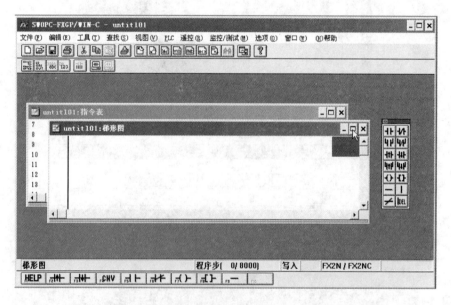

图 3-31 新建的程序文件提供两种编程方式

2. 程序的编写

（1）单击浮置的工具箱上的 ⊩，弹出"输入元件"对话框，如图3-33所示，在该框中输入"X000"，确认后，在程序编写区出现X000常开触点，高亮光标自动后移。

（2）单击工具箱上的 ⟨⟩，弹出"输入元件"对话框，在该框中输入"T2 K200"，如图3-34所示，确认后，在程序编写区出现定时器线圈，线圈内的"T2 K200"表示 T2 线圈是一个延时动作线圈，延迟时间为 $0.1s \times 200 = 20s$。

（3）再依次使用工具箱上的 ⊣⊢ 输入"X001"，用 ⟨⟩ 输入"RST T2"，用 ⊣⊢ 输入"T2"，用 ⟨⟩ 输入"Y000"。

编写完成的梯形图程序如图 3-35 所示。

若需要对程序内容时进行编辑，可用鼠标选中要操作的对象，再执行"编辑"菜单下的各种命令，就可以对程序进行复制、粘贴、删除、插入等操作。

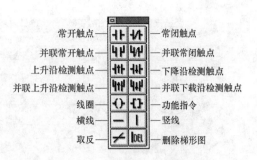

图 3-32 工具箱各工具功能说明

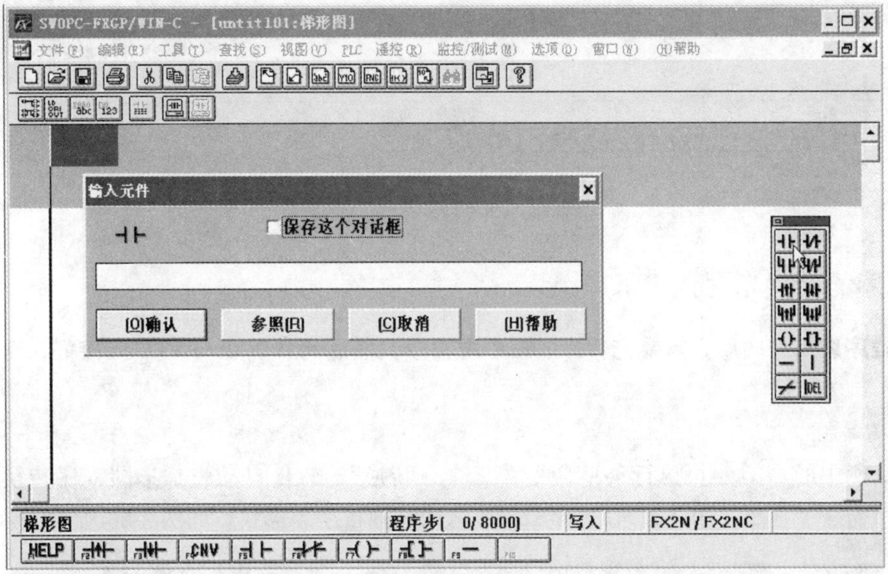

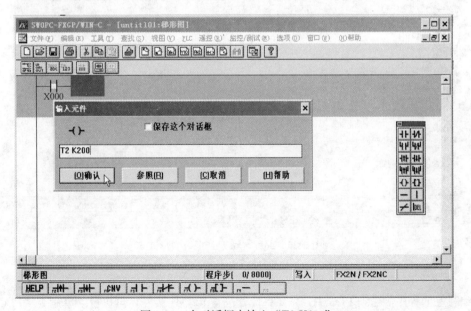

图 3-33 "输入元件"对话框

图 3-34 在对话框内输入"T2 K200"

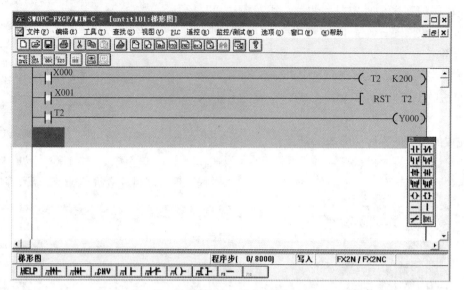

图 3-35 编写完成的梯形图程序

3.4.3 程序的转换与写入 PLC

梯形图程序编写完成后，需要先转换成指令表程序，然后将计算机与 PLC 连接好，再将程序传送到 PLC 中。

1. 程序的转换

单击工具栏中的 🖨，也可执行菜单命令"工具→转换"，软件自动将梯形图程序转换成指令表程序。执行菜单命令"视图→指令表"，程序编程区就切换到指令表形式，如图 3-36 所示。

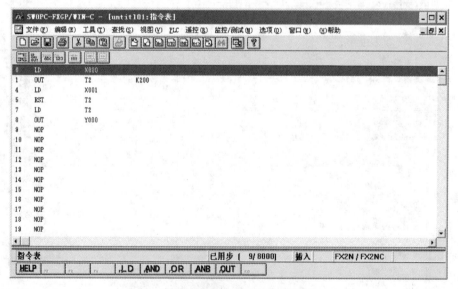

图 3-36 编程区切换到指令表形式

2. 将程序传送 PLC

要将编写好的程序传送到 PLC 中，先要将计算机与 PLC 连接好，再执行菜单命令"PLC→传送→写出"，将弹出"PC 程序写入"对话框，如图 3-37 所示，选择所有范围，确认后，编写的程序就会全部送入 PLC。

如果要修改 PLC 中的程序,可执行菜单命令"PLC→传送→读入",PLC 中的程序就会读入计算机编程软件中,然后就可以对程序进行修改。

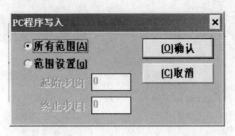

图 3-37 "PC 程序写入"对话框

第4章

基本指令的使用与实例

基本指令是PLC最常用的指令，也是PLC编程时必须掌握的指令。三菱FX系列PLC的一、二代机（FX1S/FX1N/FX1NC/FX2N/FX2NC）有27条基本指令，三代机（FX3SA/FX3S/FX3GA/FX3GE/FX3G/FX3GC/FX3U/FX3UC）有29条基本指令（增加了MEP、MEF指令）。

4.1 基本指令说明

4.1.1 逻辑取及驱动指令

1. 指令名称及说明

逻辑取及驱动指令名称及功能见表4-1。

表 4-1   逻辑取及驱动指令名称及功能

指令名称（助记符）	功　　能	对象软元件
LD	取指令，其功能是将常开触点与左母线连接	X、Y、M、S、T、C、D□.b
LDI	取反指令，其功能是将常闭触点与左母线连接	X、Y、M、S、T、C、D□.b
OUT	线圈驱动指令，其功能是将输出继电器、辅助继电器、定时器或计数器线圈与右母线连接	Y、M、S、T、C、D□.b

2. 使用举例

逻辑取及驱动指令（LD、LDI、OUT）使用举例如图4-1所示。

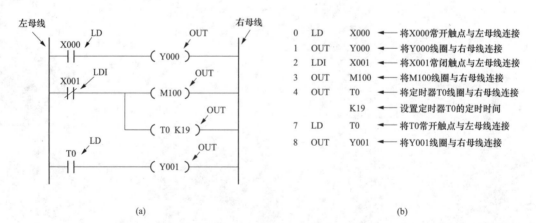

(a)   (b)

图 4-1 逻辑取及驱动指令（LD、LDI、OUT）使用举例

(a) 梯形图；(b) 指令语句表

4.1.2 触点串联指令

1. 指令名称及说明

触点串联指令名称及功能见表 4-2。

表 4-2 触点串联指令名称及功能

指令名称（助记符）	功 能	对象软元件
AND	常开触点串联指令（又称与指令），其功能是将常开触点与上一个触点串联（注：该指令不能让常开触点与左母线串接）	X、Y、M、S、T、C、D□. b
ANI	常闭触点串联指令（又称与非指令），其功能是将常闭触点与上一个触点串联（注：该指令不能让常闭触点与左母线串接）	X、Y、M、S、T、C、D□. b

2. 使用举例

触点串联指令（AND、ANI）使用举例如图 4-2 所示。

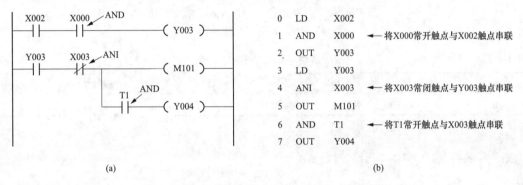

(a)   (b)

图 4-2 触点串联指令（AND、ANI）使用举例

(a) 梯形图；(b) 指令语句表

4.1.3 触点并联指令

1. 指令名称及说明

触点并联指令名称及功能见表 4-3。

表 4-3 触点并联指令名称及功能

指令名称（助记符）	功 能	对象软元件
OR	常开触点并联指令（又称或指令），其功能是将常开触点与上一个触点并联	X、Y、M、S、T、C、D□. b
ORI	常闭触点并联指令（又称或非指令），其功能是将常闭触点与上一个触点串联	X、Y、M、S、T、C、D□. b

2. 使用举例

触点并联指令（OR、ORI）使用举例如图 4-3 所示。

4.1.4 电路块并联指令

两个或两个以上触点串联组成的电路称为串联电路块。将多个串联电路块并联起来时要用到电路块并联指令（ORB）。

1. 指令名称及说明

电路块并联指令名称及功能见表 4-4。

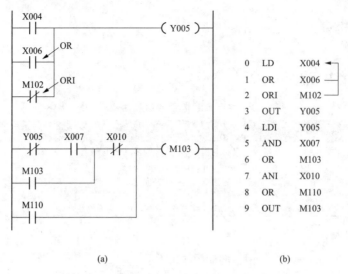

图 4-3 触点并联指令（OR、ORI）使用举例

（a）梯形图；（b）指令语句表

表 4-4 电路块并联指令名称及功能

指令名称（助记符）	功　　能	对象软元件
ORB	串联电路块的并联指令，其功能是将多个串联电路块并联起来	无

2. 使用举例

电路块并联指令（ORB）使用举例如图 4-4 所示。

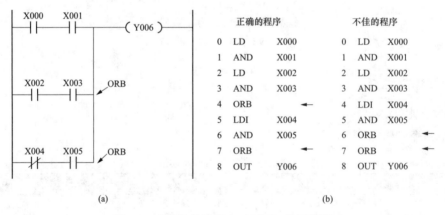

图 4-4 电路块并联指令（ORB）使用举例

（a）梯形图；（b）指令语句表

3. 使用要点说明

（1）每个电路块开始要用 LD 或 LDI，结束用 ORB。

（2）ORB 是不带操作数的指令。

（3）电路中有多少个电路块就可以使用多少次 ORB，ORB 使用次数不受限制。

（4）ORB 可以成批使用，但由于 LD、LDI 重复使用次数不能超过 8 次，编程时要注意这一点。

4.1.5 电路块串联指令

两个或两个以上触点并联组成的电路称为并联电路块。将多个并联电路块串联起来时要用到电路

块串联指令（ANB）。

1. 指令名称及说明

电路块串联指令名称及功能见表4-5。

表 4-5　　　　　　　　　　　　　　　　电路块串联指令名称及功能

指令名称（助记符）	功　能	对象软元件
ANB	并联电路块的串联指令，其功能是将多个并联电路块串联起来	无

2. 使用举例

电路块串联指令（ANB）使用举例如图4-5所示。

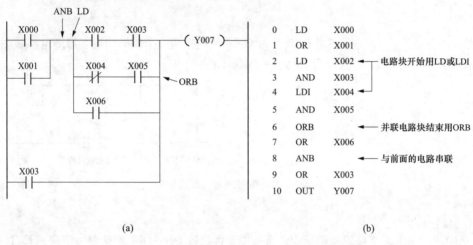

(a)　　　　　　　　　　　　　　　　　　(b)

图 4-5　电路块串联指令（ANB）使用举例

(a) 梯形图；(b) 指令语句表

4.1.6　边沿检测指令

边沿检测指令的功能是在上升沿或下降沿时接通一个扫描周期。边沿检测指令分为上升沿检测指令（LDP、ANDP、ORP）和下降沿检测指令（LDF、ANDF、ORF）。

1. 上升沿检测指令

LDP、ANDP、ORP 为上升沿检测指令，当有关元件进行 OFF→ON 变化时（上升沿），这些指令可以为目标元件接通一个扫描周期时间，目标元件可以是输入继电器 X、输出继电器 Y、辅助继电器 M、状态继电器 S、定时器 T 和计数器。

（1）指令名称及说明。上升沿检测指令名称及功能见表4-6。

表 4-6　　　　　　　　　　　　　　　　上升沿检测指令名称及功能

指令名称（助记符）	功　能	对象软元件
LDP	上升沿取指令，其功能是将上升沿检测触点与左母线连接	X、Y、M、S、T、C、D□. b
ANDP	上升沿触点串联指令，其功能是将上升沿触点与上一个元件串联	X、Y、M、S、T、C、D□. b
ORP	上升沿触点并联指令，其功能是将上升沿触点与上一个元件并联	X、Y、M、S、T、C、D□. b

（2）使用举例。

上升沿检测指令（LDP、ANDP、ORP）使用举例如图4-6所示。

上升沿检测指令在上升沿来时可以为目标元件接通一个扫描周期时间，上升沿检测触点使用说明

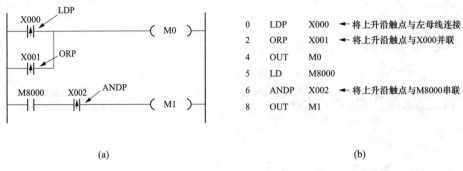

图 4-6　上升沿检测指令（LDP、ANDP、ORP）使用举例

（a）梯形图；（b）指令语句表

如图 4-7 所示，当触点 X010 的状态由 OFF 转为 ON，触点接通一个扫描周期，即继电器线圈 M6 会通电一个扫描周期时间，然后 M6 失电，直到下一次 X010 由 OFF 变为 ON。

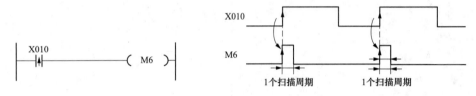

图 4-7　上升沿检测触点使用说明

2. 下降沿检测指令

LDF、ANDF、ORF 为下降沿检测指令，当有关元件进行 ON→OFF 变化时（下降沿），这些指令可以为目标元件接通一个扫描周期时间。

（1）指令名称及说明。下降沿检测指令名称及功能见表 4-7。

表 4-7　　　　　　　　　　　下降沿检测指令名称及功能

指令名称（助记符）	功　　能	对象软元件
LDF	下降沿取指令，其功能是将下降沿检测触点与左母线连接	X、Y、M、S、T、C、D□. b
ANDF	下降沿触点串联指令，其功能是将下降沿触点与上一个元件串联	X、Y、M、S、T、C、D□. b
ORF	下降沿触点并联指令，其功能是将下降沿触点与上一个元件并联	X、Y、M、S、T、C、D□. b

（2）使用举例。下降沿检测指令（LDF、ANDF、ORF）使用举例如图 4-8 所示。

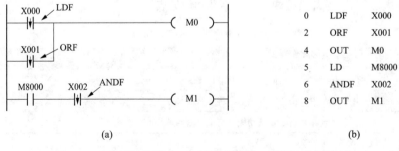

图 4-8　下降沿检测指令（LDF、ANDF、ORF）使用举例

（a）梯形图；（b）指令语句表

4.1.7 多重输出指令

三菱 FX2N 系列 PLC 有 11 个存储单元用来存储运算中间结果，它们组成栈存储器，用来存储触点运算结果。**栈存储器就像 11 个由下往上堆起来的箱子，自上往下依次为第 1，2，…，11 单元，栈存储器的结构如图 4-9 所示。多重输出指令的功能是对栈存储器中的数据进行操作。**

1. 指令名称及说明

多重输出指令名称及功能见表 4-8。

2. 使用举例

多重输出指令（MPS、MRD、MPP）使用举例如图 4-10～图 4-12 所示。

图 4-9 栈存储器的结构

表 4-8 多重输出指令名称及功能

指令名称（助记符）	功 能	对象软元件
MPS	进栈指令，其功能是将触点运算结果（1 或 0）存入栈存储器第 1 单元，存储器每个单元的数据都依次下移，即原第 1 单元数据移入第 2 单元，原第 10 单元数据移入第 11 单元	无
MRD	读栈指令，其功能是将栈存储器第 1 单元数据读出，存储器中每个单元的数据都不会变化	无
MPP	出栈指令，其功能是将栈存储器第 1 单元数据取出，存储器中每个单元的数据都依次上推，即原第 2 单元数据移入第 1 单元； MPS 指令用于将栈存储器的数据都下压，而 MPP 指令用于将栈存储器的数据均上推，MPP 在多重输出最后一个分支使用，以便恢复栈存储器	无

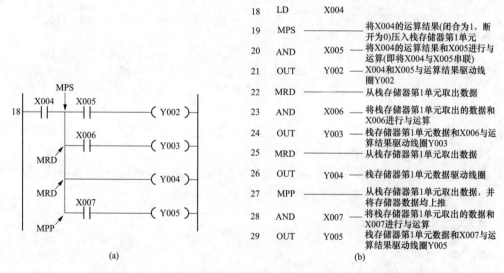

图 4-10 多重输出指令（MPS、MRD、MPP）使用举例 1
(a) 梯形图；(b) 指令语句表

3. 使用要点说明

（1）MPS 和 MPP 指令必须成对使用，缺一不可，MRD 指令有时根据情况可不用。

（2）若 MPS、MRD、MPP 指令后有单个常开或常闭触点串联，要使用 AND 或 ANI 指令，见图 4-10 (b) 指令语句表中的第 23、28 步。

（3）若电路中有电路块串联或并联，要使用 ANB 或 ORB 指令，见图 4-11 (b) 指令语句表中的第

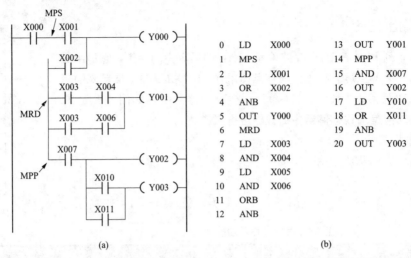

图 4-11 多重输出指令（MPS、MRD、MPP）使用举例 2

(a) 梯形图；(b) 指令语名表

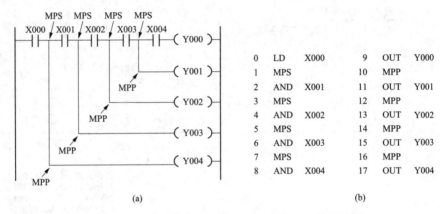

图 4-12 多重输出指令（MPS、MRD、MPP）使用举例 3

(a) 梯形图；(b) 指令语名表

4、11、12、19 步。

（4）MPS、MPP 连续使用次数最多不能超过 11 次，这是因为栈存储器只有 11 个存储单元，在图 4-12 中，MPS、MPP 连续使用 4 次。

（5）若 MPS、MRD、MPP 指令后无触点串联，直接驱动线圈，要使用 OUT 指令，见图 4-10（b）指令语句表中的第 26 步。

4.1.8　主控和主控复位指令

1. 指令名称及说明

主控和主控复位指令名称及功能见表 4-9。

表 4-9　　　　　　　　　　　　　　　主控和主控复位指令名称及功能

指令名称（助记符）	功　　　能	对象软元件
MC	主控指令，其功能是启动一个主控电路块工作	Y、M
MCR	主控复位指令，其功能是结束一个主控电路块的运行	无

2. 使用举例

主控和主控复位指令（MC、MCR）使用举例如图 4-13 所示。如果 X001 常开触点处于断开，MC

指令不执行，MC 到 MCR 之间的程序不会执行，即 0 梯级程序执行后会执行 12 梯级程序，如果 X001 触点闭合，MC 指令执行，MC 到 MCR 之间的程序会从上往下执行。

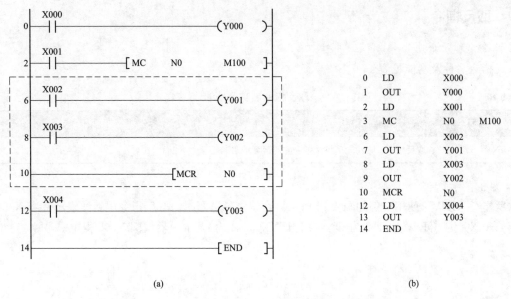

图 4-13 主控和主控复位指令（MC、MCR）使用举例

(a) 梯形图；(b) 指令语句表

MC、MCR 可以嵌套使用，如图 4-14 所示，当 X001 触点闭合、X003 触点断开时，X001 触点闭合使 "MC N0 M100" 指令执行，N0 级电路块被启动，由于 X003 触点断开使嵌在 N0 级内的 "MC N1 M101" 指令无法执行，故 N1 级电路块不会执行。

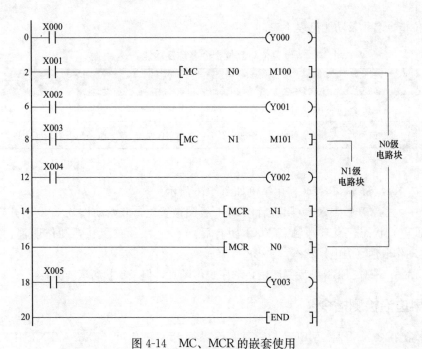

图 4-14 MC、MCR 的嵌套使用

如果 MC 主控指令嵌套使用，其嵌套层数允许最多 8 层（N0～N7），通常按顺序从小到大使用，MC 指令的操作元件通常为输出继电器 Y 或辅助继电器 M，但不能是特殊继电器。MCR 主控复位指令

的使用次数（N0～N7）必须与 MC 的次数相同，在按由小到大顺序多次使用 MC 指令时，必须按由大到小相反的次数使用 MCR 返回。

4.1.9 取反指令

1. 指令名称及说明

取反指令名称及功能见表 4-10。

表 4-10 取反指令名称及功能

指令名称（助记符）	功　　能	对象软元件
INV	取反指令，其功能是将该指令前的运算结果取反	无

2. 使用举例

取反指令（INV）使用举例如图 4-15 所示。在绘制梯形图时，取反指令用斜线表示，当 X000 断开时，相当于 X000＝OFF，取反变为 ON（相当于 X000 闭合），继电器线圈 Y000 得电。

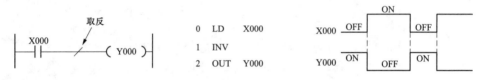

图 4-15　取反指令（INV）使用举例

4.1.10 置位与复位指令

1. 指令名称及说明

置位与复位指令名称及功能见表 4-11。

表 4-11 置位与复位指令名称及功能

指令名称（助记符）	功　　能	对象软元件
SET	置位指令，其功能是对操作元件进行置位，使其动作保持	Y、M、S、D□.b
RST	复位指令，其功能是对操作元件进行复位，取消动作保持	Y、M、S、T、C、D、R、V、Z、D□.b

2. 使用举例

置位与复位指令（SET、RST）使用举例如图 4-16 所示。

在图 4-16 中，当常开触点 X000 闭合后，Y000 线圈被置位，开始动作，X000 断开后，Y000 线圈仍维持动作（通电）状态，当常开触点 X001 闭合后，Y000 线圈被复位，动作取消，X001 断开后，Y000 线圈维持动作取消（失电）状态。

对于同一元件，SET、RST 可反复使用，顺序也可随意，但最后执行者有效。

4.1.11 结果边沿检测指令

结果边沿检测指令（MEP、MEF）是三菱 FX3 系列 PLC 三代机（FX3SA/FX3S/FX3GA/FX3GE/FX3G/FX3GC/FX3U/FX3UC）新增的指令。

1. 指令名称及说明

结果边沿检测指令名称及功能见表 4-12。

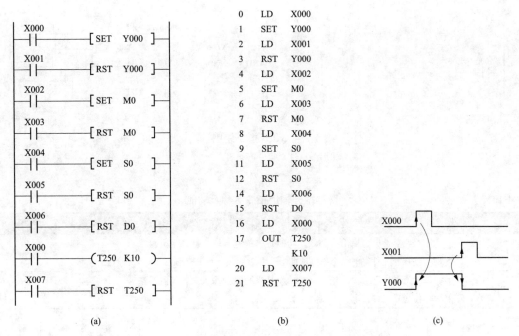

图 4-16 置位与复位指令（SET、RST）使用举例

(a) 梯形图；(b) 指令语句表；(c) 时序图

表 4-12 结果边沿检测指令名称及功能

指令名称（助记符）	功 能	对象软元件
MEP	结果上升沿检测指令，当该指令之前的运算结果出现上升沿时，指令为 ON（导通状态），前方运算结果无上升沿时，指令为 OFF（非导通状态）	无
MEF	结果下降沿检测指令，当该指令之前的运算结果出现下降沿时，指令为 ON（导通状态），前方运算结果无下降沿时，指令为 OFF（非导通状态）	无

2. 使用举例

结果上升沿检测指令（MEP）使用举例如图 4-17 所示。当 X000 触点处于闭合、X001 触点由断开转为闭合时，MEP 指令前方送来一个上升沿，指令导通，"SET M0" 执行，将辅助继电器 M0 置 1。

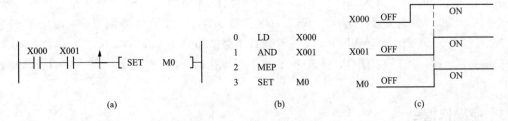

图 4-17 MEP 使用举例

(a) 梯形图；(b) 指令语句表；(c) 时序图

（MEF）使用举例如图 4-18 所示。当 X001 触点处于闭合、X000 触点由闭合转为断开时，MEF 指令前方送来一个下降沿，指令导通，"SET M0" 执行，将辅助继电器 M0 置 1。

4.1.12 脉冲微分输出指令

1. 指令名称及说明

脉冲微分输出指令名称及功能见表 4-13。

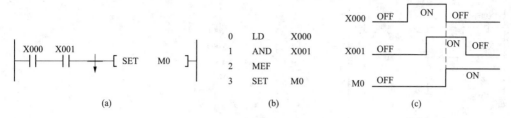

图 4-18　MEF 指令使用举例

(a) 梯形图；(b) 指令语句表；(c) 时序图

表 4-13　　　　　　　　　　　　　　脉冲微分输出指令名称及功能

指令名称（助记符）	功　　能	对象软元件
PLS	上升沿脉冲微分输出指令，其功能是当检测到输入脉冲上升沿来时，使操作元件得电一个扫描周期	Y、M
PLF	下降沿脉冲微分输出指令，其功能是当检测到输入脉冲下降沿来时，使操作元件得电一个扫描周期	Y、M

2. 使用举例

脉冲微分输出指令（PLS、PLF）使用举例如图 4-19 所示。

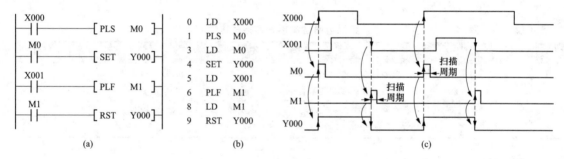

图 4-19　脉冲微分输出指令（PLS、PLF）使用举例

(a) 梯形图；(b) 指令语句表；(c) 时序图

在图 4-19 中，当常开触点 X000 闭合时，一个上升沿脉冲加到［PLS　M0］，指令执行，M0 线圈得电一个扫描周期，M0 常开触点闭合，［SET Y000］指令执行，将 Y000 线圈置位（即让 Y000 线圈得电）；当常开触点 X001 由闭合转为断开时，一个脉冲下降沿加给［PLF　M1］，指令执行，M1 线圈得电一个扫描周期，M1 常开触点闭合，［RST　Y000］指令执行，将 Y000 线圈复位（即让 Y000 线圈失电）。

4.1.13　空操作指令

1. 指令名称及说明

空操作指令名称及功能见表 4-14。

表 4-14　　　　　　　　　　　　　　空操作指令名称及功能

指令名称（助记符）	功　　能	对象软元件
NOP	空操作指令，其功能是不执行任何操作	无

2. 使用举例

空操作指令（NOP）使用举例如图 4-20 所示。**当使用 NOP 指令取代其他指令时，其他指令会被删**

除，在图 4-20 中使用 NOP 指令取代 AND 和 ANI 指令，梯形图相应的触点会被删除。如果在普通指令之间插入 NOP 指令，对程序运行结果没有影响。

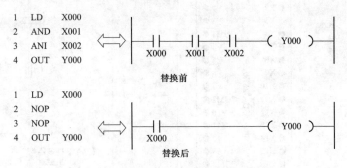

图 4-20　空操作指令（NOP）使用举例

4.1.14　程序结束指令

1. 指令名称及说明

程序结束指令名称及功能见表 4-15。

表 4-15　　　　　　　　　　　　程序结束指令名称及功能

指令名称（助记符）	功　　能	对象软元件
END	程序结束指令，当一个程序结束后，需要在结束位置用 END 指令	无

2. 使用举例

程序结束指令（END）使用举例如图 4-21 所示。**当系统运行到 END 指令处时，END 后面的程序将不会执行，系统会由 END 处自动返回，开始下一个扫描周期，如果不在程序结束处使用 END 指令，系统会一直运行到最后的程序步，延长程序的执行周期。**

另外，**使用 END 指令也方便调试程序。**当编写很长的程序时，如果调试时发现程序出错，为了发现程序出错位置，可以从前往后每隔一段程序插入一个 END 指令，再进行调试，系统执行到第一个 END 指令会返回，如果发现程序出错，表明出错位置应在第一个 END 指令之前，若第一段程序正常，可删除一个 END 指令，再用同样的方法调试后面的程序。

```
0  LD     X000
1  ┊
2  ┊

   OUT    Y000
   END
   NOP
   NOP
   ┊

   NOP
```

图 4-21　END 指令使用举例

4.2　PLC 基本控制线路与梯形图

4.2.1　启动、自锁和停止控制的 PLC 线路与梯形图

启动、自锁和停止控制是 PLC 最基本的控制功能。启动、自锁和停止控制可采用线圈驱动指令（OUT），也可以采用置位指令（SET、RST）来实现。

1. 采用线圈驱动指令实现启动、自锁和停止控制

线圈驱动（OUT）指令的功能是将输出线圈与右母线连接，它是一种很常用的指令。用线圈驱动指令实现启动、自锁和停止控制的 PLC 接线图和梯形图如图 4-22 所示。

PLC 接线图与梯形图说明如下：

当按下启动按钮 SB1 时，PLC 内部梯形图程序中的启动触点 X000 闭合，输出线圈 Y000 得电，输

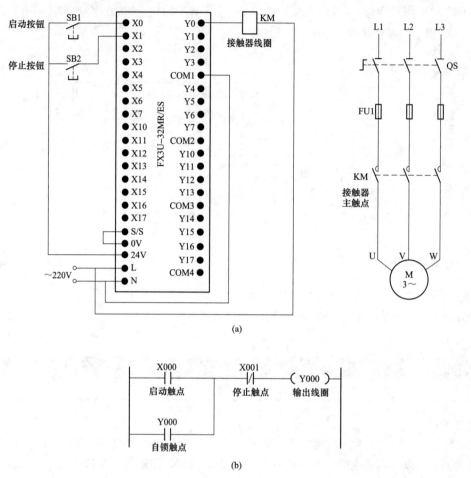

图 4-22 采用线圈驱动指令实现启动、自锁和停止控制的 PLC 接线图与梯形图

(a) PLC 接线图；(b) 梯形图

出端子 Y0 内部硬触点闭合，Y0 端子与 COM 端子之间内部接通，接触器线圈 KM 得电，主电路中的 KM 主触点闭合，电动机得电启动。

输出线圈 Y000 得电后，除了会使 Y000、COM 端子之间的硬触点闭合外，还会使自锁触点 Y000 闭合，在启动触点 X000 断开后，依靠自锁触点闭合可使线圈 Y000 继续得电，电动机就会继续运转，从而实现自锁控制功能。

当按下停止按钮 SB2 时，PLC 内部梯形图程序中的停止触点 X001 断开，输出线圈 Y000 失电，Y0、COM 端子之间的内部硬触点断开，接触器线圈 KM 失电，主电路中的 KM 主触点断开，电动机失电停转。

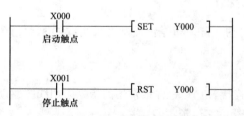

图 4-23 采用置位复位指令实现启动、
自锁和停止控制的梯形图

2. 采用置位复位指令实现启动、自锁和停止控制

采用置位复位指令（SET、RST）实现启动、自锁和停止控制的梯形图如图 4-23 所示，其 PLC 接线图与图 4-22 (a) 是一样的。

PLC 接线图与梯形图说明如下：

当按下启动按钮 SB1 时，梯形图中的启动触点 X000 闭合，［SET Y000］指令执行，指令执行结果将输出继电器线圈 Y000 置 1，相当于线圈 Y000 得电，使 Y0、COM

端子之间的内部硬触点接通,接触器线圈 KM 得电,主电路中的 KM 主触点闭合,电动机得电启动。

线圈 Y000 置位后,松开启动按钮 SB1、启动触点 X000 断开,但线圈 Y000 仍保持 "1" 态,即仍维持得电状态,电动机就会继续运转,从而实现自锁控制功能。

当按下停止按钮 SB2 时,梯形图中的停止触点 X001 闭合,[RST Y000] 指令被执行,指令执行结果将输出线圈 Y000 复位,相当于线圈 Y000 失电,Y0、COM 端子之间的内部触点断开,接触器线圈 KM 失电,主电路中的 KM 主触点断开,电动机失电停转。

采用置位复位指令与线圈驱动都可以实现启动、自锁和停止控制,两者的 PLC 接线都相同,仅给 PLC 编写输入的梯形图程序不同。

4.2.2 正、反转联锁控制的 PLC 接线图与梯形图

正、反转联锁控制的 PLC 接线图与梯形图如图 4-24 所示。

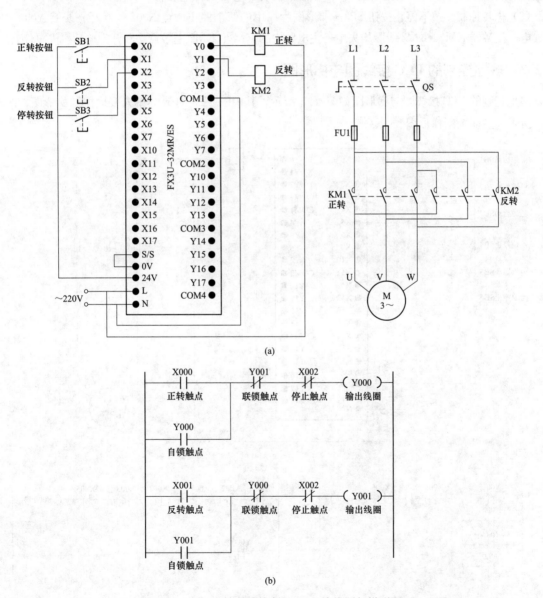

图 4-24 正、反转联锁控制的 PLC 接线图与梯形图

(a) PLC 接线图;(b) 梯形图

线路与梯形图说明如下：

（1）正转联锁控制。按下正转按钮 SB1→梯形图程序中的正转触点 X000 闭合→线圈 Y000 得电→Y000 自锁触点闭合，Y000 联锁触点断开，Y0 端子与 COM 端子间的内部硬触点闭合→Y000 自锁触点闭合，使线圈 Y000 在 X000 触点断开后仍可得电；Y000 联锁触点断开，使线圈 Y001 即使在 X001 触点闭合（误操作 SB2 引起）时也无法得电，实现联锁控制；Y0 端子与 COM 端子间的内部硬触点闭合，接触器 KM1 线圈得电，主电路中的 KM1 主触点闭合，电动机得电正转。

（2）反转联锁控制。按下反转按钮 SB2→梯形图程序中的反转触点 X001 闭合→线圈 Y001 得电→Y001 自锁触点闭合，Y001 联锁触点断开，Y1 端子与 COM 端子间的内部硬触点闭合→Y001 自锁触点闭合，使线圈 Y001 在 X001 触点断开后继续得电；Y001 联锁触点断开，使线圈 Y000 即使在 X000 触点闭合（误操作 SB1 引起）时也无法得电，实现联锁控制；Y1 端子与 COM 端子间的内部硬触点闭合，接触器 KM2 线圈得电，主电路中的 KM2 主触点闭合，电动机得电反转。

（3）停转控制。按下停止按钮 SB3→梯形图程序中的两个停止触点 X002 均断开→线圈 Y000、Y001 均失电→接触器 KM1、KM2 线圈均失电→主电路中的 KM1、KM2 主触点均断开，电动机失电停转。

4.2.3　多地控制的 PLC 接线图与梯形图

多地控制的 PLC 接线图与梯形图如图 4-25 所示，其中图 4-25（b）为单人多地控制梯形图，图 4-25（c）为多人多地控制梯形图。

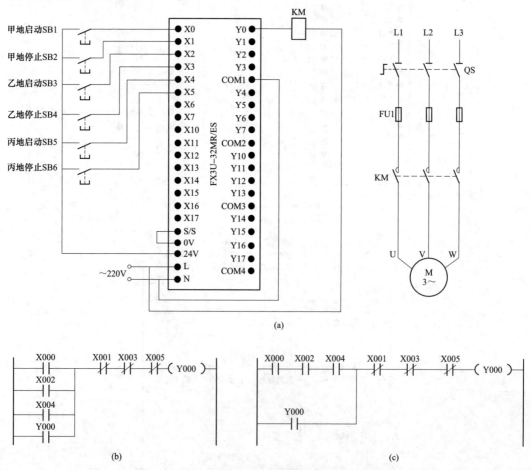

图 4-25　多地控制的 PLC 接线图与梯形图

（a）PLC 接线图；（b）单人多地控制梯形图；（c）多人多地控制梯形图

1. 单人多地控制

单人多地控制的 PLC 接线图和梯形图如图 4-25 (a)、(b) 所示。

(1) 甲地启动控制。在甲地按下启动按钮 SB1 时→X000 常开触点闭合→线圈 Y000 得电→Y000 常开自锁触点闭合，Y0 端子内部硬触点闭合→Y000 常开自锁触点闭合锁定 Y000 线圈供电，Y0 端子内部硬触点闭合使接触器线圈 KM 得电→主电路中的 KM 主触点闭合，电动机得电运转。

(2) 甲地停止控制。在甲地按下停止按钮 SB2 时→X001 常闭触点断开→线圈 Y000 失电→Y000 常开自锁触点断开，Y0 端子内部硬触点断开→接触器线圈 KM 失电→主电路中的 KM 主触点断开，电动机失电停转。

(3) 乙地和丙地的启/停控制与甲地控制相同，利用图 4-25 (b) 梯形图可以实现在任何一地进行启/停控制，也可以在一地进行启动，在另一地控制停止。

2. 多人多地控制

多人多地的 PLC 控制接线图和梯形图如图 4-25 (a)、(c) 所示。

(1) 启动控制。在甲、乙、丙 3 地同时按下按钮 SB1、SB3、SB5→线圈 Y000 得电→Y000 常开自锁触点闭合，Y0 端子的内部硬触点闭合→Y000 线圈供电锁定，接触器线圈 KM 得电→主电路中的 KM 主触点闭合，电动机得电运转。

(2) 停止控制。在甲、乙、丙 3 地按下 SB2、SB4、SB6 中的某个停止按钮时→线圈 Y000 失电→Y000 常开自锁触点断开，Y0 端子内部硬触点断开→Y000 常开自锁触点断开使 Y000 线圈供电切断，Y0 端子的内部硬触点断开使接触器线圈 KM 失电→主电路中的 KM 主触点断开，电动机失电停转。

图 4-25 (c) 所示梯形图可以实现多人在多地同时按下启动按钮才能启动功能，在任意一地都可以进行停止控制。

4.2.4 定时控制的 PLC 接线图与梯形图

定时控制方式很多，下面介绍两种典型的定时控制的 PLC 接线图与梯形图。

1. 延时启动定时运行控制的 PLC 接线图与梯形图

延时启动定时运行控制的 PLC 接线图与梯形图如图 4-26 所示，它可以实现的功能是：按下启动按钮 3s 后，电动机启动运行，运行 5s 后自动停止。

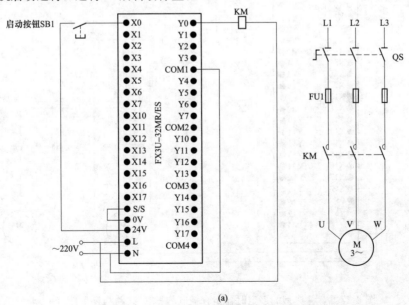

(a)

图 4-26 延时启动定时运行控制的 PLC 线路与梯形图 (一)

(a) PLC 接线图

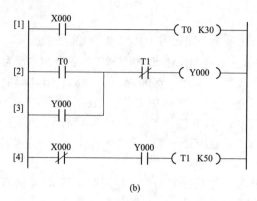

图 4-26　延时启动定时运行控制的 PLC 线路与梯形图（二）

（b）梯形图

PLC 接线图与梯形图说明如下：

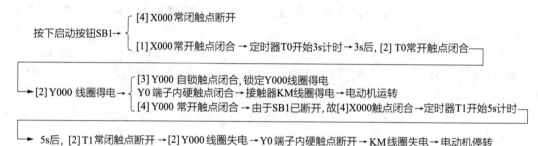

2. 多定时器组合控制的 PLC 接线图与梯形图

图 4-27 所示为一种典型的多定时器组合控制的 PLC 接线图与梯形图，它可以实现的功能是：按下启动按钮后电动机 B 马上运行，30s 后电动机 A 开始运行，70s 后电动机 B 停转，100s 后电动机 A 停转。

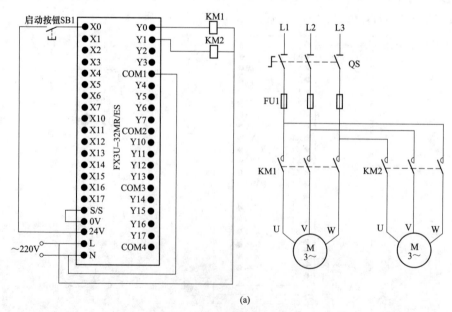

（a）

图 4-27　一种典型的多定时器组合控制的 PLC 线路与梯形图（一）

（a）PLC 接线图

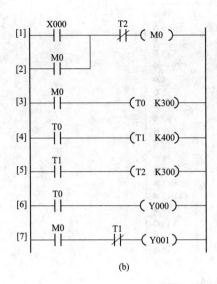

图 4-27 一种典型的多定时器组合控制的 PLC 线路与梯形图（二）

（b）梯形图

PLC 接线图与梯形图说明如下：

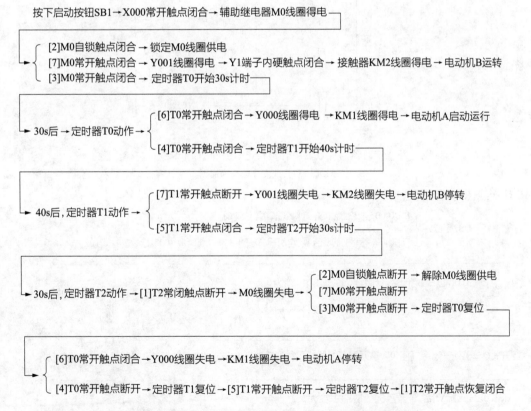

4.2.5 定时器与计数器组合延长定时控制的 PLC 接线图与梯形图

三菱 FX 系列 PLC 的最大定时时间为 3276.7s（约 54min），采用定时器和计数器可以延长定时时间。定时器与计数器组合延长定时控制的 PLC 接线图与梯形图如图 4-28 所示。

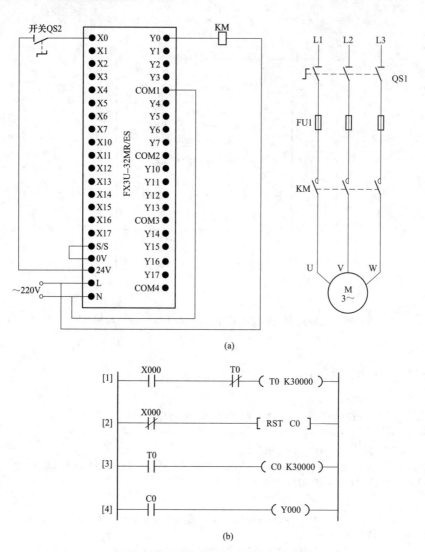

图 4-28 定时器与计数器组合延长定时控制的 PLC 线路与梯形图

(a) PLC 接线图；(b) 梯形图

PLC 接线图与梯形图说明如下：

将开关QS2闭合 → ┌ [2]X000常闭触点断开，计数器C0复位清0结束
　　　　　　　　└ [1]X000常开触点闭合 → 定时器T0开始3000s计时 → 3000s后，定时器T0动作 ─┐

┌───┘
│ ┌ [3]T0常开触点闭合，计数器C0值增1，由0变为1
└→│　　　　　　　　　　　　　　　　　　　　　　　　　 ┌ [3]T0常开触点断开，计数器C0值保持为1
　 └ [1]T0常开触点断开 → 定时器T0复位 ─────────→│
　　　　　　　　　　　　　　　　　　　　　　　　　 └ [1]T0常闭触点闭合

┌─ 因开关QS2仍处于闭合，[1]X000常开触点也保持闭合 → 定时器T0又开始3000s计时 → 3000s后，定时器T0动作 ─┐

┌──┘
│ ┌ [3]T0常开触点闭合，计数器C0值增1，由1变为2
└→│　　　　　　　　　　　　　　　　　　　　　　　　 ┌ [3]T0常开触点断开，计数器C0值保持为2
　 └ [1]T0常闭触点断开 → 定时器T0复位 ─────────→│
　　　　　　　　　　　　　　　　　　　　　　　　 └ [1]T0常闭触点闭合 → 定时器T0又开始计时，以后重复上述过程 ─┐

└─ 当计数器C0计数值达到30000 → 计数器C0动作 → [4]常开触点C0闭合 → Y000线圈得电 → KM线圈得电 → 电动机运转

图 4-28 中的定时器 T0 定时单位为 0.1s（100ms），它与计数器 C0 组合使用后，其定时时间 T＝30000×0.1×30000＝90000000s＝25000h。若需重新定时，可将开关 QS2 断开，让 [2] X000 常闭触点闭合，让"RST C0"指令执行，对计数器 C0 进行复位，然后再闭合 QS2，则会重新开始 250000h 定时。

4.2.6 多重输出控制的 PLC 接线图与梯形图

多重输出控制的 PLC 接线图与梯形图如图 4-29 所示。

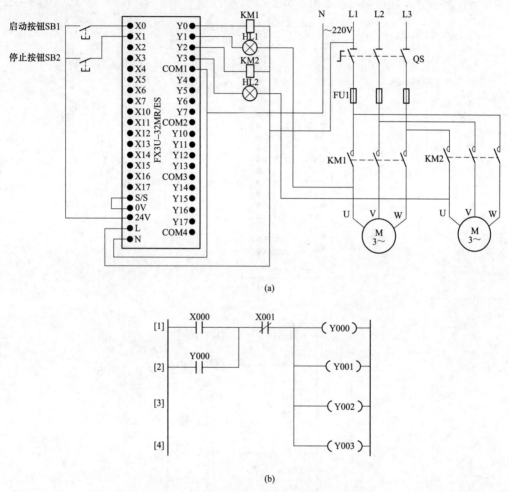

图 4-29 多重输出控制的 PLC 线路与梯形图
(a) PLC 接线图；(b) 梯形图

PLC 接线图与梯形图说明如下。

（1）启动控制。

按下启动按钮SB1→X000常开触点闭合
Y000自锁触点闭合，锁定输出线圈Y000～Y003供电
Y000线圈得电 →Y0端子内硬触点闭合→KM1线圈得电→KM1主触点闭合─→HL1灯得电点亮，指示电动机A得电
Y001线圈得电 →Y1端子内硬触点闭合
Y002线圈得电 →Y2端子内硬触点闭合→KM2线圈得电→KM2主触点闭合─→HL2灯得电点亮，指示电动机B得电
Y003线圈得电 →Y3端子内硬触点闭合

（2）停止控制。

按下停止按钮SB2 → X001常闭触点断开

Y000自锁触点断开，解除输出线圈Y000～Y003供电
Y000线圈失电 → Y0端子内硬触点断开 → KM1线圈得电 → KM1主触点断开 → HL1灯失电熄亮，指示电动机A失电
Y000线圈失电 → Y1端子内硬触点断开 → HL1灯失电熄亮，指示电动机A失电
Y001线圈失电 → Y2端子内硬触点断开 → KM2线圈得电 → KM2主触点断开 → HL2灯得电熄灭，指示电动机B失电
Y003线圈失电 → Y3端子内硬触点断开 → HL2灯得电熄灭，指示电动机B失电

4.2.7 过载报警控制的 PLC 接线图与梯形图

过载报警控制的 PLC 接线图与梯形图如图 4-30 所示。

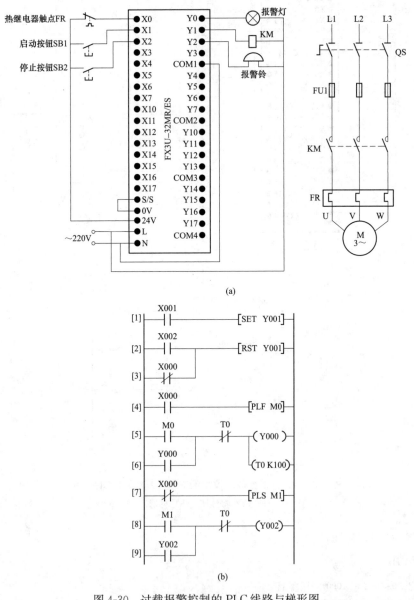

(a)

(b)

图 4-30　过载报警控制的 PLC 线路与梯形图

(a) PLC 接线图；(b) 梯形图

PLC 接线图与梯形图说明如下。

（1）启动控制。按下启动按钮 SB1→〔1〕X001 常开触点闭合→〔SET Y001〕指令执行→Y001 线圈被置位，即 Y001 线圈得电→Y1 端子内部硬触点闭合→接触器 KM 线圈得电→KM 主触点闭合→电

动机得电运转。

（2）停止控制。按下停止按钮 SB2→［2］X002 常开触点闭合→［RST Y001］指令执行→Y001 线圈被复位，即 Y001 线圈失电→Y1 端子内部硬触点断开→接触器 KM 线圈失电→KM 主触点断开→电动机失电停转。

（3）过载保护及报警控制。

在正常工作时，FR过载保护触点闭合→{ [3]X000常闭触点断开，指令[RST Y001]无法执行
[4]X000常开触点闭合，指令[PLF M0]无法执行
[7]X000常闭触点断开，指令[PLS M1]无法执行

当电动机过载运行时，热继电器FR发热元件动作，其常闭触点FR断开——

[3]X000常闭触点闭合→执行指令[RST Y001]→Y001线圈失电→Y1端子内硬触点断开→KM线圈失电→KM主触点断开→电动机失电停转

[4]X000常开触点由闭合转为断开，生产一个脉冲下降沿→指令[PLF M0]执行，M0线圈得电一个扫描周期→[5]M0常开触点闭合→Y000线圈得电，定时器T0开始10s计时→Y000线圈得电，一方面使[6]Y000自锁触点闭合来锁定供电，另一方面使报警灯通电点亮

[7]X000常闭触点由断开转为闭合，生产一个脉冲上升沿→指令[PLS M1]执行，M1线圈得电一个扫描周期→[8]M1常开触点闭合→Y002线圈得电→Y002线圈得电，一方面使[9]Y002自锁触点闭合来锁定供电，另一面使报警铃通电发声

10s后，定时器T0动作→{ [8]T0常闭触点断开→Y002线圈失电→报警铃失电，停止报警声
[5]T0常闭触点断开→定时器T0复位，同时Y000线圈失电→报警灯失电熄灭

4.2.8 闪烁控制的 PLC 接线图与梯形图

闪烁控制的 PLC 接线图与梯形图如图 4-31 所示。

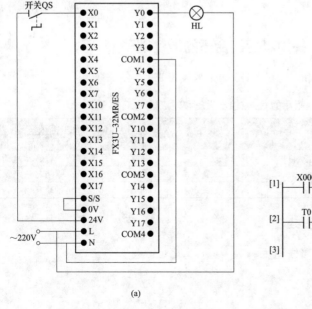
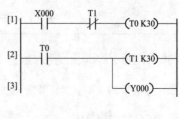

(a)   (b)

图 4-31　闪烁控制的 PLC 接线图与梯形图

（a）PLC 接线图；（b）梯形图

PLC 接线图与梯形图说明如下：

将开关 QS 闭合→X000 常开触点闭合→定时器 T0 开始 3s 计时→3s 后，定时器 T0 动作，T0 常开触点闭合→定时器 T1 开始 3s 计时，同时 Y000 得电，Y0 端子内部硬触点闭合，灯 HL 点亮→3s 后，定时器 T1 动作，T1 常闭触点断开→定时器 T0 复位，T0 常开触点断开→Y000 线圈失电，同时定时器 T1 复位→Y000 线圈失电使灯 HL 熄灭；定时器 T1 复位使 T1 闭合，由于开关 QS 仍处于闭合，X000 常开触点也处于闭合，定时器 T0 又重新开始 3s 计时。

以后重复上述过程，灯 HL 保持 3s 亮、3s 灭的频率闪烁发光。

4.3　喷泉的 PLC 控制系统开发实例

4.3.1　明确系统控制要求

系统要求用两个按钮来控制 A、B、C 3 组喷头工作（通过控制 3 组喷头的电动机来实现），3 组喷头排列如图 4-32 所示。

系统控制要求具体如下：当按下启动按钮后，A 组喷头先喷 5s 后停止，然后 B、C 组喷头同时喷，5s 后，B 组喷头停止，C 组喷头继续喷 5s 再停止，而后 A、B 组喷头喷 7s，C 组喷头在这 7s 的前 2s 内停止，后 5s 内喷水，接着 A、B、C 3 组喷头同时停止 3s，以后重复前述过程。按下停止按钮后，3 组喷头同时停止喷水。图 4-33 为 A、B、C 3 组喷头工作时序图。

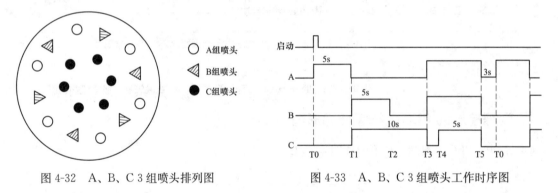

图 4-32　A、B、C 3 组喷头排列图　　　　　图 4-33　A、B、C 3 组喷头工作时序图

4.3.2　确定输入/输出设备，并为其分配合适的 I/O 端子

喷泉控制采用的输入/输出设备和对应的 PLC 端子见表 4-16。

表 4-16　　　　　　　　喷泉控制采用的输入/输出设备和对应的 PLC 端子

输　入			输　出		
输入设备	对应 PLC 端子	功能说明	输出设备	对应 PLC 端子	功能说明
SB1	X000	启动控制	KM1 线圈	Y000	驱动 A 组电动机工作
SB2	X001	停止控制	KM2 线圈	Y001	驱动 B 组电动机工作
			KM3 线圈	Y002	驱动 C 组电动机工作

4.3.3　绘制喷泉的 PLC 控制接线图

图 4-34 所示为喷泉的 PLC 控制接线图。

4.3.4　编写 PLC 控制程序

启动三菱 GX Developer 编程软件，编写满足控制要求的梯形图程序，编写完成的梯形图如图 4-35（a）所示，可以将它转换成图 4-35（b）所示的指令语句表。

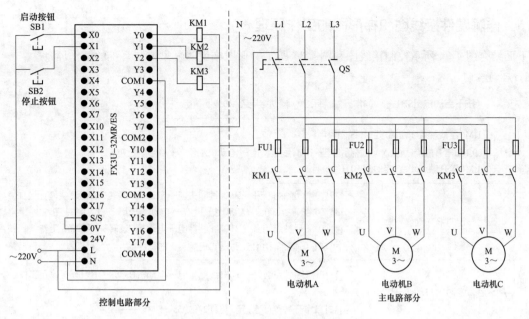

图 4-34　喷泉的 PLC 控制接线图

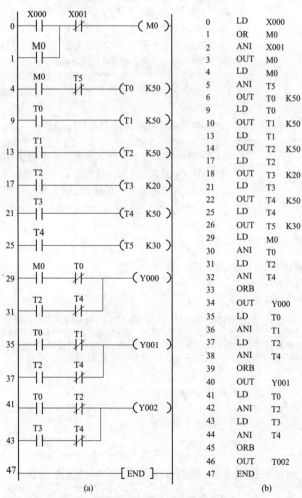

(a) (b)

图 4-35　喷泉 PLC 控制程序

(a) 梯形图；(b) 指令语句表

4.3.5 详解硬件接线图和梯形图的工作原理

下面结合图 4-34 所示控制接线图和图 4-35 所示梯形图来说明喷泉控制系统的工作原理。

1. 启动控制

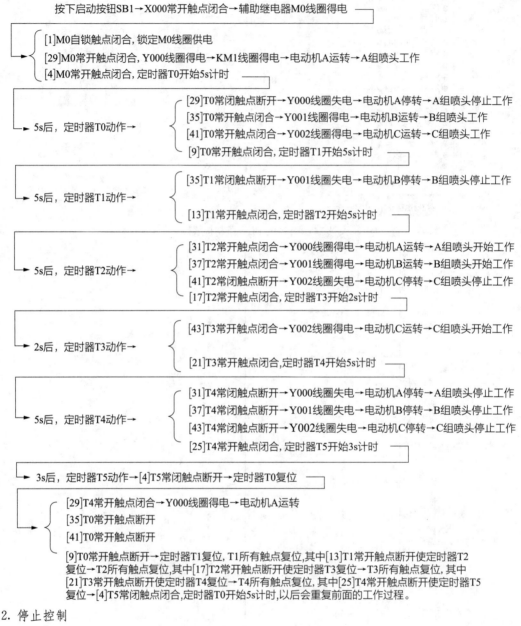

按下启动按钮SB1→X000常开触点闭合→辅助继电器M0线圈得电

[1]M0自锁触点闭合, 锁定M0线圈供电
[29]M0常开触点闭合, Y000线圈得电→KM1线圈得电→电动机A运转→A组喷头工作
[4]M0常开触点闭合, 定时器T0开始5s计时

5s后, 定时器T0动作→
[29]T0常闭触点断开→Y000线圈失电→电动机A停转→A组喷头停止工作
[35]T0常开触点闭合→Y001线圈得电→电动机B运转→B组喷头工作
[41]T0常开触点闭合→Y002线圈得电→电动机C运转→C组喷头工作
[9]T0开触点闭合, 定时器T1开始5s计时

5s后, 定时器T1动作→
[35]T1常闭触点断开→Y001线圈失电→电动机B停转→B组喷头停止工作
[13]T1常开触点闭合, 定时器T2开始5s计时

5s后, 定时器T2动作→
[31]T2常开触点闭合→Y000线圈得电→电动机A运转→A组喷头开始工作
[37]T2常开触点闭合→Y001线圈得电→电动机B运转→B组喷头开始工作
[41]T2常闭触点断开→Y002线圈失电→电动机C停转→C组喷头停止工作
[17]T2常开触点闭合, 定时器T3开始2s计时

2s后, 定时器T3动作→
[43]T3常开触点闭合→Y002线圈得电→电动机C运转→C组喷头开始工作
[21]T3常开触点闭合, 定时器T4开始5s计时

5s后, 定时器T4动作→
[31]T4常闭触点断开→Y000线圈失电→电动机A停转→A组喷头停止工作
[37]T4常闭触点断开→Y001线圈失电→电动机B停转→B组喷头停止工作
[43]T4常闭触点断开→Y002线圈失电→电动机C停转→C组喷头停止工作
[25]T4常开触点闭合, 定时器T5开始3s计时

3s后, 定时器T5动作→[4]T5常闭触点断开→定时器T0复位

[29]T4常开触点闭合→Y000线圈得电→电动机A运转
[35]T0常开触点断开
[41]T0常开触点断开
[9]T0常开触点断开→定时器T1复位, T1所有触点复位, 其中[13]T1常开触点断开使定时器T2复位→T2所有触点复位, 其中[17]T2常开触点断开使定时器T3复位→T3所有触点复位, 其中[21]T3常开触点断开使定时器T4复位→T4所有触点复位, 其中[25]T4常开触点断开使定时器T5复位→[4]T5常闭触点闭合, 定时器T0开始5s计时, 以后会重复前面的工作过程。

2. 停止控制

按下停止按钮SB2→X001常闭触点断开→M0线圈失电→
[1]M0自锁触点断开, 解除自锁
[4]M0常开触点断开→定时器T0复位

T0所有触点复位, 其中[9]T0常开触点断开→定时器T1复位→T1所有触点复位, 其中[13]T1常开触点断开使定时器T2复位→T2所有触点复位, 其中[17]T2常开触点断开使定时器T3复位→T3所有触点复位, 其中[21]T3常开触点断开使定时器T4复位→T4所有触点复位, 其中[25]T4常开触点断开使定时器T5复位→T5所有触点复位, 其中[4]T5常闭触点闭合→由于定时器T0 T5所有触点复位, Y000~Y002线圈均无法得电→KM1~KM3线圈失电→电动机A、B、C均停转

4.4 交通信号灯的 PLC 控制系统开发实例

4.4.1 明确系统控制要求

系统要求用两个按钮来控制交通信号灯工作，交通信号灯排列如图 4-36 所示。

系统控制要求具体如下：当按下启动按钮后，南北红灯亮 25s，在南北红灯亮 25s 的时间里，东西绿灯先亮 20s 再以 1 次/s 的频率闪烁 3 次，接着东西黄灯亮 2s，25s 后南北红灯熄灭，熄灭时间维持 30s，在这 30s 时间里，东西红灯一直亮，南北绿灯先亮 25s，然后以 1 次/s 频率闪烁 3 次，接着南北黄灯亮 2s。以后重复该过程。按下停止按钮后，所有的灯都熄灭。交通信号灯的工作时序如图 4-37 所示。

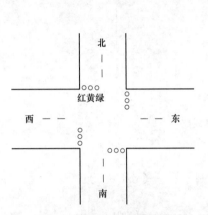

图 4-36 交通信号灯排列

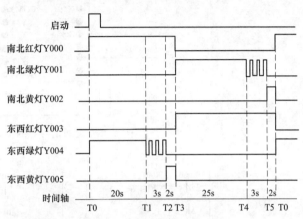

图 4-37 交通信号灯的工作时序

4.4.2 确定输入/输出设备并为其分配合适的 PLC 端子

交通信号灯控制采用的输入/输出设备和对应的 PLC 端子见表 4-17。

表 4-17 交通信号灯控制采用的输入/输出设备和对应的 PLC 端子

输 入			输 出		
输入设备	对应 PLC 端子	功能说明	输出设备	对应 PLC 端子	功能说明
SB1	X000	启动控制	南北红灯	Y000	驱动南北红灯亮
SB2	X001	停止控制	南北绿灯	Y001	驱动南北绿灯亮
			南北黄灯	Y002	驱动南北黄灯亮
			东西红灯	Y003	驱动东西红灯亮
			东西绿灯	Y004	驱动东西绿灯亮
			东西黄灯	Y005	驱动东西黄灯亮

4.4.3 绘制交通信号灯的 PLC 控制接线图

图 4-38 所示为交通信号灯的 PLC 控制接线图。

4.4.4 编写 PLC 控制程序

启动三菱 GX Developer 编程软件，编写满足控制要求的梯形图程序，编写完成的梯形图如图 4-39 所示。

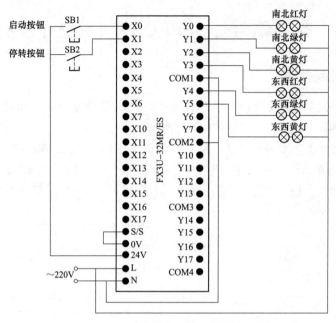

图 4-38 交通信号灯的 PLC 控制线路

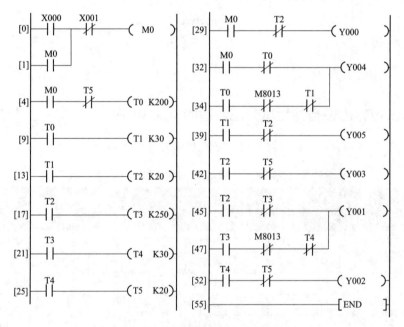

图 4-39 控制交通信号灯的梯形图

4.4.5 详解硬件接线图和梯形图的工作原理

下面对照图 4-38 所示控制接线图、图 4-37 所示时序图和图 4-39 所示梯形图控制程序来说明交通信号灯的控制原理。

在图 4-39 所示梯形图中，采用了一个特殊的辅助继电器 M8013，称作触点利用型特殊继电器，它利用 PLC 自动驱动线圈，用户只能利用它的触点，即画梯形图里只能画它的触点。M8013 是一个产生 1s 时钟脉冲的辅助继电器，其高低电平持续时间各为 0.5s，以图 4-39 所示梯形图的 [34] 为例，当 T0

常开触点闭合，M8013 常闭触点接通、断开时间分别为 0.5s，Y004 线圈得电、失电时间也都为 0.5s。

1. 启动控制

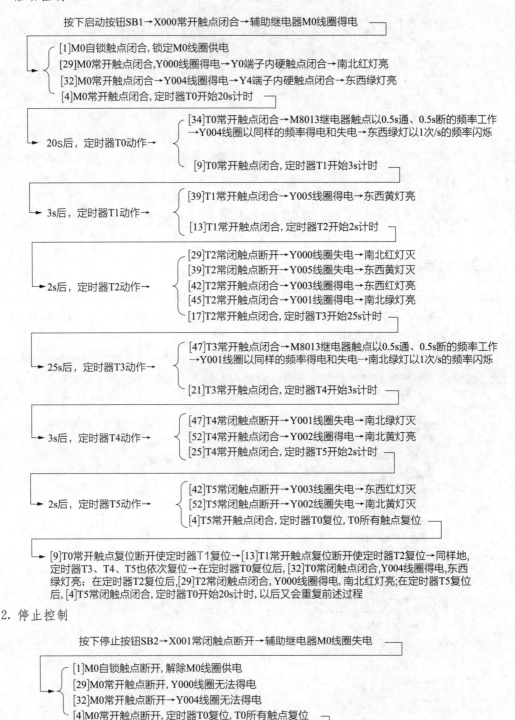

按下启动按钮SB1→X000常开触点闭合→辅助继电器M0线圈得电

[1]M0自锁触点闭合, 锁定M0线圈供电
[29]M0常开触点闭合,Y000线圈得电→Y0端子内硬触点闭合→南北红灯亮
[32]M0常开触点闭合→Y004线圈得电→Y4端子内硬触点闭合→东西绿灯亮
[4]M0常开触点闭合, 定时器T0开始20s计时

20s后, 定时器T0动作→
[34]T0常开触点闭合→M8013继电器触点以0.5s通、0.5s断的频率工作→Y004线圈以同样的频率得电和失电→东西绿灯以1次/s的频率闪烁
[9]T0常开触点闭合, 定时器T1开始3s计时

3s后, 定时器T1动作→
[39]T1常开触点闭合→Y005线圈得电→东西黄灯亮
[13]T1常开触点闭合, 定时器T2开始2s计时

2s后, 定时器T2动作→
[29]T2常闭触点断开→Y000线圈失电→南北红灯灭
[39]T2常闭触点断开→Y005线圈失电→东西黄灯灭
[42]T2常开触点闭合→Y003线圈得电→东西红灯亮
[45]T2常开触点闭合→Y001线圈得电→南北绿灯亮
[17]T2常开触点闭合, 定时器T3开始25s计时

25s后, 定时器T3动作→
[47]T3常开触点闭合→M8013继电器触点以0.5s通、0.5s断的频率工作→Y001线圈以同样的频率得电和失电→南北绿灯以1次/s的频率闪烁
[21]T3常开触点闭合, 定时器T4开始3s计时

3s后, 定时器T4动作→
[47]T4常闭触点断开→Y001线圈失电→南北绿灯灭
[52]T4常开触点闭合→Y002线圈得电→南北黄灯亮
[25]T4常开触点闭合, 定时器T5开始2s计时

2s后, 定时器T5动作→
[42]T5常闭触点断开→Y003线圈失电→东西红灯灭
[52]T5常闭触点断开→Y002线圈失电→南北黄灯灭
[4]T5常开触点闭合, 定时器T0复位, T0所有触点复位

[9]T0常开触点复位断开使定时器T1复位→[13]T1常开触点复位断开使定时器T2复位→同样地, 定时器T3、T4、T5也依次复位→在定时器T0复位后,[32]T0常闭触点闭合,Y004线圈得电,东西绿灯亮; 在定时器T2复位后,[29]T2常闭触点闭合,Y000线圈得电,南北红灯亮;在定时器T5复位后,[4]T5常闭触点闭合,定时器T0开始20s计时,以后又会重复前述过程

2. 停止控制

按下停止按钮SB2→X001常闭触点断开→辅助继电器M0线圈失电

[1]M0自锁触点断开, 解除M0线圈供电
[29]M0常开触点断开, Y000线圈无法得电
[32]M0常开触点断开→Y004线圈无法得电
[4]M0常开触点断开, 定时器T0复位, T0所有触点复位

[9]T0常开触点复位断开使定时器T1复位, T1所有触点均复位 →其中[13]T1常开触点复位断开使定时器T2复位→同样地, 定时器T3、T4、T5也依次复位→在定时器T1复位后, [39]T1常开触点断开, Y005线圈无法得电, 在定时器T2复位后, [42]T2常开触点断开, Y003线圈无法得电; 在定时器T3复位后, [47]T3常开触点断开, Y001线圈无法得电; 在定时器T4复位后, [52]T4常开触点断开, Y002线圈无法得电→Y000~Y005线圈均无法得电, 所有交通信号灯都熄灭

第 5 章

步进指令的使用与实例

步进指令主要用于顺序控制编程，三菱 FX 系列 PLC 有 STL 和 RET 2 条步进指令。在顺序控制编程时，通常先绘制状态转移（SFC）图，然后按照 SFC 图编写相应梯形图程序。状态转移图有单分支、选择性分支和并行分支 3 种方式。

5.1　状态转移图与步进指令

5.1.1　顺序控制与状态转移图

一个复杂的任务往往可以分成若干个小任务，当按一定的顺序完成这些小任务后，整个大任务也就完成了。在生产实践中，顺序控制是指按照一定的顺序逐步控制来完成各个工序的控制方式。在采用顺序控制时，为了直观表示出控制过程，可以绘制顺序控制图。

图 5-1 所示为一种 3 台电动机顺序控制图，由于每一个步骤称作一个工艺，所以又称工序图。在 PLC 编程时，绘制的顺序控制图称为状态转移图，简称 SFC 图，图 5-1（b）为图 5-1（a）对应的状态转移图。

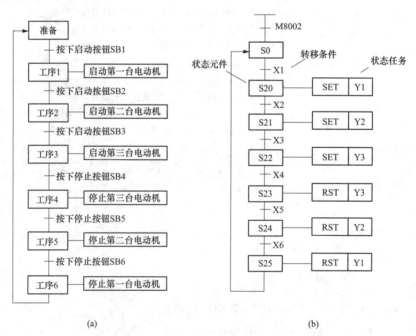

(a)　　　　　　　　　　　　　　(b)

图 5-1　一种 3 台电动机顺序控制图
(a) 工序图；(b) 状态转移（SFC）图

顺序控制有转移条件、转移目标和工作任务 3 个要素。 在图 5-1（a）中，当上一个工序需要转到下一个工序时必须满足一定的转移条件，如工序 1 的要转到下一个工序 2 时，须按下启动按钮 SB2，若不按下 SB2，即不满足转移条件，就无法进行下一个工序 2。当转移条件满足后，需要确定转移目标，如工序 1 的转移目标是工序 2。每个工序都有具体的工作任务，如工序 1 的工作任务是"启动第一台电动机"。

PLC 编程时绘制的状态转移图与顺序控制图相似，图 5-1（b）中的状态元件（状态继电器）S20 相当于工序 1，"SET Y1"相当于工作任务，S20 的转移目标是 S21，S25 的转移目标是 S0，M8002 和 S0 用来完成准备工作，其中 M8002 为触点利用型辅助继电器，它只有触点，没有线圈，PLC 运行时触点会自动接通一个扫描周期，S0 为初始状态继电器，要在 S0～S9 中选择，其他的状态继电器通常在 S20～S499 中选择（三菱 FX2N 系列）。

5.1.2 步进指令说明

PLC 顺序控制需要用到步进指令，三菱 FX 系列 PLC 有 STL 和 RET 2 条步进指令。

1. 指令名称与功能

指令名称及功能见表 5-1。

表 5-1 步进指令名称及功能

指令名称（助记符）	功 能
STL	步进开始指令，其功能是将步进接点接到左母线，该指令的操作元件为状态继电器 S
RET	步进结束指令，其功能是将子母线返回到左母线位置，该指令无操作元件

2. 使用举例

（1）STL 指令使用举例。STL 指令使用举例如图 5-2 所示。状态继电器 S 只有常开触点，没有常闭触点，在绘制梯形图时，输入指令"［STL S20］"即能生成 S20 常开触点，S 常开触点闭合后，其右端相当于子母线，与子母线直接连接的线圈可以直接用 OUT 指令，相连的其他元件可用基本指令写出指令语句表，如触点用 LD 或 LDI 指令。

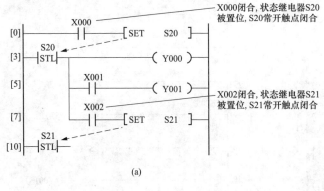

图 5-2 STL 指令使用举例

（a）梯形图；（b）指令语句表

梯形图说明如下：当 X000 常开触点闭合时→［SET S20］指令执行→状态继电器 S20 被置 1（置位）→S20 常开触点闭合→Y000 线圈得电；若 X001 常开触点闭合，Y001 线圈也得电；若 X002 常开触点闭合，［SET S21］指令执行，状态继电器 S21 被置 1→S21 常开触点闭合。

（2）RET 指令使用举例。RET 指令使用举例如图 5-3 所示。RET 指令通常用在一系列步进指令的最后，表示状态流程的结束并返回主母线。

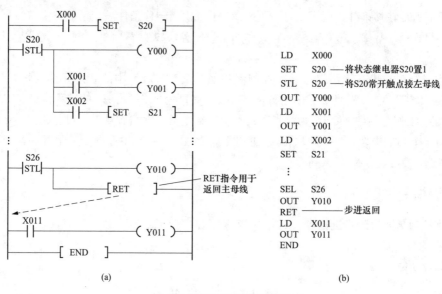

图 5-3　RET 指令使用举例

（a）梯形图；（b）指令语句表

5.1.3　步进指令在两种编程软件中的编写形式

在三菱 FXGP_WIN-C 和 GX Developer 编程软件中都可以使用步进指令编写顺序控制程序，但两者的编写方式有所不同。

图 5-4 所示为 FXGP_WIN-C 和 GX Developer 软件编写的功能完全相同的梯形图，虽然两者的指令语句表程序完全相同，但梯形图却有区别，FXGP_WIN-C 软件编写的步程序段开始有一个 STL 触点（编程时输入"〔STL S0〕"即能生成 STL 触点），而 GX Developer 软件编写的步程序段无 STL 触点，取而代之的程序段开始是一个独占一行的"〔STL S0〕"指令。

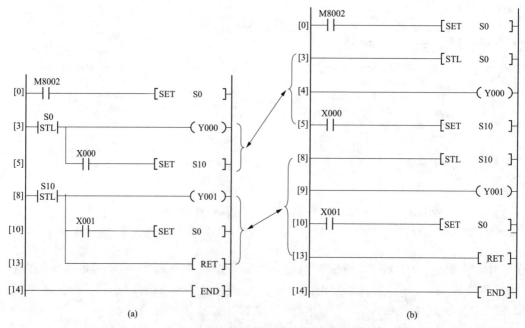

图 5-4　由两个不同编程软件编写的功能相同的梯形图

（a）由 FXGP_WIN-C 软件编写；（b）由 GX Developer 软件编写

5.1.4 状态转移图分支方式

状态转移图的分支方式主要有单分支方式、选择性分支方式和并行分支方式。图 5-1（b）所示的状态转移图为单分支，程序由前往后依次执行，中间没有分支，不复杂的顺序控制常采用这种单分支方式。较复杂的顺序控制可采用选择性分支方式或并行分支方式。

1. 选择性分支方式

选择性分支方式如图 5-5 所示。状态转移图如图 5-5（a）所示，在状态器 S21 后有两个可选择的分支，当 X1 闭合时执行 S22 分支，当 X4 闭合时执行 S24 分支，如果 X1 较 X4 先闭合，则只执行 X1 所在的分支，X4 所在的分支不执行。图 5-5（b）是依据图 5-5（a）画出的梯形图，图 5-5（c）则为对应的指令语句表。

三菱 FX 系列 PLC 最多允许有 8 个可选择的分支。

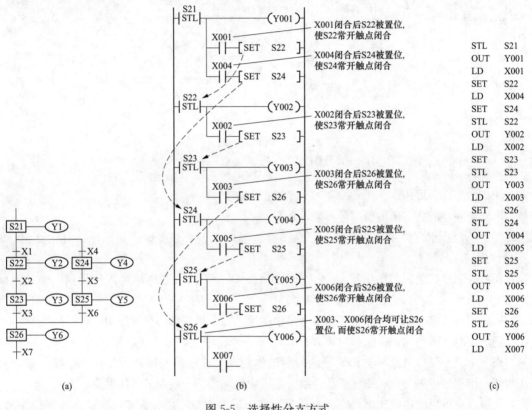

图 5-5　选择性分支方式
(a) 状态转移图；(b) 梯形图；(c) 指令语句表

2. 并行分支方式

并行分支方式如图 5-6 所示，状态转移图如图 5-6（a）所示，在状态器 S21 后有两个并行的分支，并行分支用双线表示，当 X1 闭合时 S22 和 S24 两个分支同时执行，当两个分支都执行完成并且 X4 闭合时才能往下执行，若 S23 或 S25 任一条分支未执行完，即使 X4 闭合，也不会执行到 S26。图 5-6（b）是依据图 5-6（a）画出的梯形图，图 5-6（c）则为对应的指令语句表。

三菱 FX 系列 PLC 最多允许有 8 个并行的分支。

5.1.5 用步进指令编程注意事项

（1）初始状态（S0）应预先驱动，否则程序不能向下执行，驱动初始状态通常用控制系统的初始

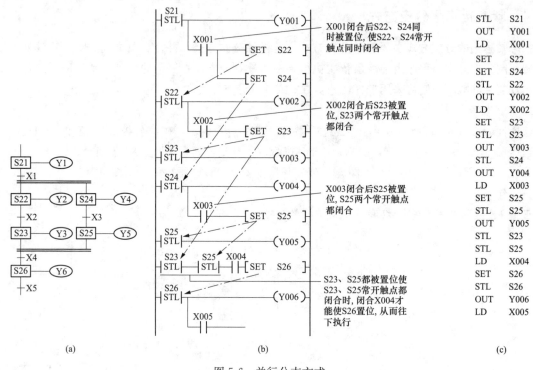

图 5-6　并行分支方式

(a) 状态转移图；(b) 梯形图；(c) 指令语句表

条件，若无初始条件，可用 M8002 或 M8000 触点进行驱动。

(2) 不同步程序的状态继电器编号不要重复。

(3) 当上一个步程序结束，转移到下一个步程序时，上一个步程序中的元件会自动复位（SET、RST 指令作用的元件除外）。

(4) 在步进顺序控制梯形图中可使用双线圈功能，即在不同步程序中可以使用同一个输出线圈，这是因为 CPU 只执行当前处于活动步的步程序。

(5) 同一编号的定时器不要在相邻的步程序中使用，在不是相邻的步程序中则可以使用。

(6) 不能同时动作的输出线圈尽量不要设在相邻的步程序中，因为可能出现下一步程序开始执行时上一步程序未完全复位，这样会出现不能同时动作的两个输出线圈同时动作，如果必须要这样做，可以在相邻的步程序中采用软联锁保护，即给一个线圈串联另一个线圈的常闭触点。

(7) 在步程中可以使用跳转指令。在中断程序和子程序中也不能存在步程序。在步程序中最多可以有 4 级 FOR/NEXT 指令嵌套。

(8) 在选择分支和并行分支程序中，分支数最多不能超过 8 条，总的支路数不能超过 16 条。

(9) 如果希望在停电恢复后继续维持停电前的运行状态时，可使用 S500～S899 停电保持型状态继电器。

5.2　液体混合装置的 PLC 控制系统开发实例

5.2.1　明确系统控制要求

两种液体混合装置如图 5-7 所示，YV1、YV2 分别为 A、B 液体注入控制电磁阀，电磁阀线圈通电时打开，液体可以流入，YV3 为 C 液体流出控制电磁阀，H、M、L 分别为高、中、低液位传感器，M

为搅拌电动机，通过驱动搅拌部件旋转使 A、B 液体充分
混合均匀。

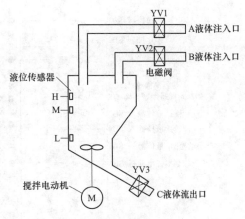

图 5-7　两种液体混合装置

液体混合装置控制要求如下。

（1）装置的容器初始状态应为空的，3 个电磁阀都关
闭，电动机 M 停转。按下启动按钮，YV1 电磁阀打开，
注入 A 液体，当 A 液体的液位达到 M 位置时，YV1 关
闭；然后 YV2 电磁阀打开，注入 B 液体，当 B 液体的液
位达到 H 位置时，YV2 关闭；接着电动机 M 开始运转搅
20s，而后 YV3 电磁阀打开，C 液体（A、B 混合液）流
出，当 C 液体的液位下降到 L 位置时，开始 20s 计时，
在此期间 C 液体全部流出，20s 后 YV3 关闭，一个完整
的周期完成。以后自动重复上述过程。

（2）当按下停止按钮后，装置要完成一个周期才停止。

（3）可以用手动方式控制 A、B 液体的注入和 C 液体的流出，也可以手动控制搅拌电动机的运转。

5.2.2　确定输入/输出设备并分配合适的 I/O 端子

液体混合装置控制采用的输入/输出设备和对应的 PLC 端子见表 5-2。

表 5-2　　　　　　　　　液体混合装置控制采用的输入/输出设备和对应的 PLC 端子

输　入			输　出		
输入设备	对应端子	功能说明	输出设备	对应端子	功能说明
SB1	X0	启动控制	KM1 线圈	Y1	控制 A 液体电磁阀
SB2	X1	停止控制	KM2 线圈	Y2	控制 B 液体电磁阀
SQ1	X2	检测低液位 L	KM3 线圈	Y3	控制 C 液体电磁阀
SQ2	X3	检测中液位 M	KM4 线圈	Y4	驱动搅拌电动机工作
SQ3	X4	检测高液位 H			
QS	X10	手动/自动控制切换 （ON：自动；OFF：手动）			
SB3	X11	手动控制 A 液体流入			
SB4	X12	手动控制 B 液体流入			
SB5	X13	手动控制 C 液体流出			
SB6	X14	手动控制搅拌电动机			

5.2.3　绘制 PLC 控制接线图

图 5-8 所示为液体混合装置的 PLC 控制接线图。

5.2.4　编写 PLC 控制程序

1. 绘制状态转移图

在编写较复杂的步进程序时，建议先绘制状态转移图，再对照状态转移图的框架绘制梯形图。图
5-9 所示为液体混合装置控制的状态转移图。

2. 编写梯形图程序

启动三菱 PLC 编程软件，按状态转移图编写梯形图程序，编写完成的液体混合装置控制梯形图如

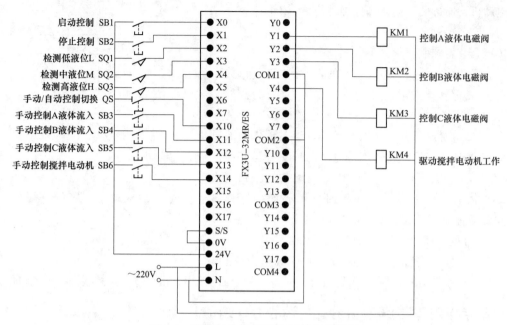

图 5-8　液体混合装置的 PLC 控制接线图

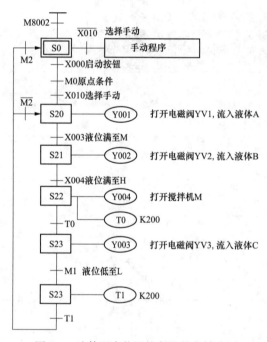

图 5-9　液体混合装置控制的状态转移图

图 5-10 所示，该程序使用三菱 FXGP/WIN-C 软件编写，也可以用三菱 GX Developer 软件编写，但要注意步进指令使用方式与 FXGP/WIN-C 软件有所不同，具体区别可见前图 5-4。

5.2.5　详解硬件接线图和梯形图的工作原理

下面结合图 5-8 所示控制接线图和图 5-10 所示梯形图来说明液体混合装置的工作原理。

液体混合装置有自动和手动两种控制方式，它由开关 QS 来决定（QS 闭合为自动控制；QS 断开为手动控制）。要让装置工作在自动控制方式，除了开关 QS 应闭合外，装置还须满足自动控制的初始条件（又称原点条件），否则系统将无法进入自动控制方式。装置的原点条件是 L、M、H 液位传感器的开关 SQ1、SQ2、SQ3 均断开，电磁阀 YV1、YV2、YV3 均关闭，电动机 M 停转。

1. 检测原点条件

图 5-10 梯形图中的第 0 梯级程序用来检测原点条件（或称初始条件）。在自动控制工作前，若装置中的 C 液体位置高于传感器 L→SQ1 闭合→X002 常闭触点断开，或 Y001～Y004 常闭触点断开（由 Y000～Y003 线圈得电引起，电磁阀 YV1、YV2、YV3 和电动机 M 会因此得电工作），均会使辅助继电器 M0 线圈无法得电，第 16 梯级中的 M0 常开触点断开，无法对状态继电器 S20 置位，第 35 梯级 S20 常开触点断开，S21 无法置位，这样会依次使 S21、S22、S23、S24 常开触点无法闭合，装置无法进入自动控制状态。

如果是因为 C 液体未排完而使装置不满足自动控制的原点条件，可手工操作 SB5 按钮，使 X013 常

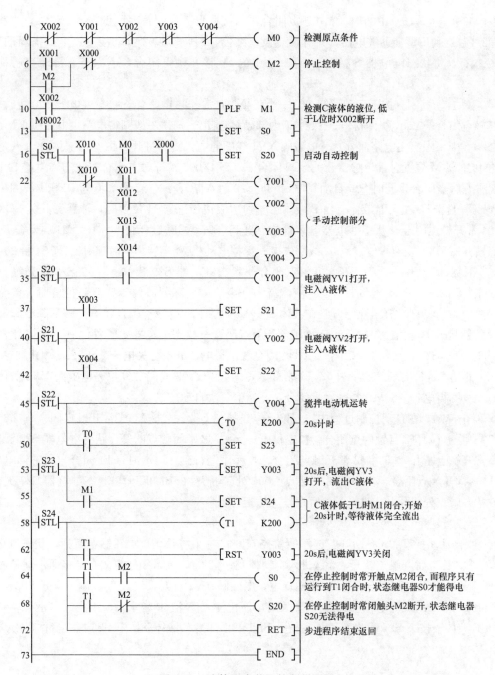

图 5-10　液体混合装置控制梯形图

开触点闭合，Y003 线圈得电，接触器 KM3 线圈得电，KM3 触点闭合接通电磁阀 YV3 线圈电源，YV3
打开，将 C 液体从装置容器中放完，液位传感器 L 的 SQ1 断开，X002 常闭触点闭合，M0 线圈得电，
从而满足自动控制所需的原点条件。

2. 自动控制过程

在启动自动控制前，需要做一些准备工作，包括操作准备和程序准备。

（1）操作准备。将手动/自动切换开关 QS 闭合，选择自动控制方式，图 5-10 中［16］中的 X010
常开触点闭合，为接通自动控制程序段做准备，［22］中的 X010 常闭触点断开，切断手动控制程序段。

（2）程序准备。在启动自动控制前，第 0 梯级程序会检测原点条件，若满足原点条件，则辅助继电器线圈 M0 得电，[16] 中的 M0 常开触点闭合，为接通自动控制程序段做准备。另外，当程序运行到 M8002（触点利用型辅助继电器，只有触点没有线圈）时，M8002 自动接通一个扫描周期，"SET S0" 指令执行，将状态继电器 S0 置位，[16] 中的 S0 常开触点闭合，也为接通自动控制程序段做准备。

（3）启动自动控制。按下启动按钮 SB1→ [16]X000 常开触点闭合→状态继电器 S20 置位→ [35] S20 常开触点闭合→Y001 线圈得电→Y1 端子内部硬触点闭合→KM1 线圈得电→主电路中 KM1 主触点闭合（图 5-8 中未画出主电路部分）→电磁阀 YV1 线圈通电，阀门打开，注入 A 液体→当 A 液体高度到达液位传感器 M 位置时，传感器开关 SQ2 闭合→[37]X003 常开触点闭合→状态继电器 S21 置位→ [40]S21 常开触点闭合，同时 S20 自动复位，[35]S20 触点断开→Y002 线圈得电，Y001 线圈失电→电磁阀 YV2 阀门打开，注入 B 液体→当 B 液体高度到达液位传感器 H 位置时，传感器开关 SQ3 闭合→ [42]X004 常开触点闭合→状态继电器 S22 置位→ [45]S22 常开触点闭合，同时 S21 自动复位，[40] S21 触点断开→Y004 线圈得电，Y002 线圈失电→搅拌电动机 M 运转，同时定时器 T0 开始 20s 计时→20s 后，定时器 T0 动作→ [50]T0 常开触点闭合→状态继电器 S23 置位→ [53]S23 常开触点闭合→Y003 线圈被置位→电磁阀 YV3 打开，C 液体流出→当液体下降到液位传感器 L 位置时，传感器开关 SQ1 断开→ [10]X002 常开触点断开（在液体高于 L 位置时 SQ1 处于闭合状态）→下降沿脉冲会为继电器 M1 线圈接通一个扫描周期→ [55]M1 常开触点闭合→状态继电器 S24 置位→ [58]S24 常开触点闭合，同时 [53]S23 触点断开，由于 Y003 线圈是置位得电，故不会失电→ [58]S24 常开触点闭合后，定时器 T1 开始 20s 计时→20s 后，[62]T1 常开触点闭合，Y003 线圈被复位→电磁阀 YV3 关闭，与此同时，S20 线圈得电，[35]S20 常开触点闭合，开始下一次自动控制。

（4）停止控制。在自动控制过程中，若按下停止按钮 SB2→ [6]X001 常开触点闭合→ [6]辅助继电器 M2 得电→ [7]M2 自锁触点闭合，锁定供电；[68]M2 常闭触点断开，状态继电器 S20 无法得电，[16]S20 常开触点断开；[64]M2 常开触点闭合，当程序运行到 [64] 时，T1 闭合，状态继电器 S0 得电，[16]S0 常开触点闭合，但由于常开触点 X000 处于断开（SB1 断开），状态继电器 S20 无法置位，[35]S20 常开触点处于断开，自动控制程序段无法运行。

3. 手动控制过程

将手动/自动切换开关 QS 断开，选择手动控制方式→ [16]X010 常开触点断开，状态继电器 S20 无法置位，[35]S20 常开触点断开，无法进入自动控制；[22]X010 常闭触点闭合，接通手动控制程序→按下 SB3，X011 常开触点闭合，Y001 线圈得电，电磁阀 YV1 打开，注入 A 液体→松开 SB3，X011 常闭触点断开，Y001 线圈失电，电磁阀 YV1 关闭，停止注入 A 液体→按下 SB4 注入 B 液体，松开 SB4 停止注入 B 液体→按下 SB5 排出 C 液体，松开 SB5 停止排出 C 液体→按下 SB6 搅拌液体，松开 SB5 停止搅拌液体。

5.3 简易机械手的 PLC 控制系统开发实例

5.3.1 明确系统控制要求

简易机械手结构如图 5-11 所示。M1 为控制机械手左右移动的电动机，M2 为控制机械手上下升降的电动机，YV 线圈用来控制机械手夹紧放松，SQ1 为左到位检测开关，SQ2 为右到位检测开关，SQ3 为上到位检测开关，SQ4 为下到位检测开关，SQ5 为工件检测开关。

简易机械手控制要求如下。

（1）机械手要将工件从工位 A 移到工位 B 处。

（2）机械手的初始状态（原点条件）是机械手应停在工位 A 的上方，SQ1、SQ3 均闭合。

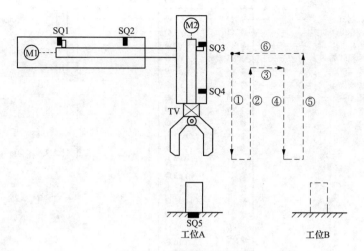

图 5-11　简易机械手结构

（3）若原点条件满足且 SQ5 闭合（工件 A 处有工件），按下启动按钮，机械按"原点→下降→夹紧→上升→右移→下降→放松→上升→左移→原点停止"步骤工作。

5.3.2　确定输入/输出设备并分配合适的 PLC 端子

简易机械手控制采用的输入/输出设备和对应的 PLC 端子见表 5-3。

表 5-3　　简易机械手控制采用的输入/输出设备和对应的 PLC 端子

输入			输出		
输入设备	对应端子	功能说明	输出设备	对应端子	功能说明
SB1	X0	启动控制	KM1 线圈	Y0	控制机械手右移
SB2	X1	停止控制	KM2 线圈	Y1	控制机械手左移
SQ1	X2	左到位检测	KM3 线圈	Y2	控制机械手下降
SQ2	X3	右到位检测	KM4 线圈	Y3	控制机械手上升
SQ3	X4	上到位检测	KM5 线圈	Y4	控制机械手夹紧
SQ4	X5	下到位检测			
SQ5	X6	工件检测			

5.3.3　绘制 PLC 控制接线图

图 5-12 所示为简易机械手的 PLC 控制接线图。

5.3.4　编写 PLC 控制程序

1. 绘制状态转移图

图 5-13 所示为简易机械手控制的状态转移图。

2. 编写梯形图程序

启动三菱编程软件，按照图 5-13 所示的状态转移图编写梯形图，编写完成的梯形图如图 5-14 所示。

5.3.5　详解硬件线路和梯形图的工作原理

下面结合图 5-12 所示控制接线图和图 5-14 所示梯形图来说明简易机械手的工作原理。

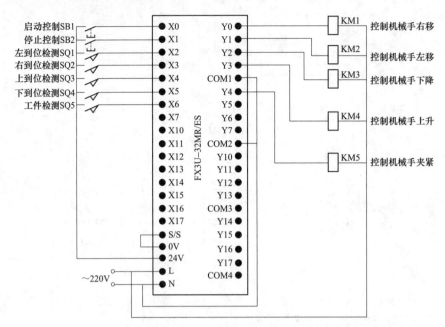

图 5-12　简易机械手的 PLC 控制接线图

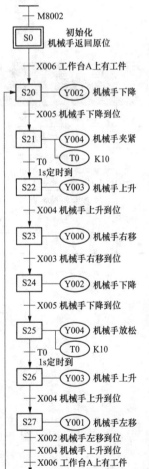

图 5-13　简易机械手控制
状态转移图

武术运动员在表演武术时，通常会在表演场地某位置站立好，然后开始进行各种武术套路表演，表演结束后会收势成表演前的站立状态。同样地，大多数机电设备在工作前先要回到初始位置（相当于运动员的表演前的站立位置），然后在程序的控制下，机电设备开始各种操作，操作结束又会回到初始位置，机电设备的初始位置也称原点。

1. 初始化操作

当 PLC 通电并处于"RUN"状态时，程序会先进行初始化操作。程序运行时，M8002 会接通一个扫描周期，线圈 Y0～Y4 先被 ZRST 指令批量复位，同时状态继电器 S0 被置位，[7]S0 常开触点闭合，状态继电器 S20～S30 被 ZRST 指令批量复位。

2. 启动控制

（1）原点条件检测。[13]～[28] 之间为原点检测程序。按下启动按钮 SB1→[3]X000 常开触点闭合，辅助继电器 M0 线圈得电，M0 自锁触点闭合，锁定供电，同时 [19]M0 常开触点闭合，Y004 线圈复位，接触器 KM5 线圈失电，机械手夹紧线圈失电而放松，另外 [13][16][22]M0 常开触点也均闭合。若机械手未左到位，开关 SQ1 闭合，[13]X002 常闭触点闭合，Y001 线圈得电，接触器 KM1 线圈得电，通过电动机 M1 驱动机械手右移，右移到位后 SQ1 断开，[13]X002 常闭触点断开；若机械手未上到位，开关 SQ3 闭合，[16]X004 常闭触点闭合，Y003 线圈得电，接触器 KM4 线圈得电，通过电动机 M2 驱动机械手上升，上升到位后 SQ3 断开，[13]X004 常闭触点断开。如果机械手左到位、上到位且工位 A 有工件（开关 SQ5 闭合），则 [22]X002、X004、X006 常开触点均闭合，状态继电器 S20 被置位，[28]S20 常开触点闭合，开始控制机械手搬运工件。

（2）机械手搬运工件控制。[28]S20 常开触点闭合→Y002 线圈得电，KM3 线圈得电，通过电动机 M2 驱动机械手下移，当下移到位后，下到位

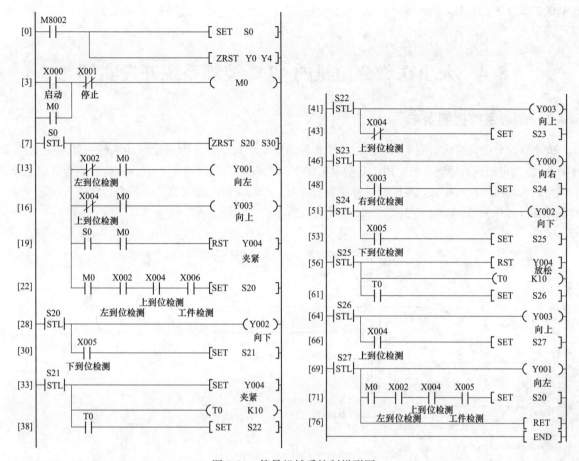

图 5-14 简易机械手控制梯形图

开关 SQ4 闭合，[30]X005 常开触点闭合，状态继电器 S21 被置位→[33]S21 常开触点闭合→Y004 线圈被置位，接触器 KM5 线圈得电，夹紧线圈得电将工件夹紧，与此同时，定时器 T0 开始 1s 计时→1s后，[38]T0 常开触点闭合，状态继电器 S22 被置位→[41]S22 常开触点闭合→Y003 线圈得电，KM4线圈得电，通过电动机 M2 驱动机械手上移，当上移到位后，开关 SQ3 闭合，[43]X004 常开触点闭合，状态继电器 S23 被置位→[46]S23 常开触点闭合→Y000 线圈得电，KM1 线圈得电，通过电动机M1 驱动机械手右移，当右移到位后，开关 SQ2 闭合，[48]X003 常开触点闭合，状态继电器 S24 被置位→[51]S24 常开触点闭合→Y002 线圈得电，KM3 线圈得电，通过电动机 M2 驱动机械手下降，当下降到位后，开关 SQ4 闭合，[53]X005 常开触点闭合，状态继电器 S25 被置位→[56]S25 常开触点闭合→Y004 线圈被复位，接触器 KM5 线圈失电，夹紧线圈失电将工件放下，与此同时，定时器 T0 开始1s 计时→1s后，[61]T0 常开触点闭合，状态继电器 S26 被置位→[64]S26 常开触点闭合→Y003 线圈得电，KM4 线圈得电，通过电动机 M2 驱动机械手上升，当上升到位后，开关 SQ3 闭合，[66]X004 常开触点闭合，状态继电器 S27 被置位→[69]S27 常开触点闭合→Y001 线圈得电，KM2 线圈得电，通过电动机 M1 驱动机械手左移，当左移到位后，开关 SQ1 闭合，[71]X002 常开触点闭合，如果上到位开关 SQ3 和工件检测开关 SQ5 均闭合，则状态继电器 S20 被置位→[28]S20 常开触点闭合，开始下一次工件搬运。若工位 A 无工件，SQ5 断开，机械手会停在原点位置。

3. 停止控制

当按下停止按钮 SB2→[3]X001 常闭触点断开→辅助继电器 M0 线圈失电→[6][13][16][19][22][71]M0 常开触点均断开，其中[6]M0 常开触点断开解除 M0 线圈供电，其他 M0 常开触点断开使状态继电器 S20 无法置位，[28]S20 步进触点无法闭合，[28]～[76] 之间的程序无法运行，机械手不工作。

5.4 大小铁球分检机的 PLC 控制系统开发实例

5.4.1 明确系统控制要求

大小铁球分检机结构如图 5-15 所示。M1 为传送带电动机，通过传送带驱动机械手臂左向或右向移动；M2 为电磁铁升降电动机，用于驱动电磁铁 YA 上移或下移；SQ1、SQ4、SQ5 分别为混装球箱、小球箱、大球箱的定位开关，当机械手臂移到某球箱上方时，相应的定位开关闭合；SQ6 为接近开关，当铁球靠近时开关闭合，表示电磁铁下方有球存在。

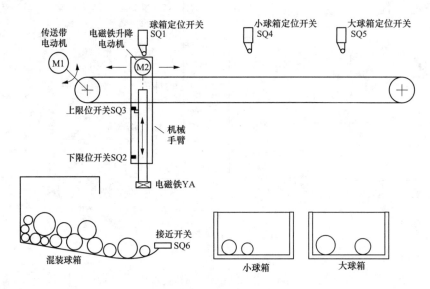

图 5-15 大小铁球分检机结构

大小铁球分检机控制要求及工作过程如下。

（1）分检机要从混装球箱中将大小球分检出来，并将小球放入小球箱内，大球放入大球箱内。

（2）分检机的初始状态（原点条件）是机械手臂应停在混装球箱上方，SQ1、SQ3 均闭合。

（3）在工作时，若 SQ6 闭合，则电动机 M2 驱动电磁铁下移，2s 后，给电磁铁通电从混装球箱中吸引铁球，若此时 SQ2 处于断开，表示吸引的是大球，若 SQ2 处于闭合，则吸引的是小球，然后电磁铁上移，SQ3 闭合后，电动机 M1 带动机械手臂右移，如果电磁铁吸引的为小球，机械手臂移至 SQ4 处停止，电磁铁下移，将小球放入小球箱（让电磁铁失电），而后电磁铁上移，机械手臂回归原位，如果电磁铁吸引的是大球，机械手臂移至 SQ5 处停止，电磁铁下移，将小球放入大球箱，而后电磁铁上移，机械手臂回归原位。

5.4.2 确定输入/输出设备并分配合适的 PLC 端子

大小铁球分检机控制系统采用的输入/输出设备和对应的 PLC 端子见表 5-4。

5.4.3 绘制 PLC 控制接线图

图 5-16 所示为大小铁球分检机的 PLC 控制接线图。

表 5-4 大小铁球分检机控制采用的输入/输出设备和对应的 PLC 端子

输 入			输 出		
输入设备	对应端子	功能说明	输出设备	对应端子	功能说明
SB1	X000	启动控制	HL	Y000	工作指示
SQ1	X001	混装球箱定位	KM1 线圈	Y001	电磁铁上升控制
SQ2	X002	电磁铁下限位	KM2 线圈	Y002	电磁铁下降控制
SQ3	X003	电磁铁上限位	KM3 线圈	Y003	机械手臂左移控制
SQ4	X004	小球球箱定位	KM4 线圈	Y004	机械手臂右移控制
SQ5	X005	大球球箱定位	KM5 线圈	Y005	电磁铁吸合控制
SQ6	X006	铁球检测			

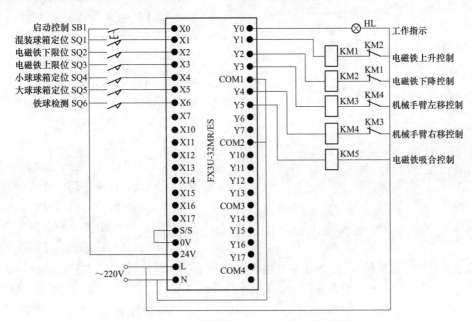

图 5-16 大小铁球分检机的 PLC 控制接线图

5.4.4 编写 PLC 控制程序

1. 绘制状态转移图

分检机检球时抓的可能为大球,也可能抓的为小球,若抓的为大球时则执行抓取大球控制,若抓的为小球则执行抓取小球控制,这是一种选择性控制,编程时应采用选择性分支方式。图 5-17 所示为大小铁球分检机控制的状态转移图。

2. 编写梯形图程序

启动三菱编程软件,根据图 5-17 所示的状态转移图编写梯形图,编写完成的梯形图如图 5-18 所示。

5.4.5 详解硬件接线图和梯形图的工作原理

下面结合图 5-15 所示分检机结构图、图 5-16 所示 PLC 控制接线图和图 5-18 所示梯形图来说明分检机的工作原理。

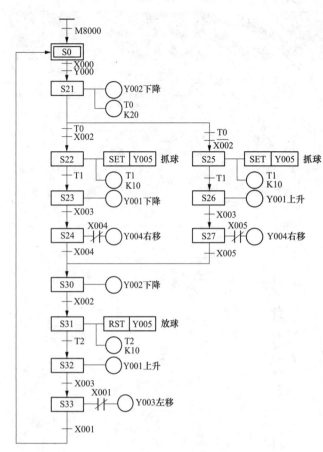

图 5-17　大小铁球分检机控制的状态转移图

1. 检测原点条件

图 5-17 梯形图中的第 0 梯级程序用来检测分检机是否满足原点条件。分检机的原点条件如下。

（1）机械手臂停止混装球箱上方（会使定位开关 SQ1 闭合，[0]X001 常开触点闭合）。

（2）电磁铁处于上限位位置（会使上限位开关 SQ3 闭合，[0]X003 常开触点闭合）。

（3）电磁铁未通电（Y005 线圈无电，电磁铁也无供电，[0]Y005 常闭触点闭合）。

（4）有铁球处于电磁铁正下方（会使铁球检测开关 SQ6 闭合，[0] X006 常开触点闭合）。

以上 4 点都满足后，[0]Y000 线圈得电，[8]Y000 常开触点闭合，同时 Y0 端子的内部硬触点接通，指示灯 HL 亮，HL 不亮，说明原点条件不满足。

2. 工作过程

M8000 为运行监控辅助继电器，只有触点无线圈，在程序运行时触点一直处于闭合状态，M8000 闭合后，初始状态继电器 S0 被置位，[8]S0 常开触点闭合。

按下启动按钮 SB1→[8]X000 常开触点闭合→状态继电器 S21 被置位→[13]S21 常开触点闭合→[13]Y002 线圈得电，通过接触器 KM2 使电动机 M2 驱动电磁铁下移，与此同时，定时器 T0 开始 2s 计时→2s 后，[18] 和 [22]T0 常开触点均闭合，若下限位开关 SQ2 处于闭合，表明电磁铁接触为小球，[18]X002 常开触点闭合，[22]X002 常闭触点断开，状态继电器 S22 被置位，[26]S22 常开触点闭合，开始抓小球控制程序，若下限位开关 SQ2 处于断开，表明电磁铁接触为大球，[18]X002 常开触点断开，[22]X002 常闭触点闭合，状态继电器 S25 被置位，[45]S25 常开触点闭合，开始抓大球控制程序。

（1）小球抓取过程。[26]S22 常开触点闭合后，Y005 线圈被置位，通过 KM5 使电磁铁通电抓取小球，同时定时器 T1 开始 1s 计时→1s 后，[31]T1 常开触点闭合，状态继电器 S23 被置位→[34]S23 常开触点闭合，Y001 线圈得电，通过 KM1 使电动机 M2 驱动电磁铁上升→当电磁铁上升到位后，上限位开关 SQ3 闭合，[36]X003 常开触点闭合，状态继电器 S24 被置位→[39]S24 常开触点闭合，Y004 线圈得电，通过 KM4 使电动机 M1 驱动机械手臂右移→当机械手臂移到小球箱上方时，小球箱定位开关 SQ4 闭合→[39]X004 常闭触点断开，Y004 线圈失电，机械手臂停止移动，同时 [42]X004 常开触点闭合，状态继电器 S30 被置位，[64]S30 常开触点闭合，开始放球过程。

（2）放球并返回过程。[64]S30 常开触点闭合后，Y002 线圈得电，通过 KM2 使电动机 M2 驱动电磁铁下降，当下降到位后，下限位开关 SQ2 闭合→[66]X002 常开触点闭合，状态继电器 S31 被置位→[69]S31 常开触点闭合→Y005 线圈被复位，电磁铁失电，将球放入球箱，与此同时，定时器 T2 开始 1s 计时→1s 后，[74]T2 常开触点闭合，状态继电器 S32 被置位→[77]S32 常开触点闭合→Y001 线圈得电，通过 KM1 使电动机 M2 驱动电磁铁上升→当电磁铁上升到位后，上限位开关 SQ3 闭合，[79]

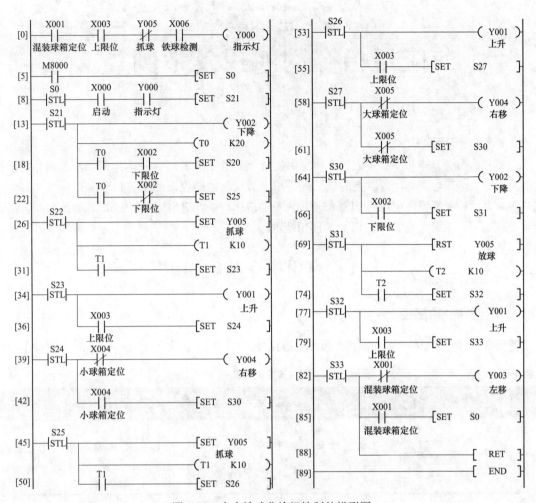

图 5-18 大小铁球分检机控制的梯形图

X003 常开触点闭合，状态继电器 S33 被置位→［82］S33 常开触点闭合→Y003 线圈得电，通过 KM3 使电动机 M1 驱动机械手臂左移→当机械手臂移到混装球箱上方时，混装球箱定位开关 SQ1 闭合→［82］X001 常闭触点断开，Y003 线圈失电，电动机 M1 停转，机械手臂停止移动，与此同时，［85］X001 常开触点闭合，状态继电器 S0 被置位，［8］S0 常开触点闭合，若按下启动按钮 SB1，则开始下一次抓球过程。

（3）大球抓取过程。［45］S25 常开触点闭合后，Y005 线圈被置位，通过 KM5 使电磁铁通电抓取大球，同时定时器 T1 开始 1s 计时→1s 后，［50］T1 常开触点闭合，状态继电器 S26 被置位→［53］S26 常开触点闭合，Y001 线圈得电，通过 KM1 使电动机 M2 驱动电磁铁上升→当电磁铁上升到位后，上限位开关 SQ3 闭合，［55］X003 常开触点闭合，状态继电器 S27 被置位→［58］S27 常开触点闭合，Y004 线圈得电，通过 KM4 使电动机 M1 驱动机械手臂右移→当机械手臂移到大球箱上方时，大球箱定位开关 SQ5 闭合→［58］X005 常闭触点断开，Y004 线圈失电，机械手臂停止移动，同时［61］X005 常开触点闭合，状态继电器 S30 被置位，［64］S30 常开触点闭合，开始放球过程。大球的放球与返回过程与小球完全一样，不再叙述。

第 6 章

应用指令的使用及举例

PLC 的指令分为基本指令、步进指令和应用指令（又称功能指令）。基本指令和步进指令的操作对象主要是继电器、定时器和计数器类的软元件，用于替代继电器控制线路进行顺序逻辑控制。为了适应现代工业自动控制需要，现在的 PLC 都增加大量的应用指令，应用指令使 PLC 具有强大的数据运算和特殊处理功能，从而大大扩展了 PLC 的使用范围。

6.1 应用指令基础知识

6.1.1 应用指令的格式

应用指令由功能指令符号、功能号和操作数等组成。应用指令的格式见表 6-1（以平均值指令为例）。

表 6-1 应用指令的格式

指令名称	指令符号	功能号	操作数		
			源操作数（S）	目标操作数（D）	其他操作数（n）
平均值指令	MEAN	FNC45	KnX KnY KnS KnM T、C、D	KnX KnY KnS KnM T、C、D、R、V、 Z、变址修饰	Kn、Hn $n=1\sim64$

1. 指令符号

指令符号用来规定指令的操作功能，一般由字母（英文单词或单词缩写）组成。上面的"MEAN"为指令符号，其含义是对操作数取平均值。

2. 功能号

功能号是应用指令的代码号，每个应用指令都有自己的功能号，如 MEAN 指令的功能号为 FNC45，在编写梯形图程序，如果要使用某应用指令，须输入该指令的指令符号，而采用手持编程器编写应用指令时，要输入该指令的功能号。

3. 操作数

操作数又称操作元件，通常由源操作数 S、目标操作数 D 和其他操作数 n 组成。

操作数中的 K 表示十进制数，H 表示十六进制数，n 为常数，X 为输入继电器，Y 为输出继电器、S 为状态继电器，M 为辅助继电器，T 为定时器，C 为计数器，D 为数据寄存器，R 为扩展寄存器（外接存储盒时才能使用），V、Z 为变址寄存器，变址修饰是指软元件地址（编号）加上 V、Z 值得到新地址所指的元件。

如果源操作数和目标操作数不止一个，可分别用 S_1、S_2、S_3 和 D_1、D_2、D_3 表示。

比如，在图 6-1 中，程序的功能是在常开触点 X000 闭合时，MOV 指令执行，将 10 进制数 100 送入数据寄存器 D10。

图 6-1 应用指令格式说明

6.1.2 应用指令的规则

1. 指令执行形式

三菱 FX 系列 PLC 的应用指令有连续执行型和脉冲执行型两种形式。图 6-2（a）中的 MOV 为连续执行型应用指令，当常开触点 X000 闭合后，［MOV　D10　D12］指令在每个扫描周期都被重复执行。图 6-2（b）中的 MOVP 为脉冲执行型应用指令（在 MOV 指令后加 P 表示脉冲执行），［MOVP　D10　D12］指令仅在 X000 由断开转为闭合瞬间执行一次（闭合后不再执行）。

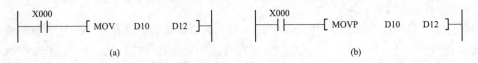

图 6-2　两种执行形式的应用指令

（a）连续执行型；（b）脉冲执行型

2. 数据长度

应用指令可处理 16 位和 32 位数据。

（1）16 位数据。16 位数据结构如图 6-3 所示，其中最高位为符号位，其余为数据位，符号位的功能是指示数据位的正负，符号位为 0 表示数据位的数据为正数，符号位为 1 表示数据为负数。

（2）32 位数据。**一个数据寄存器可存储 16 位数据，相邻的两个数据寄存器组合起来可以存储 32 位数据。**32 位数据结构如图 6-4 所示。

图 6-3　16 位数据结构

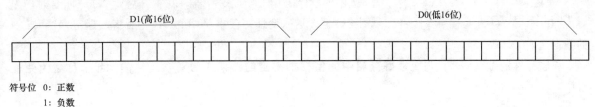

图 6-4　32 位数据结构

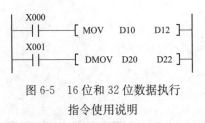

图 6-5　16 位和 32 位数据执行指令使用说明

在应用指令前加 D 表示其处理数据为 32 位，在图 6-5 中，当常开触点 X000 闭合时，MOV 指令执行，将数据寄存器 D10 中的 16 位数据送入数据寄存器 D12，当常开触点 X001 闭合时，DMOV 指令执行，将数据寄存器 D21 和 D20 中的 16 位数据拼成 32 位送入数据寄存器 D23 和 D22，其中 D21→D23，D20→D22。脉冲执行符号 P 和 32 位数据处理符号 D 可同时使用。

（3）字元件和位元件。**字元件是指处理数据的元件，**如数据寄存器和定时器、计数器都为字元件。**位元件是指只有断开和闭合两种状态的元件，**如输入继电器 X、输出继电器 Y、辅助继电器 M 和状态继电器 S 都为位元件。

多个位元件组合可以构成字元件，位元件在组合时 4 个元件组成一个单元，位元件组合可用 Kn 加首元件来表示，n 为单元数，如 K1M0 表示 M0～M3 这 4 个位元件组合，K4M0 表示位元件 M0～M15 组合成 16 位字元件（M15 为最高位，M0 为最低位），K8M0 表示位元件 M0～M31 组合成 32 位字元件。其他的位元件组成字元件如 K4X0、K2Y10、K1S10 等。

在进行 16 位数据操作时，n 在 $1\sim3$ 之间，参与操作的位元件只有 $4\sim12$ 位，不足的部分用 0 补足，由于最高位只能为 0，所以意味着只能处理正数。在进行 32 位数据操作时，n 在 $1\sim7$ 之间，参与操作的位元件有 $4\sim28$ 位，不足的部分用 0 补足。在采用"$Kn+$首元件编号"方式组合成字元件时，首元件可以任选，但为了避免混乱，通常选尾数为 0 的元件作首元件，如 M0、M10、M20 等。

不同长度的字元件在进行数据传递时，一般按以下规则：

1）长字元件→短字元件传递数据，长字元件低位数据传送给短字元件；

2）短字元件→长字元件传递数据，短字元件数据传送给长字元件低位，长字元件高位全部变为 0。

3. 变址寄存器与变址修饰

三菱 FX 系列 PLC 有 V、Z 两种 16 位变址寄存器，它可以像数据寄存器一样进行读写操作。变址寄存器 V、Z 编号分别为 V0~V7、Z0~Z7，常用在传送、比较指令中，用来修改操作对象的元件号，比如在图 6-6 的左梯形图中，如果 V0＝18（即变址寄存器 V 存储的数据为 18）、Z0＝20，那么 D2V0 表示 D(2＋V0)＝D20，D10Z0 表示 D(10＋Z0)＝D30，指令执行的操作是将数据寄存器 D20 中数据送入 D30 中，因此图 6-6 两个梯形图的功能是等效的。

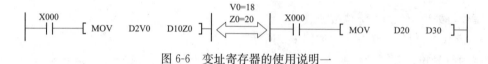

图 6-6 变址寄存器的使用说明一

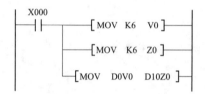

图 6-7 变址寄存器的使用说明二

变址寄存器可操作的元件有输入继电器 X、输出继电器 Y、辅助继电器 M、状态继电器 S、指针 P 和由位元件组成的字元件的首元件。比如 KnM0Z 允许，由于变址寄存器不能改变 n 的值，故 K2ZM0 是错误的。利用变址寄存器在某些方面可以使编程简化。图 6-7 中的程序采用了变址寄存器，在常开触点 X000 闭合时，先分别将数据 6 送入变址寄存器 V0 和 Z0，然后将数据寄存器 D6 中的数据送入 D16。

将软元件地址（编号）与变址寄存器中的值相加得到的结果作为新软元件的地址，称之为变址修饰。

6.2 应用指令使用说明

6.2.1 程序流程类指令

1. 条件跳转（CJ）指令

（1）指令说明。表 6-2 条件跳转指令说明见表 6-2。

表 6-2   条件跳转指令说明

指令名称 与功能号	指令符号	指令形式与功能说明	操作数
			Pn（指针编号）
条件跳转 （FNC00）	CJ(P)	—┤├—[CJ Pn] 程序跳转到指针 Pn 处执行	P0 ~ P63(FX1S)，P0 ~ P127(FX1N \ FX2N) P0 ~ P255(FX3S)，P0 ~ P2047(FX3G) P0 ~ P4095(FX3U) Pn 可变址修饰

（2）使用举例。条件跳转（CJ）指令使用举例如图 6-8 所示。在图 6-8（a）中，当常开触点 X020 闭合时，"CJ P9" 指令执行，程序会跳转到 CJ 指令指定的标号（指针）P9 处，并从该处开始往后执行程序，跳转指令与标记之间的程序将不会执行，如果 X020 处于断开状态，程序则不会跳转，而是往下执行，当执行到常开触点 X021 所在行时，若 X021 处于闭合，CJ 指令执行会使程序跳转到 P9 处。在图 6-8（b）中，当常开触点 X022 闭合时，CJ 指令执行会使程序跳转到 P10 处，并从 P10 处往下执行程序。

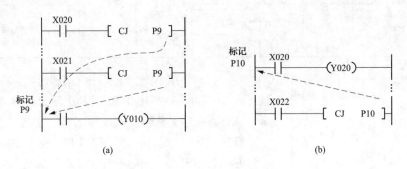

图 6-8 条件跳转（CJ）指令使用举例

在 FXGP/WIN-C 编程软件输入标记 P∗ 的操作如图 6-9（a）所示，将光标移到某程序左母线步标号处，然后敲击键盘上的 "P" 键，在弹出的对话框中输入数字，单击 "确定" 即输入标记。在 GX Developer 编程软件输入标记 P∗ 的操作如图 6-9（b）所示，在程序左母线步标号处双击，弹出 "梯形图输入" 对话框，输入标记号，单击 "确定" 即可。

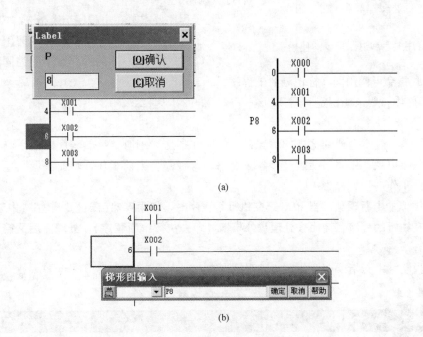

图 6-9 标记 P∗ 的输入说明
（a）在 FXGP/WIN-C 编程软件中输入；（b）在 GX Developer 编程软件中输入

2. 子程序调用（CALL）和返回（SRET）指令

（1）指令说明。子程序调用和返回指令说明见表 6-3。

表 6-3　　　　　　　　　　　　　　　　子程序调用和返回指令说明

指令名称与功能号	指令符号	指令形式与功能说明	操作数 P*n*（指针编号）
子程序调用 （FNC01）	CALL（P）	─┤├─［ CALL　P*n* ］ 跳转执行指针 P*n* 处的子程序。最多嵌套 5 级	P0～P63（FX1S），P0～P127（FX1N \ FX2N） P0～P255（FX3S）。P0～P2047（FX3G） P0～P4095（FX3U） P*n* 可变址修饰
子程序返回 （FNC02）	SRET	─────［ SRET ］ 从当前子程序返回到上一级程序	无

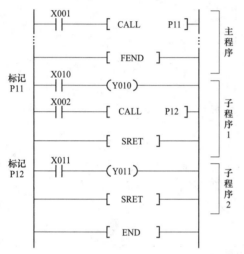

图 6-10　子程序调用和返回指令的使用举例

（2）使用举例。子程序调用和返回指令的使用举例如图 6-10 所示。当常开触点 X001 闭合，"CALL P11"指令执行，程序会跳转并执行标记 P11 处的子程序 1，如果常开触点 X002 闭合，"CALL P12"指令执行，程序会跳转并执行标记 P12 处的子程序 2，子程序 2 执行到返回指令"SRET"时，会跳转到子程序 1，而子程序 1 通过其"SRET"指令返回主程序。从图 6-10 中可以看出，子程序 1 中包含有跳转到子程序 2 的指令，这种方式称为嵌套。

在使用子程序调用和返回指令时要注意以下几点。

1）一些常用或多次使用的程序可以写成子程序，然后进行调用。

2）子程序要求写在主程序结束指令"FEND"之后。

3）子程序中可做嵌套，嵌套最多可做 5 级。

4）CALL 指令和 CJ 的操作数不能为同一标记，但不同嵌套的 CALL 指令可调用同一标记处的子程序。

5）在子程序中，要求使用定时器 T192～T199 和 T246～T249。

3. 中断指令

在生活中，人们经常会遇到这样的情况：当你正在书房看书时，突然客厅的电话响了，你就会停止看书，转而去接电话，接电话后又接着去看书。这种停止当前工作，转而去做其他工作，做完后又返回来做先前工作的现象称为中断。

PLC 也有类似的中断现象，当 PLC 正在执行某程序时，如果突然出现意外事情（中断输入），就需要停止当前正在执行的程序，转而去处理意外事情（即去执行中断程序），处理完后又接着执行原来的程序。

（1）指令说明。中断指令有 3 条，其说明见表 6-4。

表 6-4　　　　　　　　　　　　　　　　中断指令说明

指令名称与功能号	指令符号	指令形式	指令说明
中断返回 （FNC03）	IRET	─────［ IRET ］	从当前中断子程序返回到上一级程序
允许中断 （FNC04）	EI	─────［ EI ］	开启中断
禁止中断 （FNC05）	DI	─────［ DI ］	关闭中断

（2）使用举例。中断指令使用举例如图 6-11 所示。

1）中断允许。EI 至 DI 指令之间或 EI 至 FEND 指令之间为中断允许范围，即程序运行到它们之间时，如果有中断输入，程序马上跳转执行相应的中断程序。

2）中断禁止。DI 至 EI 指令之间为中断禁止范围，当程序在此范围内运行时出现中断输入，不会马上跳转执行中断程序，而是将中断输入保存下来，等到程序运行完 EI 指令时才跳转执行中断程序。

3）输入中断指针。图 6-11 中，标号处的 I001 和 I101 为中断指针，其含义如图 6-12 所示。

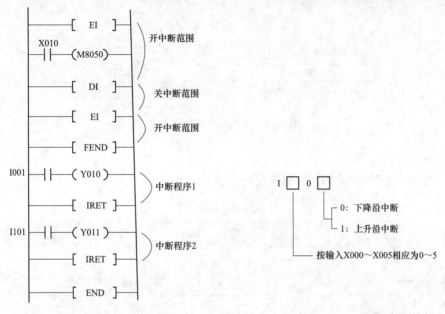

图 6-11 中断指令使用举例　　　　　图 6-12 中断指针含义

三菱 FX 系列 PLC 可使用 6 个输入中断指针，表 6-5 列出了这些输入中断指针编号和相关内容。

表 6-5　　　　　　　　　　　三菱 FX 系列 PLC 的中断指针编号和相关内容

中断输入	指针编号		禁止中断 （RUN→STOP 清除）
	上升中断	下降中断	
X000	I001	I000	M8050
X001	I101	I100	M8051
X002	I201	I200	M8052
X003	I301	I300	M8053
X004	I401	I400	M8054
X005	I501	I500	M8055

对照表 6-5，就不难理解图 6-11 所示梯形图工作原理：当程序运行在中断允许范围内时，若 X000 触点（中断允许时自动占用，程序中无须出现）由断开转为闭合 OFF→ON（如 X000 端子外接按钮闭合），程序马上跳转执行中断指针 I001 处的中断程序，执行到"IRET"指令时，程序又返回主程序；当程序从 EI 指令往 DI 指令运行时，若 X010 触点闭合，特殊辅助继电器 M8050 得电，则将中断输入 X000 设为无效，这时如果 X000 触点由断开转为闭合，程序不会执行中断指针 I100 处的中断程序。

4）定时器中断。当需要每隔一定的时间就反复执行某段程序时，可采用定时器中断。三菱 FX1S \

FX1N 系列 PLC 无定时器中断功能，三菱 FX2N \ FX3S \ FX3G \ FX3U 系列 PLC 可使用 3 个定时器中断指针。定时中断指针含义如图 6-13 所示。

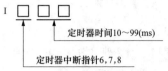

图 6-13 定时中断指针含义

定时器中断指针 I6 □□、I7 □□、I8 □□ 可分别用 M8056、M8057、M8058 禁止（PLC 由 RUN→STOP 时清除禁止）。

5）计数器中断。当高速计数器增计数时可使用计数器中断，仅三菱 FX3U 系列 PLC 支持计数器中断。计数器中断指针含义如图 6-14 所示。

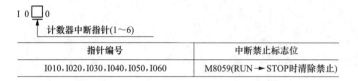

指针编号	中断禁止标志位
I010，I020，I030，I040，I050，I060	M8059（RUN → STOP时清除禁止）

图 6-14 计数器中断指针含义

4. 主程序结束指令（FEND）

（1）指令说明。主程序结束指令说明见表 6-6。

表 6-6 主程序结束指令说明

指令名称与功能号	指令符号	指令形式	指令说明
主程序结束 （FNC06）	FEND	⊦——[FEND]—⊣	主程序结束

（2）使用要点。主程序结束指令使用要点如下。

1）FEND 表示一个主程序结束，执行该指令后，程序返回到第 0 步。

2）多次使用 FEND 指令时，子程序或中断程序要写在最后的 FEND 指令与 END 指令之间，且必须以 RET 指令（针对子程序）或 IRET 指令（针对中断程序）结束。

5. 刷新监视定时器指令（WDT）

（1）指令说明。刷新监视定时器又称看门狗定时器（WDT），其指令说明见表 6-7。

表 6-7 刷新监视定时器指令说明

指令名称与功能号	指令符号	指令形式	指令说明
刷新监视定时器 （FNC07）	WDT(P)	⊦—┤├—[WDT]—⊣	对监视定时器（看门狗定时器）进行刷新

（2）使用举例。**PLC 在运行时，若一个运行周期（从 0 步运行到 END 或 FENT）超过 200ms 时，内部运行监视定时器（又称看门狗定时器）会让 PLC 的 CPU 出错指示灯变亮，同时 PLC 停止工作。**为了解决这个问题，可使用 WDT 指令对监视定时器（D8000）进行刷新（清 0）。WDT 指令的使用说明如图 6-15（a）所示，若一个程序运行需 240ms，可在 120ms 程序处插入一个 WDT 指令，将监视定时器 D8000 进行刷新清 0，使之重新计时。

为了使 PLC 扫描周期超过 200ms，还可以使用 MOV 指令将希望运行的时间写入特殊数据寄存器 D8000 中，如图 6-15（b）所示，该程序将 PLC 扫描周期设为 300ms。

6. 循环开始与结束指令

（1）指令说明。循环开始与结束指令说明见表 6-8。

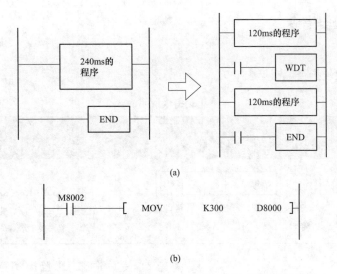

(a)

(b)

图 6-15 刷新监视定时器（WDT）指令的使用举例

(a) 使用说明；(b) 使用举例

表 6-8   循环开始与结束指令说明

指令名称 与功能号	指令 符号	指令形式	指令说明	操作数 S（16 位，1～32767）
循环开始 （FNC08）	FOR	FOR S	将 FOR～NEXT 之间的程序 执行 S 次	K、H、KnX、KnY、KnS、 KnM、T、C、D、V、Z、变址修饰 R（仅 FX3G/3U）
循环结束 （FNC09）	NEXT	NEXT	循环程序结束	无

（2）使用举例。循环开始与结束指令使用举例如图 6-16 所示，"FOR K4"指令设定 A 段程序（FOR～NEXT 之间的程序）循环执行 4 次，"FOR D0"指令设定 B 段程序循环执行 D0（数据寄存器 D0 中的数值）次，若 D0=2，则 A 段程序反复执行 4 次，而 B 段程序会执行 4×2=8 次，这是因为运行到 B 段程序时，B 段程序需要反复运行 2 次，然后往下执行，当执行到 A 段程序 NEXT 指令时，又返回到 A 段程序头部重新开始运行，直至 A 段程序从头到尾执行 4 次。

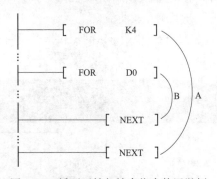

图 6-16 循环开始与结束指令使用举例

循环开始与结束指令使用要点如下。

1）FOR 与 NEXT 之间的程序可重复执行 n 次，n 由编程设定，$n=1～32767$。

2）循环程序执行完设定的次数后，紧接着执行 NEXT 指令后面的程序步。

3）在 FOR～NEXT 程序之间最多可嵌套 5 层其他的 FOR～NEXT 程序，嵌套时应避免出现以下情况：

① 缺少 NEXT 指令；

② NEXT 指令写在 FOR 指令前；

③ NEXT 指令写在 FEND 或 END 之后；

④ NEXT 指令个数与 FOR 不一致。

6.2.2 传送与比较类指令

1. 比较指令

(1) 指令说明。比较指令说明见表 6-9。

表 6-9 比较指令说明

指令名称与功能号	指令符号	指令形式与功能说明		操作数	
				S_1、S_2（16/32 位）	D（位型）
比较指令 （FNC10）	(D) CMP (P)	⊣├─[CMP S_1 S_2 D] 将 S_1 与 S_2 进行比较，若 $S_1>S_2$，将 D 置 ON，若 $S_1=S_2$，将 $D+1$ 置 ON，若 $S_1<S_2$，将 $D+2$ 置 ON		K、H KnX、KnY、KnS KnM T、C、D、V、Z、变址修饰、R（仅 FX3G/3U）	Y、M、S、 D□.b（仅 FX3U）、变址修饰

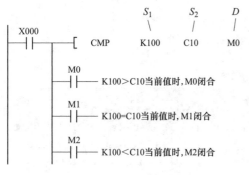

图 6-17 比较指令使用举例

(2) 使用举例。比较指令使用举例如图 6-17 所示。比较指令有两个源操作数 K100、C10 和一个目标操作数 M0（位元件），当常开触点 X000 闭合时，CMP 指令执行，将源操作数 K100 和计数器 C10 当前值进行比较，根据比较结果来驱动目标操作数指定的 3 个连号位元件，若 K100＞C10，M0 常开触点闭合，若 K100＝C10，M1 常开触点闭合，若 K100＜C10，M2 常开触点闭合。

在指定 M0 为 CMP 的目标操作数时，M0、M1、M2 这 3 个连号元件会被自动占用，在 CMP 指令执行后，这 3 个元件必定有一个处于 ON，当常开触点 X000 断开后，这 3 个元件的状态仍会保存，要恢复它们的原状态，可采用复位指令。

2. 区间比较指令

(1) 指令说明。区间比较指令说明见表 6-10。

表 6-10 区间比较指令说明

指令名称与功能号	指令符号	指令形式与功能说明		操作数	
				S_1、S_2、S（16/32 位）	D（位型）
区间比较 （FNC11）	(D) ZCP (P)	⊣├─[ZCP S_1 S_2 S D] 将 S 与 S_1（小值）、S_2（大值）进行比较，若 $S<S_1$，将 D 置 1，若 $S_1 \leqslant S \leqslant S_2$，将 $D+1$ 置 1，若 $S>S_2$，将 $D+2$ 置 1		K、H KnX、KnY、KnS、KnM T、C、D、V、Z、变址修饰 R（仅 FX3G/3U）	Y、M、S、 D□.b（仅 FX3U） 变址修饰

(2) 使用举例。区间比较指令使用举例如图 6-18 所示。区间比较指令有 3 个源操作数和 1 个目标操作数，前两个源操作数用于将数据分为 3 个区间，再将第 3 个源操作数在这 3 个区间进行比较，根据比较结果来驱动目标操作数指定的 3 个连号位元件，若 C30＜K100，M3 置 1，M3 常开触点闭合，若 K100≤C30≤K120，M4 置 1，M4 常开触点闭合，若 C30＞K120，M5 置 1，M5 常开触点闭合。

使用区间比较指令时，要求第一源操作数 S_1 小于第二源操作数 S_2。

3. 传送指令

(1) 指令说明。传送指令说明见表 6-11。

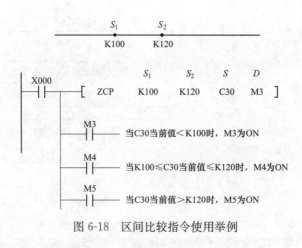

图 6-18 区间比较指令使用举例

表 6-11   传送指令说明

指令名称 与功能号	指令 符号	指令形式与功能说明	操作数	
			S(16/32 位)	D(16/32 位)
传送指令 (FNC12)	(D) MOV (P)	┤├─[MOV │ S │ D] 将 S 值传送给 D	K、H KnX、KnY、KnS、KnM T、C、D、V、Z、变址修饰 R（仅 FX3G/3U）	KnY、KnS、KnM T、C、D、V、Z 变址修饰

(2) 使用举例。传送指令使用举例如图 6-19 所示。当常开触点 X000 闭合时，传送指令执行，将 K100（10 进制数 100）送入数据寄存器 D10 中，由于 PLC 寄存器只能存储二进制数，因此将梯形图写入 PLC 前，编程软件会自动将十进制数转换成二进制数。

图 6-19 传送指令使用举例

4. 移位传送指令

(1) 指令说明。移位传送指令说明见表 6-12。

表 6-12   移位传送指令说明

指令名称 与功能号	指令 符号	指令形式	操作数	
			m_1、m_2、n	S(16 位)、D(16 位)
移位传送 (FNC13)	SMOV (P)	┤├─[SMOV │ S │ m_1 │ m_2 │ D │ n] 指令功能见后面的指令使用说明	常数 K、H	KnX（S 可用，D 不可用） KnY、KnS、KnM、T、C、 D、V、Z、R（仅 FX3G/3U）、变址修饰

(2) 使用举例。移位传送指令使用举例如图 6-20 所示。当常开触点 X000 闭合，移位传送指令执行，首先将源数据寄存器 D1 中的 16 位二进制数据转换成 4 组 BCD 数，然后将这 4 组 BCD 数中的第 4 组（m_1＝K4）起的低 2 组（m_2＝K2）移入目标寄存器 D2 第 3 组（n＝K3）起的低 2 组（m_2＝K2）中，D2 中的第 4、1 组数据保持不变，再将形成的新 4 组 BCD 数转换成 16 位二进制数。比如初始 D1 中的数据为 4567，D2 中的数据为 1234，执行 SMOV 指令后，D1 中的数据不变，仍为 4567，而 D2 中的数据将变成 1454。

5. 取反传送指令

(1) 指令说明。取反传送指令说明见表 6-13。

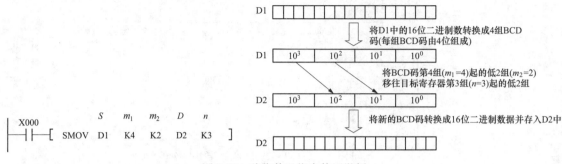

图 6-20   移位传送指令使用举例

表 6-13   取反传送指令说明

指令名称 与功能号	指令 符号	指令形式与功能说明	操作数
			S（16/32 位）、D（16/32 位）
取反传送 （FNC14）	(D) CML (P)	┤├── CML S D ── 将 S 的各位数取反再传送给 D	（S 可用 K、H 和 KnX，D 不可用） KnY、KnS、KnM、T、C、D、V、Z、R （仅 FX3G/3U）、变址修饰

（2）使用举例。取反传送指令使用举例如图 6-21 所示，当常开触点 X000 闭合时，取反传送指令执行，将数据寄存器 D0 中的低 4 位数据取反，再将取反的低 4 位数据按低位到高位分别送入 4 个输出继电器 Y000～Y003 中，数据传送说明如图 6-21（b）所示。

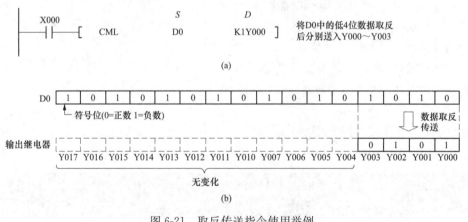

图 6-21   取反传送指令使用举例

（a）指令；（b）数据传送说明

6. 成批传送指令

（1）指令说明。成批传送指令说明见表 6-14。

表 6-14   成批传送指令说明

指令名称 与功能号	指令 符号	指令形式与功能说明	操作数	
			S（16 位）、D（16 位）	n（≤512）
成批传送 （FNC15）	BMOV (P)	┤├─ BMOV S D n ─ 将 S 为起始的 n 个连号元件的值传送给 D 为起始的 n 个连号元件	（S 可用 KnX，D 不可用） KnY、KnS、KnM、T、C、D、 R（仅 FX3G/3U）、变址修饰	K、H、D

（2）使用举例。成批传送指令使用举例如图 6-22 所示。当常开触点 X000 闭合时，成批传送指令执行，将源操作元件 D5 开头的 $n(n=3)$ 个连号元件中的数据批量传送到目标操作元件 D10 开头的 n 个连号元件中，即将 D5、D6、D7 这 3 个数据寄存器中的数据分别同时传送到 D10、D11、D12 中。

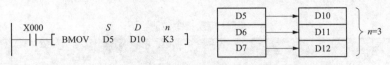

图 6-22　成批传送指令使用举例

7. 多点传送指令

（1）指令说明。多点传送指令说明见表 6-15。

表 6-15　　　　　　　　　　　　　　　多点传送指令说明

指令名称与功能号	指令符号	指令形式与功能说明	操作数	
			S、D(16/32 位)	n(16 位)
多点传送 (FNC16)	(D) FMOV (P)	┤├─[FMOV | S | D | n] 将 S 值同时传送给 D 为起始的 n 个元件	KnY、KnS、KnM、T、C、D、R (仅 FX3G/3U)、变址修饰 (S 可用 K、H、KnX、V、Z，D 不可用)	K、H

（2）使用举例。多点传送指令使用举例如图 6-23 所示。当常开触点 X000 闭合时，多点传送指令执行，将源操作数 0(K0) 同时送入以 D0 开头的 10($n=$K10) 个连号数据寄存器（D0～D9）中。

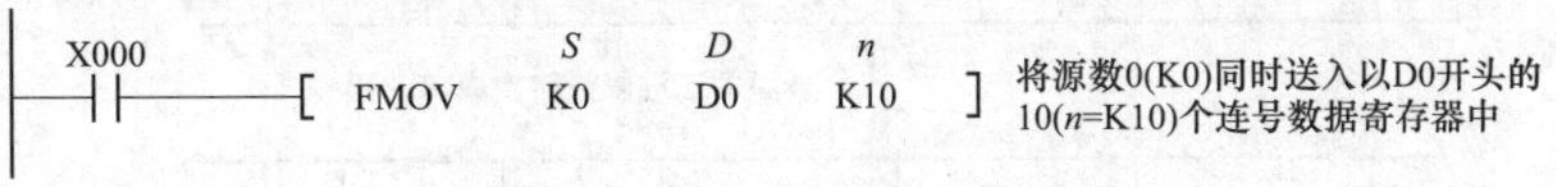

X000 ──┤├──[FMOV　K0　D0　K10]　将源数0(K0)同时送入以D0开头的 10($n=$K10)个连号数据寄存器中

图 6-23　多点传送指令使用举例

8. 数据交换指令

（1）指令说明。数据交换指令说明见表 6-16。

表 6-16　　　　　　　　　　　　　　　数据交换指令说明

指令名称与功能号	指令符号	指令形式	操作数
			D_1 (16/32 位)、D_2 (16/32 位)
数据交换 (FNC17)	(D) XCH (P)	┤├─[XCH | D_1 | D_2] 将 D_1 和 D_2 的数据相互交换	KnY、KnS、KnM T、C、D、V、Z、R (仅 FX3G/3U)、变址修饰

（2）使用举例。数据交换指令使用举例如图 6-24 所示。当常开触点 X000 闭合时，数据交换指令执行，将目标操作数 D10、D11 中的数据相互交换，若指令执行前 D10＝100、D11＝101，指令执行后，

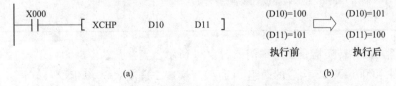

(a)　　　　　　　　　　(b)

图 6-24　数据交换指令使用举例

(a) 指令；(b) 数据传送说明

D10＝101、D11＝100，如果使用连续执行指令 XCH，则每个扫描周期数据都要交换，很难预知执行结果，所以一般采用脉冲执行指令 XCHP 进行数据交换。

9. BCD 转换（BIN→BCD）指令

（1）指令说明。BCD 转换指令说明见表 6-17。

表 6-17   BCD 转换指令说明

指令名称与功能号	指令符号	指令形式与功能说明	操作数 S(16/32 位)、D(16/32 位)
BCD 转换（FNC18）	(D) BCD (P)	将 S 中的二进制数（BIN 数）转换成 BCD 数，再传送给 D	KnX（S 可用，D 不可用）KnY、KnS、KnM、T、C、D、V、Z、R（仅 FX3G/3U）、变址修饰

（2）使用举例。BCD 转换指令使用举例如图 6-25 所示。当常开触点 X000 闭合时，BCD 转换指令执行，将源操作元件 D10 中的二进制数转换成 BCD 数，再存入目标操作元件 D12 中。

三菱 FX 系列 PLC 内部在四则运算和增量、减量运算时，都是以二进制方式进行的。

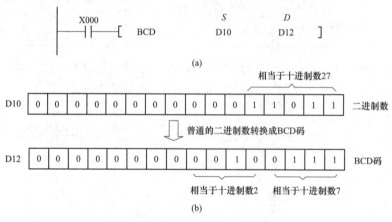

图 6-25   BCD 转换指令使用举例

(a) 指令；(b) 数据传送说明

10. BIN 转换（BCD→BIN）指令

（1）指令说明。BIN（二进制数）转换指令说明见表 6-18。

表 6-18   BIN 转换指令说明

指令名称与功能号	指令符号	指令形式与功能说明	操作数 S(16/32 位)、D(16/32 位)
BIN 转换（FNC19）	(D) BIN (P)	将 S 中的 BCD 数转换成 BIN 数，再传送给 D	KnX（S 可用，D 不可用）KnY、KnS、KnM、T、C、D、V、Z、R（仅 FX3G/3U）、变址修饰

（2）使用举例。BIN 转换指令使用举例如图 6-26 所示。当常开触点 X000 闭合时，BIN 转换指令执行，将源操作元件 X000～X007 构成的两组 BCD 数转换成二进制数码（BIN 码），再存入目标操作元件 D13 中。若 BIN 转换指令的源操作数不是 BCD 数，则会发生运算错误，如 X007～X000 的数据为 10110100，该数据的前 4 位 1011 转换成十进制数为 11，它不是 BCD 数，因为单组 BCD 数不能大于 9，

单组 BCD 数只能在 0000～1001 范围内。

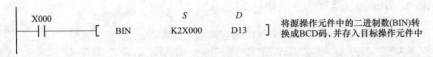

图 6-26 BIN 转换指令举例

6.2.3 四则运算与逻辑运算类指令

1. BIN（二进制数）加法运算指令
(1) 指令说明。BIN 加法运算指令说明见表 6-19。

表 6-19   BIN 加法运算指令说明

指令名称 与功能号	指令 符号	指令形式与功能说明	操作数 S_1、S_2、D（三者均为 16/32 位）
BIN 加法运算 (FNC20)	(D) ADD (P)	┤├─[ADD S_1 S_2 D] $S_1+S_2 \to D$	(S_1、S_2 可用 K、H、KnX，D 不可用) KnY、KnS、KnM、T、C、D、V、Z、R （仅 FX3G/3U）、变址修饰

(2) 使用举例。BIN 加法运算指令使用举例如图 6-27 所示。

在图 6-24 (a) 中，当常开触点 X000 闭合时，BIN 加法运算指令执行，将两个源操元件 D10 和 D12 中的数据进行相加，结果存入目标操作元件 D14 中。源操作数可正可负，它们是以代数形式进行相加，如 5+(−7)=−2。

在图 6-24 (b) 中，当常开触点 X000 闭合时，DADD 指令执行，将源操元件 D11、D10 和 D13、D12 分别组成 32 位数据再进行相加，结果存入目标操作元件 D15、D14 中。当进行 32 位数据运算时，要求每个操作数是两个连号的数据寄存器，为了确保不重复，指定的元件最好为偶数编号。

在图 6-24 (c) 中，当常开触点 X001 闭合时，ADDP 指令执行，将 D0 中的数据加 1，结果仍存入 D0 中。当一个源操作数和一个目标操作数为同一元件时，最好采用脉冲执行型加指令 ADDP，因为若是连续型加指令，每个扫描周期指令都要执行一次，所得结果很难确定。

在进行加法运算时，若运算结果为 0，0 标志继电器 M8020 会动作，若运算结果超出−32768～+32767（16 位数相加）或−2147483648～+2147483647（32 位数相加）范围，借位标志继电器 M8022 会动作。

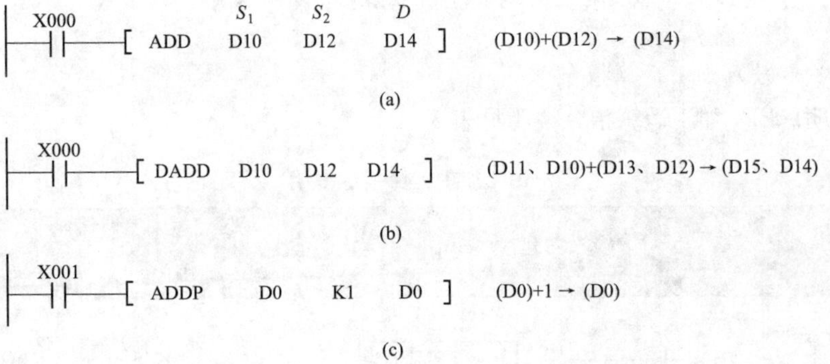

图 6-27 BIN 加法运算指令使用举例

2. BIN（二进制数）减法运算指令

（1）指令说明。BIN减法运算指令说明见表6-20。

表6-20　　　　　　　　　　　　　　BIN减法运算指令说明

指令名称 与功能号	指令 符号	指令形式与功能说明		操作数 S_1、S_2、D（三者均为 16/32 位）
BIN 减法运算 （FNC21）	(D) SUB (P)	SUB S_1 S_2 D $S_1-S_2 \rightarrow D$		（S_1、S_2 可用 K、H、KnX，D 不可用） KnY、KnS、KnM、T、C、D、V、Z、R （仅 FX3G/3U）、变址修饰

（2）使用举例。BIN减法指令使用举例如图6-28所示。

在图6-25（a）中，当常开触点 X000 闭合时，SUB 指令执行，将 D10 和 D12 中的数据进行相减，结果存入目标操作元件 D14 中。源操作数可正可负，它们是以代数形式进行相减，如 5-（-7）=12。

在图6-25（b）中，当常开触点 X000 闭合时，DSUB 指令执行，将源操元件 D11、D10 和 D13、D12 分别组成 32 位数据再进行相减，结果存入目标操作元件 D15、D14 中。当进行 32 位数据运算时，要求每个操作数是两个连号的数据寄存器，为了确保不重复，指定的元件最好为偶数编号。

在图6-25（c）中，当常开触点 X001 闭合时，SUBP 指令执行，将 D0 中的数据减 1，结果仍存入 D0 中。当一个源操作数和一个目标操作数为同一元件时，最好采用脉冲执行型减指令 SUBP，若是连续型减指令，每个扫描周期指令都要执行一次，所得结果很难确定。

在进行减法运算时，若运算结果为 0，0 标志继电器 M8020 会动作，若运算结果超出-32768～+32767（16 位数相减）或-2147483648～+2147483647（32 位数相减）范围，借位标志继电器 M8022 会动作。

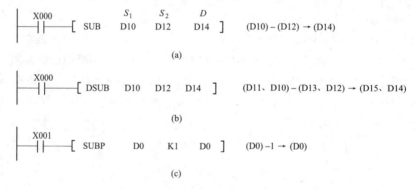

图6-28　BIN减法运算指令使用举例

3. BIN（二进制数）加 1 运算指令

（1）指令说明。BIN加1运算指令说明见表6-21。

表6-21　　　　　　　　　　　　　　BIN加1运算指令说明

指令名称 与功能号	指令 符号	指令形式与功能说明	操作数 D（16/32 位）
BIN 加 1 （FNC24）	(D) INC (P)	INC D INC指令每执行一次，D 值增 1 一次	KnY、KnS、KnM、T、C、D、V、Z、R （仅 FX3G/3U）、变址修饰

（2）使用举例。BIN 加 1 运算指令使用举例如图 6-29 所示。当常开触点 X000 闭合时，BIN 加 1 运算指令执行，数据寄存器 D12 中的数据自动加 1。若采用连续执行型指令 INC，则每个扫描周期数据都要增加 1，在 X000 闭合时可能会经过多个扫描周期，因此增加结果很难确定，故常采用脉冲执行型指令进行加 1 运算。

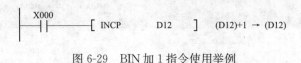

图 6-29　BIN 加 1 指令使用举例

4. BIN（二进制数）减 1 运算指令

（1）指令说明。BIN 减 1 运算指令说明见表 6-22。

表 6-22　　　　　　　　　　　　　　　　　　　**BIN 减 1 运算指令说明**

指令名称 与功能号	指令 符号	指令形式与功能说明	操作数 D（16/32 位）
BIN 减 1 （FNC25）	(D) DEC (P)	┤├────[DEC | D] DEC 指令每执行一次，D 值减 1 一次	KnY、KnS、KnM、T、C、D、V、Z、R （仅 FX3G/3U）、变址修饰

（2）使用举例。BIN 减 1 运算指令使用举例如图 6-30 所示。当常开触点 X000 闭合时，BIN 减 1 运算指令执行，数据寄存器 D12 中的数据自动减 1。为保证 X000 每闭合一次数据减 1 一次，常采用脉冲执行型指令进行减 1 运算。

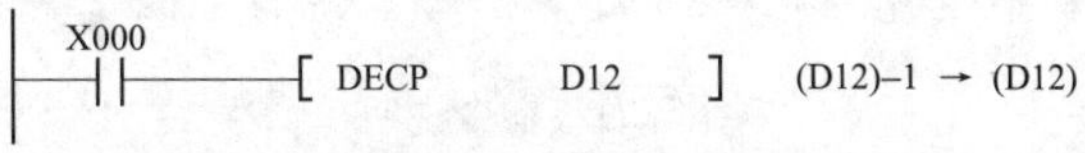

```
   X000
 ──┤├───────[ DECP     D12    ]    (D12)-1 → (D12)
```

图 6-30　BIN 减 1 运算指令使用举例

5. 逻辑与指令

（1）指令说明。逻辑与指令说明见表 6-23。

表 6-23　　　　　　　　　　　　　　　　　　　**逻辑与指令说明**

指令名称 与功能号	指令 符号	指令形式与功能说明	操作数 S_1、S_2、D（均为 16/32 位）
逻辑与 （FNC26）	(D) WAND (P)	┤├───[WAND | S_1 | S_2 | D] 将 S_1 和 S_2 的数据逐位进行与运算，结果存入 D	（S_1、S_2 可用 K、H、KnX，D 不可用） KnY、KnS、KnM、T、C、D、V、Z、R （仅 FX3G/3U）、变址修饰

（2）使用举例。逻辑与指令使用举例如图 6-31 所示。当常开触点 X000 闭合时，逻辑与指令执行，将 D10 与 D12 中的数据逐位进行与运算，结果保存在 D14 中。

与运算规律是"有 0 得 0，全 1 得 1"，具体为：$0 \cdot 0 = 0$，$0 \cdot 1 = 0$，$1 \cdot 0 = 0$，$1 \cdot 1 = 1$。

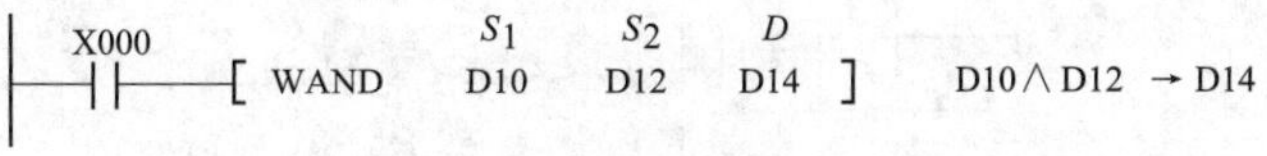

```
   X000          S1    S2    D
 ──┤├───[ WAND   D10   D12   D14 ]    D10∧D12 → D14
```

图 6-31　逻辑与指令使用举例

6. 逻辑或指令

（1）指令说明。逻辑或指令说明见表 6-24。

表 6-24　　　　　　　　　　　　逻辑或指令说明

指令名称 与功能号	指令 符号	指令形式与功能说明	操作数 S_1、S_2、D（均为 16/32 位）	
逻辑或 （FNC27）	（D） WOR （P）	⊢⊢—[WOR S_1 S_2 D] 将 S_1 和 S_2 的数据逐位进行或运算，结果存入 D	（S_1、S_2 可用 K、H、KnX，D 不可用） KnY、KnS、KnM、T、C、D、V、Z、R（仅 FX3G/3U）、变址修饰	

（2）使用举例。逻辑或指令使用举例如图 6-32 所示。当常开触点 X000 闭合时，逻辑或指令执行，将 D10 与 D12 中的数据逐位进行或运算，结果保存在 D14 中。

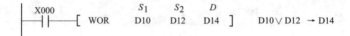

图 6-32　逻辑或指令使用举例

或运算规律是"有 1 得 1，全 0 得 0"，具体为：0+0＝0，0+1＝1，1+0＝1，1+1＝1。

6.2.4　循环与移位类指令

1. 循环右移（环形右移）指令

（1）指令说明。循环右移指令说明见表 6-25。

表 6-25　　　　　　　　　　　　循环右移指令说明

指令名称 与功能号	指令 符号	指令形式与功能说明	操作数	
			D（16/32 位）	n（16/32 位）
循环右移 （FNC30）	（D） ROR （P）	⊢⊢—[ROR D n] 将 D 的数据环形右移 n 位	KnY、KnS、KnM、T、C、D、V、Z、R、变址修饰	K、H、D、R $n \leqslant 16$（16 位） $n \leqslant 32$（32 位）

（2）使用举例。循环右移指令使用举例如图 6-33 所示。当常开触点 X000 闭合时，循环右移指令执行，将 D0 中的数据右移（从高位往低位移）4 位，其中低 4 位移至高 4 位，最后移出的一位（即图中标有 ＊ 号的位）除了移到 D0 的最高位外，还会移入进位标记继电器 M8022 中。为了避免每个扫描周期都进行右移，通常采用脉冲执行型指令 RORP。

2. 循环左移（环形左移）指令

（1）指令说明。循环左移指令说明见表 6-26。

表 6-26　　　　　　　　　　　　循环左移指令说明

指令名称 与功能号	指令 符号	指令形式与功能说明	操作数	
			D（16/32 位）	n（16/32 位）
循环左移 （FNC31）	（D） ROL （P）	⊢⊢—[ROL D n] 将 D 的数据环形左移 n 位	KnY、KnS、KnM、T、C、D、V、Z、R、变址修饰	K、H、D、R $n \leqslant 16$（16 位） $n \leqslant 32$（32 位）

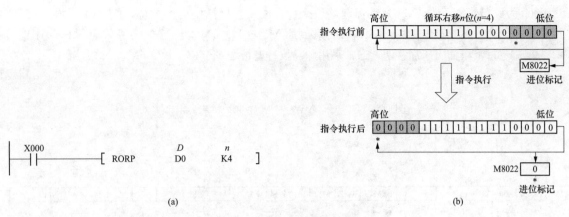

图 6-33 循环右移指令使用举例

(a) 指令；(b) 数据传送说明

（2）使用举例。循环左移指令使用举例如图 6-34 所示。当常开触点 X000 闭合时，循环左移指令执行，将 D0 中的数据左移（从低位往高位移）4 位，其中高 4 位移至低 4 位，最后移出的一位（即图中标有 * 号的位）除了移到 D0 的最低位外，还会移入进位标记继电器 M8022 中。为了避免每个扫描周期都进行左移，通常采用脉冲执行型指令 ROLP。

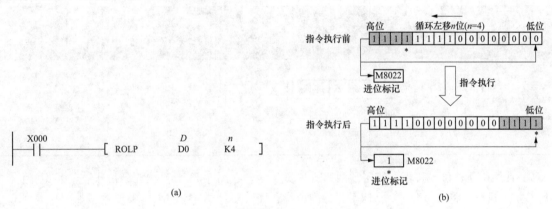

图 6-34 循环左移指令使用举例

(a) 指令；(b) 数据传送说明

3. 位右移指令

（1）指令说明。位右移指令说明见表 6-27。

表 6-27　　　　　　　　　　　　　　　位右移指令说明

指令名称 与功能号	指令 符号	指令形式与功能说明	操作数	
			S（位型）、D（位）	n_1（16 位）、n_2（16 位）
位右移 (FNC34)	SFTR (P)	⊣⊢─[SFTR | S | D | n_1 | n_2] 将 S 为起始的 n_2 个位元件值右移到 D 为起始元件的 n_1 个位元件中	Y、M、S、变址修饰 S 还支持 X、D□.b	K、H n_2 还支持 D、R $n_2 \leqslant n_1 \leqslant 1024$

（2）使用举例。位右移指令使用举例如图 6-35 所示。在图 6-35（a）中，当常开触点 X010 闭合时，位右移指令执行，将 X003～X000 四个元件的位状态（1 或 0）右移入 M15～M0 中，如图 6-35（b）所

示，X000 为源起始位元件，M0 为目标起始位元件，K16 为目标位元件数量，K4 为移位量。SFTRP 指令执行后，M3～M0 移出丢失，M15～M4 移到原 M11～M0，X003～X000 则移入原 M15～M12。

为了避免每个扫描周期都移动，通常采用脉冲执行型指令 SFTRP。

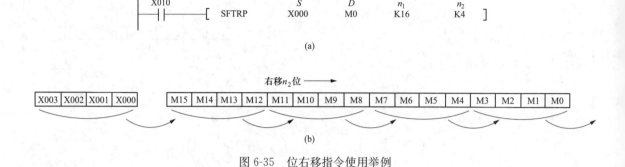

(a)

(b)

图 6-35　位右移指令使用举例

4. 位左移指令

（1）指令说明。位左移指令说明见表 6-28。

表 6-28　　　　　　　　　　　　　　位左移指令说明

指令名称与功能号	指令符号	指令形式与功能说明	操作数	
			S(位型)、D(位)	n_1(16位)、n_2(16位)
位左移（FNC35）	SFTL（P）	SFTL S D n_1 n_2 将 S 为起始的 n_2 个位元件的值左移到 D 为起始元件的 n_1 个位元件中	Y、M、S、变址修饰 S还支持X、D□.b	K、H n_2 还支持 D、R $n_2 \leqslant n_1 \leqslant 1024$

（2）使用举例。位左移指令使用举例如图 6-36 所示。在图 6-36（a）中，当常开触点 X010 闭合时，SFTLP 指令执行，将 X003～X000 四个元件的位状态（1 或 0）左移入 M15～M0 中，如图 6-36（b）所示，X000 为源起始位元件，M0 为目标起始位元件，K16 为目标位元件数量，K4 为移位量。SFTLP 指令执行后，M15～M12 移出丢失，M11～M0 移到原 M15～M4，X003～X000 则移入原 M3～M0。

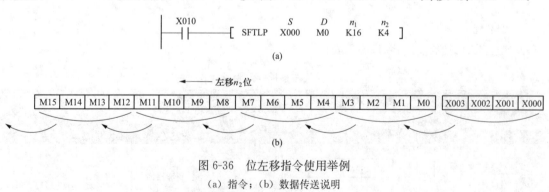

(a)

(b)

图 6-36　位左移指令使用举例
(a) 指令；(b) 数据传送说明

为了避免每个扫描周期都移动，通常采用脉冲执行型指令 SFTLP。

5. 字右移指令

（1）指令说明。字右移指令说明见表 6-29。

表 6-29 字右移指令说明

指令名称 与功能号	指令 符号	指令形式与功能说明	操作数	
			S(16位)、D(16位)	n_1(16位)、n_2(16位)
字右移 (FNC36)	WSFR (P)	┤├──[WSFR S D n_1 n_2] 将 S 为起始的 n_2 个字元件的值右移到 D 为起始元件的 n_1 个字元件中	KnY、KnS、KnM T、C、D、R、变址修饰 S 还支持 KnX	K、H n_2 还支持 D、R $n_2 \leqslant n_1 \leqslant 1024$

（2）使用举例。字右移指令使用举例如图 6-37 所示。在图 6-37（a）中，当常开触点 X000 闭合时，WSFRP 指令执行，将 D3~D0 这 4 个字元件的数据右移入 D25~D10 中，如图 6-37（b）所示，D0 为源起始字元件，D10 为目标起始字元件，K16 为目标字元件数量，K4 为移位量。WSFRP 指令执行后，D13~D10 的数据移出丢失，D25~D14 的数据移入原 D21~D10，D3~D0 则移入原 D25~D22。

为了避免每个扫描周期都移动，通常采用脉冲执行型指令 WSFRP。

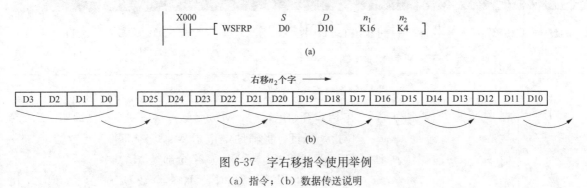

（a）

右移n_2个字 ⟶

（b）

图 6-37 字右移指令使用举例

（a）指令；（b）数据传送说明

6. 字左移指令

（1）指令说明。字左移指令说明见表 6-30。

表 6-30 字左移指令说明

指令名称 与功能号	指令 符号	指令形式与功能说明	操作数	
			S(16位)、D(16位)	n_1(16位)、n_2(16位)
字左移 (FNC37)	WSFL (P)	┤├──[WSFL S D n_1 n_2] 将 S 为起始的 n_2 个字元件的值左移到 D 为起始元件的 n_1 个字元件中	KnY、KnS、KnM T、C、D、R、变址修饰 S 还支持 KnX	K、H n_2 还支持 D、R $n_2 \leqslant n_1 \leqslant 1024$

（2）使用举例。字左移指令使用举例如图 6-38 所示。在图 6-38（a）中，当常开触点 X000 闭合时，WSFLP 指令执行，将 D3~D0 四个字元件的数据左移入 D25~D10 中，如图 6-38（b）所示，D0 为源起始字元件，D10 为目标起始字元件，K16 为目标字元件数量，K4 为移位量。WSFLP 指令执行后，D25~D22 的数据移出丢失，D21~D10 的数据移入原 D25~D14，D3~D0 则移入原 D13~D10。

为了避免每个扫描周期都移动，通常采用脉冲执行型指令 WSFLP。

6.2.5 数据处理类指令

1. 成批复位指令

（1）指令说明。成批复位指令说明见表 6-31。

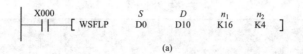

左移n_2个字

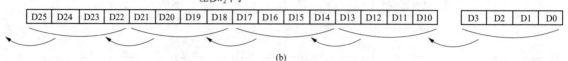

(b)

图 6-38 字左移指令使用举例

(a) 指令；(b) 数据传送说明

表 6-31 成批复位指令说明

指令名称 与功能号	指令 符号	指令形式与功能说明	操作数 D_1(16 位)、D_2(16 位)
成批复位 (FNC40)	ZRST (P)	──┤├──[ZRST | D_1 | D_2] 将 D_1～D_2 所有的元件复位	Y、M、S、T、C、D、R、变址修饰 （$D_1 \leqslant D_2$，且为同一类型元件）

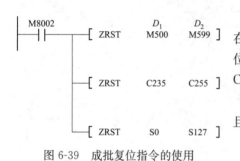

图 6-39 成批复位指令的使用

（2）使用举例。成批复位指令使用举例如图 6-39 所示。在 PLC 开始运行时，M8002 触点接通一个扫描周期，成批复位指令执行，将辅助继电器 M500～M599、计数器 C235～C255 和状态继电器 S0～S127 全部复位清 0。

在使用 ZRST 指令时，目标操作数 D2 序号应大于 D1，并且为同一系列的元件。

2. 平均值指令

（1）指令说明。平均值指令说明见表 6-32。

表 6-32 平均值指令说明

指令名称 与功能号	指令 符号	指令形式与功能说明	操作数		
			S(16/32 位)	D(16/32 位)	n(16/32 位)
平均值 (FNC45)	(D) MEAN (P)	──┤├──[MEAN | S | D | n] 计算 S 为起始的 n 个元件的数据 平均值，再将平均值存入 D	KnX、KnY、KnM、 KnS、T、C、D、R、 变址修饰	KnY、KnM、KnS、 T、C、D、R、V、Z、 变址修饰	K、H、D、R $n=1\sim64$

（2）使用举例。平均值指令使用举例如图 6-40 所示。当常开触点 X000 闭合时，平均值指令执行，计算 D0～D2 中数据的平均值，平均值存入目标元件 D10 中。D0 为源起始元件，D10 为目标元件，$n=$3 为源元件的个数。

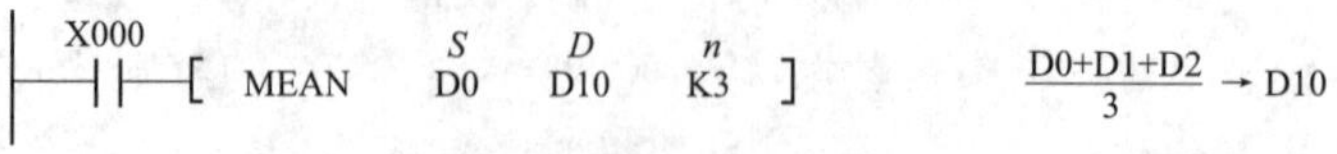

X000
──┤├──[MEAN \| D0 \| D10 \| K3] $\dfrac{D0+D1+D2}{3} \to D10$

图 6-40 平均值指令使用举例

3. 高低字节互换指令

（1）指令说明。高低字节互换指令说明见表 6-33。

表 6-33　　　　　　　　　　　　高低字节互换指令说明

指令名称 与功能号	指令 符号	功能号	操作数 S
高低字节互换 (FNC147)	(D) SWAP (P)	┤├──[SWAP | S] 将 S 的高 8 位与低 8 位互换	KnY、KnM、KnS、 T、C、D、R、V、Z、变址修饰

（2）使用举例。高低字节互换指令使用举例如图 6-41 所示，图 6-41（a）所示的 SWAPP 为 16 位指令，当常开触点 X000 闭合时，SWAPP 指令执行，D10 中的高 8 位和低 8 位数据互换；图 6-41（b）所示的 DSWAP 为 32 位指令，当常开触点 X001 闭合时，DSWAPP 指令执行，D10 中的高 8 位和低 8 位数据互换，D11 中的高 8 位和低 8 位数据也互换。

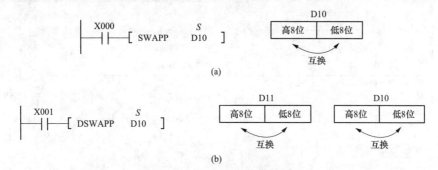

图 6-41　高低字节互换指令使用举例

（a）16 位指令；（b）32 位指令

6.2.6　高速处理类指令

1. 输入输出刷新指令

（1）指令说明。输入输出刷新指令说明见表 6-34。

表 6-34　　　　　　　　　　　　输入输出刷新指令说明

指令名称 与功能号	指令 符号	指令形式与功能说明	操作数	
			D（位型）	N（16 位）
输入输出刷新 (FNC50)	REF (P)	┤├──[REF | D | n] 将 D 为起始的 n 个元件的状态立即输入或输出	X、Y	K、H

（2）使用举例。**在 PLC 运行程序时，若通过输入端子输入信号，PLC 通常不会马上处理输入信号，要等到下一个扫描周期才处理输入信号，这样从输入到处理有一段时间差，另外，PLC 在运行程序产生输出信号时，也不是马上从输出端子输出，而是等程序运行到 END 时，才将输出信号从输出端子输出，这样从产生输出信号到信号从输出端子输出也有一段时间差。如果希望 PLC 在运行时能即刻接收**输入信号，或能即刻输出信号，可采用输入/输出刷新指令。

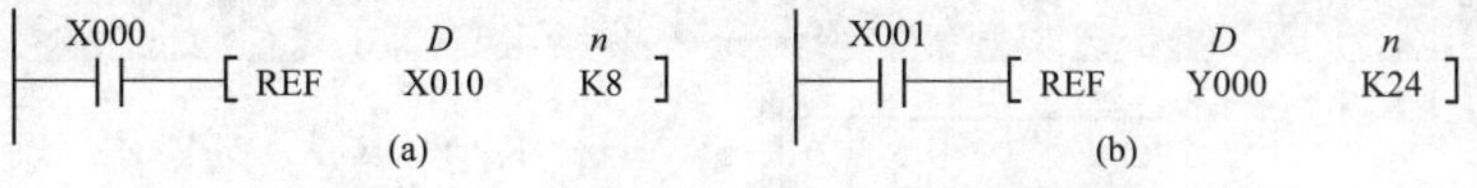

X000 ──┤├──[REF　X010　K8]　　　　X001 ──┤├──[REF　Y000　K24]
　　　　　　　　　（a）　　　　　　　　　　　　　　　　　（b）

图 6-42　输入输出刷新指令使用举例

（a）输入立即刷新；（b）输出立即刷新

图 6-42（a）为输入立即刷新，当常开触点 X000 闭合时，REF 指令执行，将以 X010 为起始元件的 8 个（$n=8$）输入继电器 X010～X017 刷新，即让 X010～X017 端子输入的信号能马上被这些端子对应的输入继电器接收。图 6-42（b）为输出立即刷新，当常开触点 X001 闭合时，REF 指令执行，将以 Y000 为起始元件的 24 个（$n=24$）输出继电器 Y000～Y007、Y010～Y017、Y020～Y027 刷新，让这些输出继电器能即刻往相应的输出端子输出信号。REF 指令指定的首元件编号应为 X000、X010、X020…，Y000、Y010、Y020…，刷新的点数 n 就应是 8 的整数（如 8、16、24 等）。

2. 高速计数器比较置位指令

（1）指令说明。高速计数器比较置位指令说明见表 6-35。

表 6-35　　　　　高速计数器比较置位指令说明

指令名称 与功能号	指令 符号	指令形式与功能说明	操作数		
			S_1（32 位）	S_2（32 位）	D（位型）
高速计数器 比较置位 （FNC53）	(D) HSCS	$\dashv\vdash\!-\![$ HSCS $\mid S_1\mid S_2\mid D$] 将 S_2 高速计数器当前值与 S_1 值比较，两者相等则将 D 置 1	K、H KnX、KnY、KnM、 KnS、T、C、D、R、 Z、变址修饰	C、变址修饰 （C235～C255）	Y、M、S、D□.b、 变址修饰

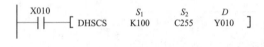

图 6-43　高速计数器比较置位指令使用举例

（2）使用举例。高速计数器比较置位指令使用举例如图 6-43 所示。当常开触点 X010 闭合时，DHSCS 指令执行，若高速计数器 C255 的当前值变为 100（99→100 或 101→100），将 Y010 置 1。

3. 高速计数器比较复位指令

（1）指令说明。高速计数器比较复位指令说明见表 6-36。

表 6-36　　　　　高速计数器比较复位指令说明

指令名称 与功能号	指令 符号	指令形式与功能说明	操作数		
			S_1（32 位）	S_2（32 位）	D（位型）
高速计数器 比较复位 （FNC54）	(D) HSCR	$\dashv\vdash\!-\![$ HSCR $\mid S_1\mid S_2\mid D$] 将 S_2 高速计数器当前值与 S_1 值比较，两者相等则将 D 置 0	K、H KnX、KnY、KnM、 KnS、T、C、D、R、 Z、变址修饰	C、变址修饰 （C235～C255）	Y、M、S、C、 D□.b、变址修饰

（2）使用举例。高速计数器比较复位指令的使用如图 6-44 所示。当常开触点 X010 闭合时，DHSCR 指令执行，若高速计数器 C255 的当前值变为 100（99→100 或 101→100），将 Y010 复位（置 0）。

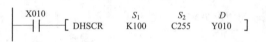

图 6-44　高速计数器比较复位指令的使用

4. 脉冲输出指令

（1）指令说明。脉冲输出指令说明见表 6-37。

表 6-37　　　　　脉冲输出指令说明

指令名称 与功能号	指令 符号	指令形式与功能说明	操作数	
			S_1、S_2（均为 16/32 位）	D（位型）
脉冲输出 （FNC57）	(D) PLSY	$\dashv\vdash\!-\![$ PLSY $\mid S_1\mid S_2\mid D$] 让 D 端输出频率为 S_1、占空比为 50% 的脉冲信号，脉冲个数由 S_2 指定	K、H、KnX、KnY、KnM、 KnS、T、C、D、R、V、Z、 变址修饰	Y0 或 Y1 （晶体管输出 型基本单元）

（2）使用举例。脉冲输出指令使用举例如图 6-45 所示。当常开触点 X010 闭合时，PLSY 指令执行，让 Y000 端子输出占空比为 50% 的 1000Hz 脉冲信号，产生脉冲个数由 D0 指定。

```
X010
─┤├──[ PLSY    S₁      S₂      D        ]
              K1000   D0      Y000
```
图 6-45　脉冲输出指令使用举例

脉冲输出指令使用要点如下。

1）S_1 为输出脉冲的频率，对于 FX2N 系列 PLC，频率范围为 $10\sim20kHz$；S_2 为要求输出脉冲的个数，对于 16 位操作元件，可指定的个数为 $1\sim32767$，对于 32 位操作元件，可指定的个数为 $1\sim2147483647$，如指定个数为 0，则持续输出脉冲；D 为脉冲输出端子，要求为输出端子为晶体管输出型，只能选择 Y000 或 Y001。

2）脉冲输出结束后，完成标记继电器 M8029 置 1，输出脉冲总数保存在 D8037（高位）和 D8036（低位）。

3）若选择产生连续脉冲，在 X010 断开后 Y000 停止脉冲输出，X010 再闭合时重新开始。

4）S_1 中的内容在该指令执行过程中可以改变，S_2 在指令执行时不能改变。

5. 脉冲调制指令

（1）指令说明。脉冲调制指令说明见表 6-38。

表 6-38　　　　　　　　　　　　　　　脉冲调制指令说明

指令名称 与功能号	指令 符号	指令形式与功能说明	操作数	
			S_1、S_2（均为 16 位）	D（位型）
脉冲调制 （FNC58）	PWM	─┤├─[PWM | S_1 | S_2 | D] 让 D 端输出脉冲宽度为 S_1、周期为 S_2 的脉冲信号。S_1、S_2 单位均为 ms	K、H、KnX、KnY、KnM、KnS、T、C、D、R、V、Z、变址修饰	Y0 或 Y1 （晶体管输出型 基本单元）

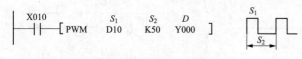

```
X010
─┤├──[ PWM     S₁      S₂      D        ]
               D10     K50     Y000
```
图 6-46　脉冲调制指令使用举例

（2）使用举例。脉冲调制指令使用举例如图 6-46 所示。当常开触点 X010 闭合时，PWM 指令执行，让 Y000 端子输出脉冲宽度为 D10、周期为 50ms 的脉冲信号。

脉冲调制指令使用要点如下。

1）S_1 为输出脉冲的宽度 t，$t=0\sim32767ms$；S_2 为输出脉冲的周期 T，$T=1\sim32767ms$，要求 $S_2>S_1$，否则会出错；D 为脉冲输出端子，只能选择 Y000 或 Y001。

2）当 X010 断开后，Y000 端子停止脉冲输出。

6.2.7　外部 I/O 设备类指令

1. 数字键输入指令

（1）指令说明。数字键输入指令说明见表 6-39。

表 6-39　　　　　　　　　　　　　　　数字键输入指令说明

指令名称 与功能号	指令符号	指令形式与功能说明	操作数		
			S（位型）	D_1（16/32 位）	D_2（位型）
数字键输入 （FNC70）	(D) TKY	─┤├─[TKY | S | D_1 | D_2] 将 S 为起始的 10 个连号元件的值送入 D1，同时将 D2 为起始的 10 个连号元件中相应元件置位（也称置 ON 或置 1）	X、Y、M、S、D□. b、变址修饰 （10 个连号元件）	KnY、KnM、KnS、T、C、D、R、V、Z、变址修饰	Y、M、S、D□. b、变址修饰 （11 个连号元件）

（2）使用举例。数字键输入指令使用举例如图6-47所示。当X030触点闭合时，TKY指令执行，将X000为起始的X000～X011十个端子输入的数据送入D0中，同时将M10为起始的M10～M19中相应的位元件置位。

使用TKY指令时，可在PLC的X000～X011十个端子外接代表0～9的10个按键，如图6-47（b）所示，当常开触点X030闭合时，数字键输入指令执行，如果依次操作X002、X001、X003、X000，就往D0中输入数据2130，同时与按键对应的位元件M12、M11、M13、M10也依次被置ON，如图6-47（c）所示，当某一按键松开后，相应的位元件还会维持ON，直到下一个按键被按下才变为OFF。该指令还会自动用到M20，当依次操作按键时，M20会依次被置ON，ON的保持时间与按键的按下时间相同。

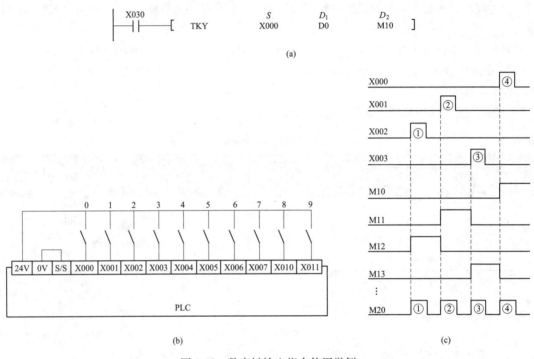

图6-47　数字键输入指令使用举例

（a）指令；（b）硬件连接；（c）工作时序

数字键输入指令的使用要点如下。

1）若多个按键都按下，先按下的键有效。

2）当常开触点X030断开时，M10～M20都变为OFF，但D0中的数据不变。

3）在16位操作时，输入数据范围是0～9999，当输入数据超过4位，最高位数（千位数）会溢出，低位补入；在做32位操作时，输入数据范围是0～99999999。

2. ASCII数据输入（ASCII码转换）指令

（1）指令说明。ASCII数据输入指令说明见表6-40。

表6-40　　　　　　　　　　　　　　　ASCII数据输入指令说明

指令名称 与功能号	指令 符号	指令形式与功能说明	操作数	
			S（字符串型）	D（16位）
ASCII 数据输入 （FNC76）	ASC	⊢⊢ [ASC　*S*　*D*] 将*S*字符转换成ASCII码，存入*D*	不超过8个字母或数字	T、C、D、R、变址修饰

（2）使用举例。ASCII 数据输入（ASC）指令的使用如图 6-48 所示。当常开触点 X000 闭合时，ASCII 数据输入指令执行，将 ABCDEFGH 这 8 个字母转换成 ASCII 码并存入 D300～D303 中。如果将 M8161 置 ON 后再执行 ASC 指令，ASCII 码只存入 D 的低 8 位（要占用 D300～D307）。

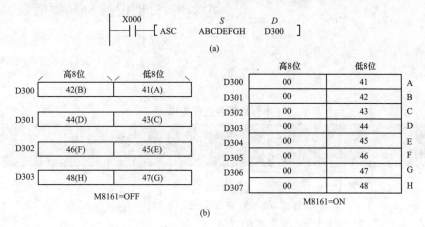

图 6-48　ASCII 数据输入指令使用举例

（a）指令；（b）数据传送说明

3. 读特殊功能模块（BFM 的读出）指令

（1）指令说明。读特殊功能模块指令说明见表 6-41。

表 6-41　　　　　　　　　　　读特殊功能模块指令说明

指令名称与功能号	指令符号	指令形式与功能说明	操作数（16/32 位）			
			m_1	m_2	D	n
读特殊功能模块（FNC78）	(D) FROM (P)	⊣⊢─[FROM | m_1 | m_2 | D | n] 将单元号为 m_1 的特殊功能模块的 m_2 号 BFM（缓冲存储器）的 n 点（1 点为 16 位）数据读出给 D	K、H、D、R $m_1=0\sim7$	K、H、D、R	KnY、KnM、KnS、T、C、D、R、V、Z、变址修饰	K、H、D、R

（2）使用举例。读特殊功能模块 BFM 的读出指令使用举例如图 6-49 所示。当常开触点 X000 闭合时，读特殊功能模块指令执行，将单元号为 1 的特殊功能模块中的 29 号缓冲存储器（BFM）中的 1 点数据读入 K4M0（M0～M16）。

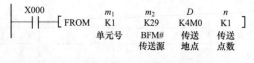

图 6-49　FROM 指令的使用

4. 写特殊功能模块（BFM 的写入）指令

（1）指令说明。写特殊功能模块指令说明见表 6-42。

表 6-42　　　　　　　　　　　写特殊功能模块指令说明

指令名称与功能号	指令符号	指令形式与功能说明	操作数（16/32 位）			
			m_1	m_2	D	n
写特殊功能模块（FNC79）	(D) TO (P)	⊣⊢─[TO | m_1 | m_2 | S | n] 将 S 的 n 点（1 点为 16 位）数据写入单元号为 m_1 的特殊功能模块的 m_2 号 BMF	K、H、D、R $m_1=0\sim7$	K、H、D、R	KnY、KnM、KnS、T、C、D、R、V、Z、变址修饰	K、H、D、R

（2）使用举例。写特殊功能模块（TO）指令使用举例如图6-50所示。当常开触点X000闭合时，TO指令执行，将D0中的1点数据写入单元号为1的特殊功能模块中的12号缓冲存储器（BFM）中。

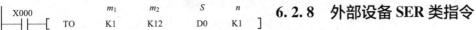

图6-50　TO指令的使用

6.2.8　外部设备SER类指令

1. 串行数据传送指令

（1）指令说明。串行数据传送指令说明见表6-43。

表6-43　　　　　　　　　　　串行数据传送指令说明

指令名称 与功能号	指令 符号	指令形式与指令功能	操作数	
			S、D（均为16位/字符串）	m、n（均为16位）
串行数据传送 （FNC80）	RS	RS S m D n 在串行通信时，将S为起始的m个 字节数据发送出去，接收来的数据存 放在D为起始的n个字节中	D、R、变址修饰	K、H、D、R 设定范围均为0～4096

（2）通信的硬件连接。利用RS指令可以让两台PLC之间进行数据交换，首先使用FX3U-485-BD通信板将两台PLC连接好，利用RS指令通信时的两台PLC硬件连接如图6-51所示。

（3）定义发送数据的格式。在使用RS指令发送数据时，先要定义发送数据的格式，设置特殊数据寄存器D8120各位数可以定义发送数据格式。D8120各位数与数据格式关系见表6-44。比如，要求发送的数据格式为数据长＝7位、奇偶校验＝奇校验、停止位＝1位、传输速度＝19200、无起始和终止符，此时D8120的设置，应如图6-52所示。

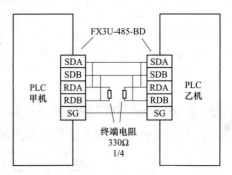

图6-51　利用RS指令通信时的两 台PLC硬件连接

要将D8120设为0092H，可采用图6-53所示的程序，当常开触点X001闭合时，MOV指令执行，将十六进制数0092送入D8120（指令会自动将十六进制数0092转换成二进制数，再送入D8120）。

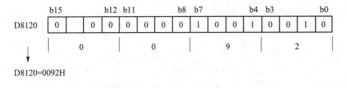

图6-52　D8120的设置

图6-53　将D8120设为0092H的梯形图

表6-44　　　　　　　　　　　D8120各位数与数据格式的关系

位号	名称	内　　　容	
		0	1
b0	数据长	7位	8位
b1 b2	奇偶校验	b2、b1 （0，0）无校验 （0，1）：奇校验 （1，1）偶校验	

续表 6-44

位号	名称	内　容	
		0	**1**
b3	停止位	1 位	2 位
b4 b5 b6 b7	传送速率 (bit/s)	b7, b6, b5, b4 (0, 0, 1, 1): 300 (0, 1, 0, 0): 600 (0, 1, 0, 1): 1, 200 (0, 1, 1, 0): 2, 400	(0, 0, 1, 1): 4, 800 (1, 0, 0, 0): 9, 600 (1, 0, 0, 1): 19, 200
b8	起始符	无	有（D8124）
b9	终止符	无	有（D8125）
b10 b11	控制线	通常固定设为 00	
b12	不可使用（固定为 0）		
b13	和校验	通常固定设为 000	
b14	协议		
b15	控制顺序		

（4）使用举例。图 6-54 所示为一个典型的 RS 指令使用程序。

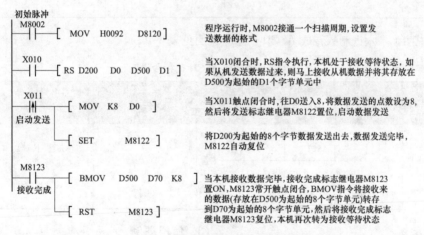

图 6-54　一个典型的 RS 指令使用程序

2. 十六进制数转成 ASCII 码（HEX→ASCII）指令

（1）关于 ASCII 码知识。**ASCII 码又称美国标准信息交换码，是一种使用 7 位或 8 位二进制数进行编码的方案，最多可以对 256 个字符（包括字母、数字、标点符号、控制字符及其他符号）进行编码。** ASCII 编码表见表 6-45。计算机采用 ASCII 编码方式，当按下键盘上的 A 键时，键盘内的编码电路就将该键编码成 1000001，再送入计算机处理。

表 6-45　　　　　　　　　　　　　　　　ASCII 编码表

$b_7 b_0 b_5$ b $b_3 b_2 b_1$	000	001	010	011	100	101	110	111
0000	nul	dle	sp	0	@	P	、	p
0001	soh	dc1	!	1	A	Q	a	q

（续）

b b3 b2 b1 \ b7 b0 b5	000	001	010	011	100	101	110	111
0010	stx	dc2	"	2	B	R	b	r
0011	etx	dc3	#	3	C	S	c	s
0100	eot	dc4	$	4	D	T	d	t
0101	enq	nak	%	5	E	U	e	11
0110	ack	svn	&	6	F	V	f	v
0111	bel	etb	'	7	G	W	g	w
1000	bs	can	(	8	H	X	h	x
1001	ht	em	)	9	I	Y	i	y
1010	lf	sub	*	:	J	Z	j	z
1011	vt	esc	+	;	K	[	k	{
1100	ff	fs	,	<	L	\	l	|
1101	cr	gs	—	=	M	]	m	}
1110	so	rs	.	>	N	ˆ	n	~
1111	si	ns	/	?	O	—	o	del

（2）指令说明。十六进制数转成 ASCII 码指令说明见表 6-46。

表 6-46　　　　　　　　　　**十六进制数转成 ASCII 码指令说明**

指令名称与功能号	指令符号	指令形式与功能说明	操作数		
			S（16 位）	D（字符串）	n（16 位）
16 进制数转成 ASCII 码（FNC82）	ASCI (P)	[梯形图] ┤├──[ASCI S D n] 将 S 中的 n 个十六进制数转换成 ASCII 码，存放在 D 中	K、H、KnX、KnY、KnM、KnS、T、C、D、R、V、Z、变址修饰	KnY、KnM、KnS、T、C、D、R、变址修饰	K、H、D、R $n=1\sim256$

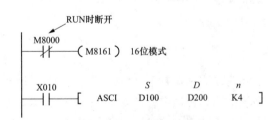

RUN时断开
M8000
┤├──（M8161） 16位模式

X010
┤├──[ASCI S D100 D D200 n K4]

图 6-55　ASCII 码指令使用举例

（3）使用举例。十六进制数转成 ASCII 码指令使用举例如图 6-55 所示。在 PLC 运行时，M8000 常闭触点断开，M8161 失电，将数据存储设为 16 位模式。当常开触点 X010 闭合时，ASCI 指令执行，将 D100 存储的 4 个十六进制数转换成 ASCII 码，并保存在 D200 为起始的连号元件中。

当 8 位模式处理辅助继电器 M8161＝OFF 时，数据存储形式是 16 位，此时 D 元件的高 8 位和低 8 位分别存放一个 ASCII 码，D100 中存储十六进制数 0ABC；执行 ASCI 指令后，0、A 被分别转换成 ASCII 码 30H、41H，并存入 D200 中。当 M8161＝ON 时，数据存储形式是 8 位，此时 D 元件仅用低 8 位存放一个 ASCII 码。图 6-56 所示为 M8161 处于不同状态时的 ASCI 指令。

3. ASCII 码转成十六进制数（HEX→ASCII）指令

（1）指令说明。ASCII 码转成十六进制数指令说明见表 6-47。

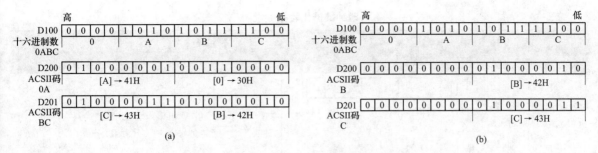

图 6-56 M8161 处于不同状态时的 ASCI 指令

(a) 当 M8161＝OFF, n＝4 时;(b) 当 M8161＝ON, n＝2 时

表 6-47 ASCII 码转成十六进制数指令说明

指令名称与功能号	指令符号	指令形式与功能说明	操作数		
			S(字符串型)	D(16 位)	n(16 位)
ASCII 码转成 16 进制数(FNC83)	HEX(P)	将 S 中的 n 个 ASCII 码转换成十六进制数,存放在 D 中	K、H、KnX、KnY、KnM、KnS、T、C、D、R、变址修饰	KnY、KnM、KnS、T、C、D、R、V、Z、变址修饰	K、H、D、R n＝1~256

(2) 使用举例。ASCII 码转成十六进制数(HEX)指令使用举例如图 6-57 所示。在 PLC 运行时,M8000 常闭触点断开,M8161 失电,将数据存储设为 16 位模式。当常开触点 X010 闭合时,HEX 指令执行,将 D200、D201 存储的 4 个 ASCII 码转换成十六进制数,并保存在 D100 中。

图 6-57 ASCII 码转成十六进制数指令使用举例

当 M8161＝OFF 时,数据存储形式是 16 位,S 元件的高 8 位和低 8 位分别存放一个 ASCII 码;当 M8161＝ON 时,数据存储形式是 8 位,此时 S 元件仅低 8 位有效,即只用低 8 位存放一个 ASCII 码。图 6-58 所示为 M8161 处于不同状态时的 HEX 指令。

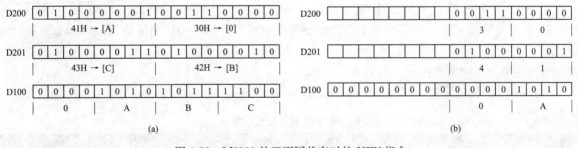

图 6-58 M8161 处于不同状态时的 HEX 指令

(a) 当 M8161＝OFF, n＝4 时;(b) 当 M8161＝ON, n＝2 时

6.2.9 时钟运算指令

1. 时钟数据比较指令

(1)指令说明。时钟数据比较指令说明见表 6-48。

表 6-48 时钟数据比较指令说明

指令名称与功能号	指令符号	指令形式与功能说明	操作数		
			S_1、S_2、S_3(均为16位)	S(16位)	D(位型)
时钟数据比较（FNC160）	TCMP（P）	⊣⊢ [TCMP S_1 S_2 S_3 S D] 将 S_1（时值）、S_2（分值）、S_3（秒值）与 S、$S+1$、$S+2$ 值比较，>、=、<时分别将 D、$D+1$、$D+2$ 置位（置1）	K、H、KnX、KnY、KnM、KnS、T、C、D、R、V、Z、变址修饰	T、C、D、R、变址修饰（占用3点）	Y、M、S、D□.b、变址修饰（占用3点）

（2）使用举例。时钟数据比较指令使用举例如图 6-59 所示。S_1 为指定基准时间的小时值（0~23），S_2 为指定基准时间的分钟值（0~59），S_3 为指定基准时间的秒钟值（0~59），S 指定待比较的时间值，其中 S、$S+1$、$S+2$ 分别为待比较的小时、分、秒值，D 为比较输出元件，其中 D、$D+1$、$D+2$ 分别为>、=、<时的输出元件。

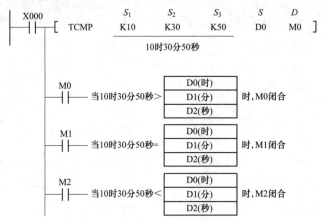

图 6-59 时钟数据比较指令使用举例

1）当常开触点 X000 闭合时，TCMP 指令执行，将时间值"10 时 30 分 50 秒"与 D0、D1、D2 中存储的小时、分、秒值进行比较，根据比较结果驱动 M0~M2，具体如下：①若"10 时 30 分 50 秒"大于"D0、D1、D2 存储的小时、分、秒值"，M0 被驱动，M0 常开触点闭合；②若"10 时 30 分 50 秒"等于"D0、D1、D2 存储的小时、分、秒值"，M1 驱动，M1 常开触点闭合；③若"10 时 30 分 50 秒"小于"D0、D1、D2 存储的小时、分、秒值"，M2 驱动，M2 常开触点闭合。

2）当常开触点 X000＝OFF 时，TCMP 指令停止执行，但 M0~M2 仍保持 X000 为 OFF 前时的状态。

2. 时钟数据区间比较指令

（1）指令说明。时钟数据区间比较指令说明见表 6-49。

表 6-49 时钟数据区间比较指令说明

指令名称与功能号	指令符号	指令形式与功能说明	操作数	
			S_1、S_2、S（均为16位）	D（位型）
时钟数据区间比较（FNC161）	TZCP（P）	⊣⊢ [TZCP S_1 S_2 S D] 将 S_1、S_2 时间值与 S 时间值比较，$S<S_1$ 时将 D 置位，$S_1≤S≤S_2$ 时将 $D+1$ 置位，$S>S_2$ 时将 $D+2$ 置位	T、C、D、R、变址修饰（$S_1≤S_2$）（S_1、S_2、S 均占用3点）	Y、M、S、D□.b、变址修饰（占用3点）

（2）使用举例。时钟数据区间比较指令使用举例如图 6-60 所示。S_1 指定第一基准时间值（小时、分、秒值），S_2 指定第二基准时间值（小时、分、秒值），S 指定待比较的时间值，D 为比较输出元件，S_1、S_2、S、D 都需占用 3 个连号元件（3 点）。

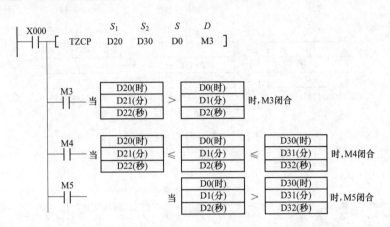

图 6-60　时钟数据区间比较指令使用举例

1）当常开触点 X000 闭合时，TZCP 指令执行，将"D20、D21、D22""D30、D31、D32"中的时间值与"D0、D1、D2"中的时间值进行比较，根据比较结果驱动 M3～M5，具体如下：①若"D0、D1、D2"中的时间值小于"D20、D21、D22"中的时间值，M3 被驱动，M3 常开触点闭合；②若"D0、D1、D2"中的时间值处于"D20、D21、D22"和"D30、D31、D32"时间值之间，M4 被驱动，M4 常开触点闭合；③若"D0、D1、D2"中的时间值大于"D30、D31、D32"中的时间值，M5 被驱动，M5 常开触点闭合。

2）当常开触点 X000＝OFF 时，TZCP 指令停止执行，但 M3～M5 仍保持 X000 为 OFF 前时的状态。

3. 时钟数据加法指令

（1）指令说明。时钟数据加法指令说明见表 6-50。

表 6-50　　　　　　　　　　时钟数据加法指令说明

指令名称 与功能号	指令 符号	指令形式与功能说明	操作数
			S_1、S_2、D（均为 16 位）
时钟数据加法 （FNC162）	TADD （P）	⊣├─┤ TADD │ S_1 │ S_2 │ D │ 将 S_1 时间值与 S_2 时间值相加，结果存入 D	T、C、D、R、变址修饰 （S_1、S_2、D 均占用 3 点）

（2）使用举例。时钟数据加法指令使用举例如图 6-61 所示。S_1 指定第一时间值（小时、分、秒值），S_2 指定第二时间值（小时、分、秒值），D 保存 $S_1＋S_2$ 的和值，S_1、S_2、D 都需占用 3 个连号元件（3 点）。

当常开触点 X000 闭合时，TADD 指令执行，将"D10、D11、D12"中的时间值与"D20、D21、D22"中的时间值相加，结果保存在"D30、D31、D32"中。如果运算结果超过 24h，进位标志会置 ON，将加法结果减去 24h 再保存在 D 中，如图 6-61（b）所示。如果运算结果为 0，零标志会置 ON。

4. 时钟数据减法指令

（1）指令说明。时钟数据减法指令说明见表 6-51。

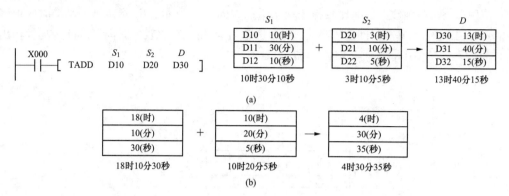

图 6-61 TADD 指令的使用

(a) $S_1 + S_2 < 24h$; (b) $S_1 + S_2 > 24h$

表 6-51　　　　　　　　　　　时钟数据减法指令说明

指令名称 与功能号	指令 符号	指令形式与功能说明	操作数 S_1、S_2、D(均为 16 位)
时钟数据减法 (FNC163)	TSUB (P)	┤├──[TSUB S_1 S_2 D] 将 S_1 时间值与 S_2 时间值相减，结果存入 D	T、C、D、R、变址修饰 (S_1、S_2、D 均占用 3 点)

(2) 使用举例。时钟数据减法指令使用举例如图 6-62 所示。S_1 指定第一时间值（小时、分、秒值），S_2 指定第二时间值（小时、分、秒值），D 保存 S_1-S_2 的差值，S_1、S_2、D 都需占用 3 个连号元件（3 点）。

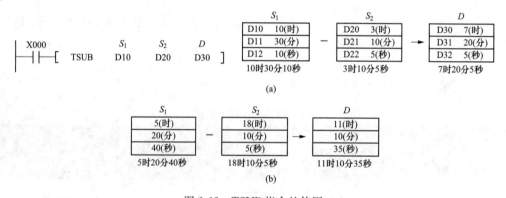

图 6-62 TSUB 指令的使用

(a) $S_1 > S_2$ 时；(b) $S_1 < S_2$ 时

当常开触点 X000 闭合时，TSUB 指令执行，将 "D10、D11、D12" 中的时间值与 "D20、D21、D22" 中的时间值相减，结果保存在 "D30、D31、D32" 中。如果运算结果小于 0h，借位标志会置 ON，将减法结果加 24h 再保存在 D 中，如图 6-62（b）所示。

6.2.10 触点比较类指令

触点比较类指令有 18 条，分为 LD * 类指令、AND * 类指令和 OR * 类指令 3 类。触点比较类各指令的功能号、符号、形式、名称和支持的 PLC 系列如下。

1. 触点比较 LD * 类指令

(1) 指令说明。触点比较 LD * 类指令说明见表 6-52。

表 6-52   触点比较 LD * 类指令说明

指令符号 （LD * 类指令）	功能号	指令形式	指令功能	操作数 S_1、S_2（均为 16/32 位）
LD(D)＝	FNC224	⊢[LD= | S_1 | S_2]○	$S_1＝S_2$ 时，触点闭合，即指令输出 ON	
LD(D)＞	FNC225	⊢[LD> | S_1 | S_2]○	$S_1＞S_2$ 时，触点闭合，即指令输出 ON	
LD(D)＜	FNC226	⊢[LD< | S_1 | S_2]○	$S_1＜S_2$ 时，触点闭合，即指令输出 ON	K、H、KnX、KnY、KnM、KnS、T、C、D、R、V、Z 变址修饰
LD(D)＜＞	FNC228	⊢[LD<> | S_1 | S_2]○	$S_1≠S_2$ 时，触点闭合，即指令输出 ON	
LD(D)≤	FNC229	⊢[LD <= | S_1 | S_2]○	$S_1≤S_2$ 时，触点闭合，即指令输出 ON	
LD(D)≥	FNC230	⊢[LD >= | S_1 | S_2]○	$S_1≥S_2$ 时，触点闭合，即指令输出 ON	

（2）使用举例。LD * 类指令是连接左母线的触点比较指令，其功能是将 S_1、S_2 两个源操作数进行比较，若结果满足要求则执行驱动。LD * 类指令使用举例如图 6-63 所示。当计数器 C10 的计数值等于 200 时，驱动 Y010；当 D200 中的数据大于 -30 并且常开触点 X001 闭合时，将 Y011 置位；当计数器 C200 的计数值小于 678493 时，或者 M3 触点闭合时，驱动 M50。

2. 触点比较 AND * 类指令

（1）指令说明。触点比较 AND * 类指令说明见表 6-53。

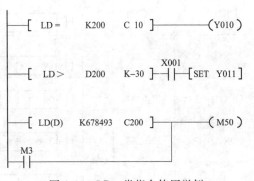

图 6-63 LD * 类指令使用举例

表 6-53   触点比较 AND * 类指令说明

指令符号 （AND * 类指令）	功能号	指令形式	指令功能	操作数 S_1、S_2（均为 16/32 位）
AND(D)＝	FNC232	⊢⊣[AND= | S_1 | S_2]○	$S_1＝S_2$ 时，触点闭合，即指令输出 ON	
AND(D)＞	FNC233	⊢⊣[AND> | S_1 | S_2]○	$S_1＞S_2$ 时，触点闭合，即指令输出 ON	
AND(D)＜	FNC234	⊢⊣[AND< | S_1 | S_2]○	$S_1＜S_2$ 时，触点闭合，即指令输出 ON	K、H、KnX、KnY、KnM、KnS、T、C、D、R、V、Z 变址修饰
AND(D)＜＞	FNC236	⊢⊣[AND<> | S_1 | S_2]○	$S_1≠S_2$ 时，触点闭合，即指令输出 ON	
AND(D)≤	FNC237	⊢⊣[AND<= | S_1 | S_2]○	$S_1≤S_2$ 时，触点闭合，即指令输出 ON	
AND(D)≥	FNC238	⊢⊣[AND>= | S_1 | S_2]○	$S_1≥S_2$ 时，触点闭合，即指令输出 ON	

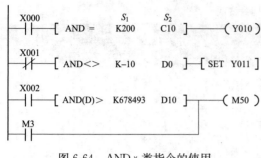

图 6-64 AND＊类指令的使用

(2) 使用举例。AND＊类指令是串联型触点比较指令，其功能是将 S_1、S_2 两个源操作数进行比较，若结果满足要求则执行驱动。AND＊类指令的使用如图 6-64 所示。当常开触点 X000 闭合且计数器 C10 的计数值等于 200 时，驱动 Y010；当常闭触点 X001 闭合且 D0 中的数据不等于－10 时，将 Y011 置位；当常开触点 X002 闭合且 D10、D11 中的数据小于 678493 时，或者触点 M3 闭合时，驱动 M50。

3. 触点比较 OR＊类指令

(1) 指令说明。触点比较 OR＊类指令说明见表 6-54。

表 6-54　　　　　　　　　　　　触点比较 OR＊类指令说明

指令符号 (OR＊类指令)	功能号	指令形式	指令功能	操作数 S_1、S_2（均为 16/32 位）
OR(D)＝	FNC240	OR＝ S_1 S_2	$S_1 = S_2$ 时，触点闭合，即指令输出 ON	K、H、KnX、KnY、KnM、KnS、T、C、D、R、V、Z、变址修饰
OR(D)＞	FNC241	OR＞ S_1 S_2	$S_1 > S_2$ 时，触点闭合，即指令输出 ON	
OR(D)＜	FNC242	OR＜ S_1 S_2	$S_1 < S_2$ 时，触点闭合，即指令输出 ON	
OR(D)＜＞	FNC244	OR＜＞ S_1 S_2	$S_1 \neq S_2$ 时，触点闭合，即指令输出 ON	
OR(D)≤	FNC245	OR＜＝ S_1 S_2	$S_1 \leq S_2$ 时，触点闭合，即指令输出 ON	
OR(D)≥	FNC246	OR＞＝ S_1 S_2	$S_1 \geq S_2$ 时，触点闭合，即指令输出 ON	

(2) 使用举例。OR＊类指令是并联型触点比较指令，其功能是将 S_1、S_2 两个源操作数进行比较，若结果满足要求则执行驱动。OR＊类指令使用举例如图 6-65 所示。当常开触点 X001 闭合时，或者计数器 C10 的计数值等于 200 时，驱动 Y000；当常开触点 X002、M30 均闭合，或者 D100 中的数据大于或等于 100000 时，驱动 M60。

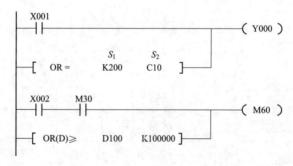

图 6-65 OR＊类指令使用举例

第7章

PLC通信

7.1 通信基础知识

通信是指一地与另一地之间的信息传递。PLC 通信是指 PLC 与计算机、PLC 与 PLC、PLC 与人机界面（触摸屏）和 PLC 与其他智能设备之间的数据传递。

7.1.1 通信方式

1. 有线通信和无线通信

有线通信是指以导线、电缆、光缆、纳米材料等看得见的材料为传输媒质的通信。无线通信是指以看不见的材料（如电磁波）为传输媒质的通信，常见的无线通信有微波通信、短波通信、移动通信和卫星通信等。

2. 并行通信与串行通信

（1）并行通信。**同时传输多位数据的通信方式称为并行通信。**并行通信如图 7-1（a）所示，计算机中的 8 位数据 10011101 通过 8 条数据线同时送到外部设备中。并行通信的特点是数据传输速度快，它由于需要的传输线多，故成本高，只适合近距离的数据通信。PLC 主机与扩展模块之间通常采用并行通信。

（2）串行通信。**逐位传输数据的通信方式称为串行通信。**串行通信如图 7-1（b）所示，计算机中的 8 位数据 10011101 通过一条数据逐位传送到外部设备中。串行通信的特点是数据传输速度慢，但由于只需要一条传输线，故成本低，适合远距离的数据通信。PLC 与计算机、PLC 与 PLC、PLC 与人机界面之间通常采用串行通信。

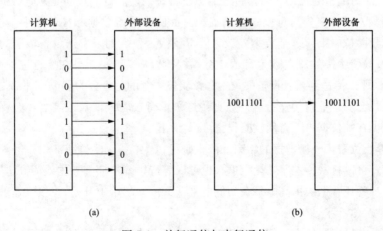

图 7-1　并行通信与串行通信
（a）并行通信；（b）串行通信

3. 异步通信和同步通信

串行通信又可分为异步通信和同步通信。**PLC与其他设备通主要采用串行异步通信方式。**

（1）异步通信。在异步通信中，数据是一帧一帧地传送的。异步通信如图7-2所示，这种通信是以帧为单位进行数据传输，一帧数据传送完成后，可以接着传送下一帧数据，也可以等待，等待期间为空闲位（高电平）。

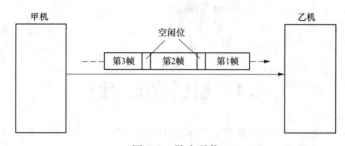

图7-2　异步通信

串行通信时，数据是以帧为单位传送的，帧数据有一定的格式。帧数据格式如图7-3所示，从图7-3中可以看出，**一帧数据由起始位、数据位、奇偶校验位和停止位组成。**

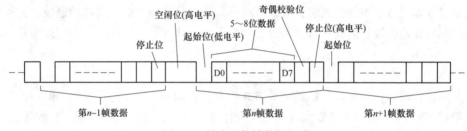

图7-3　异步通信帧数据格式

1）**起始位。起始位表示一帧数据的开始，起始位一定为低电平。**当甲机要发送数据时，先送一个低电平（起始位）到乙机，乙机接收到起始信号后，马上开始接收数据。

2）**数据位。数据位是要传送的数据，紧跟在起始位后面。**数据位的数据为5～8位，传送数据时是从低位到高位逐位进行的。

3）**奇偶校验位。奇偶校验位用于检验传送的数据有无错误。**奇偶校验是检查数据传送过程中有无发生错误的一种校验方式，它分为奇校验和偶校验。奇校验是指数据和校验位中1的总个数为奇数，偶校验是指数据和校验位中1的总个数为偶数。以奇校验为例，如果发送设备传送的数据中有偶数个1，为保证数据和校验位中1的总个数为奇数，奇偶校验位应为1，如果在传送过程中数据产生错误，其中一个1变为0，那么传送到接收设备的数据和校验位中1的总个数为偶数，外部设备就知道传送过来的数据发生错误，会要求重新传送数据。数据传送采用奇校验或偶校验均可，但要求发送端和接收端的校验方式一致。在帧数据中，奇偶校验位也可以不用。

4）**停止位。停止位表示一帧数据的结束。**停止位可以1位、1.5位或2位，但一定为高电平。一帧数据传送结束后，可以接着传送第二帧数据，也可以等待，等待期间数据线为高电平（空闲位）。如果要传下一帧，只要让数据线由高电平变为低电平（下一帧起始位开始），接收器就开始接收下一帧数据。

（2）同步通信。在异步通信中，每一帧数据发送前要用起始位，在结束时要用停止位，这样会占用一定的时间，导致数据传输速度较慢。为了提高数据传输速度，在计算机与一些高速设备数据通信时，常采用同步通信。同步通信的数据格式如图7-4所示。

图 7-4 同步通信的数据格式

从图 7-4 中可以看出，同步通信的数据后面取消了停止位，前面的起始位用同步信号代替，在同步信号后面可以跟很多数据，所以同步通信传输速度快，但由于同步通信要求发送端和接收端严格保持同步，这需要用复杂的电路来保证，所以 PLC 不采用这种通信方式。

4. 单工通信和双工通信

在串行通信中，根据数据的传输方向不同，可分为单工通信、半双工通信和全双工通信 3 种。这 3 种通信方式如图 7-5 所示。

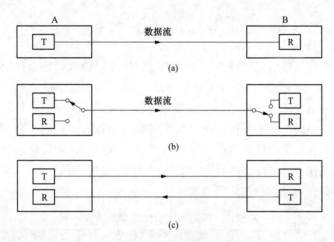

图 7-5 3 种通信方式
(a) 单工；(b) 半双工；(c) 全双工

（1）单工通信。**单工通信方式下，数据只能往一个方向传送。**单工通信如图 7-5 (a) 所示，数据只能由发送端（T）传输给接收端（R）。

（2）半双工通信。**半双工通信方式下，数据可以双向传送，但同一时间内，只能往一个方向传送，只有一个方向的数据传送完成后，才能往另一个方向传送数据。**半双工通信如图 7-5 (b) 所示，通信的双方都有发送器和接收器，一方发送时，另一方接收，由于只有一条数据线，所以双方不能在发送数据时同时进行接收数据。

（3）全双工通信。**全双工通信方式下，数据可以双向传送，通信的双方都有发送器和接收器，由于有两条数据线，所以双方在发送数据的同时可以接收数据。**全双工通信如图 7-5 (c) 所示。

7.1.2 通信传输介质

有线通信采用传输介质主要有双绞线、同轴电缆和光缆，如图 7-6 所示。

（1）双绞线。双绞线是将两根导线扭绞在一起，以减少电磁波的干扰，如果再加上屏蔽套层，则抗干扰能力更好。双绞线的成本低、安装简单，RS-232C、RS-422 和 RS-485 等接口多用双绞线电缆进行通信连接。

（2）同轴电缆。同轴电缆的结构是从内到外依次为内导体（芯线）、绝缘线、屏蔽层及外保护层。由于从截面看这 4 层构成了 4 个同心圆，故称为同轴电缆。根据通频带不同，同轴电缆可分为基带（50Ω）和宽带（75Ω）两种，其中基带同轴电缆常用于 Ethernet（以太网）中。同轴电缆的传送速率高、传输距离远，但价格较双绞线高。

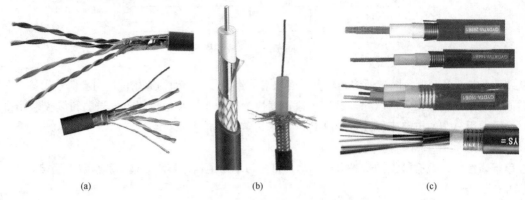

图 7-6 3种通信传输介质

（a）双绞线；（b）同轴电缆；（c）光缆

（3）光缆。光缆是由石英玻璃经特殊工艺拉成细丝结构，这种细丝的直径比头发丝还要细，一般直径在 8～95μm（单模光纤）及 50/62.5μm（多模光纤，50μm 为欧洲标准，62.5μm 为美国标准），但它能传输的数据量却是巨大的。光纤是以光的形式传输信号的，其优点是传输的为数字的光脉冲信号，不会受电磁干扰，不怕雷击，不易被窃听，数据传输安全性好，传输距离长，且带宽宽、传输速度快。但由于通信双方发送和接收的都是电信号，因此通信双方都需要价格昂贵光纤设备进行光电转换，另外光纤连接头的制作与光纤连接需要专门工具和专门的技术人员。

双绞线、同轴电缆和光缆参数特性见表 7-1。

表 7-1　　　　　　　　　**双绞线、同轴电缆和光缆参数特性**

特性	双绞线	同轴电缆		光缆
		基带（50Ω）	宽带（75Ω）	
传输速率	1～4Mbit/s	1～10Mbit/s	1～450Mbit/s	10～500Mbit/s
网络段最大长度	1.5km	1～3km	10km	50km
抗电磁干扰能力	弱	中	中	强

7.2　通信接口设备

PLC 通信接口主要有 RS-232C、RS-422 和 RS-485 3 种标准。在 PLC 和其他设备通信时，如果所用的 PLC 自身无相关的通信接口，就需要安装带相应接口的通信板或通信模块。三菱 FX 系列 PLC 常用的通信板有 FX-232-BD、FX-48-BD 和 FX-422-BD。

7.2.1　FX-232-BD 通信板

利用 FX-232-BD 通信板，PLC 可与具有 RS-232C 接口的设备（如个人电脑、条码阅读器和打印机等）进行通信。

1. 外形

FX-232-BD 通信板如图 7-7 所示，FX2N-232-BD、FX3U-232-BD 和 FX3G-232-BD 分别适合安装在 FX2N、FX3U 和 FX3G 基本单元上，在安装通信板时，拆下基本单元相应位置的盖子，再将通信板上的连接器插入 PLC 电路板的连接器插槽内。

2. RS-232C 接口的电气特性

FX-232-BD 通信板上有一个 RS-232C 接口。**RS-232C 接口又称 COM 接口**，是美国 1969 年公布的

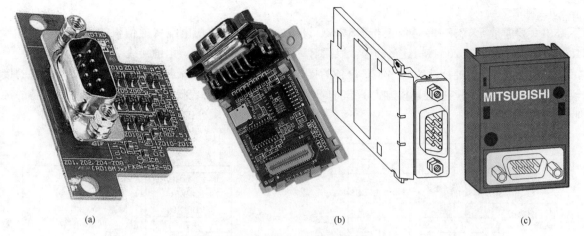

图 7-7 FX-232-BD 通信板

(a) FX2N-232-BD；(b) FX3U-232-BD；(c) FX3G-232-BD

串行通信接口，至今在计算机和 PLC 等工业控制中还广泛使用。**RS-232C 标准有以下特点。**

(1) **采用负逻辑，用＋5～＋15V 表示逻辑"0"，用－5～－15V 表示逻辑"1"。**

(2) **只能进行一对一方式通信，最大通信距离为 15m，最高数据传输速率为 20kbit/s。**

(3) **该标准有 9 针和 25 针两种类型的接口，9 针接口使用更广泛，PLC 采用 9 针接口。**

(4) **该标准的接口采用单端发送、单端接收电路。**RS-232C 接口的结构如图 7-8 所示，这种电路的抗干扰性较差。

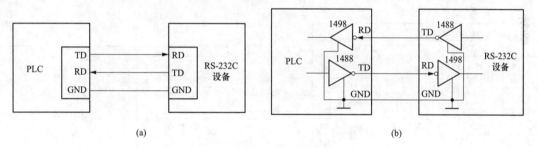

图 7-8 RS-232C 接口的结构

(a) 信号连接；(b) 电路结构

3. RS-232C 接口的针脚功能定义

FX-232-BD 通信板上有一个 9 针的 RS-232C 接口，如图 7-9 所示。各针脚功能定义见表 7-2。

表 7-2　　　　　　　　　　各针脚功能定义

针脚号	信号	意义	功能
1	CD(DCD)	载波检测	当检测到数据接收载波时，为 ON
2	RD(RXD)	接收数据	接收数据（RS-232C 设备到 232BD）
3	SD(TXD)	发送数据	发送数据（232BD 到 RS-232C 设备）
4	ER（DTR）	发送请求	数据发送到 RS-232C 设备的信号请求准备
5	SG(GND)	信号地	信号地
6	DR(DSR)	发送使能	表示 RS-232C 设备准备好接收
7～9	NC		不接

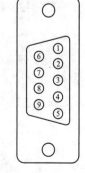

图 7-9 RS-232C 接口

4. 通信接线

PLC 要通过 FX-232-BD 通信板与 RS-232C 设备通信，必须使用电缆将通信板的 RS-232C 接口与 RS-232C 设备的 RS-232C 接口连接起来，根据 RS-232C 设备特性不同，电缆接线主要有两种方式。

（1）通信板与普通特性的 RS-232C 设备的接线。FX-232-BD 通信板与普通特性 RS-232C 设备的接线方式如图 7-10 所示，这种连接方式不是将同名端连接，而是将一台设备的发送端与另一台设备的接收端连接。

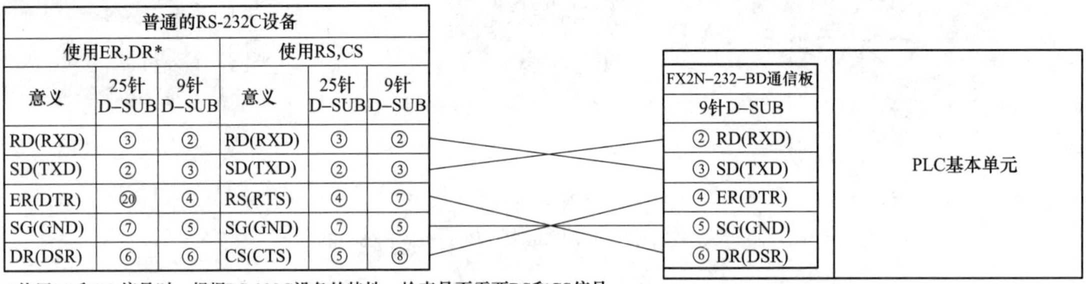

普通的RS-232C设备						FX2N–232–BD通信板		
使用ER,DR*			使用RS,CS			9针D–SUB		PLC基本单元
意义	25针D–SUB	9针D–SUB	意义	25针D–SUB	9针D–SUB			
RD(RXD)	③	②	RD(RXD)	③	②	② RD(RXD)		
SD(TXD)	②	③	SD(TXD)	②	③	③ SD(TXD)		
ER(DTR)	⑳	④	RS(RTS)	④	⑦	④ ER(DTR)		
SG(GND)	⑦	⑤	SG(GND)	⑦	⑤	⑤ SG(GND)		
DR(DSR)	⑥	⑥	CS(CTS)	⑤	⑧	⑥ DR(DSR)		

*使用ER和DR信号时，根据RS-232C设备的特性，检查是否需要RS和CS信号。

图 7-10　FX-232-BD 通信板与普通特性 RS-232C 设备的接线方式

（2）通信板与调制解调器特性的 RS-232C 设备的接线。**RS-232C 接口之间的信号传输距离最大不能超过 15m**，如果需要进行远距离通信，可以给通信板 RS-232C 接口接上调制解调器（MODEM），这样 PLC 可通过 MODEM 和电话线将与遥远的其他设备通信。FX-232-BD 通信板与调制解调器特性 RS-232C 设备的接线方式如图 7-11 所示。

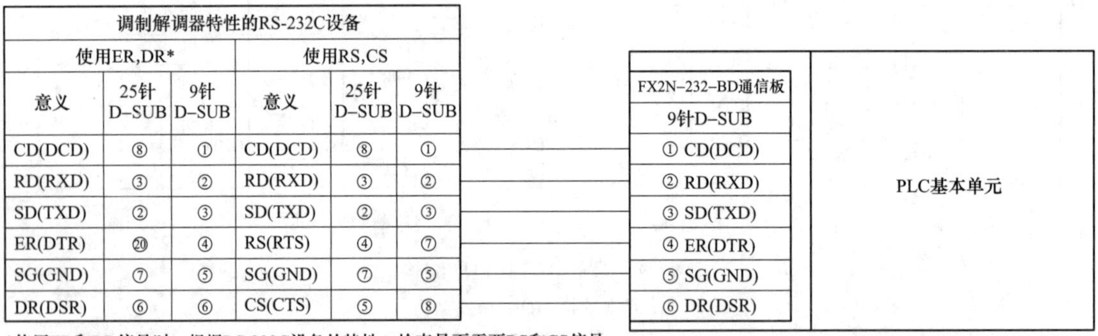

调制解调器特性的RS-232C设备						FX2N–232–BD通信板		
使用ER,DR*			使用RS,CS			9针D–SUB		PLC基本单元
意义	25针D–SUB	9针D–SUB	意义	25针D–SUB	9针D–SUB			
CD(DCD)	⑧	①	CD(DCD)	⑧	①	① CD(DCD)		
RD(RXD)	③	②	RD(RXD)	③	②	② RD(RXD)		
SD(TXD)	②	③	SD(TXD)	②	③	③ SD(TXD)		
ER(DTR)	⑳	④	RS(RTS)	④	⑦	④ ER(DTR)		
SG(GND)	⑦	⑤	SG(GND)	⑦	⑤	⑤ SG(GND)		
DR(DSR)	⑥	⑥	CS(CTS)	⑤	⑧	⑥ DR(DSR)		

*使用ER和DR信号时，根据RS-232C设备的特性，检查是否需要RS和CS信号。

图 7-11　FX-232-BD 通信板与调制解调器特性 RS-232C 设备的接线方式

7.2.2　FX-422-BD 通信板

利用 FX-422-BD 通信板，PLC 可与编程器（手持编程器或编程计算机）通信，也可以与 DU 单元（文本显示器）通信。三菱 FX 基本单元自身带有一个 422 接口，如果再使用 FX-422-BD 通信板，可同时连接两个 DU 单元或连接一个 DU 单元与一个编程工具。由于基本单元只有一个相关的连接插槽，故基本单元只能连接一个通信板，即 FX-422-BD、FX-485-BD、FX-2322-BD 通信板无法同时安装在基本单元上。

1. 外形

FX-422-BD 通信板如图 7-12 所示，FX2N-422-BD、FX3U-422-BD 和 FX3G-422-BD 分别适合安装在 FX2N、FX3U 和 FX3G 基本单元上，FX-422-BD 通信板安装方法与 FX-232-BD 通信板相同。

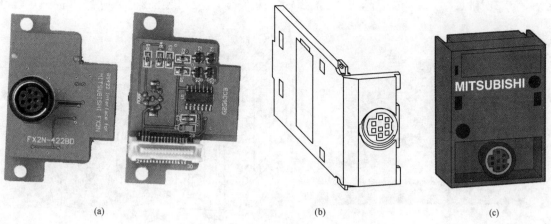

图 7-12 FX-422-BD 通信板的外形

(a) FX2N-422-BD；(b) FX3U-422-BD；(c) FX3G-422-BD

2. RS-422 接口的电气特性

FX-422-BD 通信板上有一个 RS－422 接口。**RS-422 接口采用平衡驱动差分接收电路**，如图 7-13 所示，该电路采用极性相反的两根导线传送信号，这两根线都不接地，当 B 线电压较 A 线电压高时，规定传送的为"1"电平，当 A 线电压较 B 线电压高时，规定传送的为"0"电平，A、B 线的电压差可从零点几伏到近十伏。采用平衡驱动差分接收电路作接口电路，可使 RS-422 接口有较强的抗干扰性。

RS-422 接口采用发送和接收分开处理，数据传送采用 4 根导线，如图 7-14 所示，**由于发送和接收独立，两者可同时进行，故 RS-422 通信是全双工方式**。与 RS-232C 接口相比，RS-422 接口的通信速率和传输距离有了很大的提高，在最高通信速率 10Mbit/s 时最大通信距离为 12m，在通信速率为 100kbit/s 时最大通信距离可达 1200m，一台发送端可接 12 个接收端。

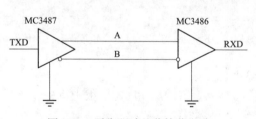

图 7-13 平衡驱动差分接收电路

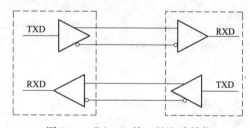

图 7-14 RS-422 接口的电路结构

3. RS-422 接口的针脚功能定义

RS-422 接口没有特定的形状，FX-422-BD 通信板上有一个 8 针的 RS-422 接口，各针脚功能定义如图 7-15 所示。

7.2.3 FX-485-BD 通信板

利用 **FX-485-BD 通信板，可让两台 PLC 连接通信**，也可以进行多台 **PLC 的 N：N 通信**，如果使用 RS-485/RS-232C 转换器，PLC 还可以与具有 RS-232C 接口的设备（如个人电脑、条码阅读器和打印机等）进行通信。

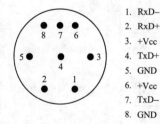

1. RxD−
2. RxD+
3. +Vcc
4. TxD+
5. GND
6. +Vcc
7. TxD−
8. GND

图 7-15 RS-422 接口针脚功能定义

1. 外形与安装

FX-485-BD 通信板如图 7-16 所示，FX2N-485-BD、FX3U-485-BD 和 FX3G-485-BD 分别适合安装在

FX2N、FX3U 和 FX3G 基本单元上，FX-485-BD 通信板安装方法与 FX-232-BD 通信板相同。

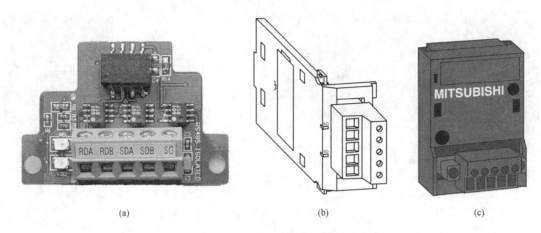

图 7-16 FX-485-BD 通信板

(a) FX2-485-BD；(b) FX3U-485-BD；(c) FX3G-485-BD

2. RS-485 接口的电气特性

RS-485 是 RS-422A 的变形，RS-485 接口可使用一对平衡驱动差分信号线。 RS-485 接口的电路结构如图 7-17 所示，**发送和接收不能同时进行，属于半双工通信方式。** 使用 RS-485 接口与双绞线可以组成分布式串行通信网络，如图 7-18 所示，网络中最多可接 32 个站。

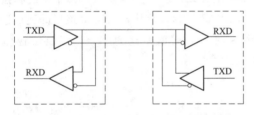

图 7-17 RS-485 接口的电路结构

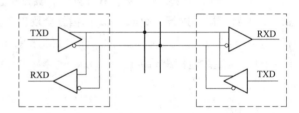

图 7-18 RS-485 与双绞线组成分布式串行通信网络

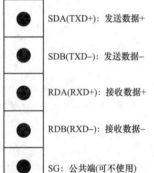

SDA(TXD+): 发送数据+

SDB(TXD−): 发送数据−

RDA(RXD+): 接收数据+

RDB(RXD−): 接收数据−

SG: 公共端(可不使用)

图 7-19 RS-485 接口的
针脚功能定义

3. RS-485 接口的针脚功能定义

RS-485 接口没有特定的形状，FX-485-BD 通信板上有一个 5 针的 RS-485 接口，各针脚功能定义如图 7-19 所示。

4. RS-485 通信接线

RS-485 设备之间的通信接线有 1 对和 2 对两种方式，当使用 1 对接线方式时，设备之间只能进行半双工通信。当使用 2 对接线方式时，设备之间可进行全双工通信。

(1) 1 对接线方式。RS-485 设备的 1 对接线方式如图 7-20 所示。在使用 1 对接线方式时，需要将各设备的 RS-485 接口的发送端和接收端并接起来，设备之间使用 1 对线接各接口的同名端，另外要在始端和终端设备的 RDA、RDB 端上接上 110Ω 的终端电阻，提高数据传输质量，减小干扰。

(2) 2 对接线方式。RS-485 设备的 2 对接线方式如图 7-21 所示。在使用 2 对接线方式时，需要用 2 对线将主设备接口的发送端、接收端分别和从设备的接收端、发送端连接，从设备之间用 2 对线将同名端连接起来，另外要在始端和终端设备的 RDA、RDB 端上接上 330Ω 的终端电阻，提高数据传输质量，减小干扰。

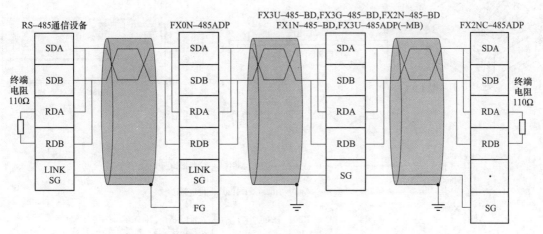

图 7-20 RS-485 设备的 1 对接线方式

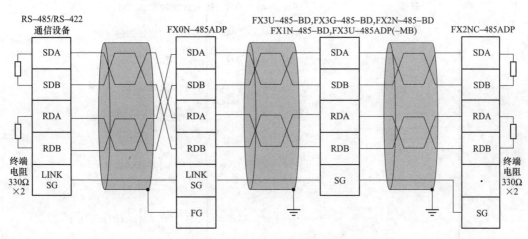

图 7-21 RS-485 设备的 2 对接线方式

7.3 PLC 通信实例

7.3.1 PLC 与打印机通信（无协议通信）

1. 通信要求

用一台三菱 FX3U 型 PLC 与一台带有 RS-232C 接口的打印机通信，PLC 往打印机发送字符"0ABCDE"，打印机将接收的字符打印出来。

2. 硬件接线

三菱 FX3U 型 PLC 自身带有 RS-422 接口，而打印机的接口类型为 RS-232C，由于接口类型不一致，故两者无法直接通信，给 PLC 安装 FX3U-232-BD 通信板则可解决这个问题。三菱 FX3U 型 PLC 与打印机的通信连接如图 7-22 所示，其中 RS-232 通信电缆需要用户自己制作，电缆的接线方法见图 7-10。

3. 通信程序

PLC 的无协议通信一般使用 RS（串行数据传送）指令来编写。PLC 与打印机的通信程序如图 7-23 所示。

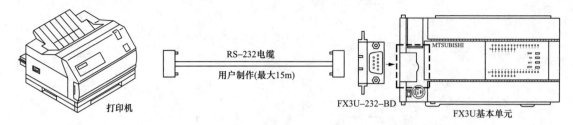

图 7-22 三菱 FX3U 型 PLC 与打印机的通信连接

```
        M8000
[0]    ──┤ ├──────────────────────────[M8161 ]  将数据传送设为8位模式
        M8002
[3]    ──┤ ├──────────────[MOV  H67   D8120 ]  设定通信格式
        X000
[9]    ──┤ ├──────[RS  D300  K8  D600  K0 ]  执行RS指令，将D300～D307设为发
                                               送数据存储区，无接收数据存储区
        X001
[19]   ──┤ ├──────────────────────[PLS   M0 ]  X000触点由断开转为闭合时，
                                               M0线圈得电一个扫描周期
        M0
[22]   ──┤ ├──────────────[MOV  H30   D300 ]  传送字符0的ASCII码

                         ──────────[MOV  H41   D301 ]  传送字符A的ASCII码

                         ──────────[MOV  H42   D302 ]  传送字符B的ASCII码

                         ──────────[MOV  H43   D303 ]  传送字符C的ASCII码

                         ──────────[MOV  H44   D304 ]  传送字符D的ASCII码

                         ──────────[MOV  H45   D305 ]  传送字符E的ASCII码

                         ──────────[MOV  H0D   D306 ]  传送回车字符的ASCII码

                         ──────────[MOV  H0A   D307 ]  传送换行字符的ASCII码

                         ──────────────────[SET   M8122 ]  发送请求标志M8122置位后，马上
                                                            开始发送数据
[65]   ──────────────────────────────────[END ]
```

图 7-23 PLC 与打印机的通信程序

程序工作原理说明如下：PLC 运行期间，M8000 触点始终闭合，M8161 继电器（数据传送模式继电器）为 1，将数据传送设为 8 位模式。PLC 运行时，M8002 触点接通一个扫描周期，往 D8120 存储器（通信格式存储器）写入 H67，将通信格式设为：数据长＝8 位，奇偶校验＝偶校验，停止位＝1 位，通信速率＝2400bit/s。当 PLC 的 X000 端子外接开关闭合时，程序中的 X000 常开触点闭合，RS 指令执行，将 D300～D307 设为发送数据存储区，无接收数据存储区。当 PLC 的 X001 端子外接开关闭合时，程序中的 X001 常开触点由断开转为闭合，产生一个上升沿脉冲，M0 线圈得电一个扫描周期（即 M0 继电器在一个扫描周期内为 1），M0 常开触点接通一个扫描周期，8 个 MOV 指令从上往下依次执行，分别将字符 0、A、B、C、D、E、回车、换行的 ASCII 码送入 D300～D307，再执行 SET 指令，将 M8122 继电器（发送请求继电器）置 1，PLC 马上将 D300～D307 中的数据通过通信板上的 RS-232C 接口发送给打印机，打印机则将这样字符打印出来。

4. 与无协议通信有关的特殊功能继电器和数据寄存器

在图 7-23 程序中用到了特殊功能继电器 M8161、M8122 和特殊功能数据存储器 D8120，在使用 RS 指令进行无协议通信时，可以使用表 7-3 中的特殊功能继电器和表 7-4 中的特殊功能数据存储器。

表 7-3 与无协议通信有关的特殊功能继电器

特殊功能继电器	名称	内　容	R/W
N8063	串行通信错误（通道1）	发生通信错误时置 ON；当串行通信错误（N8063）为 ON 时，在 D8063 中保存错误代码	R
M8120	保持通信设定用	保持通信设定状态（FXON 可编程控制器用）	W
M8121	等待发送标志位	等待发送状态时置 ON	R
M8122	发送请求	设计发送请求后，开始发送	R/W
M8123	接收结束标志位	接收结束时置 ON；当接收结束标志位（M8123）为 ON 时，不能再接收数据	R/W
M8124	载波检测标志位	与 CD 信号同步置 ON	R
M8129①	超时判定标志位	当接收数据中断，在超时时间设定（D8129）中设定的时间内，没有收到要接收的数据时置 ON	R/W
M8161	8 位处理模式	在 16 位数据和 8 位数据之间切换发送接收数据；ON：8 位模式；OFF：16 位模式	W

① FX0N/FX2(FX)/FX2C/FX2N(版本 2.00 以下) 尚未对应。

表 7-4 与无协议通信有关的特殊功能数据存储器

特殊功能存储器	名称	内　容	R/W
D8063	显示错误代码	当串行通信错误（M8063）为 ON 时，在 D8063 中保存错误代码	R/W
D8120	通信格式设定	可以通信格式设定	R/W
D8122	发送数据的剩余点数	保存要发送的数据的剩余点数	R
D8123	接收点数的监控	保存已接收到的数据点数	R
D8124	报头	设定报头，初始值：STX(H02)	R/W
D8125	报尾	设定报尾，初始值：ETX(H03)	R/W
D8129①	超时时间设定	设定超时的时间	R/W
D8405②	显示通信参数	保存在可编程控制器中设定的通信参数	R
D8419②	动作方式显示	保存正在执行的通信功能	R

① FX0N/FX2(FX)/FX2C/FX2N（版本 2.00 以下）尚未对应。
② 仅 FX3G，FX3U，FX3UC 可编程控制器对应。

7.3.2　两台 PLC 通信（并联连接通信）

并联连接通信是指两台同系列 PLC 之间的通信。不同系列的 PLC 不能采用这种通信方式。两台 PLC 并联连接通信如图 7-24 所示。

1. 并联连接的两种通信模式及功能

当两台 PLC 进行并联通信时，可以将一方特定区域的数据传送入对方特定区域。并联连接通信有普通连接和高速连接两种模式。

（1）普通并联连接通信模式。普通并联连接通信模式如图 7-25 所示。当某 PLC 中的 M8070 继电器为 ON 时，该 PLC 规定为主站，当某 PLC 中的 M8071 继电器为 ON 时，该 PLC 则被设为从站，在该模式下，只要主、从站已设定，并且两者之间已接好通信电缆，主站的 M800～M899 继电器的状态会自动通过通信电缆传送给从站的 M800～M899 继电器，主站的 D490～D499 数据寄存器中的数据会自动送入从站的 D490～D499，与此同时，从站的 M900～M999 继电器状态会自动传送给主站的 M900～M990 继电器，从站的 D500～D509 数据寄存器中的数据会自动传入主站的 D500～D509。

图 7-24 两台 PLC 并联连接通信示意图

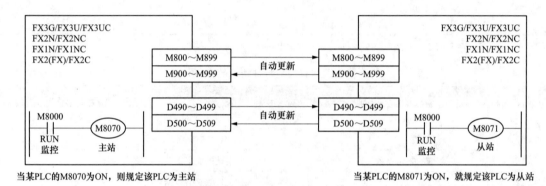

图 7-25 普通并联连接通信模式

（2）高速并联连接通信模式。高速并联连接通信模式如图 7-26 所示。PLC 中的 M8070、M8071 继电器的状态分别用来设定主、从站，M8162 继电器的状态用来设定通信模式为高速并联连接通信，在该模式下，主站的 D490、D491 中的数据自动高速送入从站的 D490、D491 中，而从站的 D500、D501 中的数据自动高速送入主站的 D500、D501 中。

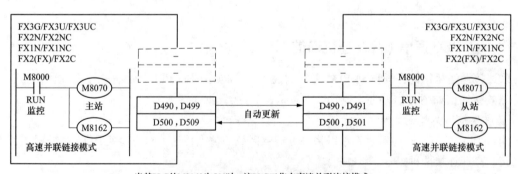

图 7-26 高速并联连接通信模式

2. 与并联连接通信有关的特殊功能继电器

在图 7-26 中用到了特殊功能继电器 M8070、M8071 和 M8162，与并联连接通信模式有关的特殊继电器见表 7-5。

表7-5 与并联连接通信模式有关的特殊继电器

特殊功能继电器		名称	内容
通信设定	M8070	设定为并联连接的主站	置ON时，作为主站连接
	M8071	设定为并联连接的从站	置ON时，作为从站连接
	M8162	高速并联连接模式	使用高速并联连接模式时置ON
	M8178	通道的设定	设定要使用的通信口的通道（使用FX3G，FX3U，FX3UC时）OFF：通道1；ON：通道2
	D8070	判断为错误的时间（ms）	设定判断并列连接数据通信错误的时间［初始值：500］
通信错误判断	M8072	并联连接运行中	并联连接运行中置ON
	M8073	主站/从站的设定异常	主站或是从站的设定内容中有误时置ON
	M8063	连接错误	通常错误时置ON

3. 通信接线

并联连接通信采用485端口通信，如果两台PLC都采用安装 **RS-485-BD** 通信卡的方式进行通信连接，通信距离不能超过 **50m**，如果两台PLC都采用安装 **485ADP** 通信模块进行通信连接，通信最大距离可达 **500m**。并联连接通信的485端口之间有1对接线和2对接线两种方式。

（1）1对接线方式。并联连接通信485端口1对接线方式如图7-27所示。

（2）2对接线方式。并联连接通信485端口2对接线方式如图7-28所示。

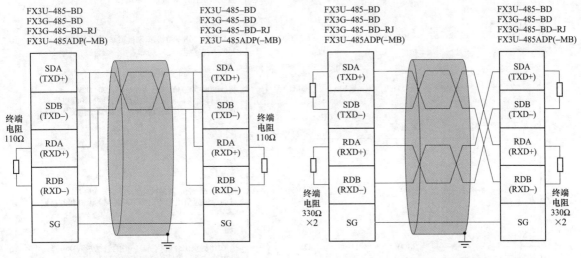

图7-27 并联连接通信485端口1对接线方式　　　　图7-28 并联连接通信485端口2对接线方式

4. 两台PLC并联连接通信实例

（1）通信要求。两台PLC并联连接通信要求如下。

1）将主站 X000～X007 端子的输入状态传送到从站的 Y000～Y007 端子输出，如主站的 X000 端子输入为ON，通过通信使从站的 Y000 端子输出为ON。

2）将主站的 D0、D2 中的数值进行加法运算，如果结果大于100，则让从站的 Y010 端子输出OFF。

3）将从站的 M0～M7 继电器的状态传送到主站的 Y000～Y007 端子输出。

4）当从站的 X010 端子输入为ON时，将从站 D10 中的数值送入主站，当主站的 X010 端子输入为ON时，主站以从站 D10 送来的数值作为计时值开始计时。

（2）通信程序。通信程序由主站程序和从站程序组成，主站程序写入作为主站的PLC，从站程序写入作为从站的PLC。两台PLC并联连接通信的主、从站程序如图7-29所示。

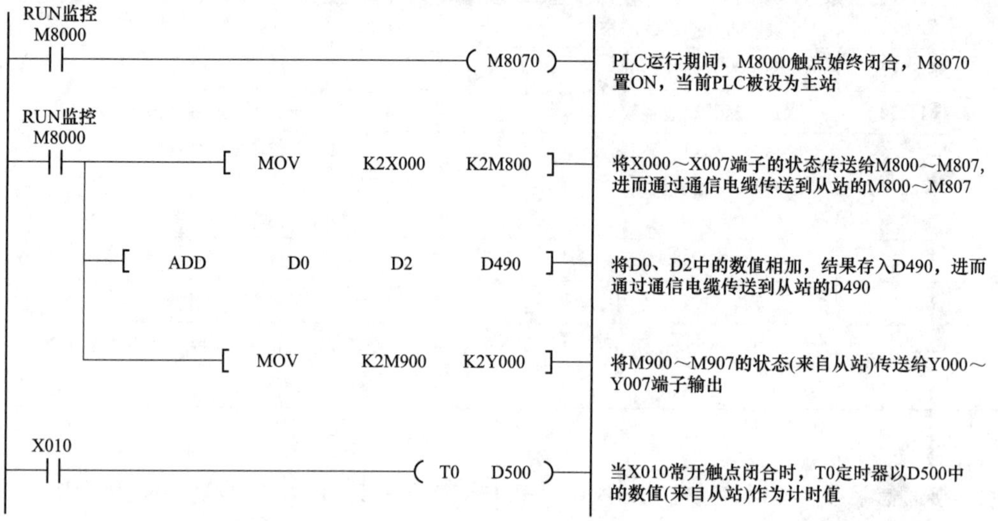

(a)

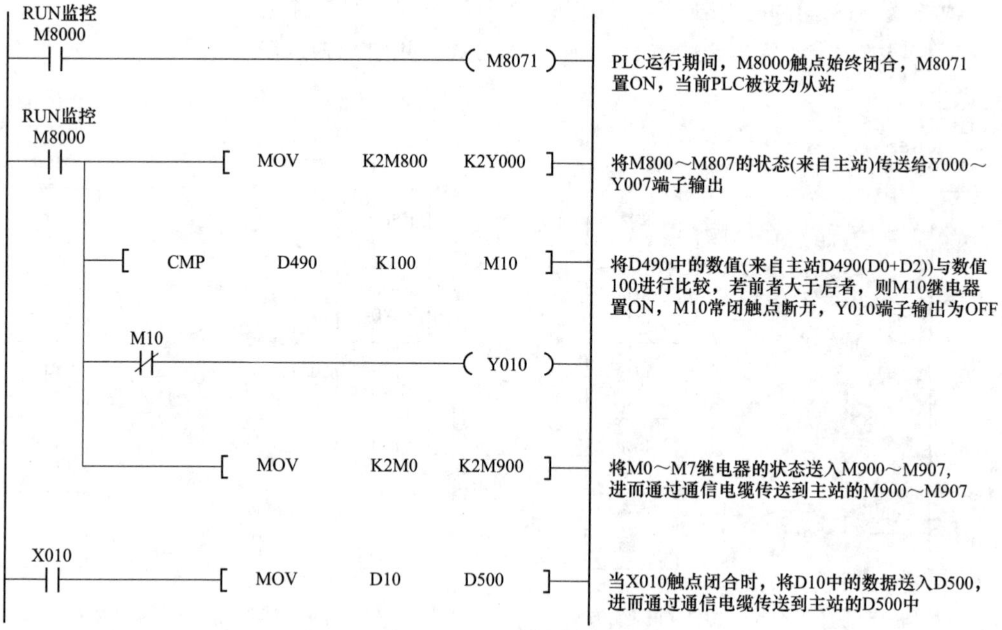

(b)

图 7-29　两台 PLC 并联连接通信的主、从站程序

(a) 主站程序；(b) 从站程序

1）主站→从站方向的数据传送途径。

①主站的 X000～X007 端子→主站的 M800～M807→从站的 M800～M807→从站的 Y000～Y007 端子。

②在主站中进行 D0、D2 加运算，其和值→主站的 D490→从站的 D490，在从站中将 D490 中的值与数值 100 比较，如果 D490 值>100，则让从站的 Y010 端子输出为 OFF。

2）从站→主站方向的数据传送途径。

①从站的 M0～M7→从站的 M900～M907→主站的 M900～M907→主站的 Y000～Y007 端子。

②从站的 D10 值→从站的 D500→主站的 D500，主站以 D500 值（即从站的 D10 值）作为定时器计时值计时。

7.3.3 多台 PLC 通信（$N:N$ 网络通信）

$N:N$ 网络通信是指最多 8 台 FX 系列 PLC 通过 RS-485 端口进行的通信。图 7-30 所示为 $N:N$ 网络通信示意图，在通信时，如果有一方使用 RS-485 通信板，通信距离最大为 50m，如果通信各方都使用 485ADP 模块，通信距离则可达 500m。

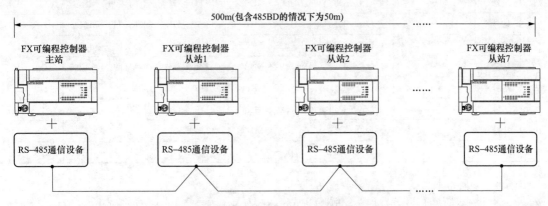

图 7-30 $N:N$ 网络通信示意图

1. $N:N$ 网络通信的 3 种模式

$N:N$ 网络通信有 3 种模式，分别是模式 0、模式 1 和模式 2，这些模式的区别在于允许传送的点数不同。

（1）模式 2 说明。当 $N:N$ 网络使用模式 2 进行通信时，其传送点数如图 7-31 所示，在该模式下，主站的 M1000～M1063（64 点）的状态值和 D0～D7（7 点）的数据传送目标为从站 1～从站 7 的 M1000～M1063 和 D0～D7，从站 1 的 M1064～M1127（64 点）的状态值和 D10～D17（8 点）的数据传送目标为主站、从站 2～从站 7 的 M1064～M1127 和 D10～D17，以此类推，从站 7 的 M1448～M1511（64 点）的状态值和 D70～D77（8 点）的数据传送目标为主站、从站 2～从站 8 的 M1448～M1511 和 D70～D77。

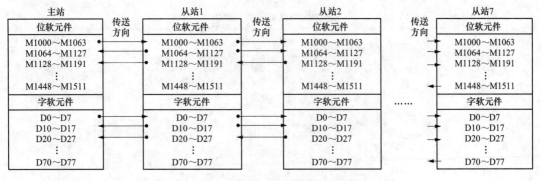

图 7-31 $N:N$ 网络在模式 2 通信时的传送点数

（2）3 种模式传送的点数。在 $N:N$ 网络通信时，不同的站点可以往其他站点传送自身特定软元件中的数据。在 $N:N$ 网络通信时，3 种模式下各站点分配用作发送数据的软元件见表 7-6，在不同的通信模式下，各个站点都分配不同的软元件来发送数据。如在模式 1 时主站只能将自己的 M1000～M1031（32 点）和 D0～D3（4 点）的数据发送给其他站点相同编号的软元件中，主站的 M1064～M1095、D10～D13 等软元件只能接收其他站点传送来的数据。**在 $N：N$ 网络中，如果将 FX1S、FX0N 系列的 PLC 用作工作站，则通信不能使用模式 1 和模式 2。**

表 7-6 $N：N$ 网络通信 3 种模式下各站点分配用作发送数据的软元件

站号		模式 0		模式 1		模式 2	
		位软元件（M）	字软元件（D）	位软元件（M）	字软元件（D）	位软元件（M）	字软元件（D）
		0 点	各站 4 点	各站 32 点	各站 4 点	各站 64 点	各站 8 点
主站	站号 0	—	D0～D3	M1000～M1031	D0～D3	M1000～M1063	D0～D7
从站	站号 1	—	D10～D13	M1064～M1095	D10～D13	M1061～M1127	D10～D17
	站号 2	—	D20～D23	M1128～M1159	D20～D23	M1128～M1191	D20～D27
	站号 3	—	D30～D33	M1192～M1223	D30～D33	M1192～M1255	D30～D37
	站号 4	—	D40～D43	M1256～M1287	D40～D43	M1256～M1319	D40～D47
	站号 5	—	D50～D53	M1320～M1351	D50～D53	M1320～M1383	D50～57
	站号 6	—	D60～D63	M1384～M1415	D60～D63	M1384～M1447	D60～D67
	站号 7	—	D70～D73	M1448～M1479	D70～D73	M1448～M1511	D70～D77

2. 与 $N：N$ 网络通信有关的特殊功能元件

在 $N：N$ 网络通信时，需要使用一些特殊功能的元件来设置通信和反映通信状态信息，与 $N：N$ 网络通信有关的特殊功能元件见表 7-7。

表 7-7 与 $N：N$ 网络通信有关的特殊功能元件

软元件		名称	内 容	设定值
通信设定	M8038	设定参数	设定通信参数用的标志位； 也可以作为确认有无 $N：N$ 网络程序用的标志位； 在顺控程序中请勿置 ON	
	M8179	通道的设定	设定所使用的通信口的通道（使用 FX3G，FX3U，FX3UC 时）； 请在顺控程序中设定： 无程序：通道 1；有 OUT M8179 的程序：通道 2	
	D8176	相应站号的设定	$N：N$ 网络设定使用时的站号： 主站设定为 0；从站设定为 1～7 [初始值 0]	0～7
	D8177	从站总数设定	设定从站的总站数： 从站的可编程控制中无须设计 [初始值：7]	1～7
	D8178	刷新范围的设定	选择要相互进行通信的软元件点数的模式： 从站的可编程控制器中无须设定，[初始值＝0] 当混合有； FX0N，FX1S 系列时，仅可以设定模式 0	0～2
	D8179	重试次数	即使重复指定次数的通信也没有响应的情况下，可以确认错误，以及其他站的错误； 从站的可编程控制器中无须设定 [初始值：3]	0～10
	D8180	监视时间	设定用于判断通信异常的时间（50ms～2550ms）； 以 10ms 为单位进行设定。从站的可编程控制器中无须设定 [初始值 5]	5～255

	软元件	名称	内　容	设定值
反映通信错误	M8183	主站的数据传送	当主站中发生数据传送序列错误时置 ON	
	M8184～M8190	从站的数据传送序列错误	当各从站发生数据传送序列错误时置 ON	
	M8191	正在执行数据传送序列	执行 N：N 网络时置 ON	

3. 通信接线

N：N 网络通信采用 485 端口通信，通信采用 1 对接线方式。N：N 网络通信接线如图 7-32 所示。

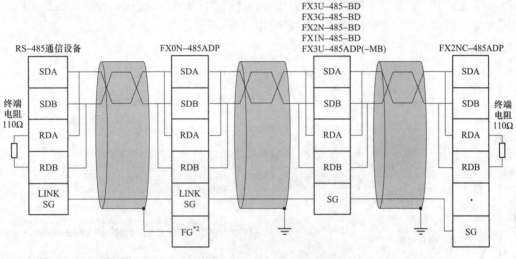

图 7-32　N：N 网络通信接线

4. 3 台 PLC 的 N：N 网络通信实例

下面以 3 台 FX3U 型 PLC 通信来说明 N：N 网络通信，3 台 PLC 进行 N：N 网络通信的连接如图 7-33 所示。

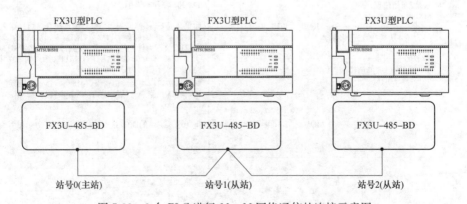

图 7-33　3 台 PLC 进行 N：N 网络通信的连接示意图

（1）通信要求。3 台 PLC 并联连接通信要求实现的功能如下：

1）将主站 X000～X003 端子的输入状态分别传送到从站 1、从站 2 的 Y010～Y013 端子输出，例如主站的 X000 端子输入为 ON，通过通信使从站 1、从站 2 的 Y010 端子输出均为 ON。

2）在主站将从站 1 的 X000 端子输入 ON 的检测次数设为 10，当从站 1 的 X000 端子输入 ON 的次数达到 10 次时，让主站、从站 1 和从站 2 的 Y005 端子输出均为 ON。

3）在主站将从站 2 的 X000 端子输入 ON 的检测次数也设为 10，当从站 2 的 X000 端子输入 ON 的次数达到 10 次时，让主站、从站 1 和从站 2 的 Y006 端子输出均为 ON。

4）在主站将从站 1 的 D10 值与从站 2 的 D20 值相加，结果存入本站的 D3。

5）将从站 1 的 X000～X003 端子的输入状态分别传送到主站、从站 2 的 Y014～Y017 端子输出。

6）在从站 1 将主站的 D0 值与从站 2 的 D20 值相加，结果存入本站的 D11。

7）将从站 2 的 X000～X003 端子的输入状态分别传送到主站、从站 1 的 Y020～Y023 端子输出。

8）在从站 2 将主站的 D0 值与从站 1 的 D10 值相加，结果存入本站的 D21。

（2）通信程序。3 台 PLC 并联连接通信的程序由主站程序、从站 1 程序和从站 2 程序组成，主站程序写入作为主站 PLC，从站 1 程序写入作为从站 1 的 PLC，从站 2 程序写入作为从站 2 的 PLC。3 台 PLC 通信的主站程序、从站 1 程序和从站 2 程序如图 7-34 所示。

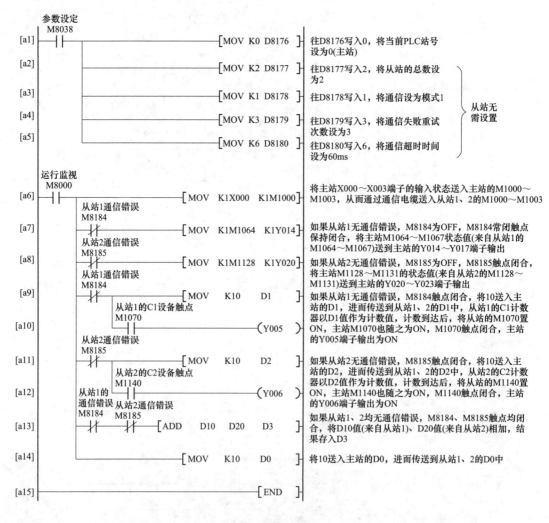

(a)

图 7-34　3 台 PLC 通信程序（一）

(a) 主站

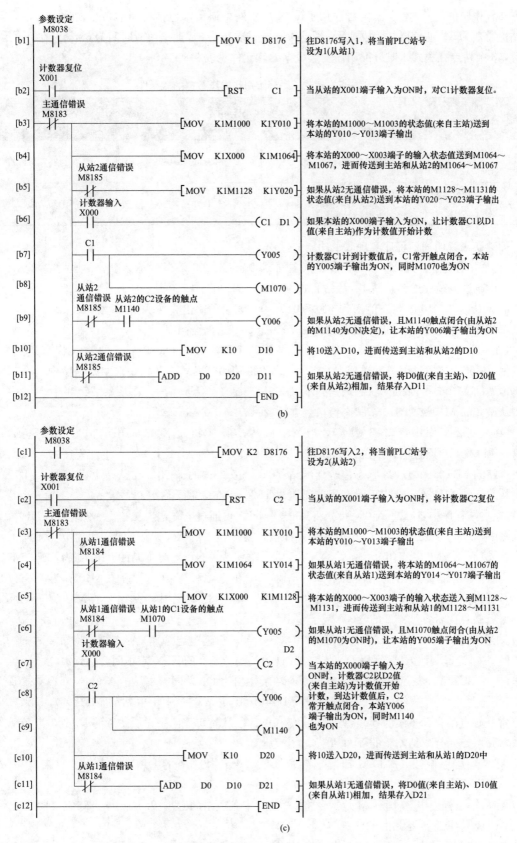

图7-34 3台PLC通信程序（二）

(b) 从站1；(c) 从站2

主站程序中的［a1］～［a5］程序用于设 $N:N$ 网络通信，包括将当前站点设为主站，设置通信网络站点总数为3、通信模式为模式1、通信失败重试次数为3、通信超时时间为60ms。在 $N:N$ 网络通信时，3个站点在模式1时分配用作发送数据的软元件见表 7-8。

表 7-8   3 个站点在模式 1 时分配用作发送数据的软元件

软元件 站号	0 号站（主站）	1 号站（主站 1）	2 号站（主站 2）
位软元件（各 32 点）	M1000～M1031	M1064～M1095	M1128～M1159
字软元件（各 1 点）	D0～D3	D10～D13	D20～D23

下面逐条来说明通信程序实现 8 个功能的过程。

1）在主站程序中，［a6］MOV 指令将主站 X000～X0003 端子的输入状态送到本站的 M1000～M1003，再通过电缆发送到从站 1、从站 2 的 M1000～M1003 中。在从站 1 程序中，［b3］MOV 指令将从站 1 的 M1000～M1003 状态值送到本站 Y010～Y013 端子输出。在从站 2 程序中，［c3］MOV 指令将从站 2 的 M1000～M1003 状态值送到本站 Y010～Y013 端子输出。

2）在从站 1 程序中，［b4］MOV 指令将从站 1 的 X000～X003 端子的输入状态送到本站的 M1064～M1067，再通过电缆发送到主站 1、从站 2 的 M1064～M1067 中。在主站程序中，［a7］MOV 指令将本站的 M1064～M1067 状态值送到本站 Y014～Y017 端子输出。在从站 2 程序中，［c4］MOV 指令将从站 2 的 M1064～M1067 状态值送到本站 Y014～Y017 端子输出。

3）在从站 2 程序中，［c5］MOV 指令将从站 2 的 X000～X003 端子的输入状态送到本站的 M1128～M1131，再通过电缆发送到主站 1、从站 1 的 M1128～M1131 中。在主站程序中，［a8］MOV 指令将本站的 M1128～M1131 状态值送到本站 Y020～Y023 端子输出。在从站 1 程序中，［b5］MOV 指令将从站 1 的 M1128～M1131 状态值送到本站 Y020～Y023 端子输出。

4）在主站程序中，［a9］MOV 指令将 10 送入 D1，再通过电缆送入从站 1、从站 2 的 D1 中。在从站 1 程序中，［b6］计数器 C1 以 D1 值（10）计数，当从站 1 的 X000 端子闭合达到 10 次时，C1 计数器动作，［b7］C1 常开触点闭合，本站的 Y005 端子输出为 ON，同时本站的 M1070 为 ON，M1070 的 ON 状态值通过电缆传送给主站、从站 2 的 M1070。在主站程序中，主站的 M1070 为 ON，［a10］M1070 常开触点闭合，主站的 Y005 端子输出为 ON。在从站 2 程序中，从站 2 的 M1070 为 ON，［c6］M1070 常开触点闭合，从站 2 的 Y005 端子输出为 ON。

5）在主站程序中，［a11］MOV 指令将 10 送入 D2，再通过电缆送入从站 1、从站 2 的 D2 中。在从站 2 程序中，［c7］计数器 C2 以 D2 值（10）计数，当从站 2 的 X000 端子闭合达到 10 次时，C2 计数器动作，［c8］C2 常开触点闭合，本站的 Y006 端子输出为 ON，同时本站的 M1140 为 ON，M1140 的 ON 状态值通过电缆传送给主站、从站 1 的 M1140。在主站程序中，主站的 M1140 为 ON，［a12］M1140 常开触点闭合，主站的 Y006 端子输出为 ON。在从站 1 程序中，从站 1 的 M1140 为 ON，［b9］M1140 常开触点闭合，从站 1 的 Y006 端子输出为 ON。

6）在主站程序中，［a13］ADD 指令将 D10 值（来自从站 1 的 D10）与 D20 值（来自从站 2 的 D20），结果存入本站的 D3。

7）在从站 1 程序中，［b11］ADD 指令将 D0 值（来自主站的 D0，为 10）与 D20 值（来自从站 2 的 D20，为 10），结果存入本站的 D11。

8）在从站 2 程序中，［c11］ADD 指令将 D0 值（来自主站的 D0，为 10）与 D10 值（来自从站 1 的 D10，为 10），结果存入本站的 D21。

第8章

变频器的原理与使用

8.1 变频器的基本结构原理

8.1.1 异步电动机的两种调速方式

当三相异步电动机定子绕组通入三相交流电后，定子绕组会产生旋转磁场，旋转磁场的转速 n_0 与交流电源的频率 f 和电动机的磁极对数 p 关系为

$$n_0 = 60f/p$$

电动机转子的旋转速度 n（即电动机的转速）略低于旋转磁场的旋转速度 n_0（又称同步转速），两者的转速差称为转差 s，电动机的转速为

$$n = (1-s)60f/p$$

由于转差 s 很小，一般为 $0.01 \sim 0.05$，为了计算方便，可认为电动机的转速近似为

$$n = 60f/p$$

从上面的近似公式可以看出，三相异步电动机的转速 n 与交流电源的频率 f 和电动机的磁极对数 p 有关，当交流电源的频率 f 或电动机的磁极对数 P 发生改变时，电动机的转速也会发生变化。**通过改变交流电源的频率来调节电动机转速的方法称为变频调速；通过改变电动机的磁极对数 p 来调节电动机转速的方法称为变极调速。**

变极调速只适用于笼型异步电动机（不适用于绕线型转子异步电动机），它是通过改变电动机定子绕组的连接方式来改变电动机的磁极对数，从而实现变极调速。适合变极调速的电动机称为**多速电动机**，常见的多速电动机有双速电动机、三速电动机和四速电动机等。

变极调速方式只适用于结构特殊的多速电动机调速，而且由一种速度转变为另一种速度时，速度变化较大，采用变频调速则可解决这些问题。如果对异步电动机进行变频调速，需要用到专门的电气设备——变频器。变频器先将工频（50Hz 或 60Hz）交流电源转换成频率可变的交流电源并提供给电动机，只要改变输出交流电源的频率，就能改变电动机的转速。由于变频器输出电源的频率可连接变化，故电动机的转速也可连续变化，从而实现电动机无级变速调节。图 8-1 所示为几种常见的变频器。

图 8-1 几种常见的变频器

8.1.2 两种类型的变频器结构与原理

变频器的功能是将工频（50Hz或60Hz）交流电源转换成频率可变的交流电源提供给电动机，通过改变交流电源的频率来对电动机进行调速控制。**变频器种类很多，主要可分为两类：交—直—交型变频器和交—交型变频器。**

1. 交—直—交型变频器的结构与原理

交—直—交型变频器利用电路先将工频电源转换成直流电源，再将直流电源转换成频率可变的交流电源，然后提供给电动机，通过调节输出电源的频率来改变电动机的转速。交—直—交型变频器的典型结构如图8-2所示。

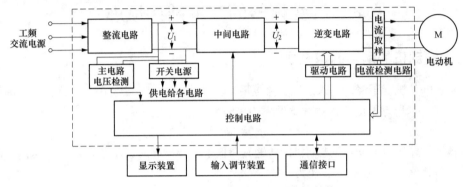

图 8-2 交—直—交型变频器的典型结构

下面对照图8-2所示框图说明交—直—交型变频器的工作原理。

三相或单相工频交流电源经整流电路转换成脉动的直流电，直流电再经中间电路进行滤波平滑，然后送到逆变电路，与此同时，控制系统会产生驱动脉冲，经驱动电路放大后送到逆变电路，在驱动脉冲的控制下，逆变电路将直流电转换成频率可变的交流电并送给电动机，驱动电动机运转。改变逆变电路输出交流电的频率，电动机转速就会发生相应的变化。

整流电路、中间电路和逆变电路构成变频器的主电路，用来完成交—直—交的转换。由于主电路工作在高电压大电流状态，为了保护主电路，变频器通常设有主电路电压检测和输出电流检测电路，当主电路电压过高或过低时，电压检测电路则将该情况反映给控制电路，当变频器输出电流过大（如电动机负荷大）时，电流取样元件或电路会产生过流信号，经电流检测电路处理后也送到控制电路。当主电路出现电压不正常或输出电流过大时，控制电路通过检测电路获得该情况后，会根据设定的程序作出相应的控制，如让变频器主电路停止工作，并发出相应的报警指示。

控制电路是变频器的控制中心，当它接收到输入调节装置或通信接口送来的指令信号后，会发出相应的控制信号去控制主电路，使主电路按设定的要求工作，同时控制电路还会将有关的设置和机器状态信息送到显示装置，以显示有关信息，便于用户操作或了解变频器的工作情况。

变频器的显示装置一般采用显示屏和指示灯；输入调节装置主要包括按钮、开关和旋钮等；通信接口用来与其他设备（如可编程序控制器PLC）进行通信，接收它们发送过来的信息，同时还将变频器有关信息反馈给这些设备。

2. 交—交型变频器的结构与原理

交—交型变频器利用电路直接将工频电源转换成频率可变的交流电源并提供给电动机，通过调节输出电源的频率来改变电动机的转速。交—交型变频器的结构如图8-3所示。从中可以看出，交—交型变频器与交—直—交型变频器的主电路不同，它采用交—交变频电路直接将工频电源转换成频率可调的交流电源的方式进行变频调速。

交—交变频电路一般只能将输入交流电频率降低输出，而工频电源频率本来就低，所以交—交型

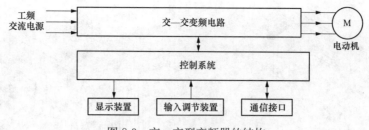

图 8-3 交—交型变频器的结构

变频器的调速范围很窄，另外这种变频器要采用大量的晶闸管等电力电子器件，导致装置体积大、成本高，故交—交型变频器使用远没有交—直—交型变频器广泛。本书主要介绍交—直—交型变频器。

8.2 变频器的面板拆装与组件说明

变频器生产厂家很多，主要有三菱、西门子、富士、施耐德、ABB、安川和台达等。虽然变频器种类繁多，但由于基本功能是一致的，所以使用方法大同小异。三菱 FR-700 系列变频器在我国使用非常广泛，该系列变频器包括 FR-A700、FR-L700、FR-F700、FR-E700 和 FR-D700 子系列，本章以功能强大的通用型 FR-A740 型变频器为例来介绍变频器的使用，三菱 FR-700 系列变频器的型号含义如图 8-4 所示（以 FR-A740 型为例）。

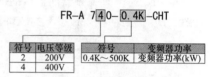

图 8-4 三菱 FR-700 系列变频器的型号含义

8.2.1 外形

三菱 FR-A740 型变频器外形如图 8-5 所示，面板上的"A700"表示该变频器属于 A700 系列，在变频器左下方有一个标签标注"FR-A740-3.7K-CHT"为具体型号。功率越大的变频器，一般体积越大。

图 8-5 三菱 FR-A740 型变频器外形

8.2.2 面板的拆卸与安装

1. 操作面板的拆卸

三菱 FR-A740 型变频器操作面板的拆卸如图 8-6 所示，先拧松操作面板的固定螺丝，然后按住操作面板两边的卡扣，将其从机体上拉出来。

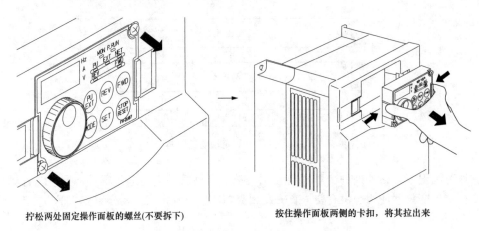

拧松两处固定操作面板的螺丝(不要拆下) 　　按住操作面板两侧的卡扣,将其拉出来

图 8-6　操作面板的拆卸

2. 前盖板的拆卸与安装

三菱 FR-A740 型变频器前盖板的拆卸与安装如图 8-7 所示,有些不同功率的变频器其外形会有所不同,图 8-7 中以功率在 22K 以下的 A740 型变频器为例,22K 以上的变频器拆卸与安装与此大同小异。

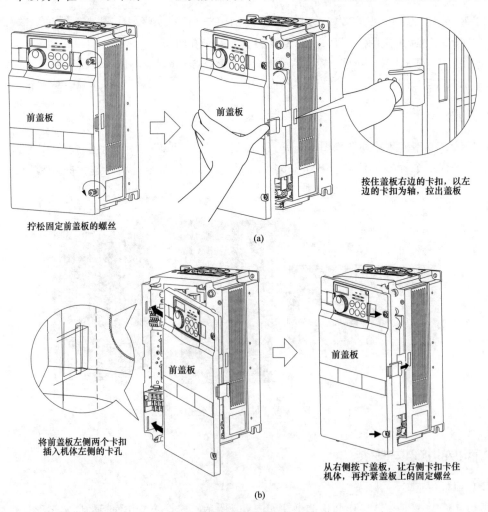

拧松固定前盖板的螺丝

按住盖板右边的卡扣,以左边的卡扣为轴,拉出盖板

(a)

将前盖板左侧两个卡扣插入机体左侧的卡孔

从右侧按下盖板,让右侧卡扣卡住机体,再拧紧盖板上的固定螺丝

(b)

图 8-7　前盖板的拆卸与安装
（a）拆卸；（b）安装

8.2.3 变频器的面板及内部组件说明

三菱 FR-A740 型变频器的面板及内部组件说明如图 8-8 所示。

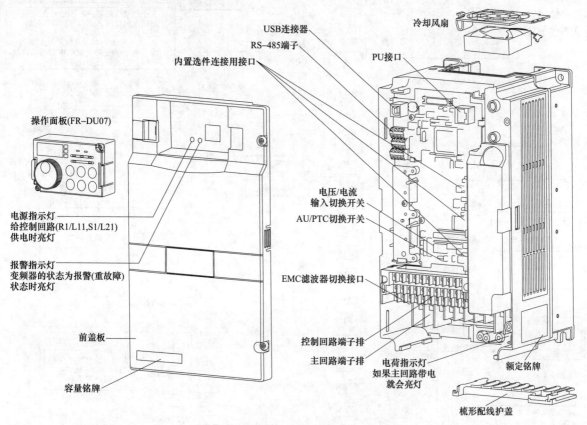

图 8-8 变频器的面板及内部组件说明

8.3 变频器的端子功能与接线

8.3.1 总接线图

三菱 FR-A740 型变频器的端子可分为主回路端子、输入端子、输出端子和通信接口，其总接线如图 8-9 所示。

8.3.2 主回路端子接线及说明

1. 主回路结构与外部接线原理图

主回路结构与外部接线原理图如图 8-10 所示。主回路外部端子说明如下。

（1）R/L1、S/L2、T/L3 端子外接工频电源，内接变频器整流电路。

（2）U、V、W 端子外接电动机，内接逆变电路。

（3）P、P1 端子外接短路片（或提高功率因素的直流电抗器），将整流电路与逆变电路连接起来。

（4）PX、PR 端子外接短路片，将内部制动电阻和制动控制器件连接起来。如果内部制动电阻制动效果不理想，可将 PX、PR 端子之间的短路片取下，再在 P、PR 端外接制动电阻。

（5）P、N 端子分别为内部直流电压的正、负端，对于大功率的变频器，如果要增强减速时的制

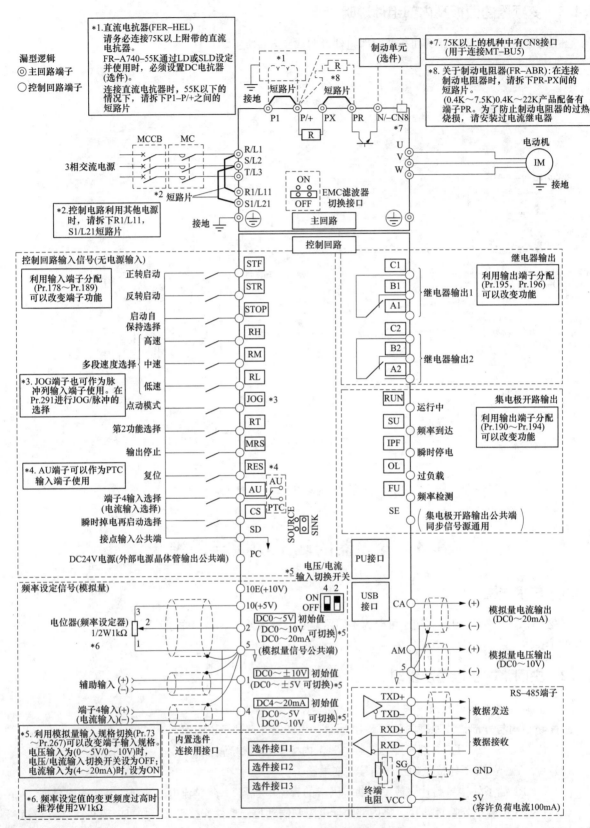

图 8-9　三菱 FR-A740 型变频器的总接线

动能力,可将 PX、PR 端子之间的短路片取下,再在 P、N 端子外接专用制动单元(即外部制动电路)。

(6)R1/L11、S1/L21 端子内接控制回路,外部通过短路片与 R、S 端子连接,R、S 端的电源通过短路片由 R1、S1 端子提供给控制回路作为电源。如果希望 R、S、T 端无工频电源输入时控制回路也能工作,可以取下 R、R1 和 S、S1 之间的短路片,将两相工频电源直接接到 R1、S1 端。

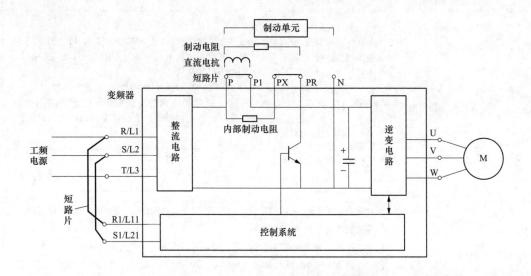

图 8-10　主回路结构与外部接线原理图

2. 主回路端子的实际接线

主回路端子的实际接线(以 FR-A740-0.4K~3.7K 型变频器为例)如图 8-11 所示。端子排上的 R/L1、S/L2、T/L3 端子与三相工频电源连接,若与单相工频电源连接,必须接 R、S 端子;U、V、W 端子与电动机连接;P1、P/+端子,PR、PX 端子,R、R1 端子和 S、S1 端子用短路片连接;接地端子用螺丝与接地线连接固定。

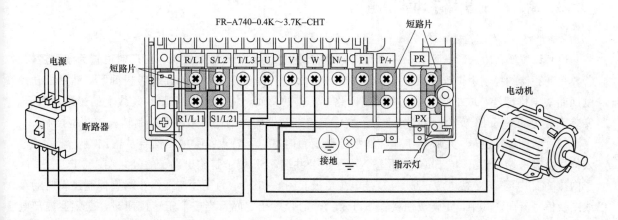

图 8-11　主回路端子的实际接线

3. 主回路端子功能说明

三菱 FR-A740 型变频器主回路端子功能说明见表 8-1。

表 8-1 主回路端子功能说明

端子符号	名称	说　明
R/L1, S/L2, T/L3	交流电源输入	连接工频电源; 当使用高功率因数变流器 (FR-HC, MT-HC) 及共直流母线变流器 (FR-CV) 时不要连接任何东西
U, V, W	变频器输出	接三相笼型电动机
R1/L11, S1/L21	控制回路用电源	与交流电源端子 R/L1, S/L2 相连; 在保持异常显示或异常输出时, 以及使用高功率因数变流器 (FR-HC, MT-HC), 电源再生共通变流器 (FR-CV) 等时, 请拆下端子 R/L1-R1/L11, S/L2-S1/L21 间的短路片, 从外部对该端子输入电源; 在主回路电源 (R/L1, S/L2, T/L3) 设为 ON 的状态下请勿将控制回路用电源 (R1/L11, S1/L21) 设为 OFF, 否则可能造成变频器损坏;控制回路用电源 (R1/L11, S1/L21) 为 OFF 的情况下, 也请在回路设计上保证主回路电源 (R/L1, S/L2, T/L3) 同时也为 OFF 表格： 变频器容量 | 15K 以下 | 18.5K 以上 电源容量 | 60VA | 80VA
P/+, PR	制动电阻器连接 (22K 以下)	拆下端子 PR-PX 间的短路片 (7.5K 以下), 连接在端子 P/+-PR 间连接作为任选件的制动电阻器 (FR-ABR); 22K 以下的产品通过连接制动电阻, 可以得到更大的再生制动力
P/+, N/-	连接制动单元	连接制动单元 (FR-BU2, FR-BU, BU, MT-BU5), 共直流母线变流器 (FR-CV) 电源再生转换器 (MT-RC) 及高功率因素变流器 (FR-HC, MT-HC)
P/+, P1	连接改善功率 因数直流电抗器	对于 55K 以下的产品请拆下端子 P/+-P1 间的短路片, 连接上 DC 电抗器 [75K 以上的产品已标准配备有 DC 电抗器, 必须连接;FR-A740-55K 通过 LD 或 SLD 设定并使用时, 必须设置 DC 电抗器 (选件)]
PR, PX	内置制动器 回路连接	端子 PX-PR 间连接有短路片 (初始状态) 的状态下, 内置的制动器回路为有效 (7.5K 以下的产品已配备)
⏚	接地	变频器外壳接地用, 必须接大地

8.3.3 输入、输出端子功能说明

1. 控制逻辑的设置

(1) 设置操作方法。**三菱 FR-A740 型变频器有漏型和源型两种控制逻辑, 出厂时设置为漏型逻辑。**若要将变频器的控制逻辑改为源型逻辑, 可按图 8-12 进行操作, 先将变频器前盖板拆下, 然后松开控制回路端子排螺丝, 取下端子排, 在控制回路端子排的背面, 将 SINK (漏型) 跳线上的短路片取下, 安装到旁边的 SOURCE (源型) 跳线上, 这样就将变频器的控制逻辑由漏型控制转设成源型控制。

(2) 漏型控制逻辑。变频器工作在漏型控制逻辑时有以下特点:①输出信号从输出端子流入, 输入信号由输入端子流出;②SD 端子是输入端子的公共端, SE 端子是输出端子的公共端;③PC、SD 端子内接 24V 电源, PC 接电源正极, SD 接电源负极。图 8-13 所示为变频器工作在漏型控制逻辑时的接线图及信号流向。其中, 正转按钮接在 STF 端子与 SD 端子之间, 当按下正转按钮时, 变频器内部电源产生电流从 STF 端子流出, 电流流途径为 24V 正极→二极管→电阻 R→光电耦合器的发光管→二极管→STF 端子→正转按钮→SD 端子→24V 负极, 光电耦合器的发光管有电流流过而发光, 光电耦合器的光敏管 (图 8-13 中未画出) 受光导通, 从而为变频器内部电路送入一个输入信号。当变频器需要从输出端子 (RUN 端子) 输出信号时, 内部电路会控制三极管导通, 有电流流入输出端子, 电流流途径为 24V 正极→功能扩展模块→输出端子 (RUN 端子)→二极管→三极管→二极管→SE 端子→24V 负

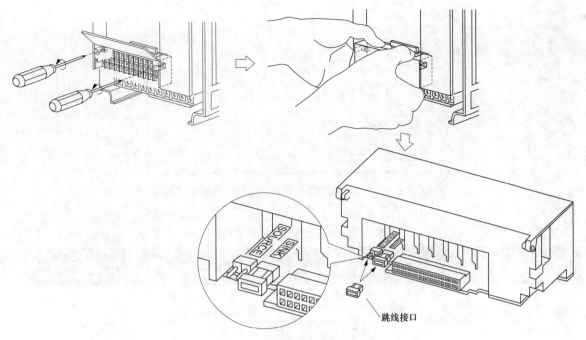

图 8-12　变频器控制逻辑的设置

极。图 8-13 中，虚线连接的二极管在漏型控制逻辑下不会导通。

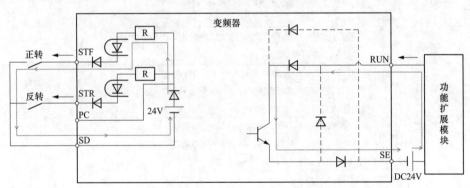

图 8-13　变频器工作在漏型控制逻辑时的接线图及信号流向

　　（3）源型控制逻辑。变频器工作在源型控制逻辑时有以下特点：①输入信号从输入端子流入，输出信号由输出端子流出；②PC 端子是输入端子的公共端，SE 端子是输出端子的公共端；③PC、SD 端子内接 24V 电源，PC 接电源正极，SD 接电源负极。

　　图 8-14 所示为变频器工作在源型控制逻辑时的接线图及信号流向。其中，正转按钮需接在 STF 端子与 PC 端子之间，当按下正转按钮时，变频器内部电源产生电流从 PC 端子流出，经正转按钮从 STF 端子流入，回到内部电源的负极。在变频器输出端子外接电路时，须以 SE 端作为输出端子的公共端，当变频器输出信号时，内部三极管导通，有电流从 SE 端子流入，经内部有关的二极管和三极管后从输出端子（RUN 端子）流出，电流的途径如图箭头所示，图 8-14 中虚线连接的二极管在源型控制逻辑下不会导通。

　　2. 输入端子功能说明

　　变频器的输入信号类型有开关信号和模拟信号，开关信号又称接点（触点）信号，用于给变频器输入 ON/OFF 信号，模拟信号是指连续变化的电压或电流信号，用于设置变频器的频率。三菱 FR-A740 型变频器输入端子功能说明见表 8-2。

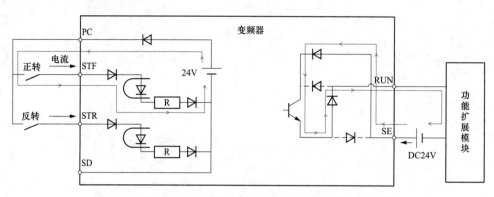

图 8-14   变频器工作在源型控制逻辑时的接线图及信号流向

表 8-2   三菱 FR-A740 型变频器输入端子功能说明

种类	端子记号	端子名称	端子功能说明		额定规格
接点输入	STF	正转启动	STF 信号处于 ON 便正转,处于 OFF 便停止	STF,STR 信号同时 ON 时变成停止指令	输入电阻 4.7kΩ 开路时电压 DC21～27V 短路时 DC4～6mA
	STR	反转启动	STR 信号 ON 为逆转,OFF 为停止		
	STOP	启动自保持选择	使 STOP 信号处于 ON,可以选择启动信号自保持		
	RH,RM,RL	多段速度选择	用 RH,RM 和 RL 信号的组合可以选择多段速度		
	JOG	点动模式选择	JOG 信号 ON 时选择点动运行(初始设定),用启动信号 STF 或 STR)可以点动运行		输入电阻 2kΩ 短路时 DC8～13mA
		脉冲列输入	JOG 端子也可作为脉冲列输入端子使用;作为脉冲列输入端子使用时,有必要对 Pr.291 进行变更(最大输入脉冲数:100k 脉冲/s)		
	RT	第 2 功能选择	RT 信号 ON 时,第 2 功能被选择;设定了[第 2 转矩提升][第 2U/f(基准频率)]时也可以用 RT 信号处于 ON 时选择这些功能		输入电阻 4.7kΩ 开路时电压 DC21～27V 短路时 DC4～6mA
	MRS	输出停止	MRS 信号为 ON(20ms 以上)时,变频器输出停止;用电磁制动停止电动机时用于断开变频器的输出		
	RES	复位	在保护电路动作时的报警输出复位时使用;使端子 RES 信号处于 ON 在 0.1s 以上,然后断开;工厂出厂时,通常设置为复位。根据 Pr.75 的设定,仅在变频器报警发生时可能复位。复位解除后约 1s 恢复		
	AU	端子 4 输入选择	只有把 AU 信号置为 ON 时端子 4 才能用(频率设定信号在 DC4～20mA 之间可以操作);AU 信号置为 ON 时端子 2(电压输入)的功能将无效		
		PTC 输入	AU 端子也可以作为 PTC 输入端子使用(电动机的热继电器保护);用作 PTC 输入端子时要把 AU/PTC 切换开关切换到 PTC 侧		
	CS	瞬停再启动选择	CS 信号预先处于 ON,瞬时停电再恢复时变频器便可自动启动,但用这种运行必须设定有关参数,因为出厂设定为不能再启动		

续表

种类	端子记号	端子名称	端子功能说明	额定规格
接点输入	SD	接点输入公共端（漏型）（初始设定）	接点输入端子（漏型逻辑）和端子 FM 的公共端子	—
		外部晶体管公共端（源型）	在源型逻辑时连接可编程控制器等的晶体管输出（开放式集电器输出）时，将晶体管输出用的外部电源公共端连接到该端子上，可防止因漏电而造成的误动作	
		DC24V 电源公共端	DC24V 0.1A 电源（端子 PC）的公共输出端了；端子 5 和端子 SE 绝缘	
	PC	外部晶体管公共端（漏型）（初始设定）	在漏型逻辑时连接可编程控制器等的晶体管输出（开放式集电器输出）时，将晶体管输出用的外部电源公共端连接到该端子上，可防止因漏电而造成的误动作	电源电压范围 DC19.2～28.8V；容许负载电流 100mA
		接点输入公共端（源型）	接点输入端子（源型逻辑）的公共端子	
		DC24V 电源	可以作为 DC24V、0.1A 的电源使用	
频率设定	10E	频率设定用电源	按出厂状态连接频率设定电位器时，与端子 10 连接；当连接到端子 10E 时，请改变端子 2 的输入规格	DC10V±0.4V；容许负载电流 10mA
	10			DC5.2V±0.2V；容许负载电流 10mA
	2	频率设定（电压）	输入 DC0～5V（或者 0～10V、4～20mA）时，最大输出频率 5V（10V、20mA），输出输入成正比。DC0～5V（出厂值）与 DC0～10V，0～20mA 的输入切换用 Pr.73 进行控制。电流输入为（0～20mA）时，电流/电压输入切换开关设为 ON①	电压输入的情况下：输入电阻 10kΩ±1kΩ，最大许可电压 DC20V；电流输入的情况下：输入电阻 245Ω±5Ω，最大许可电流 30mA
	4	频率设定（电流）	如果输入 DC4～20mA（或 0～5V，0～10V），当 20mA 时成最大输出频率，输出频率与输入成正比；只有 AU 信号置为 ON 时此输入信号才会有效（端子 2 的输入将无效）；4～20mA（出厂值），DC0～5V，DC0～10V 的输入切换用 Pr.267 进行控制；电压输入为（0～5V/0～10V）时，电流/电压输入切换开关设为 OFF；端子功能的切换通过 Pr.858 进行设定①	电压/电流输入切换开关 开关1 开关2
	1	辅助频率设定	输入 DC 0～±5 或 DC0～±10V 时，端子 2 和 4 的频率设定信号与这个信号相加，用参数单元 Pr.73 进行输入 0～±5VDC 和 0～±10VDC（初始设定）的切换；端子功能的切换通过 Pr.868 进行设定	输入电阻 10kΩ±1kΩ，最大许可电压 DC±20V
	5	频率设定公共端	频率设定信号（端子 2，1 或 4）和模拟输出端子 CA，AM 的公共端子，请不要接大地	—

① 请正确设置 Pr.73、Pr.267 和电压/电流输入切换开关后，输入符合设置的模拟信号；
打开电压/电流输入切换开关输入电压（电流输入规格）时和关闭开关输入电流（电压输入规格）时，换流器和外围机器的模拟回路会发生故障。

3. 输出端子功能说明

变频器的输出信号的类型有接点信号、晶体管集电极开路输出信号和模拟量信号。接点信号是输出端子内部的继电器触点通断产生的，晶体管集电极开路输出信号是由输出端子内部的晶体管导通截止产生的，模拟量信号是输出端子输出的连续变化的电压或电流。三菱 FR-A740 型变频器输出端子功能说明见表 8-3。

表 8-3 三菱 FR-A740 型变频器输出端子功能说明

种类	端子记号	端子名称	端子功能说明		额定规格
接点	A1，B1，C1	继电器输出 1（异常输出）	指示变频器因保护功能动作时输出停止的 1c 转换接点；故障时 B-C 间不导通（A-C 间导通），正常时 B-C 间导通（A-C 间不导通）		接点容量 AC230V，0.3A（功率 = 0.4）；DC30V，0.3A
	A2，B2，C2	继电器输出 2	1 个继电器输出（常开/常闭）		
集电极开路	RUN	变频器正在运行	变频器输出频率为启动频率（初始值 0.5Hz）以上时为低电平，正在停止或正在直流制动时为高电平①		容许负载为 DC24V（最大 DC27V），0.1A（打开的时候最大电压下降 2.8V）
	SU	频率到达	输出频率达到设定频率的 ±10%（初始值）时为低电平，正在加/减速或停止时为高电平①	报警代码（4 位）输出	
	OL	过负载报警	当失速保护功能动作时为低电平，失速保护解除时为高电平①		
	IPF	瞬时停电	瞬时停电，电压不足保护动作时为低电平①		
	FU	频率检测	输出频率为任意设定的检测频率以上时为低电平，未达到时为高电平		
	SE	集电极开路输出公共端	端子 RUN，SU，OL，IPF，FU 的公共端子		—
模拟	CA	模拟电流输出	可以从输出频率等多种监示项目中选一种作为输出②；输出信号与监示项目的大小成比例	输出项目：输出频率（初始值设定）	容许负载阻抗 200Ω～450Ω；输出信号 DC0～20mA
	AM	模拟电压输出			输出信号 DC0～10V；许可负载电流 1mA（负载阻抗 10kΩ 以上）；分辨率 8 位

① 低电平表示集电极开路输出用的晶体管处于 ON（导通状态），高电平为 OFF（不导通状态）。

② 变频器复位中不被输出。

8.3.4 通信接口

三菱 FR-A740 型变频器通信接口有 RS-485 接口和 USB 接口两种类型，变频器使用这两种接口与其他设备进行通信连接。

1. 通信接口功能说明

三菱 FR-A740 型变频器通信接口功能说明见表 8-4。

表 8-4 三菱 FR-A740 型变频器通信接口功能说明

种类	端子记号	端子名称	端子功能说明
RS-485	—	PU 接口	通过 PU 接口，进行 RS-485 通信（仅 1 对 1 连接）； · 遵守标准：E1A-485（RS-485）； · 通信方式：多站点通信； · 通信速率：4800～38 400bit/s； · 最长距离：500m

种类	端子记号		端子名称	端子功能说明
RS-485	RS-485 端子	TXD+	变频器传输端子	通过 RS-485 端子，进行 RS-485 通信： ·遵守标准：EIA-485（RS-485）； ·通信方式：多站点通信； ·通信速率：300～38 400bit/s； ·最长距离：500m
		TXD−		
		RXD+	变频器接收端子	
		RXD−		
		SG	接地	
USB	—		USB 接口	与个人电脑通过 USB 连接后，可以实现 FR-Configurator 的操作： ·接口：支持 USB1.1； ·传输速度：12Mbit/s； ·连接器：USB B 连接器（B 插口）

2. PU 接口

PU 接口属于 RS-485 类型的接口，操作面板安装在变频器上时，两者是通过 PU 接口连接通信的。有时为了操作方便，可将操作面板从变频器上取下，再用专用延长电缆将两者的 PU 接口连接起来，这样可用操作面板远程操作变频器。用专用延长电缆通过 PU 接口连接操作面板和变频器如图 8-15 所示。

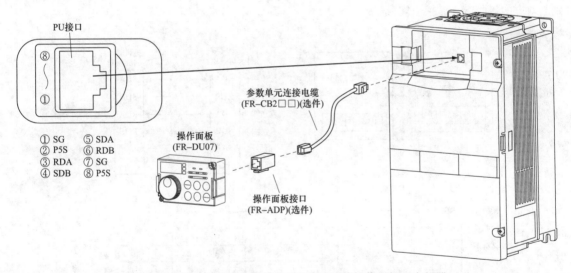

图 8-15 用专用延长电缆通过 PU 接口连接操作面板和变频器

PU 接口外形与计算机网卡 RJ-45 接口相同，但接口的引脚功能定义与网卡 RJ-45 接口不同，PU 接口外形与各引脚定义如图 8-15 所示。如果不连接操作面板，变频器可使用 PU 接口与其他设备（如计算机、PLC 等）进行 RS-485 通信，具体连接方法可参见后图 8-17 所示的变频器与其他设备的 RS-485 接口连接，连接线可自己制作。

3. RS-485 端子排

三菱 FR-A740 变频器有 2 组 RS-485 接口，可通过 RS-485 端子排与其他设备连接通信。

（1）外形。变频器 RS-485 端子排的外形如图 8-16 所示。

（2）与其他设备 RS-485 接口的连接。变频器可通过 RS-485 接口与其他设备连接通信，如图 8-17 所示。图 8-17（a）是 PLC 与一台变频器的 RS-485 接口连接，在接线时，要将一台设备的发送端＋、发送端−分别与另一台设备的接收端＋、接收端−连接；图 8-17（b）是 PLC 与多台变频器的 RS-485 接

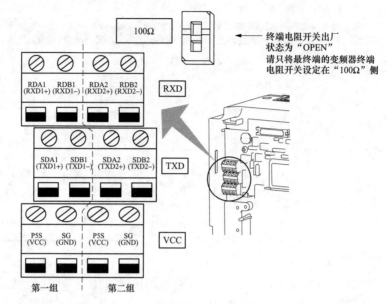

图 8-16 变频器 RS-485 端子排的外形

口连接，在接线时，将所有变频器的相同端连接起来，而变频器与 PLC 之间则要将发送端＋、发送端-
分别与对方的接收端＋、接收端-连接。

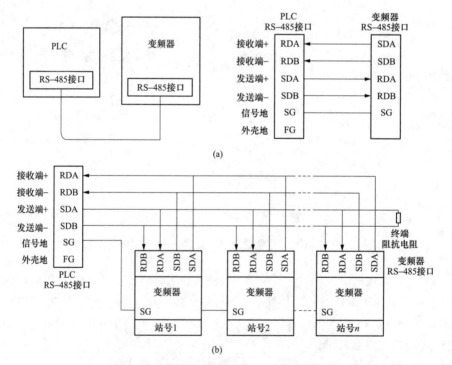

图 8-17 变频器与其他设备的 RS-485 接口连接

（a）PLC 与一台变频器的连接；（b）PLC 与多台变频器的连接

4. USB 接口

三菱 FR-A740 变频器有一个 USB 接口，如图 8-18 所示，用 USB 电缆将变频器与计算机连接起来，
在计算机中可以使用 FR-Configurator 软件对变频器进行参数设定或监视等。

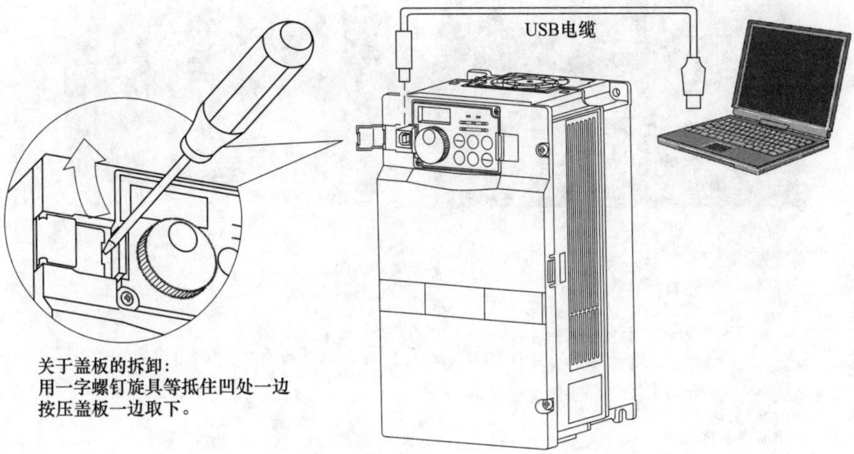

图 8-18   三菱 FR-A740 变频器的 USB 接口

8.4   操作面板的使用

8.4.1   操作面板说明

三菱 FR-A740 变频器安装有操作面板（FR-DU07），用户可以使用操作面板操作、监视变频器，还可以设置变频器的参数。FR-DU07 型操作面板外形及各组成部分说明如图 8-19 所示。

8.4.2   运行模式切换的操作

变频器有外部、PU 和 JOG（点动）3 种运行模式。当变频器处于外部运行模式时，可通过操作变频器输入端子外接的开关和电位器来控制电动机运行和调速，当处于 PU 运行模式时，可通过操作面板上的按键和旋钮来控制电动机运行和调速，当处于 JOG（点动）运行模式时，可通过操作面板上的按键来控制电动机点动运行。运行模式切换的操作如图 8-20 所示。

8.4.3   输出频率、电流和电压监视的操作

在操作面板的显示器上可查看变频器当前的输出频率、输出电流和输出电压。频率、电流和电压监视的操作如图 8-21 所示。显示器默认优先显示输出频率，如果要优先显示输出电流，可在"A"灯亮时，按下"SET"键持续时间超过 1s；同理，在"V"灯亮时，按下"SET"键超过 1s，即可将输出电压设为优先显示。

8.4.4   输出频率设置的操作

电动机的转速与变频器的输出频率有关，变频器输出频率设置的操作如图 8-22 所示。

8.4.5   参数设置的操作

变频器有大量的参数，这些参数就像各种各样的功能指令，变频器是按参数的设置值来工作的。由于参数很多，为了区分各个参数，每个参数都有一个参数号，用户可根据需要设置参数的参数值，比如参数 Pr.1 用于设置变频器输出频率的上限值，参数值可在 $0 \sim 120\text{Hz}$ 范围内设置，变频器工作时输出频率不会超出这个频率值。变频器参数设置的操作如图 8-23 所示。

(a)

运行模式显示
PU：PU 运行模式时亮灯
EXT：外部运行模式时亮灯
NET：网络运行模式时亮灯

显示转动方向
FWD：正转时亮灯
REV：反转时亮灯
亮灯：正在正转或反转
闪烁：有正转或反转指令，但无频率指令的情况
有 MRS 信号输入时

单位显示
Hz：显示频率时亮灯
A：显示电流时亮灯
V：显示电压时亮灯
（显示设定频率监视器时闪烁）

监视器显示
监视器模式时亮灯

监视器 (4 位 LED)
显示频率，参数编号等

无功能

FWD 启动指令正转

REV 启动指令反转

M 旋钮
（三菱变频器的旋钮）
设置频率，改变
参数的设定值

STOP
RESET 停止运行
也可复位报警

SET 确定各类设置
如果在运行中按下，监视器将循环显示

运行频率 → 输出电流 → 输出电压 *

MODE 模式切换
切换各设定模式

PU
EXT

运行模式切换
PU 进行与外部运行模式间的切换
外部运行模式（用另行设置的频率和启动信号运行）的情况下，请按此键，
使运行模式显示的 EXT 亮灯。（组合模式请改变 Pr.79）
PU：PU 运行模式
EXT：外部运行模式

* 进行了 Pr.52 的节能设定的情况下将成为节能监视器

(b)

图 8-19　FR-DU07 型操作面板外形及各组成部分说明

(a) 外形；(b) 各组成部分说明

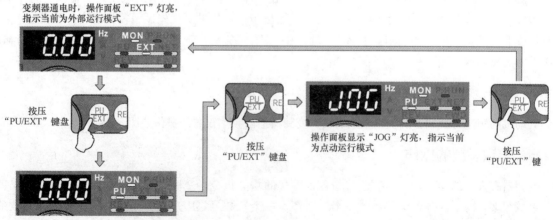

变频器通电时，操作面板"EXT"灯亮，
指示当前为外部运行模式

按压
"PU/EXT"键盘

按压
"PU/EXT"键盘

操作面板显示"JOG"灯亮，指示当前
为点动运行模式

按压
"PU/EXT"键

操作面板"PU"灯亮，指示当前为 PU 运行模式

图 8-20　运行模式切换的操作

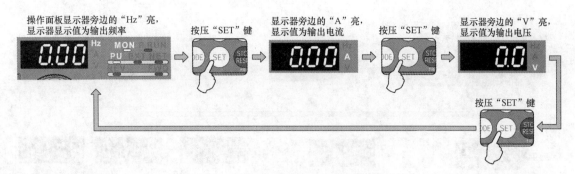

图 8-21　频率、电流和电压监视的操作

图 8-22　变频器输出频率设置的操作

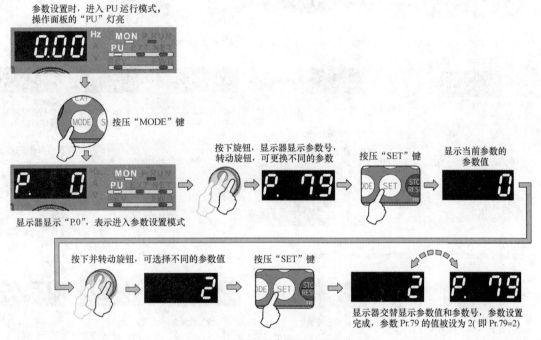

图 8-23　变频器参数设置的操作

8.4.6　参数清除的操作

如果要清除变频器参数的设置值，可用操作面板将 Pr. CL（或 ALCC）的值设为 1，就可以将所有参数的参数值恢复到初始值。变频器参数清除的操作如图 8-24 所示。如果参数 Pr. 77 的值先前已被设为 1，则无法执行参数清除。

8.4.7　变频器之间参数的复制操作

参数的复制是指将一台变频器的参数设置值复制给其他同系列（如 A700 系列）的变频器。在参数

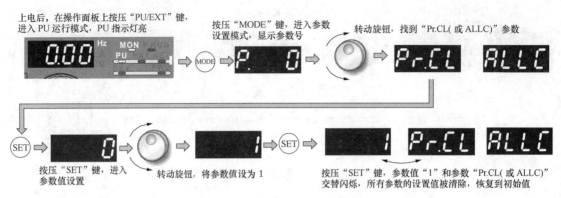

图 8-24　变频器参数清除的操作

复制时，先将源变频器的参数值读入操作面板，然后取下操作面板安装到目标变频器，再将操作面板中的参数值写入目标变频器。变频器之间参数的复制操作如图 8-25 所示。

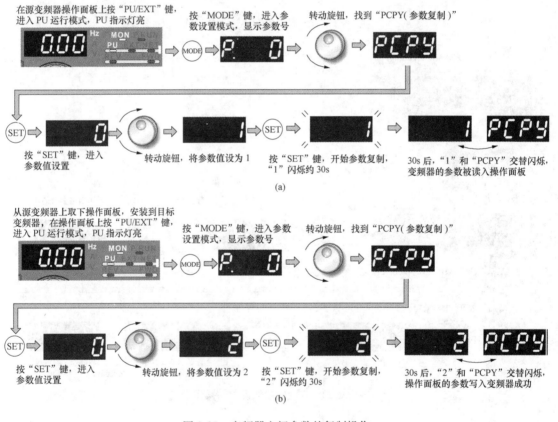

图 8-25　变频器之间参数的复制操作

(a) 将源变频器的参数读入操作面板；(b) 将操作面板中的参数写入目标变频器

8.4.8　面板锁定的操作

在变频器运行时，为避免误操作面板上的按键和旋钮引起意外，可对面板进行锁定（将参数 Pr.161 的值设为 10），面板锁定后，按键和旋钮操作无效。变频器面板锁定的操作如图 8-26 所示，按住"MODE"键持续 2s 可取消面板锁定。在面板锁定时，"STOP/RESET"键的停止和复位控制功能仍有效。

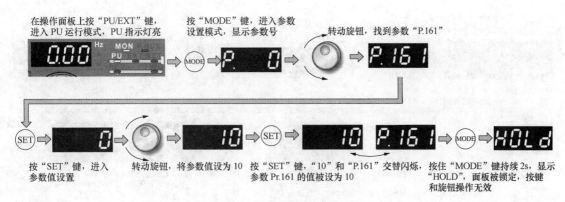

在操作面板上按"PU/EXT"键，进入 PU 运行模式，PU 指示灯亮　按"MODE"键，进入参数设置模式，显示参数号　转动旋钮，找到参数"P.161"

按"SET"键，进入参数值设置　转动旋钮，将参数值设为 10　按"SET"键，"10"和"P.161"交替闪烁，参数 Pr.161 的值被设为 10　按住"MODE"键持续 2s，显示"HOLD"，面板被锁定，按键和旋钮操作无效

图 8-26　变频器面板锁定的操作

8.5　变频器的运行操作

变频器运行操作有面板操作、外部操作和组合操作 3 种方式。面板操作是通过操作面板上的按键和旋钮来控制变频器运行，外部操作是通过操作变频器输入端子外接的开关和电位器来控制变频器运行，组合操作则是将面板操作和外部操作组合起来使用，比如使用面板上的按键控制变频器正反转，使用外部端子连接的电位器来对变频器进行调速。

8.5.1　面板操作（PU 操作）

面板操作又称 **PU 操作**，是通过操作面板上的按键和旋钮来控制变频器运行。图 8-27 是变频器驱动电动机的电路。

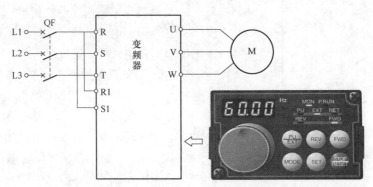

图 8-27　变频器驱动电动机的电路

1. 面板操作变频器驱动电动机以固定转速正反转

面板（FR-DU07）操作变频器驱动电动机以固定转速正反转的操作过程如图 8-28 所示。其中，变频器的输出频率设为 30Hz，按"FWD（正转）"键时，电动机以 30Hz 的频率正转；按"REV（反转）"键时，电动机以 30Hz 的频率反转；按"STOP/RESET"键，电动机停转。如果要更改变频器的输出频率，可重新用旋钮和 SET 键设置新的频率，然后变频器输出新的频率。

2. 用面板旋钮（电位器）直接调速

用面板旋钮（电位器）直接调速可以很方便改变变频器的输出频率，在使用这种方式调速时，需要将参数 Pr.161 的值设为 1（M 旋钮旋转调节模式），在该模式下，在变频器运行或停止时，均可用旋钮（电位器）设定输出频率。

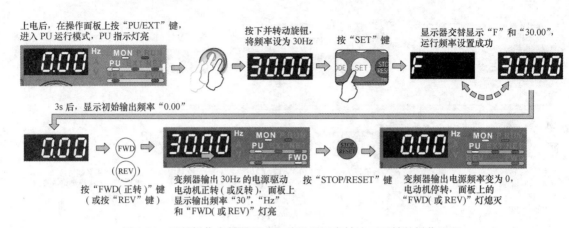

图 8-28　面板操作变频器驱动电动机以固定转速正反转的操作过程

用面板旋钮（电位器）直接调速的操作过程如下。

（1）变频器上电后，按面板上的"PU/EXT"键，切换到 PU 运行模式。

（2）在面板上操作，将参数 Pr.161 的值设为 1（M 旋钮旋转调节模式）。

（3）按"FWD"键或"REV"，启动变频器正转或反转。

（4）转动旋钮（电位器）将变频器输出频率调到需要的频率，待该频率值闪烁 5s 后，变频器即输出该频率的电源驱动电动机运转。如果设定的频率值闪烁 5s 后变为 0，一般是因为 Pr.161 的值不为 1。

8.5.2　外部操作

外部操作是通过给变频器的输入端子输入 **ON/OFF** 信号和模拟量信号来控制变频器运行。变频器用于调速（设定频率）的模拟量可分为电压信号和电流信号。在进行外部操作时，需要让变频器进入外部运行模式。

1. 电压输入调速电路与操作

图 8-29 所示为变频器电压输入调速电路，当 SA1 开关闭合时，STF 端子输入为 ON，变频器输出正转电源，当 SA2 开关闭合时，STR 端子输入为 ON，变频器输出反转电源，调节调速电位器 RP，端子 2 的输入电压发生变化，变频器输出电源频率也会发生变化，电动机转速随之变化，电压越高，频率越高，电动机转速就越快。变频器电压输入调速的操作过程见表 8-5。

图 8-29　变频器电压输入调速电路

表 8-5　变频器电压输入调速的操作过程

序号	操作说明	操作图
1	将电源开关闭合，给变频器通电，面板上的"EXT"灯亮，变频器处于外部运行模式，如果"EXT"灯未亮，可按"PU/EXT"键，使变频器进入外部运行模式	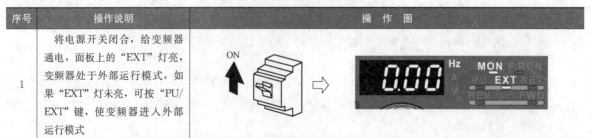

续表

序号	操作说明	操作图
2	将正转开关闭合，面板上的"FWD"灯亮，变频器输出正转电源	
3	顺时针转动旋钮（电位器）时，变频器输出频率上升，电动机转速变快	
	逆时针转动旋钮（电位器）时，变频器输出频率下降，电动机转速变慢，输出频率调到0时，FWD（正转）指示灯闪烁	
	将正转和反转开关都断开，变频器停止输出电源，电动机停转	

2. 电流输入调速电路与操作

图 8-30 所示为变频器电流输入调速电路，当 SA1 开关闭合时，STF 端子输入为 ON，变频器输出正转电源，当 SA2 开关闭合时，STR 端子输入为 ON，变频器输出反转电源，端子 4 为电流输入调速端，当电流从 4mA 变化到 20mA 时，变频器输出电源频率由 0 变化到 50Hz，AU 端为端子 4 功能选择，AU 输入为 ON 时，端子 4 用作 4～20mA 电流输入调速，此时端子 2 的电压输入调速功能无效。变频器电流输入调速的操作过程见表 8-6。

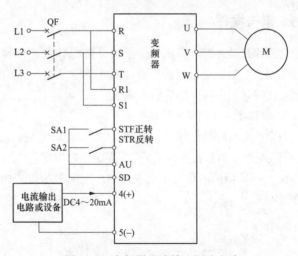

图 8-30 变频器电流输入调速电路

表 8-6　　　　　　　　　　　变频器电流输入调速的操作过程

序号	操作说明	操作图
1	将电源开关闭合，给变频器通电，面板上的"EXT"灯亮，变频器处于外部运行模式，如果"EXT"灯未亮，可按"PU/EXT"键，使变频器进入外部运行模式； 如果无法进入外部运行模式，应将参数 Pr.79 设为 2（外部运行模式）	

续表

序号	操作说明	操作图
2	将正转开关闭合，面板上的"FWD"灯亮，变频器输出正转电源	
3	让输入变频器端子 4 的电流增大，变频器输出频率上升，电动机转速变快，输入电流为 20mA 时，输出频率为 50Hz	
	让输入变频器端子 4 的电流减小，变频器输出频率下降，电动机转速变慢，输入电流为 4mA 时，输出频率为 0Hz，电动机停转，FWD 灯闪烁	
	将正转和反转开关都断开，变频器停止输出电源，电动机停转	

8.5.3 组合操作

组合操作又称外部/PU操作，是将外部操作和面板操作组合起来使用。这种操作方式使用灵活，既可以用面板上的按键控制正反转，用外部端子输入电压或电流来调速，也可以用外部端子连接的开关控制正反转，用面板上的旋钮来调速。

1. 面板启动运行外部电压调速的线路与操作

面板启动运行外部电压调速电路如图 8-31 所示，操作时将运行模式参数 Pr.79 的值设为 4（外部/PU 运行模式 2），然后按面板上的"FWD"或"REV"启动正转或反转，再调节电位器 RP，端子 2 输入电压在 0～5V 范围内变化，变频器输出频率则在 0～50Hz 范围内变化。面板启动运行外部电压调速的操作过程见表 8-7。

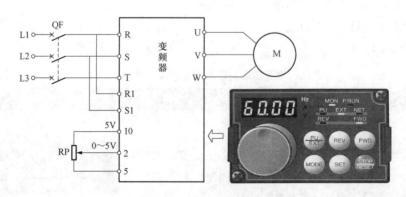

图 8-31 面板启动运行外部电压调速电路

表 8-7　　　　　　　　　　　　　面板启动运行外部电压调速的操作过程

序号	操作说明	操作图
1	将电源开关闭合，给变频器通电，将参数 Pr.79 的值设为 4，使变频器进入外部/PU 运行模式 2	
2	在面板上按"FWD"键，"FWD"灯闪烁，启动正转； 如果同时按"FWD"键和"REV"键，无法启动，运行时同时按两键，会减速至停止	
3	顺时针转动旋钮（电位器）时，变频器输出频率上升，电动机转速变快	
3	逆时针转动旋钮（电位器）时，变频器输出频率下降，电动机转速变慢，输出频率为 0 时，"FWD"灯闪烁	
	按面板上的"STOP/RESET"键，变频器停止输出电源，电动机停转，"FWD"灯熄灭	

2. 面板启动运行外部电流调速的线路与操作

面板启动运行外部电流调速电路如图 8-32 所示，操作时将运行模式参数 Pr.79 的值设为 4（外部/PU 运行模式 2），为了将端子 4 用作电流调速输入，需要 AU 端子输入为 ON，故将 AU 端子与 SD 端接在一起，然后按面板上的"FWD"或"REV"启动正转或反转，再让电流输出电路或设备输出电流，端子 4 输入直流电流在 4～20mA 范围内变化，变频器输出频率则在 0～50Hz 范围内变化。面板启动运行外部电流调速的操作过程见表 8-8。

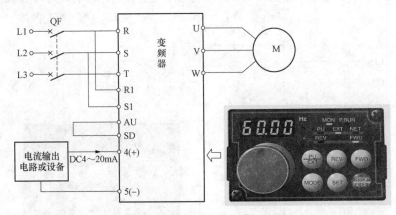

图 8-32　面板启动运行外部电流调速电路

表 8-8   面板启动运行外部电流调速的操作过程

序号	操作说明	操 作 图
1	将电源开关闭合，给变频器通电，将参数 Pr.79 的值设为 4，使变频器进入外部/PU 运行模式 2	ON
2	在面板上按"FWD"键，"FWD"灯闪烁，启动正转；如果同时按"FWD"键和"REV"键，则无法启动，运行时同时按两键，会减速至停止	(FWD) ((REV)) 闪烁
3	将变频器端子 4 的输入电流增大，变频器输出频率上升，电动机转速变快，输入电流为 20mA 时，输出频率为 50Hz	4mA→20mA
4	将变频器端子 4 的输入电流减小，变频器输出频率下降，电动机转速变慢，输入电流为 4mA 时，输出频率为 0Hz，电动机停转，FWD 灯闪烁	20mA→4mA 闪烁
5	按面板上的"STOP/RESET"键，变频器停止输出电源，电动机停转，"FWD"灯熄灭	STOP/RESET

3. 外部启动运行面板旋钮调速的线路与操作

外部启动运行面板旋钮调速的线路如图 8-33 所示，操作时将运行模式参数 Pr.79 的值设为 3（外部/PU 运行模式 1），将变频器 STF 或 STR 端子外接开关闭合启动正转或反转，然后调节面板上的旋钮，变频器输出频率则在 0～50Hz 范围内变化，电动机转速也随之变化。外部启动运行面板旋钮调速的操作过程见表 8-9。

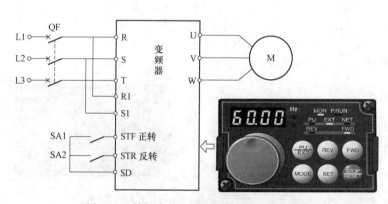

图 8-33   外部启动运行面板旋钮调速的线路

表 8-9 外部启动运行面板旋钮调速的操作过程

序号	操作说明	操作图
1	将电源开关闭合，给变频器通电，将参数 Pr.79 的值设为 3，使变频器进入外部/PU 运行模式 1	
2	将"正转"开关闭合，"FWD"灯闪烁，启动正转	
3	转动面板上的旋钮，设定变频器的输出频率，调到需要的频率后停止转动旋钮]，设定频率闪烁 5s	约闪烁 5s
4	在设定频率闪烁时按"SET"键，设定频率值与"F"交替显示，频率设置成功，变频器输出设定频率的电源驱动电动机运转	
5	将正转和反转开关都断开，变频器停止输出电源，电动机停转	

8.6 常用参数说明

变频器在工作时要受到参数的控制，在出厂时，这些参数已设置了初始值，对于一些要求不高的场合，可以不设置参数，让变频器各参数值保持初始值工作，但对于情况特殊要求高的场合，为了发挥变频器的最佳性能，必须对一些参数按实际情况进行设置。

变频器的参数可分为简单参数（也称基本参数）和扩展参数。简单参数是一些最常用的参数，数量少、设置频繁，用户尽量要掌握，简单参数及说明见表 8-10，扩展参数数量很多，通过设置扩展参数可让变频器能在各种场合下发挥良好的性能，扩展参数的功能说明可查看相应型号的变频器使用手册。

表 8-10 简单参数及说明

参数编号	名称	单位	初始值	范围	说　明
0	转矩提升	0.1%	6/4/3/2/1%	0~30%	U/f 控制时，想进一步提高启动时的转矩，在负载后电动机不转，输出报警（OL），在（OC1）发生跳闸的情况下使用； 初始值因变频器的容量不同而不同 （0.4K，0.75K/1.5K～3.7K/5.5K，7.5K/11K～55K/75K 以上）

续表

参数编号	名称	单位	初始值	范围	说　明
1	上限频率	0.01Hz	120/60Hz	0～120Hz	想设置输出频率的上限的情况下进行设定； 初始值根据变频器容量不同而不同 （55K以下/75K以上）
2	下限频率	0.01Hz	0Hz	0～120Hz	想设置输出频率的下限的情况下进行设定
3	基底频率	0.01Hz	50Hz	0～400Hz	按电动机的额定铭牌进行确认
4	3速设定（高速）	0.01Hz	50Hz	0～400Hz	
5	3速设定（中速）	0.01Hz	30Hz	0～400Hz	想用参数设定运转速度，用端子切换速度的时候进行设定
6	3速设定（低速）	0.01Hz	10Hz	0～400Hz	
7	加速时间	0.1s	5s/15s	0～3600s	可以设定加减速时间； 初始值根据变频器的容量不同而不同 （7.5K以下/11K以上）
8	减速时间	0.1s	5s/15s	0～3600s	
9	电子过电流保护器	0.01/0.1A	变频器额定输出电流	0～500/0～3600A	用变频器对电动机进行热保护； 设定电动机的额定电流； 单位范围根据变频器容量不同而不同 （55K以下/75K以上）
79	运行模式选择	1	0	0，1，2，3，4，6，7	选择启动指令场所和频率设定场所
125	端子2频率设定增益频率	0.01Hz	50Hz	0～400Hz	电位器最大值（5V初始值）对应的频率
126	端子4频率设定增益频率	0.01Hz	50Hz	0～400Hz	电流最大输入（20mA初始值）对应的频率
160	用户参数组读取选择	1	0	0，1，9999	可以限制通过操作面板或参数单元读取的参数

8.6.1　用户参数组读取选择参数

　　三菱FR-A740型变频器有几百个参数，为了设置时查找参数快速方便，可用Pr.160参数来设置操作面板显示器能显示出来的参数，比如设置Pr.160＝9999，面板显示器只会显示简单参数，无法查看到扩展参数。

　　用户参数组读取选择参数说明见表8-11。

表8-11　　　　　　　　　　　　　用户参数组读取选择参数说明

参数号	名称	初始值	设定范围	说　明
160	用户参数组读出选择	0	9999	仅能够显示简单模式参数
			0	能够显示简单模式参数＋扩展模式参数
			1	仅能够显示在用户参数组登记的参数

8.6.2　运行模式选择参数

　　操作变频器主要有PU（面板）操作、外部（端子）操作和PU/外部操作，在使用不同的操作方式时，需要让变频器进入相应的运行模式。参数Pr.79用于设置变频器的运行模式，比如设置Pr.79＝1，变频器进入固定PU运行模式，无法通过面板"PU/EXT"键切换到外部运行模式。

　　运行模式选择参数说明见表8-12。

表 8-12   运行模式选择参数说明

参数编号	名称	初始值	设定范围	说　明	
79	运行模式选择	0	0	外部/PU 切换模式中（通过 $\boxed{\frac{PU}{EXT}}$ 键可以切换 PU 与外部运行模式；电源投入时为外部运行模式	
			1	PU 运行模式固定	
			2	外部运行模式固定；可以切换外部和网络运行模式	
			3	外部/PU 组合运行模式 1	
				运行频率	启动信号
				用 PU（FR-DU07/FR-PU04-CH）设定或外部信号输入（多段速设定，端子 4-5 间，AU 信号 ON 时有效）	外部信号输入（端子 STF，STR）
			4	外部/PU 组合运行模式 2	
				运行频率	启动信号
				外部信号输入（端 2，4，1，JOG，多段速选择等）	在 PU（FR-DU07/FR-PU04-CH）输入（$\boxed{FWD}$，$\boxed{REV}$）
			6	切换模式，可以一边继续运行状态，一边实施 PU 运行，外部运行，网络运行的切换	
			7	外部运行模式（PU 操作互锁）X12 信号 ON[①] 可切换到 PU 运行模式（正在外部运行时输出停止）X12 信号 OFF[①] 禁止切换到 PU 运行模式	

[①] 对于 X12 信号（PU 运行互锁信号）输入所使用的端子，请通过将 Pr. 178～Pr. 189（输入端子功能选择）设定为 "12" 来进行功能的分配。未分配 X12 信号时，MRS 信号的功能从 MRS（输出停止）切换为 PU 运行互锁信号。

8.6.3　转矩提升参数

如果电动机施加负载后不转动或变频器出现 OL（过载）、OC（过电流）而跳闸等情况下，可设置参数 Pr. 0 来提升转矩（转力）。转矩提升参数说明见表 8-13，输出电压与输出频率关系曲线如图 8-34 所示。提升转矩是在变频器输出频率低时提高输出电压，提供给电动机的电压升高，能产生较大的转矩带动负载。在设置参数时，带上负载观察电动机的动作，每次把 Pr. 0 值提高 1%（最多每次增加 10% 左右）。Pr. 46、Pr. 112 分别为第 2、3 转矩提升参数。

表 8-13   转矩提升参数说明

参数编号	名称	初始值		设定范围	说明
0	转矩提升	0.4K～0.75K	6%	0～30%	可以根据负载的情况，提高低频时电动机的启动转矩
		1.5K～3.7K	4%		
		5.5K～7.5K	3%		
		11K～55K	2%		
		75K 以上	1%		

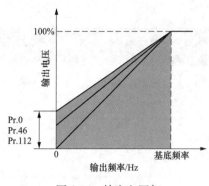

图 8-34 输出电压与
输出频率关系曲线

8.6.4 频率相关参数

变频器常用频率名称有设定（给定）频率、输出频率、基准频率、最高频率、上限频率、下限频率和回避频率等。

1. 设定频率

设定频率是指给变频器设定的运行频率。设定频率可由操作面板设定，也可由外部方式设定，其中外部方式又分为电压设定和电流设定。

（1）操作面板设定频率。操作面板设定频率是指用操作变频器面板上的旋钮来设置设定频率。

（2）电压设定频率。电压设定频率是指给变频器有关端子输入电压来设置设定频率，输入电压越高，设置的设定频率越高。电压设定可分为电位器设定、直接电压设定和辅助设定。电压设定频率方式如图 8-35 所示。

1）图 8-35（a）所示为电位器设定方式。给变频器 10、2、5 端子按图示方法接一个 1/2W 1kΩ 的电位器，通电后变频器 10 脚会输出 5V 或 10V 电压，调节电位器会使 2 脚电压在 0～5V 或 0～10V 范围内变化，设定频率就在 0～50Hz 之间变化。端子 2 输入电压由 Pr.73 参数决定，当 Pr.73＝1 时，端子 2 允许输入 0～5V，当 Pr.73＝0 时，端子允许输入 0～10V。

2）图 8-35（b）所示为直接电压设定方式。该方式是在 2、5 端子之间直接输入

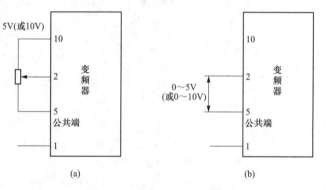

图 8-35 电压设定频率方式
（a）电位器设定；（b）直接电压设定

0～5V 或 0～10V 电压，设定频率就在 0～50Hz 之间变化。

3）端子 1 为辅助频率设定端，该端输入信号与主设定端输入信号（端子 2 或 4 输入的信号）叠加进行频率设定。

（3）电流设定频率。电流设定频率是指给变频器有关端子输入电流来设置设定频率，输入电流越大，设置的设定频率越高。电流设定频率方式如图 8-36 所示。要选择电流设定频率方式，需要将电流选择端子 AU 与 SD 端接通，然后给变频器端子 4 输入 4～20mA 的电流，设定频率就在 0～50Hz 之间变化。

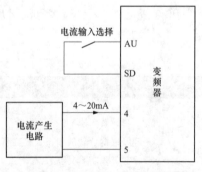

图 8-36 电流设定频率方式

2. 输出频率

变频器实际输出的频率称为输出频率。在给变频器设置设定频率后，为了改善电动机的运行性能，变频器会根据一些参数自动对设定频率进行调整而得到输出频率，因此输出频率不一定等于设定频率。

3. 基准频率

变频器最大输出电压所对应的频率称为基准频率，又称基底频率或基本频率，如图 8-37 所示。参数 Pr.3 用于设置基准频率，初始值为 50Hz，设置范围为 0～400Hz，基准频率一般设置与电动机的额定频率相同。

4. 上限频率和下限频率

上限频率是指不允许超过的最高输出频率；下限频率是指不允许超过的最低输出频率。

Pr. 1 参数用来设置输出频率的上限频率（最大频率），如果运行频率设定值高于该值，输出频率会钳在上限频率上。**Pr. 2 参数用来设置输出频率的下限频率（最小频率）**，如果运行频率设定值低于该值，输出频率会钳在下限频率上。这两个参数值设定后，输出频率只能在这两个频率之间变化。上限频率与下限频率参数功能如图 8-38 所示。

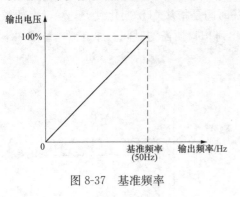

图 8-37 基准频率

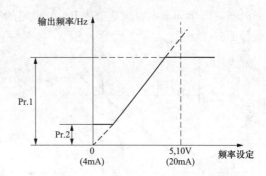

图 8-38 上限频率与下限频率参数功能

在设置上限频率时，一般不要超过变频器的最大频率，若超出最大频率，自动会以最大频率作为上限频率。

5. 回避频率

回避避率又称跳变频率，是指变频器禁止输出的频率。

任何机械都有自己的固有频率（由机械结构、质量等因素决定），当机械运行的振动频率与固有频率相同时，将会引起机械共振，使机械振荡幅度增大，可能导致机械磨损和损坏。为了防止共振给机械带来的危害，可给变频器设置禁止输出的频率，避免这些频率在驱动电动机时引起机械共振。

回避频率设置参数有 Pr. 31、Pr. 32、Pr. 33、Pr. 34、Pr. 35、Pr. 36，这些参数可设置 3 个可跳变的频率区域，每两个参数设定一个跳变区域。 回避频率参数功能如图 8-39 所示，变频器工作时不会输出跳变区内的频率，当设定频率在跳变区频率范围内时，变频器会输出低参数号设置的频率。比如当设置 Pr. 33＝35Hz、Pr. 34＝30Hz 时，变频器不会输出 30～35Hz 范围内的频率，若设定的频率在这个范围内，变频器会输出低号参数 Pr. 33 设置的频率（35Hz）。

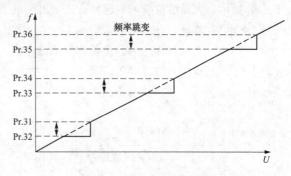

图 8-39 回避频率参数功能

8.6.5 启动、加减速控制参数

与启动、加减速控制有关的参数主要有启动频率、加减速时间、加减速方式。

1. 启动频率

启动频率是指电动机启动时的频率。 启动频率可以从 0Hz 开始，但对于惯性较大或摩擦力较大的负载，为了更容易启动，可设置合适的启动频率以增大启动转矩。

Pr. 13 参数用来设置电动机启动时的频率。 如果启动频率较设定频率高，电动机将无法启动。启动频率参数功能如图 8-40 所示。

2. 加、减速时间

加速时间是指输出频率从 **0Hz** 上升到基准频率所需的时间。加速时间越长，启动电流越小，启动越平缓，对于频繁启动的设备，加速时间要求短些，对惯性较大的设备，加速时间要求长些。**Pr.7** 参数用于设置电动机加速时间，**Pr.7** 的值设置越大，加速时间越长。

减速时间是指从输出频率由基准频率下降到 **0Hz** 所需的时间。**Pr.8** 参数用于设置电动机减速时间，**Pr.8** 的值设置越大，减速时间越长。

Pr.20 参数用于设置加、减速基准频率。Pr.7 设置的时间是指从 0Hz 变化到 Pr.20 设定的频率所需的时间，Pr.8 设置的时间是指从 Pr.20 设定的频率变化到 0Hz 所需的时间。加、减速基准频率参数功能如图8-41 所示。

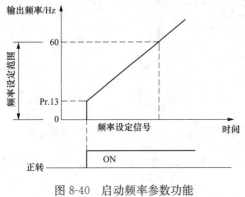

图 8-40　启动频率参数功能

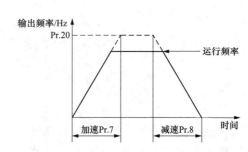

图 8-41　加、减速基准频率参数功能

3. 加、减速方式

为了适应不同机械的启动停止要求，可给变频器设置不同的加、减速方式。加、减速方式主要有 3 种，由 **Pr.29** 参数设定。

(1) 直线加/减速方式（Pr.29＝0）。这种方式的加、减速时间与输出频率变化正比关系，如图 8-42（a）所示，大多数负载采用这种方式，出厂设定为该方式。

(2) S 形加/减速 A 方式（Pr.29＝1）。这种方式是开始和结束阶段，升速和降速比较缓慢，如图 8-42（b）所示，电梯、传送带等设备常采用该方式。

(3) S 形加/减速 B 方式（Pr.29＝2）。这种方式是在两个频率之间提供一个 S 形加/减速 A 方式，如图 8-42（c）所示，该方式具有缓和振动的效果。

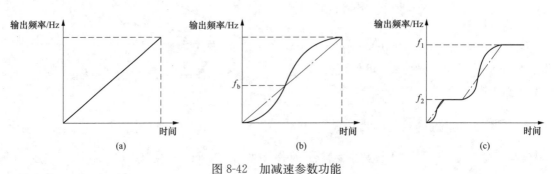

图 8-42　加减速参数功能
(a) Pr.29＝0；(b) Pr.29＝1；(c) Pr.29＝2

8.6.6　点动控制参数

点动控制参数包括点动运行频率参数（Pr.15）和点动加、减速时间参数（Pr.16），如图 8-43

所示。

  Pr. 15 参数用于设置点动状态下的运行频率。当变频器在外部操作模式时，用输入端子选择点动功能（接通 JOG 和 SD 端子即可）；当点动信号 ON 时，用启动信号（STF 或 STR）进行点动运行；在 PU 操作模式时用操作面板上的 FWD 或 REV 键进行点动操作。

  Pr. 16 参数用来设置点动状态下的加、减速时间。

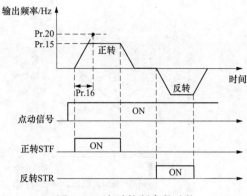

图 8-43 点动控制参数功能

8.6.7 瞬时停电再启动参数

  瞬时停电再启动功能的作用是当电动机由工频切换到变频供电或瞬时停电再恢复供电时，保持一段自由运行时间，然后变频器再自动启动进入运行状态，从而避免重新复位再启动操作，保证系统连续运行。

  当需要启用瞬时停电再启动功能时，须将 CS 端子与 SD 端子短接。设定瞬时停电再启动功能后，变频器的 IPF 端子在发生瞬时停电时不动作。瞬时停电再启动功能参数见表 8-14。

表 8-14   瞬时停电再启动功能参数

参数	功能	出厂设定	设置范围	说　明
Pr. 57	再启动自由运行时间	9999	0	0.5s（0.4~1.5K），1.0s（2.2K~7.5K），3.0s（11K 以上）
			0.1~5s	瞬时停电再恢复后变频器再启动前的等待时间；根据负荷的转动惯量和转矩，该时间可设定在 0.1~5s 之间
			9999	无法启动
Pr. 58	再启动上升时间	1.0s	0~60s	通常可用出厂设定运行，也可根据负荷（转动惯量，转矩）调整这些值
Pr. 162	瞬停再启动动作选择	0	0	频率搜索开始；检测瞬时掉电后开始频率搜索
			1	没有频率搜索；电动机以自由速度独立运行，输出电压逐渐升高，而频率保持为预测值
Pr. 163	再启动第一缓冲时间	0s	0~20s	通常可用出厂设定运行，也可根据负荷（转动惯量，转矩）调整这些值
Pr. 164	再启动第一缓冲电压	0%	0~100%	
Pr. 165	再启动失速防止动作水平	150%	0~200%	

8.6.8 负载类型选择参数

  当变频器配接不同负载时，要选择与负载相匹配的输出特性（U/f 特性）。负载类型选择参数（**Pr. 14**）用来设置适合负载的类型，如图 8-44 所示。

  当 Pr. 14＝0 时，变频器输出特性适用恒转矩负载，如图 8-44（a）所示。

  当 Pr. 14＝1 时，变频器输出特性适用变转矩负载（二次方律负载），如图 8-44（b）所示。

  当 Pr. 14＝2 时，变频器输出特性适用提升类负载（势能负载），正转时按 Pr. 0 提升转矩设定值，反转时不提升转矩，如图 8-44（c）所示。

  当 Pr. 14＝3 时，变频器输出特性适用提升类负载（势能负载），反转时按 Pr. 0 提升转矩设定值，正转时不提升转矩，如图 8-44（d）所示。

8.6.9 MRS 端子输入选择参数

  MRS 端子输入选择参数（**Pr. 17**）用来选择 MRS 端子的逻辑，如图 8-45 所示。当 Pr. 17＝0 时，

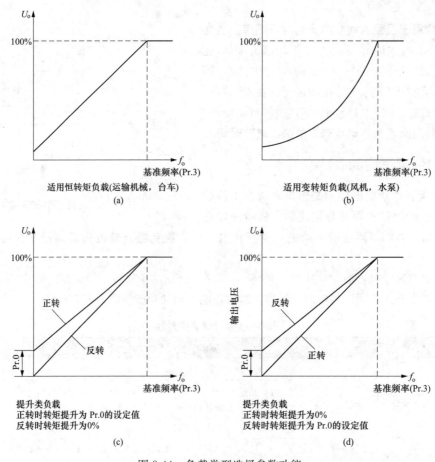

图 8-44　负载类型选择参数功能

（a）Pr. 14＝0；（b）Pr. 14＝1；（c）Pr. 14＝2；（d）Pr. 14＝3

MRS端子外接常开触点闭合后变频器停止输出；当 Pr. 17＝2 时，MRS端子外接常闭触点断开后变频器停止输出。

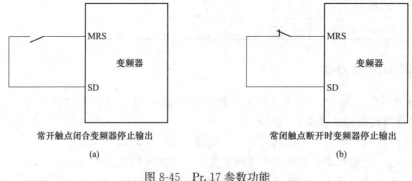

图 8-45　Pr. 17 参数功能

（a）Pr. 17＝0；（b）Pr. 17＝2

8.6.10　禁止写入和逆转防止参数

禁止写入和逆转防止参数说明见表 8-15。**Pr. 77 参数用于设置参数写入允许或禁止，可以防止参数被意外改写。Pr. 78 参数用来设置禁止电动机反转，如泵类设备。**

表 8-15 禁止写入和逆转防止参数说明

参数号	名称	初始值	设定范围	说　明
Pr.77	参数写入选择	0	0	仅限于停止中可以写入
			1	不可写入参数
			2	在所有的运行模式下，不管状态如何都能够写入
Pr.78	反转防止选择	0	0	正转、反转都允许
			1	不允许反转
			2	不允许正转

8.6.11 高、中、低速设置参数

高、中、低速设置参数说明见表 8-16。**Pr.4（高速）、Pr.5（中速）、Pr.6（低速）分别用于设置 RH、RM、RL 端子输入为 ON 时的输出频率。**

表 8-16 高、中、低速设置参数说明

参数号	名称	初始值	设定范围	说　明
Pr.4	多段速度设定（高速）	50Hz	0～400Hz	设定仅 RH 为 ON 时的频率
Pr.5	多段速度设定（中速）	30Hz	0～400Hz	设定仅 RM 为 ON 时的频率
Pr.6	多段速度设定（低速）	10Hz	0～400Hz	设定仅 RL 为 ON 时的频率

8.6.12 电子过流保护参数

电子过流保护参数用于设定变频器的额定输出电流，防止电动机因电流大而过热。电子过流保护参数参数说明见表 8-17。

表 8-17 电子过流保护参数说明

参数号	名称	初始值	设定范围		说　明
Pr.9	电子过电流保护	变频器额定电流[①]	55K 以下	0～500A	设定电动机额定电流
			75K 以上	0～3600A	

① 0.4K，0.75K 应设定为变频器额定电流的 85%。

在设置电子过流保护参数时要注意以下几点。

（1）当参数值设定为 0 时，电子过电流保护（电动机保护功能）无效，但变频器输出晶体管保护功能有效。

（2）当变频器连接 2 台或 3 台电动机时，电子过电流保护功能不起作用，请给每台电动机安装外部热继电器。

（3）当变频器和电动机容量相差过大和设定过小时，电子过电流保护特性将恶化，在此情况下，请安装外部热继电器。

（4）特殊电动机不能用电子过电流保护，请安装外部热继电器。

（5）当变频器连接一台电动机时，该参数一般设定为 1～1.2 倍的电动机额定电流。

8.6.13 端子 2、4 设定增益频率参数

端子 2、4 设定增益频率参数说明见表 8-18。**Pr.125 用于设置变频器端子 2 最高输入电压对应的频率，Pr.126 用于设置变频器端子 4 最大输入电流对应的频率。**

表 8-18　　　　　　　　　　　端子 2、4 设定增益频率参数说明

参数编号	名称	单位	初始值	范围	说　明
125	端子 2 频率设定增益频率	0.01Hz	50Hz	0～400Hz	电位器最大值（5V 初始值）对应的频率
126	端子 4 频率设定增益频率	0.01Hz	50Hz	0～400Hz	电流最大输入（20mA 初始值）对应的频率

Pr.125 默认值为 50Hz 表示当端子 2 输入最高电压（5V 或 10V）时，变频器输出频率为 50Hz，Pr.126 默认值为 50Hz 表示当端子 4 输入最大电流（20mA）时，变频器输出频率为 50Hz。若将 Pr.125 值设为 40，那么端子 2 输入 0～5V 时，变频器输出频率为 0～40Hz。

8.7　三菱 FR-700 与 FR-500 系列变频器特点与异同比较

三菱变频器有 FR-500 和 FR-700 两个系列，**FR-700 系列是从 FR-500 系列升级而来的，故 FR-700 与 FR-500 系列变频器的接线端子功能及参数功能大多数是相同的**，不管先掌握哪个系列变频器的使用，只要再学习两者的不同，就能很快掌握另一个系列的变频器。

8.7.1　三菱 FR-700 系列变频器的特点说明

三菱 FR-700 系列变频器又可分为 FR-A700、FR-F700、FR-E700、FR-D700 和 FR-L700 系列，各系列变频器的特点说明见表 8-19。

表 8-19　　三菱 FR-A700、FR-F700、FR-E700、FR-D700、FR-L700 各系列变频器的特点说明

系列	外型	说　明
FR-A700		A700 产品适合于各类对负载要求较高的设备，如起重、电梯、印包、印染、材料卷取及其他通用场合。 A700 产品具有高水准的驱动性能。 ◆ 具有独特的无传感器矢量控制模式，在不需要采用编码器的情况下可以使各式各样的机械设备在超低速区域高精度的运转； ◆ 带转矩控制模式，并且在速度控制模式下可以使用转矩限制功能； ◆ 具有矢量控制功能（带编码器），变频器可以实现位置控制和快响应、高精度的速度控制（零速控制，伺服锁定等）及转矩控制
FR-F700		F700 产品除了应用在很多通用场合外，特别适用于风机、水泵、空调等行业。 (1) F700 产品具有先进丰富的功能。 ◆ 除了具备与其他变频器相同的常规 PID 控制功能外，扩充了多泵控制功能。 (2) F700 产品具有良好的节能效果。 ◆ 具有最佳励磁控制功能，除恒速时可以使用之外，在加减速时也可以起作用，可以进一步优化节能效果； ◆ 新开发的节能监视功能、可以通过操作面板、输出端子（端子 CA，AM）和通信来确认节能效果，节能效果一目了然

续表

系列	外型	说　明
FR-E700		E700 产品为可实现高驱动性能的经济型产品，其价格相对较低。 E700 产品具有良好的驱动性能： ◆ 具有多种磁通矢量控制方式：在 0.5Hz 情况下，使用先进磁通矢量控制模式可以使转矩提高到 200（3.7kW 以下）； ◆ 短时超载增加到 200 时允许持续时间为 3s，误报警将更少发生，经过改进的限转矩及限电流功能可以为机械提供必要的保护
FR-D700		D700 产品为多功能、紧凑型产品。 ◆ 具有通用磁通矢量控制方式：在 1Hz 情况下，可以使转矩提高到 150％扩充浮辊控制和三角波功能； ◆ 带安全停止功能，实现紧急停止有两种方法：①通过控制 MC 接触器来切断输入电源；②对变频器内部逆变模块驱动回路进行直接切断，以符合欧洲标准的安全功能，目的是节约设备投入
FR-L700		L700 产品拥有先进的控制模式，能广泛应用于各种专业用途，特别适用于印刷包装、线缆/材料、纺织印染、橡胶轮胎、物流机械等行业。 ◆ 具有高标准的驱动性能，进行无传感器矢量控制时，可以驱动不带编码器的普通电动机，实现高精度控制和高响应速度； ◆ 高精度转矩控制（使用在线自动调整时），可以减小运行时由于电动机温度变化而导致的电动机转子参数变动所造成的影响，该功能尤其适用于需要进行张力控制的机械，如拉丝机、造纸、印刷等； ◆ 内置张力控制功能。特别添加了收/放卷的张力控制功能，可实现速度张力控制、转矩张力控制、恒张力控制等多种控制方式； ◆ 内置 PLC 编程功能，降低成本、结构简化，取代 PLC 主机＋I/O＋模拟量＋变频器的经济型配置，特别适合小设备的简易应用，便于安装调试及维护

8.7.2　三菱 FR-A700、FR-F700、FR-E700、FR-D700、FR-L700 系列变频器异同比较

三菱 FR-A700、FR-F700、FR-E700、FR-D700、FR-L700 系列变频器异同比较见表 8-20。

表 8-20　　三菱 FR-A700、FR-F700、FR-E700、FR-D700、FR-L700 系列变频器异同比较

项目		FR-A700	FR-L700	FR-F700	FR-E700	FR-D700
容量范围	三相 200V	0.4K～90K	—	0.75K～110K	0.1K～15K	0.1K～15K
	三相 400V	0.4K～500K	0.75K～55K	0.75K～S630K	0.4K～15K	0.4K～15K
	单相 200V	—	—	—	0.1K～2.2K	0.1K～2.2K

续表

项目		FR-A700	FR-L700	FR-F700	FR-E700	FR-D700
控制方式		U/f控制、先进磁通矢量控制、无传感器矢量控制、矢量控制（需选件 FR-A7AP/FR-A7AL）	U/f控制、先进磁通矢量控制、无传感器矢量控制、矢量控制（需选件 FR-A7AP/FR-A7AL）	U/f控制、最佳励磁控制、简易磁通矢量控制	U/f控制、先进磁通矢量控制、通用磁通矢量控制、最佳励磁控制	U/f控制、通用磁通矢量控制、最佳励磁控制
转矩限制		○	○	×	○	×
内置制动晶体管		0.4K～22K	0.75K～22K	—	0.4K～15K	0.4K～7.5K
内置制动电阻		0.4K～7.5K	0.75K～22K	—	—	—
限时停电	再启动功能	有频率搜索方式	有频率搜索方式	有频率搜索方式	有频率搜索方式	有频率搜索方式
	停电时继续	○	○	○	○	○
	停电时减速	○	○	○	○	○
运行特性	多段速	15速	15速	15速	15速	15速
	极性可逆	○	○	○	×	×
	PID控制	○	△（仅张力控制 PID）	○	○	○
	工频运行切换功能	○	○	○	×	×
	制动序列功能	○	×	×	×	×
	高速频率控制	○	×	×	×	×
	挡块定位控制	○	×	×	○	×
	输出电流检测	○	○	○	○	○
	冷却风扇 ON-OFF 控制	○	○	○	○	○
	异常时再试功能	○	○	○	○	○
	再生回避功能	○	○	○	○	○
	零电流检测	○	○	○	○	○
	机械分析器	○	○	×	×	×
	其他功能	最短加减速、最佳加减速、升降机模式、节电模式	张力控制、内置 PLC 编程功能	节电模式、最佳励磁控制	最短加减速、节电模式、最佳励磁控制	节电模式、最佳励磁控制
操作面板，参数单元	标准配置	FR-DU07	FR-DU07	FR-DU07	操作面板固定	操作面板固定
	拷贝功能	○	○	○	×	×
	FR-PU04	△（参数不能复制）	△（参数不能复制）	△（参数不能复制）	△（参数不能复制）	△（参数不能复制）
	FR-DU04	△（参数不能复制）	△（参数不能复制）	△（参数不能复制）	△（参数不能复制）	△（参数不能复制）
	FR-PU07	○（可保存3台变频器参数）	○（可保存3台变频器参数）	○（可保存3台变频器参数）	○（可保存3台变频器参数）	○（可保存3台变频器参数）
	FR-DU07	○（参数能复制）	○（参数能复制）	○（参数能复制）	○（参数能复制）	×
	FR-PA07	△（有些功能不能使用）	△（有些功能不能使用）	△（有些功能不能使用）	○（参数能复制）	○（参数能复制）

项目		FR-A700	FR-L700	FR-F700	FR-E700	FR-D700
通信	RS-485	○标准2个	○标准2个	○标准2个	○标准1个	○标准1个
	Modbus-RTU	○	○	○	○	○
	CC-Link	○(选件 FR-A7NC)	○(选件 FR-A7NC)	○(选件 FR-A7NC)	○(选件 FR-A7NC E kit)	
	PROFIBUS-DP	○(选件 FR-A7NP)	○(选件 FR-A7NP)	○(选件 FR-A7NP)	○(选件 FR-A7NP E kit)	
	Device Net	○(选件 FR-A7ND)	○(选件 FR-A7ND)	○(选件 FR-A7ND)	○(选件 FR-A7ND E kit)	
	LONWORKS	○(选件 FR-A7NL)	○(选件 FR-A7NL)	○(选件 FR-A7NL)	○(选件 FR-A7NL E kit)	
	USB	○	×	—	○	—
构造	控制电路端子	螺丝式端子	螺丝式端子	螺丝式端子	螺丝式端子	压接式端子
	主电路端子	螺丝式端子	螺丝式端子	螺丝式端子	螺丝式端子	螺丝式端子
	控制电路电源与主电路分开	○	○	○	×	×
	冷却风扇更换方式	○(风扇位于变频器上部)	○(风扇位于变频器上部)	○(风扇位于变频器上部)	○(风扇位于变频器上部)	○(风扇位于变频器上部)
	可脱卸端子排	○	○	○	○	×
	内置EMC滤波器	○	○	△(55kW以下不带)		
	内置选件	可插3个不同性能的选件卡	可插3个不同性能的选件卡	可插1个选件卡	可插1个选件卡	—
	设置软件	FR Configurator (FR-SW3、FR-SW2)	FR Confignrator (FR-SW3、FR-SW2)	FR Confignrator (FR-SW3、FR-SW2)	FR Configurator (FR-SW3)	FR Configurator (FR-SW3)
高次谐波对策	交流电抗器	○(选件)	○(选件)	○(选件)	○(选件)	○(选件)
	直流电抗器	○(选件,75K以上标准配备)	○(选件)	○(选件,75K以上标准配备)	○(选件)	○(选件)
	高功率因数变流器	○(选件)	○(选件)	○(选件)	○(选件)	○(选件)

注　○—支持该功能；×—不支持该功能；△—支持该部件，但参数不可拷贝；——无此部件。

8.7.3　三菱 FR-A500 系列变频器的接线图与端子功能说明

三菱 FR-500 是 FR-700 的上一代变频器，社会拥有量也非常大，其端子功能接线与 FR-700 大同小异。图 8-46 所示为最有代表性的三菱 FR-A500 系列变频器的接线图，其主回路端子功能说明见表 8-21，控制回路端子功能说明见表 8-22。

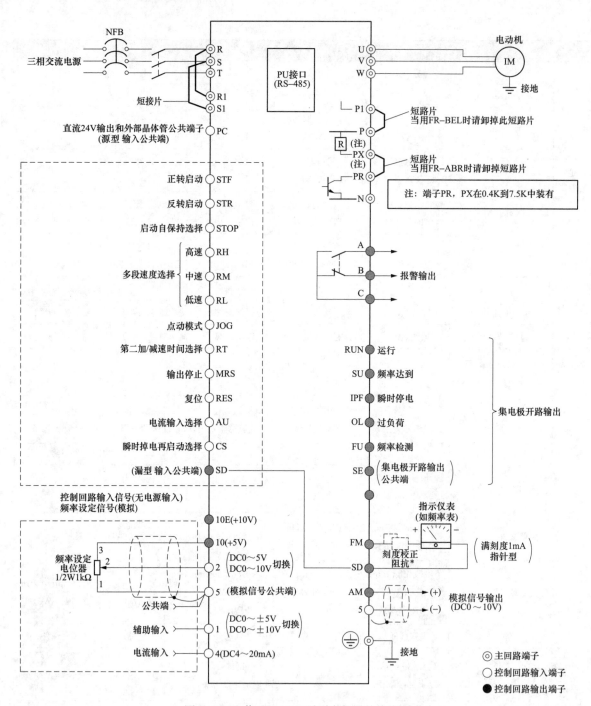

图 8-46 三菱 FR-A500 系列变频器的接线图

表 8-21 　　　　　　三菱 FR-A500 系列变频器的主回路端子功能说明

类型	端子记号	端子名称	说　　明
主回路	R、S、T	交流电源输入	连接工频电源；当使用高功率因数转换器时，确保这些端子不连接（FR-HC）
	U、V、W	变频器输出	接三相型电动机
	R1、S1	控制回路电源	与交流电源端子 R、S 连接；在保持异常显示和异常输出时或当使用高功率因数转换器时（FR-HC）时，请拆下 R-R1 和 S-S1 之间的短路片，并提供外部电源到此端子

类型	端子记号	端子名称	说　明
主回路	P、PR	连接制动电阻器	拆开端子 PR-PX 之间的短路片，在 P-PR 之间连接选件制动电阻器（FR-ABR）
	P、N	连接制动单元	连接选件 FR-BU 型制动单元或电源再生单元（FR-RC）或高功率因数转换器（FR-HC）
	P、P1	连接改善功率因数 DC 电抗器	拆开端子 P-P1 间的短路片，连接选件改善功率因数用电抗器（FR-BEL）
	PR、PX	连接内部制动回路	用短路片将 PX-PR 间短路时（出厂设定）内部制动回路便生效（7.5K 以下装有）
	⏚	接地	变频器外壳接地用，必须接大地

表 8-22　　　　　　　　三菱 FR-A500 系列变频器的控制回路端子功能说明

类型		端子记号	端子名称	说　明	
输入信号	启动接点·功能设定	STF	正转启动	STF 信号处于 ON 便正转，处于 OFF 便停止；程序运行模式时为程序运行开始信号（ON 开始，OFF 静止）	当 STF 和 STR 信号同时处于 ON 时，相当于给出停止指令
		STR	反转启动	STR 信号 ON 为逆转，OFF 为停止	
		STOP	启动自保持选择	使 STOP 信号处于 ON，可以选择启动信号自保持	
		RH、RM、RL	多段速度选择	用 RH、RM 和 RL 信号的组合可以选择多段速度	输入端子功能选择（Pr.180~Pr.186）用于改变端子功能
		JOG	点动模式选择	JOG 信号 ON 时选择点动运行（出厂设定）；用启动信号（STF 和 STR）可以点动运行	
		RT	第 2 加/减速时间选择	RT 信号处于 ON 时选择第 2 加减速时间。设定了［第 2 力矩提升］［第 2U/f（基底频率）］时，也可以用 RT 信号处于 ON 时选择这些功能	
		MRS	输出停止	MRS 信号为 ON（20ms 以上）时，变频器输出停止。用电磁制动停止电动机时，用于断开变频器的输出	
		RES	复位	用于解除保护回路动作的保持状态，使端子 RES 信号处于 ON 在 0.1s 以上，然后断开	
		AU	电流输入选择	只在端子 AU 信号处于 ON 时，变频器才可用直流 4~20mA 作为频率设定信号	输入端子功能选择（Pr.180~Pr.186 用于改变端子功能）
		CS	瞬停电再启动选择	CS 信号预先处于 ON，瞬时停电再恢复时变频器便可自动启动，但用这种运行必须设定有关参数，因为出厂时设定为不能再启动	
		SD	公共输入端子（漏型）	接点输入端子和 FM 端子的公共端，直流 24V，0.1A（PC 端子）电源的输出公共端	
		PC	直流 24V 电源和外部晶体管公共端接点输入公共端（源型）	当连接晶体管输出（集电极开路输出），如可编程控制器时，将晶体管输出用的外部电源公共端接到这个端子时，可以防止因漏电引起的误动作，这端子可用于直流 24V，0.1A 电源输出。当选择源型时，这端子作为接点输入的公共端	

类型		端子记号	端子名称	说　明	
模拟	频率设定	10E	频率设定用电源	10VDC，容许负荷电流10mA	按出厂设定状态连接频率设定电位器时，与端子10连接。
		10		5VDC，容许负荷电流10mA	当连接到10E时，需改变端子2的输入规格
		2	频率设定（电压）	输入0～5VDC（或0～10VDC）时5V（10VDC）对应于为最大输出频率，输入输出成比例；用参数单元进行输入直流0～5V（出厂设定）和0～10VDC的切换；输入阻抗10kΩ，容许最大电压为直流20V	
		4	频率设定（电流）	DC4～20mA，20mA为最大输出频率，输入、输出成比例，只在端子AU信号处于ON时，该输入信号有效，输入阻抗250Ω，容许最大电流为30mA	
		1	辅助频率设定	输入0～±5VDC或0～±10VDC时，端子2或4的频率设定信号与这个信号相加；用参数单元进行输入0～±5VDC或0～±10VDC（出厂设定）的切换。输入阻抗10kΩ，容许电压±20VDC	
		5	频率设定公共端	频率设定信号（端子2、1或4）和模拟输出端子AM的公共端子，不要接大地	
输出信号	接点	A、B、C	异常输出	指示变频器因保护功能动作而输出停止的转换接点，AC200V 0.3A，30VDC 0.3A，异常时：B-C间不导通（A-C间导通），正常时：B-C间导通（A-C间不导通）	
	集电极开路	RUN	变频器正在运行	变频器输出频率为启动频率（出厂时为0.5Hz，可变更）以上时为低电平，正在停止或正在直流制动时为高电平。容许负荷为DC24V、0.1A	输出端子的功能选择通过（Pr.190～Pr.195）改变端子功能
		SU	频率到达	输出频率达到设定频率的±10%（出厂设定，可变更）时为低电平，正在加/减速或停止时为高电平。容许负荷为DC24V、0.1A	
		OL	过负荷报警	当失速保护功能动作时为低电平，失速保护解除时为高电平。空话负荷为DC24V、0.1A	
		IPF	瞬时停电	瞬时停电、电压不足保护动作时为低电平，容许负荷为DC24V、0.1A	
		FU	频率检测	输出频率为任意设定的检测频率以上时为低电平，以下时为高电平，容许负荷为DC 24V、0.1A	
		SE	集电极开路输出公共端	端子RUN、SU、OL、IPF、FU的公共端子	
	脉冲	FM	指示仪表用	可以从16种监示项目中选一种作为输出，例如输出频率，输出信号与监示项目的大小成比例	出厂设定的输出项目：频率容许负荷电流1mA，60Hz时1440脉冲/s
	模拟	AM	模拟信号输出		出厂设定的输出项目：频率输出信号0到DC 10V，容许负荷电流1mA
通讯	SR-485	—	PU接口	通过操作面板的接口，进行RS-485通信。 • 遵守标准：EIA RS-485标准； • 通信方式：多任务通信； • 通信速率：最大：19 200bit/s； • 最长距离：500m	

8.7.4　三菱 FR-500 与 FR-700 系列变频器的异同比较

三菱 FR-700 系列是以 FR-500 系列为基础升级而来的，因此两个系列有很多共同点，下面将三菱 FR-A500 与 FR-A700 系列变频器进行比较，这样在掌握 FR-A700 系列变频器后可以很快了解 FR-A500 系列变频器。

1. 总体比较

三菱 FR-500 与 FR-700 系列变频器的总体比较见表 8-23。

表 8-23　　　　　　　　　　三菱 FR-500 与 FR-700 系列变频器的总体比较

项目	FR-A500	FR-A700
控制系统	U/f 控制方式，先进磁通矢量控制	U/f 控制方式，先进磁通矢量控制，无传感器矢量控制
变更、删除功能	A700 系列对 Pr. 22、Pr. 60、Pr. 70、Pr. 72、Pr. 73、Pr. 76、Pr. 79、Pr. 117～124、Pr. 133、Pr. 160、Pr. 171、Pr. 173、Pr. 174、Pr. 240、Pr. 244、Pr. 900～Pr. 905、Pr. 991 进行了变更	
	A700 系列删除一些参数的功能：Pr. 175、Pr. 176、Pr. 199、Pr. 200、Pr. 201～210、Pr. 211～Pr. 220、Pr. 221～Pr. 230、Pr. 231	
	A700 系列增加了一些参数的功能：Pr. 178、Pr. 179、Pr. 187～Pr. 189、Pr. 196、Pr. 241～Pr. 243、Pr. 245～Pr. 247、Pr. 255～Pr. 260、Pr. 267～Pr. 269、Pr. 989 和 Pr. 288～Pr. 899 中的一些参数	
端子排	拆卸式端子排	拆卸式端子排、向下兼容（可以安装 A500 端子排）
PU	FR-PU04-CH，DU04	FR-PU07，DU07，不可使用 DU04（使用 FR-PU04-CH 时有部分制约）
内置选件	专用内置选件（无法兼容）	
	计算机连接，继电器输出选件 FR-A5NR	变频器主机内置（RS-485 端子，继电器输出 2 点）
安装尺寸	FR-A740-0.4K～7.5K，18.5K～55K，110K，160K，可以和同容量 FR-A540 安装尺寸互换，对于 FR-A740-11K、15K，需选用安装互换附件（FR-AAT）	

2. 端子比较

三菱 FR-A500 与 FR-A700 系列变频器的端子比较见表 8-24，从表中可以看出，两个系列变频器的端子绝大多数相同（阴影部分为不同）。

表 8-24　　　　　　　　三菱 FR-A500 与 FR-A700 系列变频器的端子比较

种类	A500（L）端子名称	A700 对应端子名称
主回路	R、S、T	R、S、T
	U、V、W	U、V、W
	R1、S1	R1、S1
	P/+、PR	P/+、PR
	P/+、N/−	P/+、N/−
	P/+、P1	P/+、P1
	PR、PX	PR、PX
	⏚	⏚

续表

种类		A500（L）端子名称	A700 对应端子名称
控制回路与输入信号	接点	STF	STF
		STR	STR
		STOP	STOP
		RH	RH
		RM	RM
		RL	RL
		JOG	JOG
		RT	RT
		AU	AU
		CS	CS
		MRS	MRS
		RES	RES
		SD	SD
		PC	PC
模拟量输入	频率设定	10E	10E
		10	10
		2	2
		4	4
		1	1
		5	5
控制回路输出信号	接点	A、B、C	A1、B1、C1、A2、B2、C2
	集电极开路	RUN	RUN
		SU	SU
		OL	OL
		IPF	IPF
		FU	FU
		SE	SE
	脉冲	FM	CA
	模拟	AM	AM
通信	RS-485	PU 口	PU 口
		---	RS-485 端子 TXD+，TXD-，RXD+，RXD-，SG
制动单元控制信号		CN8（75K 以上装备）	CN8（75K 以上装备）

3. 参数比较

三菱 FR-A500、FR-A700 系列变频器的大多数参数是相同的，在 FR-A500 系列参数的基础上，FR-A700 系列变更、增加和删除了一些参数，具体如下。

（1）变更的参数有：Pr. 22、Pr. 60、Pr. 70、Pr. 72、Pr. 73、Pr. 76、Pr. 79、Pr. 117～Pr. 124、Pr. 133、Pr. 160、Pr. 171、Pr. 173、Pr. 174、Pr. 240、Pr. 244、Pr. 900～Pr. 905、Pr. 991。

（2）增加的参数有：Pr. 178、Pr. 179、Pr. 187～Pr. 189、Pr. 196、Pr. 241～Pr. 243、Pr. 245～Pr. 247、Pr. 255～Pr. 260、Pr. 267～Pr. 269、Pr. 989 和 Pr. 288～Pr. 899 中的一些参数。

（3）删除的参数有：Pr. 175、Pr. 176、Pr. 199、Pr. 200、Pr. 201～Pr. 210、Pr. 211～Pr. 220、Pr. 221～Pr. 230、Pr. 231。

第9章

变频器的典型电路与参数设置

9.1 电动机正转控制电路与参数设置

变频器控制电动机正转是变频器最基本的功能。正转控制既可采用开关操作方式，也可采用继电器操作方式。在控制电动机正转时需要给变频器设置一些基本参数，具体见表 9-1。

表 9-1   变频器控制电动机正转的参数及设置值

参数名称	参数号	设置值
加速时间	Pr. 7	5s
减速时间	Pr. 8	3s
加减速基准频率	Pr. 20	50Hz
基底频率	Pr. 3	50Hz
上限频率	Pr. 1	50Hz
下限频率	Pr. 2	0Hz
运行模式	Pr. 79	2

9.1.1 开关操作式正转控制电路

开关操作式正转控制电路如图 9-1 所示，它是依靠手动操作变频器 STF 端子外接开关 SA，来对电动机进行正转控制。

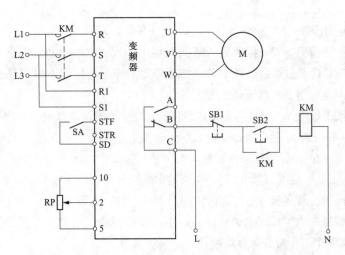

图 9-1 开关操作式正转控制电路

电路工作原理说明如下。

（1）启动准备。按下按钮 SB2→接触器 KM 线圈得电→KM 常开辅助触点和主触点均闭合→KM 常开辅助触点闭合锁定 KM 线圈得电（自锁），KM 主触点闭合为变频器接通主电源。

（2）正转控制。按下变频器 STF 端子外接开关 SA，STF、SD 端子接通，相当于 STF 端子输入正转控制信号，变频器 U、V、W 端子输出正转电源电压，驱动电动机正向运转。调节端子 10、2、5 外接电位器 RP，变频器输出电源频率会发生改变，电动机转速也随之变化。

（3）变频器异常保护。若变频器运行期间出现异常或故障，变频器 B、C 端子间内部等效的常闭开关断开，接触器 KM 线圈失电，KM 主触点断开，切断变频器输入电源，对变频器进行保护。

（4）停转控制。在变频器正常工作时，将开关 SA 断开，STF、SD 端子断开，变频器停止输出电源，电动机停转。

若要切断变频器输入主电源，可按下按钮 SB1，接触器 KM 线圈失电，KM 主触点断开，变频器输入电源被切断。

9.1.2 继电器操作式正转控制电路

继电器操作式正转控制电路如图 9-2 所示。

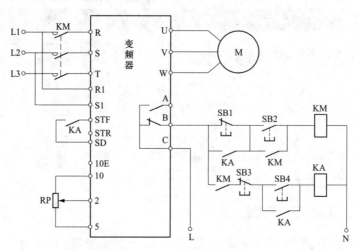

图 9-2　继电器操作式正转控制电路

电路工作原理说明如下。

（1）启动准备。按下按钮 SB2→接触器 KM 线圈得电→KM 主触点和两个常开辅助触点均闭合→KM 主触点闭合为变频器接通主电源，一个 KM 常开辅助触点闭合锁定 KM 线圈得电，另一个 KM 常开辅助触点闭合为中间继电器 KA 线圈得电做准备。

（2）正转控制。按下按钮 SB4→继电器 KA 线圈得电→3 个 KA 常开触点均闭合，一个常开触点闭合锁定 KA 线圈得电，一个常开触点闭合将按钮 SB1 短接，还有一个常开触点闭合将 STF、SD 端子接通，相当于 STF 端子输入正转控制信号，变频器 U、V、W 端子输出正转电源电压，驱动电动机正向运转。调节端子 10、2、5 外接电位器 RP，变频器输出电源频率会发生改变，电动机转速也随之变化。

（3）变频器异常保护。若变频器运行期间出现异常或故障，变频器 B、C 端子间内部等效的常闭开关断开，接触器 KM 线圈失电，KM 主触点断开，切断变频器输入电源，对变频器进行保护。同时继电器 KA 线圈也失电，3 个 KA 常开触点均断开。

（4）停转控制。在变频器正常工作时，按下按钮 SB3，KA 线圈失电，KA3 个常开触点均断开，其中一个 KA 常开触点断开使 STF、SD 端子连接切断，变频器停止输出电源，电动机停转。

在变频器运行时，若要切断变频器输入主电源，须先对变频器进行停转控制，再按下按钮 SB1，接触器 KM 线圈失电，KM 主触点断开，变频器输入电源被切断。如果没有对变频器进行停转控制，而直接去按 SB1，是无法切断变频器输入主电源的，这是因为变频器正常工作时 KA 常开触点已将 SB1 短接，断开 SB1 无效，这样做可以防止在变频器工作时误操作 SB1 切断主电源。

9.2 电动机正反转控制电路与参数设置

变频器不但轻易就能实现变频器控制电动机正转，控制电动机正反转也很方便。正反转控制也有开关操作方式和继电器操作方式。在控制电动机正反转时也要给变频器设置一些基本参数，具体见表 9-2。

表 9-2　　　　　　　　　　变频器控制电动机正反转的参数及设置值

参数名称	参数号	设置值
加速时间	Pr. 7	5s
减速时间	Pr. 8	3s
加减速基准频率	Pr. 20	50Hz
基底频率	Pr. 3	50Hz
上限频率	Pr. 1	50Hz
下限频率	Pr. 2	0Hz
运行模式	Pr. 79	2

9.2.1 开关操作式正反转控制电路

1. 控制电路

开关操作式正反转控制电路如图 9-3 所示，它采用了一个三位开关 SA，SA 有"正转""停止"和"反转"3 个位置。

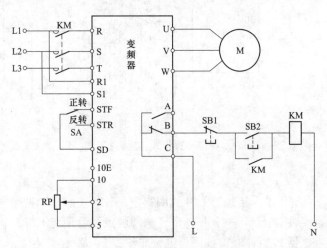

图 9-3　开关操作式正反转控制电路

2. 电路工作原理说明

（1）启动准备。按下按钮 SB2→接触器 KM 线圈得电→KM 常开辅助触点和主触点均闭合→KM 常开辅助触点闭合锁定 KM 线圈得电（自锁），KM 主触点闭合为变频器接通主电源。

（2）正转控制。将开关 SA 拨至"正转"位置，STF、SD 端子接通，相当于 STF 端子输入正转控制信号，变频器 U、V、W 端子输出正转电源电压，驱动电动机正向运转。调节端子 10、2、5 外接电位器 RP，变频器输出电源频率会发生改变，电动机转速也随之变化。

（3）停转控制。将开关 SA 拨至"停转"位置（悬空位置），STF、SD 端子连接切断，变频器停止输出电源，电动机停转。

（4）反转控制。将开关 SA 拨至"反转"位置，STR、SD 端子接通，相当于 STR 端子输入反转控制信号，变频器 U、V、W 端子输出反转电源电压，驱动电动机反向运转。调节电位器 RP，变频器输出电源频率会发生改变，电动机转速也随之变化。

（5）变频器异常保护。若变频器运行期间出现异常或故障，变频器 B、C 端子间内部等效的常闭开关断开，接触器 KM 线圈失电，KM 主触点断开，切断变频器输入电源，对变频器进行保护。

若要切断变频器输入主电源，须先将开关 SA 拨至"停止"位置，让变频器停止工作，再按下按钮 SB1，接触器 KM 线圈失电，KM 主触点断开，变频器输入电源被切断。该电路结构简单，缺点是在变频器正常工作时操作 SB1 可切断输入主电源，这样易损坏变频器。

9.2.2 继电器操作式正反转控制电路

1. 控制电路

继电器操作式正反转控制电路如图 9-4 所示，该电路采用了 KA1、KA2 继电器分别进行正转和反转控制。

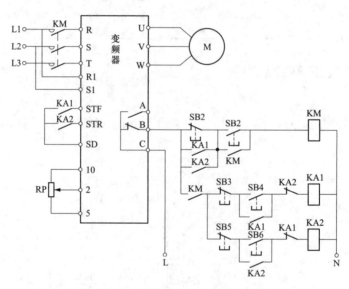

图 9-4 继电器操作式正反转控制电路

2. 电路工作原理说明

（1）启动准备。按下按钮 SB2→接触器 KM 线圈得电→KM 主触点和两个常开辅助触点均闭合→KM 主触点闭合为变频器接通主电源，一个 KM 常开辅助触点闭合锁定 KM 线圈得电，另一个 KM 常开辅助触点闭合为中间继电器 KA1、KA2 线圈得电做准备。

（2）正转控制。按下按钮 SB4→继电器 KA1 线圈得电→KA1 的 1 个常闭触点断开，3 个常开触点闭合→KA1 的常闭触点断开使 KA2 线圈无法得电，KA1 的 3 个常开触点闭合分别锁定 KA1 线圈得电、短接按钮 SB1 和接通 STF、SD 端子→STF、SD 端子接通，相当于 STF 端子输入正转控制信号，变频器 U、V、W 端子输出正转电源电压，驱动电动机正向运转。调节端子 10、2、5 外接电位器 RP，变频器输出电源频率会发生改变，电动机转速也随之变化。

（3）停转控制。按下按钮 SB3→继电器 KA1 线圈失电→3 个 KA 常开触点均断开，其中 1 个常开触点断开切断 STF、SD 端子的连接，变频器 U、V、W 端子停止输出电源电压，电动机停转。

（4）反转控制。按下按钮 SB6→继电器 KA2 线圈得电→KA2 的 1 个常闭触点断开，3 个常开触点闭合→KA2 的常闭触点断开使 KA1 线圈无法得电，KA2 的 3 个常开触点闭合分别锁定 KA2 线圈得电、短接按钮 SB1 和接通 STR、SD 端子→STR、SD 端子接通，相当于 STR 端子输入反转控制信号，变频器 U、V、W 端子输出反转电源电压，驱动电动机反向运转。

（5）变频器异常保护。若变频器运行期间出现异常或故障，变频器 B、C 端子间内部等效的常闭开关断开，接触器 KM 线圈失电，KM 主触点断开，切断变频器输入电源，对变频器进行保护。

若要切断变频器输入主电源，可在变频器停止工作时按下按钮 SB1，接触器 KM 线圈失电，KM 主触点断开，变频器输入电源被切断。由于在变频器正常工作期间（正转或反转），KA1 或 KA2 常开触点闭合将 SB1 短接，断开 SB1 无效，这样做可以避免在变频器工作时切断主电源。

9.3 工频/变频切换电路与参数设置

在变频调速系统运行过程中，如果变频器突然出现故障，这时若让负载停止工作可能会造成很大损失。为了解决这个问题，可给变频调速系统增设工频与变频切换功能，在变频器出现故障时自动将工频电源切换给电动机，以让系统继续工作。

9.3.1 变频器跳闸保护电路

1. 控制电路

变频器跳闸保护是指在变频器工作出现异常时切断电源，保护变频器不被损坏。 图 9-5 是一种常见的变频器跳闸保护电路。变频器 A、B、C 端子为异常输出端，A、C 之间相当于一个常开开关，B、C 之间相当一个常闭开关，在变频器工作出现异常时，A、C 接通，B、C 断开。

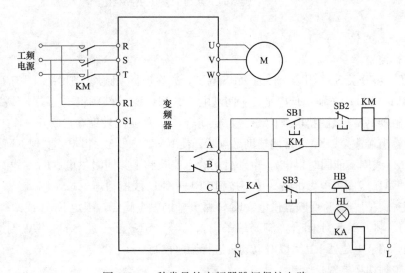

图 9-5 一种常见的变频器跳闸保护电路

2. 电路工作过程说明

（1）供电控制。按下按钮 SB1，接触器 KM 线圈得电，KM 主触点闭合，工频电源经 KM 主触点为变频器提供电源，同时 KM 常开辅助触点闭合，锁定 KM 线圈供电。按下按钮 SB2，接触器 KM 线圈失电，KM 主触点断开，切断变频器电源。

（2）异常跳闸保护。若变频器在运行过程中出现异常，A、C 之间闭合，B、C 之间断开。B、C 之间断开使接触器 KM 线圈失电，KM 主触点断开，切断变频器供电；A、C 之间闭合使继电器 KA 线圈得电，KA 触点闭合，振铃 HB 和报警灯 HL 得电，发出变频器工作异常声光报警。按下按钮 SB3，继电器 KA 线圈失电，KA 常开触点断开，HB、HL 失电，声光报警停止。

9.3.2 工频与变频切换电路

1. 控制电路

图 9-6 所示为一个典型的工频与变频切换控制电路。该电路在工作前需要先对一些参数进行设置。

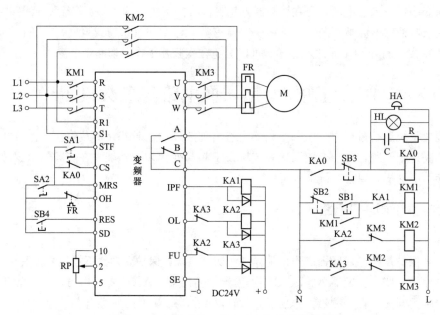

图 9-6 一个典型的工频与变频切换控制电路

2. 电路的工作过程说明

(1) 变频运行控制。

1) 启动准备。将开关 SA2 闭合，接通 MRS 端子，允许进行工频-变频切换。由于已设置 Pr.135＝1 使切换有效，IPF、FU 端子输出低电平，中间继电器 KA1、KA3 线圈得电。KA3 线圈得电→KA3 常开触点闭合→接触器 KM3 线圈得电→KM3 主触点闭合，KM3 常闭辅助触点断开→KM3 主触点闭合将电动机与变频器输出端连接；KM3 常闭辅助触点断开使 KM2 线圈无法得电，实现 KM2、KM3 之间的互锁（KM2、KM3 线圈不能同时得电），电动机无法由变频和工频同时供电。KA1 线圈得电→KA1 常开触点闭合，为 KM1 线圈得电做准备→按下按钮 SB1→KM1 线圈得电→KM1 主触点、常开辅助触点均闭合→KM1 主触点闭合，为变频器供电；KM1 常开辅助触点闭合，锁定 KM1 线圈得电。

2) 启动运行。将开关 SA1 闭合，STF 端子输入信号（STF 端子经 SA1、SA2 与 SD 端子接通），变频器正转启动，调节电位器 RP 可以对电动机进行调速控制。

(2) 变频—工频切换控制。

1) 当变频器运行中出现异常，异常输出端子 A、C 接通，中间继电器 KA0 线圈得电，KA0 常开触点闭合，振铃 HA 和报警灯 HL 得电，发出声光报警。与此同时，IPF、FU 端子变为高电平，OL 端子变为低电平，KA1、KA3 线圈失电，KA2 线圈得电。KA1、KA3 线圈失电→KA1、KA3 常开触点断开→KM1、KM3 线圈失电→KM1、KM3 主触点断开→变频器与电源、电动机断开。KA2 线圈得电→KA2 常开触点闭合→KM2 线圈得电→KM2 主触点闭合→工频电源直接提供给电动机（注：KA1、KA3 线圈失电与 KA2 线圈得电并不是同时进行的，有一定的切换时间，它与 Pr.136、Pr.137 设置有关）。

2）按下按钮 SB3 可以解除声光报警，按下按钮 SB4，可以解除变频器的保护输出状态。若电动机在运行时出现过载，与电动机串接的热继电器 FR 发热元件动作，使 FR 常闭触点断开，切断 OH 端子输入，变频器停止输出，对电动机进行保护。

9.3.3　参数设置

1. 工频与变频切换功能设置

工频与变频切换有关参数功能及设置值见表 9-3。

表 9-3　　　　　　　　　　　工频与变频切换有关参数功能及设置值

参数与设置值	功　能	设置值范围	说　　明
Pr.135 (Pr.135=1)	工频—变频切换选择	0	切换功能无效。Pr.136、Pr.137、Pr.138 和 Pr.139 参数设置无效
		1	切换功能有效
Pr.136 (Pr.136=0.3)	继电器切换互锁时间	0～100.0s	设定 KA2 和 KA3 动作的互锁时间
Pr.137 (Pr.137=0.5)	启动等待时间	0～100.0s	设定时间应比信号输入到变频器时到 KA3 实际接通的时间稍微长点（为 0.3～0.5s）
Pr.138 (Pr.138=1)	报警时的工频-变频切换选择	0	切换无效。当变频器发生故障时，变频器停止输出（KA2 和 KA3 断开）
		1	切换有效。当变频器发生故障时，变频器停止运行并自动切换到工频电源运行（KA2：ON，KA3：OFF）
Pr.139 (Pr.139=9999)	自动变频—工频电源切换选择	0～60.0Hz	当变频器输出频率达到或超过设定频率时，会自动切换到工频电源运行
		9999	不能自动切换

2. 部分输入/输出端子的功能设置

部分输入/输出端子的功能设置见表 9-4。

表 9-4　　　　　　　　　　部分输入/输出端子的功能设置

参数与设置值	功　能　说　明
Pr.185=7	将 JOG 端子功能设置成 OH 端子，用作过热保护输入端
Pr.186=6	将 CS 端子设置成自动再启动控制端子
Pr.192=17	将 IPF 端子设置成 KA1 控制端子
Pr.193=18	将 OL 端子设置成 KA2 控制端子
Pr.194=19	将 FU 端子设置成 KA3 控制端子

9.4　多挡速度控制电路与参数设置

变频器可以对电动机进行多挡转速驱动。在进行多挡转速控制时，需要对变频器有关参数进行设置，再操作相应端子外接开关。

9.4.1　多挡转速控制说明

变频器的 **RH、RM、RL** 为多挡转速控制端，**RH** 为高速挡，**RM** 为中速挡，**RL** 为低速挡。**RH、**

RM、RL 3 个端子组合可以进行 7 挡转速控制。 多挡转速控制说明如图 9-7 所示。

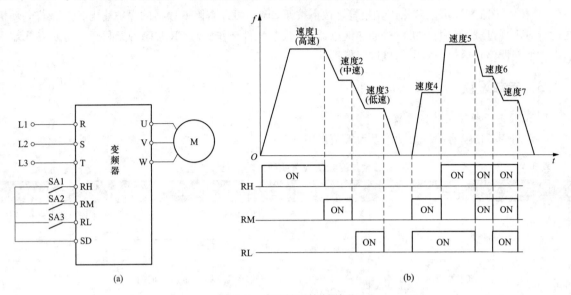

图 9-7 多挡转速控制说明

（a）多挡转速控制电路；（b）转速与多速控制端子通断关系

当开关 SA1 闭合时，RH 端与 SD 端接通，相当于给 RH 端输入高速运转指令信号，变频器马上输出频率很高的电源去驱动电动机，电动机迅速启动并高速运转（1 速）。

当开关 SA2 闭合时（SA1 需断开），RM 端与 SD 端接通，变频器输出频率降低，电动机由高速转为中速运转（2 速）。

当开关 SA3 闭合时（SA1、SA2 需断开），RL 端与 SD 端接通，变频器输出频率进一步降低，电动机由中速转为低速运转（3 速）。

当 SA1、SA2、SA3 均断开时，变频器输出频率变为 0Hz，电动机由低速转为停转。

SA2、SA3 闭合，电动机 4 速运转；SA1、SA3 闭合，电动机 5 速运转；SA1、SA2 闭合，电动机 6 速运转；SA1、SA2、SA3 闭合，电动机 7 速运转。

图 9-7（b）曲线中的斜线表示变频器输出频率由一种频率转变到另一种频率需经历一段时间，在此期间，电动机转速也由一种转速变化到另一种转速；水平线表示输出频率稳定，电动机转速稳定。

9.4.2 多挡转速控制参数的设置

多挡转速控制参数包括多挡转速端子选择参数和多挡运行频率参数。

1. 多挡转速端子选择参数

在使用 RH、RM、RL 端子进行多速控制时，先要通过设置有关参数使这些端子控制有效。多挡转速端子参数设置如下：

Pr.180=0，RL 端子控制有效；

Pr.181=1，RM 端子控制有效；

Pr.182=2，RH 端子控制有效。

以上某参数若设为 9999，则将该端设为控制无效。

2. 多挡运行频率参数

RH、RM、RL 3 个端子组合可以进行 7 挡转速控制，各挡的具体运行频率需要用相应参数设置。多挡运行频率参数设置见表 9-5。

表 9-5 多挡运行频率参数设置

参 数	速 度	出厂设定	设 定 范 围	备 注
Pr. 4	高速（速度 1）	60Hz	0～400Hz	
Pr. 5	中速（速度 2）	30Hz	0～400Hz	
Pr. 6	低速（速度 3）	10Hz	0～400Hz	
Pr. 24	速度 4	9999	0～400Hz，9999	9999：无效
Pr. 25	速度 5	9999	0～400Hz，9999	9999：无效
Pr. 26	速度 6	9999	0～400Hz，9999	9999：无效
Pr. 27	速度 7	9999	0～400Hz，9999	9999：无效

9.4.3 多挡转速控制电路

1. 控制电路

图 9-8 所示一个典型的多挡转速控制电路，它由主回路和控制回路两部分组成。该电路采用了 KA0～KA3 4 个中间继电器，其常开触点接在变频器的多挡转速控制输入端，电路还用了 SQ1～SQ3 3 个行程开关来检测运动部件的位置并进行转速切换控制。图 9-8 所示电路在运行前需要进行多挡转速控制参数的设置。

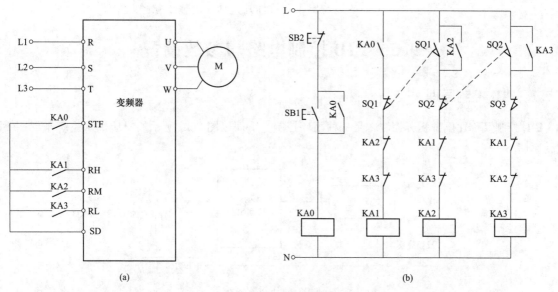

图 9-8 一个典型的多挡转速控制电路
(a) 主回路；(b) 控制回路

2. 电路工作过程说明

（1）启动并高速运转。按下启动按钮 SB1→中间继电器 KA0 线圈得电→KA0 3 个常开触点均闭合，一个触点锁定 KA0 线圈得电，一个触点闭合使 STF 端与 SD 端接通（即 STF 端输入正转指令信号），还有一个触点闭合使 KA1 线圈得电→KA1 两个常闭触点断开，一个常开触点闭合→KA1 两个常闭触点断开使 KA2、KA3 线圈无法得电，KA1 常开触点闭合将 RH 端与 SD 端接通（即 RH 端输入高速指令信号）→STF、RH 端子外接触点均闭合，变频器输出频率很高的电源，驱动电动机高速运转。

（2）高速转中速运转。高速运转的电动机带动运动部件运行到一定位置时，行程开关 SQ1 动作→SQ1 常闭触点断开，常开触点闭合→SQ1 常闭触点断开使 KA1 线圈失电，RH 端子外接 KA1 触点断开，SQ1常开触点闭合使继电器KA2线圈得电→KA2两个常闭触点断开，两个常开触点闭合→KA2两个常闭触点断开分别使KA1、KA3线圈无法得电；KA2两个常开触点闭合，一个触点闭合锁定KA2线圈得电，另一个触点闭合使RM端与SD端接通（即RM端输入中速指令信号）→变频器输出频率由高变低，电动机由高速转为中速运转。

（3）中速转低速运转。中速运转的电动机带动运动部件运行到一定位置时，行程开关SQ2动作→SQ2常闭触点断开，常开触点闭合→SQ2常闭触点断开使KA2线圈失电，RM端子外接KA2触点断开，SQ2常开触点闭合使继电器KA3线圈得电→KA3两个常闭触点断开，两个常开触点闭合→KA3

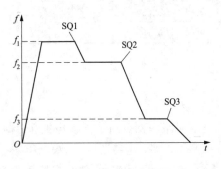

图9-9 行程开关动作时变频器
输出频率变化曲线

两个常闭触点断开分别使KA1、KA2线圈无法得电；KA3两个常开触点闭合，一个触点闭合锁定KA3线圈得电，另一个触点闭合使RL端与SD端接通（即RL端输入低速指令信号）→变频器输出频率进一步降低，电动机由中速转为低速运转。

（4）低速转为停转。低速运转的电动机带动运动部件运行到一定位置时，行程开关SQ3动作→继电器KA3线圈失电→RL端与SD端之间的KA3常开触点断开→变频器输出频率降为0Hz，电动机由低速转为停止。按下按钮SB2→KA0线圈失电→STF端子外接KA0常开触点断开，切断STF端子的输入。

图9-8电路中变频器输出频率变化如图9-9所示，从中可以看出，在行程开关动作时输出频率开始转变。

9.5 PID控制电路与参数设置

9.5.1 PID控制原理

PID控制又称比例微积分控制，是一种闭环控制。下面以图9-10所示的恒压供水系统来说明PID控制原理。

图9-10 恒压供水系统

电动机驱动水泵将水抽入水池，水池中的水除了经出水口提供用水外，还经阀门送到压力传感器，传感器将水压大小转换成相应的电信号X_f，X_f反馈到比较器与给定信号X_i进行比较，得到偏差信号$\Delta X(\Delta X = X_i - X_f)$。

若$\Delta X > 0$，表明水压小于给定值，偏差信号经PID处理得到控制信号，控制变频器驱动回路，使之输出频率上升，电动机转速加快，水泵抽水量增多，水压增大。

若$\Delta X < 0$，表明水压大于给定值，偏差信号经PID处理得到控制信号，控制变频器驱动回路，使之输出频率下降，电动机转速变慢，水泵抽水量减少，水压下降。

若$\Delta X = 0$，表明水压等于给定值，偏差信号经PID处理得到控制信号，控制变频器驱动回路，使之输出频率不变，电动机转速不变，水泵抽水量不变，水压不变。

控制回路的滞后性，会使水压值总与给定值有偏差。比如，当用水量增多水压下降时，电路需要对有关信号进行处理，再控制电动机转速变快，提高水泵抽水量，从压力传感器检测到水压下降到控制电动机转速加快，提高抽水量，恢复水压需要一定时间。通过提高电动机转速恢复水压后，系统又要将电动机转速调回正常值，这也要一定时间，在这段回调时间内水泵抽水量会偏多，导致水压又增大，又需进行反调。这样的结果是水池水压会在给定值上下波动（振荡），即水压不稳定。

采用了 PID 处理可以有效减小控制环路滞后和过调问题（无法彻底消除）。PID 包括 P 处理、I 处理和 D 处理。P（比例）处理是将偏差信号 ΔX 按比例放大，提高控制的灵敏度；I（积分）处理是对偏差信号进行积分处理，缓解 P 处理比例放大量过大引起的超调和振荡；D（微分）处理是对偏差信号进行微分处理，以提高控制的迅速性。

9.5.2　PID 控制参数设置

为了让 PID 控制达到理想效果，需要对 PID 控制参数进行设置。PID 控制参数说明见表 9-6。

表 9-6 PID 控制参数说明

参数	名　称	设定值	说　　明		
Pr. 128	选择 PID 控制	10	对于加热、压力等控制	偏差量信号输入（端子 1）	PID 负作用
		11	对于冷却等控制		PID 正作用
		20	对于加热、压力等控制	检测值输入（端子 4）	PID 负作用
		21	对于冷却等控制		PID 正作用
Pr. 129	PID 比例范围常数	0.1～10	如果比例范围较窄（参数设定值较小），反馈量的微小变化会引起执行量的很大改变。因此，随着比例范围变窄，响应的灵敏性（增益）得到改善，但稳定性变差，比如：发生振荡 增益 $K=1/$ 比例范围		
		9999	无比例控制		
Pr. 130	PID 积分时间常数	0.1～3600s	这个时间是指由积分（I）作用时达到与比例（P）作用时相同的执行量所需要的时间，随着积分时间的减少，到达设定值就越快，但也容易发生振荡		
		9999	无积分控制		
Pr. 131	上限值	0～100%	设定上限，如果检测值超过此设定，就输出 FUP 信号（检测值的 4mA 等于 0，20mA 等于 100%）		
		9999	功能无效		
Pr. 132	下限值	0～100%	设定下限（如果检测值超出设定范围，则输出一个报警。同样，检测值的 4mA 等于 0，20mA 等于 100%）		
		9999	功能无效		
Pr. 133	用 PU 设定的 PID 控制设定值	0～100%	仅在 PU 操作或 PU/外部组合模式下对于 PU 指令有效 对于外部操作，设定值由端子 2-5 间的电压决定 （Pr. 902 值等于 0 和 Pr. 903 值等于 100%）		
Pr. 134	PID 微分时间常数	0.01～10.00s	时间值仅要求向微分作用提供一个与比例作用相同的检测值。随着时间的增加，偏差改变会有较大的响应		
		9999	无微分控制		

9.5.3　PID 控制应用举例

1. PID 控制应用电路

图 9-11 所示为一种典型的 PID 控制应用电路。在进行 PID 控制时，先要接好线路，然后设置 PID

控制参数，再设置端子功能参数，最后操作运行。

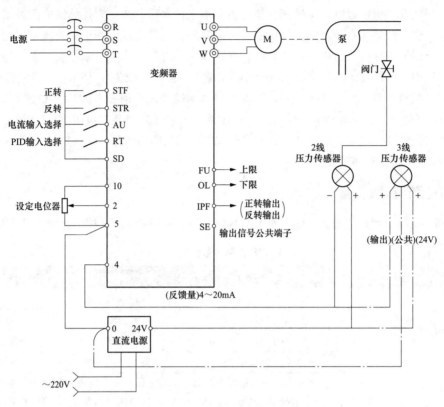

图 9-11　一种典型的 PID 控制应用电路

2. PID 控制参数设置

图 9-11 所示电路的 PID 控制参数设置见表 9-7。

表 9-7　　　　　　　　　　　　　　　　PID 控制参数设置

参数及设置值	说　　明
Pr. 128＝20	将端子 4 设为 PID 控制的压力检测输入端
Pr. 129＝30	将 PID 比例调节设为 30％
Pr. 130＝10	将积分时间常数设为 10s
Pr. 131＝100％	设定上限值范围为 100％
Pr. 132＝0	设定下限值范围为 0
Pr. 133＝50％	设定 PU 操作时的 PID 控制设定值（外部操作时，设定值由 2-5 端子间的电压决定）
Pr. 134＝3s	将积分时间常数设为 3s

3. 端子功能参数设置

PID 控制时需要通过设置有关参数定义某些端子功能。端子功能参数设置见表 9-8。

表 9-8　　　　　　　　　　　　　　　　端子功能参数设置

参数及设置值	说　　明
Pr. 183＝14	将 RT 端子设为 PID 控制端，用于启动 PID 控制
Pr. 192＝16	设置 IPF 端子输出正反转信号
Pr. 193＝14	设置 OL 端子输出下限信号
Pr. 194＝15	设置 FU 端子输出上限信号

4. 操作运行

（1）设置外部操作模式。设定 Pr.79＝2，面板"EXT"指示灯亮，指示当前为外部操作模式。

（2）启动 PID 控制。将 AU 端子外接开关闭合，选择端子 4 电流输入有效；将 RT 端子外接开关闭合，启动 PID 控制；将 STF 端子外接开关闭合，启动电动机正转。

（3）改变给定值。调节设定电位器，2-5 端子间的电压变化，PID 控制的给定值随之变化，电动机转速会发生变化，如给定值大，正向偏差（$\Delta X > 0$）增大，相当于反馈值减小，PID 控制使电动机转速变快，水压增大，端子 4 的反馈值增大，偏差慢慢减小，当偏差接近 0 时，电动机转速保持稳定。

（4）改变反馈值。调节阀门，改变水压大小来调节端子 4 输入的电流（反馈值），PID 控制的反馈值变化，电动机转速就会发生变化。例如阀门调大，水压增大，反馈值大，负向偏差（$\Delta X < 0$）增大，相当于给定值减小，PID 控制使电动机转速变慢，水压减小，端子 4 的反馈值减小，偏差慢慢减小，当偏差接近 0 时，电动机转速保持稳定。

（5）PU 操作模式下的 PID 控制。设定 Pr.79＝1，面板"PU"指示灯亮，指示当前为 PU 操作模式。按"FWD"或"REV"键，启动 PID 控制，运行在 Pr.133 设定值上，按"STOP"键停止 PID 运行。

第10章

变频器的选用、安装与维护

在使用变频器组成变频调速系统时，需要根据实际情况选择合适的变频器及外围设备，设备选择好后要正确进行安装，安装结束在正式投入运行前要进行调试，投入运行后，需要定期对系统进行维护保养。

10.1 变频器的种类

变频器是一种电能变换设备，其功能是将工频电源转换成频率和电压可调的电源，驱动电动机运转并实现调速控制。变频器种类很多，具体见表10-1。

表 10-1   变频器种类

分类方式	种类	说明
按变换方式	交—直—交变频器	交—直—交变频器是先将工频交流电源转换成直流电源，然后再将直流电源转换成频率和电压可调的交流电源。由于这种变频器的交—直—交转换过程容易控制，并且对电动机有很好的调速性能，所以大多数变频器采用交—直—交变换方式
	交—交变频器	交—交变频器是将工频交流电源直接转换成另一种频率和电压可调的交流电源，由于这种变频器省去了中间环节，故转换效率较高，但其频率变换范围很窄（一般为额定频率的1/2以下），主要用在大容量低速调速控制系统中
按输入电源的相数	单相变频器	单相变频器的输入电源为单相交流电，经单相整流后转换成直流电源，再经逆变电路转换成三相交流电源去驱动电动机。单相变频器的容量较小，适用于只有单相交流电源场合（如家用电器）
	三相变频器	三相变频器的输入电源是三相工频电源，大多数变频器属于三相变频器，有些三相变频器可当成单相变频器使用
按输出电压调制方式	脉幅调制变频器（PAM）	脉幅调制变频器是通过调节输出脉冲的幅度来改变输出电压，这种变频器一般采用整流电路调压，逆变电路变频，早期的变频器多采用这种方式
	脉宽调制变频器（PWM）	脉宽调制变频器是通过调节输出脉冲的宽度来改变输出电压，这种变频器多采用逆变电路同时调压变频，目前的变频器多采用这种方式
按滤波方式	电压型变频器	电压型变频器的整流电路后面采用大电容作为滤波元件，在电容上可获得大小稳定的电压提供给逆变电路，这种变频器可在容量不超过额定值的情况下同时驱动多台电动机并联运行
	电流型变频器	电流型变频器的整流电路后面采用大电感作为滤波元件，它可以为逆变电路提供大小稳定的电流，这种变频器适用于频繁加减速的大容量电动机
按电压等级	低压变频器	低压变频器又称中小容量变频器，其电压等级在 1kV 以下，单相为 220～380V，三相为 220～460V，容量为 0.2～500kVA
	高中压变频器	高中压变频器电压等级在 1kV 以上，容量多在 500kVA 以上

续表

分类方式	种类	说　明
按用途分类	通用型变频器	通用型变频器具有通用性，可以配接多种特性不同的电动机，其频率调节范围宽，输出力矩大，动态性能好
	专用型变频器	专用型变频器用来驱动特定的某些设备，如注塑机专用变频器

10.2　变频器的选用

在选用变频器时，除了要求变频器的容量适合负载外，还要求选用的变频器的控制方式适合负载的特性。

10.2.1　额定值

变频器额定值主要有输入侧额定值和输出侧额定值。

1. 输入侧额定值

变频器输入侧额定值包括输入电源的相数、电压和频率。中小容量变频器的输入侧额定值主要有三相/380V/50Hz、单相/220V/50Hz 和三相/220V/50Hz 这 3 种。

2. 输出侧额定值

变频器输出侧额定值主要有额定输出电压 U_{CN}、额定输出电流 I_{CN} 和额定输出容量 S_{CN}。

（1）额定输出电压 U_{CN}。变频器在工作时除了改变输出频率外，还要改变输出电压。**额定输出电压 U_{CN} 是指最大输出电压值，也就是变频器输出频率等于电动机额定频率时的输出电压。**

（2）额定输出电流 I_{CN}。**额定输出电流 I_{CN} 是指变频器长时间使用允许输出的最大电流。**额定输出电流 I_{CN} 主要反映变频器内部电力电子器件的过载能力。

（3）额定输出容量 S_{CN}。额定输出容量 S_{CN}（单位：kVA）的计算公式为

$$S_{CN} = \sqrt{3} U_{CN} I_{CN} \tag{10-1}$$

10.2.2　选用

在选用变频器时，一般根据负载的性质及负荷大小来确定变频器的容量和控制方式。

1. 容量选择

变频器的过载容量为 125%/60s 或 150%/60s，若超出该数值，必须选用更大容量的变频器。当过载量为 200% 时，可按 $I_{CN} \geq (1.05 \sim 1.2) I_N$ 来计算额定电流，再乘 1.33 倍来选取变频器容量，I_N 为电动机额定电流。

2. 控制方式的选择

（1）对于恒定转矩负载。**恒转矩负载是指转矩大小只取决于负载的轻重，而与负载转速大小无关的负载。**如挤压机、搅拌机、桥式起重机、提升机和带式输送机等都属于恒转矩类型负载。对于恒定转矩负载，若调速范围不大，并对机械特性要求不高的场合，可选用 U/f 控制方式或无反馈矢量控制方式的变频器；若负载转矩波动较大，应考虑采用高性能的矢量控制变频器，对要求有高动态响应的负载，应选用有反馈的矢量控制变频器。

（2）对于恒功率负载。**恒功率负载是指转矩大小与转速成反比，而功率基本不变的负载。**卷取类机械一般属于恒功率负载，如薄膜卷取机、造纸机械等。对于恒功率负载，可选用通用性 U/f 控制变频器。对于动态性能和精确度要求高的卷取机械，必须采用有矢量控制功能的变频器。

（3）对于二次方律负载。**二次方律负载是指转矩与转速的二次方成正比的负载。**如风扇、离心风

机和水泵等都属于二次方律负载。对于二次方律负载，一般选用风机、水泵专用变频器。风机、水泵专用变频器有以下特点。

1）由于风机和水泵通常不容易过载，低速时转矩较小，故这类变频器的过载能力低，一般为120%/60s（通用变频器为150%/60s），在功能设置时要注意这一点。由于负载的转矩与转速平方成正比，当工作频率高于额定频率时，负载的转矩有可能大大超过电动机转矩而使变频器过载，因此在功能设置时最高频率不能高于额定频率。

2）具有多泵切换和换泵控制的转换功能。

3）配置一些专用控制功能，如睡眠唤醒、水位控制、定时开关机和消防控制等。

10.3 变频器外围设备的选用

在组建变频调速系统时，先要根据负载选择变频器，再给变频器选择相关外围设备。为了让变频调速系统正常可靠工作，正确选用变频器外围设备非常重要。

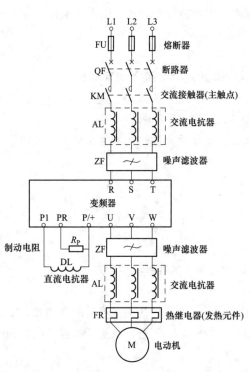

图 10-1 变频器主电路的外围设备和接线

10.3.1 主电路外围设备的接线

变频器主电路设备直接接触高电压大电流，主电路外围设备选用不当，轻则变频器不能正常工作，重则会损坏变频器。变频器主电路外围设备和接线如图 10-1 所示，这是一个较齐全的主电路接线图，在实际中有些设备可不采用。

从图 10-1 中可以看出，变频器主电路的外围设备有熔断器、断路器、交流接触器（主触点）、交流电抗器、噪声滤波器、制动电阻、直接电抗器和热继电器（发热元件）。为了降低成本，在要求不高的情况下，主电路外围设备大多数可省掉，如仅保留断路器。

10.3.2 熔断器的选用

熔断器用来对变频器进行过电流保护。熔断器的额定电流 I_{UN} 可根据式（10-1）选择，即

$$I_{UN} > (1.1 \sim 2.0)I_{MN} \qquad (10\text{-}2)$$

式中　I_{UN}——熔断器的额定电流；

I_{MN}——电动机的额定电流。

10.3.3 断路器的选用

断路器又称自动空气开关，断路器的功能主要有：接通和切断变频器电源；对变频器进行过电流、欠电压保护。

由于断路器具有过电流自动掉闸保护功能，为了防止产生误动作，正确选择断路器的额定电流非常重要。断路器的额定电流 I_{QN} 选择分下面两种情况。

（1）一般情况下，I_{QN} 可根据式（10-3）选择，即

$$I_{QN} > (1.3 \sim 1.4)I_{CN} \qquad (10\text{-}3)$$

式中　I_{CN}——变频器的额定电流，A。

（2）在工频和变频切换电路中，I_{QN} 可根据式（10-4）选择，即

$$I_{QN} > 2.5I_{MN} \tag{10-4}$$

式中　I_{MN}——电动机的额定电流，A。

10.3.4　交流接触器的选用

根据安装位置不同，交流接触器可分为输入侧交流接触器和输出侧交流接触器。

1. 输入侧交流接触器

输入侧交流接触器安装在变频器的输入端，它既可以远距离接通和分断三相交流电源，在变频器出现故障时还可以及时切断输入电源。

输入侧交流接触器的主触点接在变频器输入侧，主触点额定电流 I_{KN} 可根据式（10-5）选择，即

$$I_{KN} \geqslant I_{CN} \tag{10-5}$$

式中　I_{CN}——变频器的额定电流，A。

2. 输出侧交流接触器

当变频器用于工频/变频切换时，变频器输出端需接输出侧交流接触器。

由于变频器输出电流中含有较多的谐波成分，其电流有效值略大于工频运行的有效值，故输出侧交流接触器的主触点额定电流应选大些。输出侧交流接触器的主触点额定电流 I_{KN} 可根据式（10-6）选择，即

$$I_{KN} > 1.1I_{MN} \tag{10-6}$$

式中　I_{MN}——电动机的额定电流，A。

10.3.5　交流电抗器的选用

1. 交流电抗器的作用

交流电抗器实际上是一个带铁心的三相电感器，如图 10-2 所示。

交流电抗器的作用如下。

（1）抑制谐波电流，提高变频器的电能利用效率（可将功率因素提高至 0.85 以上）。

（2）由于电抗器对突变电流有一定的阻碍作用，故在接通变频器瞬间，可降低浪涌电流大小，减小电流对变频器冲击。

（3）可减小三相电源不平衡的影响。

2. 交流电抗器的应用场合

交流电抗器不是变频器必用外部设备，可根据实际情况考虑使用。当遇到下面的情况之一时，可考虑给变频器安装交流电抗器。

图 10-2　交流电抗器

（1）电源的容量很大，达到变频器容量 10 倍以上，应安装交流电抗器。

（2）若在同一供电电源中接有晶闸管整流器，或者电源中接有补偿电容（提高功率因数），应安装交流电抗器。

（3）三相供电电源不平衡超过 3% 时，应安装交流电抗器。

（4）变频器功率大于 30kW 时，应安装交流电抗器。

（5）变频器供电电源中含有较多高次谐波成时，应考虑安装交流电抗器。

在选用交流电抗器时，为了减小电抗器对电能的损耗，要求电抗器的电感量与变频器的容量相适应。表 10-2 列出了一些常用交流电抗器的规格。

表 10-2   一些常用交流电抗器的规格

电动机容量/kW	30	37	45	55	75	90	110	160
变频器容量/kW	30	37	45	55	75	90	110	160
电感量/mH	0.32	0.26	0.21	0.18	0.13	0.11	0.09	0.06

图 10-3 直流电抗器

10.3.6 直流电抗器的选用

直流电抗器如图 10-3 所示，它接在变频器 P1、P（或＋）端子之间，接线可参见图 10-1。**直流电抗器的作用是削弱变频器开机瞬间电容充电形成的浪涌电流，同时提高功率因数。**与交流电抗器相比，直流电抗不但体积小，而且结构简单，提高功率因数更为有效，若两者同时使用，可使功率因数达到 0.95，大大提高变频器的电能利用率。

常用直流电抗器的规格见表 10-3。

表 10-3   常用直流电抗器的规格

电动机容量/kW	30	37～55	75～90	110～132	160～200	230	280
允许电流/A	75	150	220	280	370	560	740
电感量/mH	600	300	200	140	110	70	55

10.3.7 热继电器的选用

热继电器在电动机长时间过载运行时起保护作用。热继电器的发热元件额定电流 I_{RN} 可按式 (10-7) 选择，即

$$I_{RN} \geqslant (0.95 \sim 1.15) I_{MN} \tag{10-7}$$

式中：I_{MN}——电动机的额定电流，A。

10.3.8 噪声滤波器

变频器在工作时会产生高次谐波干扰信号，**在变频器输入侧安装噪声滤波器可以防止高次谐波干扰信号窜入电网，干扰电网中其他的设备，也可阻止电网中的干扰信号窜入变频器。在变频器输出侧的噪声滤波器可以防止干扰信号窜入电动机，影响电动机正常工作。**一般情况下，变频器可不安装噪声滤波器，若需安装，建议安装变频器专用的噪声滤波器。

变频器专用噪声滤波器的外形和结构如图 10-4 所示。

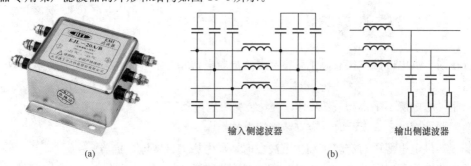

输入侧滤波器   输出侧滤波器

(a)   (b)

图 10-4 变频器专用噪声滤波器的外形和结构

(a) 外形；(b) 结构

10.4 变频器的安装、调试与维护

10.4.1 安装与接线

1. 注意事项

在安装变频器时，要注意以下事项。

(1) 由于变频器使用了塑料零件，为了不造成破损，在使用时，不要用太大的力。

(2) 应安装在不易受震动的地方。

(3) 避免安装在高温．多湿的场所，安装场所周围温度不能超过允许温度（－10～＋50℃）。

(4) 安装在不可燃的表面上。变频器工作时温度最高可达150℃，为了安全，应安装在不可燃的表面上，同时为了使热量易于散发，应在其周围留有足够的空间。

(5) 避免安装在高温、多湿的场所。

(6) 避免安装在油雾、易燃性气体、棉尘和尘埃等等漂浮的场所。若一定要在这种环境下使用，可将变频器安装在可阻挡任何悬浮物质的封闭型屏板内。

2. 安装

变频器可安装在开放的控制板上，也可以安装在控制柜内。

(1) 安装在控制板上。当变频器安装在控制板上时，要注意变频器与周围物体有一定的空隙，便于能良好地散热，如图 10-5 所示。

(2) 安装在控制柜内。当变频器安装在有通风扇的控制柜内时，要注意安装位置，让对流的空气能通过变频器，以带走工作时散发的热量，如图 10-6 所示。

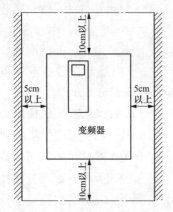

图 10-5 变频器安装在控制板上

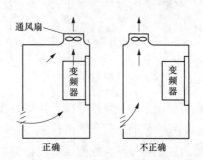

图 10-6 变频器安装在控制柜中

如果需要在一个控制柜内同时安装多台变频器时，要注意水平并排安装位置，如图 10-7 所示，若垂直安装在一起，下方变频器散发的热量烘烤上方变频器。

在安装变频器时，应将变频器垂直安装，不要卧式、侧式安装，如图 10-8 所示。

3. 接线

变频器通过接线与外围设备连接，接线分为主电路接线和控制电路接线。主电路连接导线选择较为简单，由于主电路电压高、电流大，所以选择主电路连接导线时应该遵循"线径宜粗不宜细"原则，具体可按普通电动机的选择导线方法来选用。

控制电路的连接导线种类较多，接线时要符合其相应的特点。下面介绍各种控制接线及接线方法。

(1) 模拟量接线。模拟量接线主要包括：①输入侧的给定信号线和反馈线；②输出侧的频率信号线；③电流信号线。由于模拟量信号易受干扰，因此需要采用屏蔽线作模拟量接线。模拟量接线如图

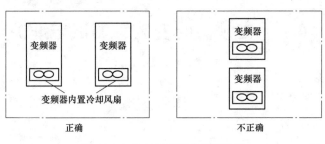

图 10-7 多台变频器应并排安装

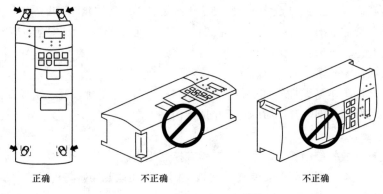

图 10-8 变频器应垂直安装

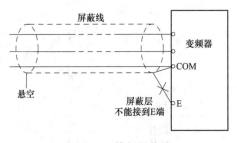

图 10-9 模拟量接线

10-9 所示，屏蔽线靠近变频器的屏蔽层应接公共端 (COM)，而不要接 E 端（接地端）的一端，屏蔽层的另一端要悬空。

在进行模拟量接线时还要注意：①模拟量导线应远离主电路 100mm 以上；②模拟量导线尽量不要和主电路交叉，若必须交叉，应采用垂直交叉方式。

(2) 开关量接线。**开关量接线主要包括启动、点动和多挡转速等接线。** 一般情况下，模拟量接线原则适用开关量接线，不过由于开关量信号抗干扰能力强，所以在距离不远时，开关量接线可不采用屏蔽线，而使用普通的导线，但同一信号的两根线必须互相绞在一起。如果开关量控制操作台距离变频器很远，应先用电路将控制信号转换成能远距离转送的信号，当信号传送到变频器一端时，要将该信号还原变频器所要求的信号。

(3) 变频器的接地。**为了防止漏电和干扰信号侵入或向外辐射，要求变频器必须接地。** 在接地时，应采用较粗的短导线将变频器的接地端子（通常为 E 端）与地连接。**当变频器和多台设备一起使用时，每台设备都应分别接地。** 变频器和多台设备一起使用时的接地方法如图 10-10 所示，不允许将一台设备的接地端接到另一台设备接地端再接地。

(4) 线圈反峰电压吸收电路接线。**接触器、继电器或电磁铁线圈在断电的瞬间会产生很高的反峰电压，易损坏电路中的元件或使电路产生误动作，在线圈两端接吸收电路可以有效抑制反峰电压。线圈反峰电压吸收电路接线如图 10-11 所示。对于交流电源供电的控制电路，可在线圈两端接 R、C 元件来吸收反峰电压，如图 10-11 (a) 所示，当线圈瞬间断电时产生很高反峰电压，该电压会对电容 C 充电而迅速降低；对于直流电源供电的控制电路，可在线圈两端接二极管来吸收反峰电压，如图 10-11 (b) 所示，线圈断电后会产生很高的左负右正反峰电压，二极管 VD 马上导通而使反峰电压降低，为

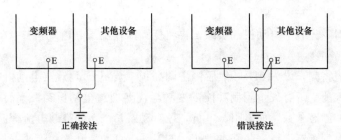

图 10-10 变频器和多台设备一起使用时的接地方法

了使能抑制反峰电压,二极管正极应对应电源的负极。

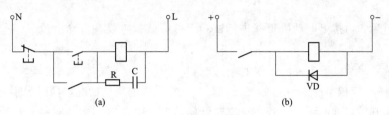

图 10-11 线圈反峰电压吸收电路接线

(a) 交流供电;(b) 直流供电

10.4.2 调试

变频器安装和接线后需要进行调试,调试时先要对系统进行检查,然后按照"先空载,再轻载,后重载"的原则进行调试。

1. 检查

在变频调速系统试车前,先要对系统进行检查。检查分断电检查和通电检查。

(1) 断电检查。断电检查内容主要如下。

1) 外观、结构的检查。主要检查变频器的型号、安装环境是否符合要求,装置有无损坏和脱落,电缆线径和种类是否合适,电气接线有无松动、错误,接地是否可靠等。

2) 绝缘电阻的检查。在测量变频器主电路的绝缘电阻时,要将 R、S、T 端子(输入端子)和 U、V、W 端子(输出端子)都连接起来,再用 500V 的绝缘电阻表测量这些端子与接地端之间的绝缘电阻,正常绝缘电阻应在 10MΩ 以上。在测量控制电路的绝缘电阻时,应采用万用表 R×10kΩ 挡测量各端子与地之间的绝缘电阻,不能使用绝缘电阻表或其他高电压仪表测量,以免损坏控制电路。

3) 供电电压的检查。检查主电路的电源电压是否在允许的范围之内,避免变频调速系统在允许电压范围外工作。

(2) 通电检查。通电检查内容主要如下。

1) 检查显示是否正常。通电后,变频器显示屏会有显示,不同变频器通电后显示内容会有所不同,应对照变频器操作说明书观察显示内容是否正常。

2) 检查变频器内部风机能否正常运行。通电后,变频器内部风机会开始运转(有些变频器需工作时达到一定温度风机才运行,可查看变频器说明书),用手在出风口感觉风量是否正常。

2. 熟悉变频器的操作面板

不同品牌的变频器操作面板会有差异,在调试变频调速系统时,先要熟悉变频器操作面板。在操作时,可对照操作说明书对变频器进行一些基本的操作,如测试面板各按键的功能、设置变频器一些参数等。

3. 空载试验

在进行空载试验时，先脱开电动机的负载，再将变频器输出端与电动机连接，然后进行通电试验。试验步骤如下。

(1) 启动试验。先将频率设为0Hz，然后慢慢调高频率至50Hz，观察电动机的升速情况.

(2) 电动机参数检测。带有矢量控制功能的变频器需要通过电动机空载运行来自动检测电动机的参数，其中有电动机的静态参数，如电阻、电抗，还有动态参数，如空载电流等。

(3) 基本操作。对变频器进行一些基本操作，如启动、点动、升速和降速等。

(4) 停车试验。让变频器在设定的频率下运行10min，然后调频率迅速调到0Hz，观察电动机的制动情况，如果正常，空载试验结束。

4. 带载试验

空载试验通过后，再接上电动机负载进行试验。带载试验主要有启动试验、停车试验和带载能力试验。

(1) 启动试验。启动试验主要内容如下。

1) 将变频器的工作频率由0Hz开始慢慢调高，观察系统的启动情况，同时观察电动机负载运行是否正常。记下系统开始启动的频率，若在频率较低的情况下电动机不能随频率上升而运转起来，说明启动困难，应进行转矩补偿设置。

2) 将显示屏切换至电流显示，再将频率调到最大值，让电动机按设定的升速时间上升到最高转速，在此期间观察电流变化，若在升速过程中变频器出现过电流保护而跳闸，说明升速时间不够，应设置延长升速时间。

3) 观察系统启动升速过程是否平稳，对于大惯性负载，按预先设定的频率变化率升速或降速时，有可能会出现加速转矩不够，导致电动机转速与变频器输出频率不协调，这时应考虑低速时设置暂停升速功能。

4) 对于风机类负载，应观察停机后风叶是否因自然风而反转，若有反转现象，应设置启动前的直流制动功能。

(2) 停车试验。停车试验内容主要如下。

1) 将变频器的工作频率调到最高频率，然后按下停机键，观察系统是否出现过电流或过电压而跳闸现象，若有此现象出现，应延长减速时间。

2) 当频率降到0Hz时，观察电动机是否出现"爬行"现象（电动机停不住），若有此现象出现，应考虑设置直流制动。

(3) 带载能力试验。带载能力试验内容主要如下。

1) 在负载要求的最低转速时，给电动机带额定负载长时间运行，观察电动机发热情况，若发热严重，应对电动机进行散热。

2) 在负载要求的最高转速时，变频器工作频率高于额定频率，观察电动机是否能驱动这个转速下的负载。

10.4.3 维护

为了延长变频器使用寿命，在使用过程中需要对变频器进行定期维护保养。

1. 维护内容

(1) 清扫冷却系统的积尘脏物。

(2) 对紧固件重新紧固。

(3) 检测绝缘电阻是否在允许的范围内。

(4) 检查导体、绝缘物是否有破损和腐蚀。

（5）定期检查更换变频器的一些元器件，具体见表 10-4。

表 10-4 变频器需定期检查更换的元器件

元件名称	更换时间（供参考）	更换方法
滤波电容	5 年	更换为新品
冷却风扇	2～3 年	更换为新品
熔断器	10 年	更换为新品
电路板上的电解电容	5 年	更换为新品（检查后决定）

2. 维护时注意事项

（1）操作前必须切断电源，并且在主电路滤波电容放电完毕，电源指示灯熄灭后进行维护，以保证操作安全。

（2）在出厂前，变频器都进行了初始设定，一般不要改变这些设定，若改变了设定又需要恢复出厂设定时，可对变频器进行初始化操作。

（3）变频器的控制电路采用了很多 CMOS 芯片，应避免用手接触这些芯片，防止手所带的静电损坏芯片，若必须接触，应先释放手上的静电（如用手接触金属自来水龙头）。

（4）严禁带电改变接线和拔插连接件。

（5）当变频器出现故障时，不要轻易通电，以免扩大故障范围，这种情况下可断电再用电阻法对变频器电路进检测。

10.4.4 常见故障及原因

变频器常见故障及原因见表 10-5。

表 10-5 变频器常见故障及原因

故障	原 因
过电流	过电流故障分以下情况： （1）重新启动时，若只要升速变频器就会跳闸，表明过电流很严重，一般是负载短路、机械部件卡死、逆变模块损坏或电动机转矩过小等引起； （2）通电后即跳闸，这种现象通常不能复位，主要原因是驱动电路损坏、电流检测电路损坏等； （3）重新启动时并不马上跳闸，而是加速时跳闸，主要原因可能是加速时间设置太短、电流上限置太小或转矩补偿设定过大等
过电压	过电压报警通常出现在停机的时候，主要原因可能是减速时间太短或制动电阻及制动单元有问题
欠电压	欠电压是主电路电压太低，主要原因可能是电源缺相、整流电路一个桥臂开路、内部限流切换电路损坏（正常工作时无法短路限流电阻，电阻上产生很大压降，导致送到逆变电路电压偏低），另外电压检测电路损坏也会出现欠电压问题
过热	过热是变频器一种常见故障，主要原因可能是周围环境温度高、散热风扇停转、温度传感器不良或电动机过热等
输出电压不平衡	输出电压不平衡一般表现为电动机转速不稳、有抖动，主要原因可能是驱动电路损坏或电抗器损坏
过载	过载是一种常见的故障，出现过载时应先分析是电动机过载还是变频器过载。一般情况下，由于电动机过载能力强，只要变频器参数设置得当，电动机不易出现过载；对于变频器过载报警，应检查变频器输出电压是否正常

第11章

PLC与变频器的综合应用

在不外接控制器（如 PLC）的情况下，直接操作变频器有 3 种方式：①操作面板上的按键；②操作接线端子连接的部件（如按钮和电位器）；③复合操作（如操作面板设置频率，操作接线端子连接的按钮进行启/停控制）。为了操作方便和充分利用变频器，常常采用 PLC 来控制变频器。**PLC 控制变频器有 3 种基本方式：①以开关量方式控制；②以模拟量方式控制；③以 RS-485 通信方式控制。**

11.1 PLC 以开关量方式控制变频器的硬件连接与实例

11.1.1 PLC 以开关量方式控制变频器的硬件连接

变频器有很多开关量端子，如正转、反转和多挡转速控制端子等，不使用 PLC 时，只要给这些端子接上开关就能对变频器进行正转、反转和多挡转速控制。当使用 PLC 控制变频器时，若 PLC 是以开关量方式对变频进行控制，需要将 PLC 的开关量输出端子与变频器的开关量输入端子连接起来，为了检测变频器某些状态，同时可以将变频器的开关量输出端子与 PLC 的开关量输入端子连接起来。

PLC 以开关量方式控制变频器的硬件连接如图 11-1 所示。当 PLC 内部程序运行使 Y001 端子内部硬触点闭合时，相当于变频器的 STF 端子外部开关闭合，STF 端子输入为 ON，变频器启动电动机正转，调节 10、2、5 端子所接电位器可以改变端子 2 的输入电压，从而改变变频器输出电源的频率，进而改变电动机的转速。如果变频器内部出现异常时，A、C 端子之间的内部触点闭合，相当于 PLC 的 X001 端子外部开关闭合，X001 端子输入为 ON。

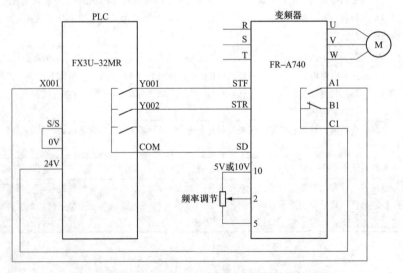

图 11-1 PLC 以开关量方式控制变频器的硬件连接

11.1.2 PLC以开关量方式控制实例1——电动机正反转控制

1. 控制线路图

PLC以开关量方式控制变频器驱动电动机正反转运行电路如图11-2所示。

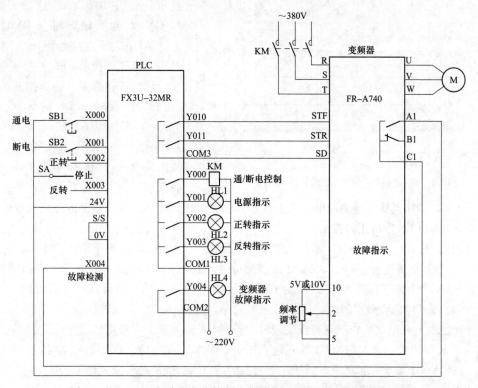

图11-2 PLC以开关量方式控制变频器驱动电动机正反转运行电路

2. 参数设置

在使用PLC控制变频器时，需要对变频器进行有关参数设置，具体见表11-1。

表11-1 变频器的有关参数及设置值

参数名称	参数号	设置值
加速时间	Pr.7	5s
减速时间	Pr.8	3s
加减速基准频率	Pr.20	50Hz
基底频率	Pr.3	50Hz
上限频率	Pr.1	50Hz
下限频率	Pr.2	0Hz
运行模式	Pr.79	2

3. 编写程序

变频器有关参数设置好后，还要用编程软件编写相应的PLC控制程序并下载给PLC。PLC控制变频器驱动电动机正反转的PLC程序如图11-3所示。

4. 工作原理

下面对照图11-2所示电和图11-3所示PLC程序来说明PLC以开关量方式变频器驱动电动机正反转的工作原理。

（1）通电控制。当按下通电按钮SB1时，PLC的X000端子输入为ON，它使程序中的［0］X000

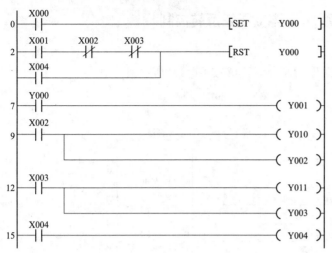

图 11-3 PLC 控制变频器驱动电动机正反转的 PLC 程序

常开触点闭合，"SET Y000"指令执行，线圈 Y000 被置 1，Y000 端子内部的硬触点闭合，接触器 KM 线圈得电，KM 主触点闭合，将 380V 的三相交源送到变频器的 R、S、T 端，Y000 线圈置 1 还会使 [7] Y000 常开触点闭合，Y001 线圈得电，Y001 端子内部的硬触点闭合，HL1 灯通电点亮，指示 PLC 作出通电控制。

（2）正转控制。将 3 挡开关 SA 置于"正转"位置时，PLC 的 X002 端子输入为 ON，它使程序中的 [9] X002 常开触点闭合，Y010、Y002 线圈均得电，Y010 线圈得电使 Y010 端子内部硬触点闭合，将变频器的 STF、SD 端子接通，即 STF 端子输入为 ON，变频器输出电源使电动机正转，Y002 线圈得电后使 Y002 端子内部硬触点闭合，HL2 灯通电点亮，指示 PLC 作出正转控制。

（3）反转控制。将 3 挡开关 SA 置于"反转"位置时，PLC 的 X003 端子输入为 ON，它使程序中的 [12] X003 常开触点闭合，Y011、Y003 线圈均得电，Y011 线圈得电使 Y011 端子内部硬触点闭合，将变频器的 STR、SD 端子接通，即 STR 端子输入为 ON，变频器输出电源使电动机反转，Y003 线圈得电后使 Y003 端子内部硬触点闭合，HL3 灯通电点亮，指示 PLC 作出反转控制。

（4）停转控制。在电动机处于正转或反转时，若将 SA 开关置于"停止"位置，X002 或 X003 端子输入为 OFF，程序中的 X002 或 X003 常开触点断开，Y010、Y002 或 Y011、Y003 线圈失电，Y010、Y002 或 Y011、Y003 端子内部硬触点断开，变频器的 STF 或 STR 端子输入为 OFF，变频器停止输出电源，电动机停转，同时 HL2 或 HL3 指示灯熄灭。

（5）断电控制。当 SA 置于"停止"位置使电动机停转时，若按下断电按钮 SB2，PLC 的 X001 端子输入为 ON，它使程序中的 [2] X001 常开触点闭合，执行"RST Y000"指令，Y000 线圈被复位失电，Y000 端子内部的硬触点断开，接触器 KM 线圈失电，KM 主触点断开，切断变频器的输入电源，Y000 线圈失电还会使 [7] Y000 常开触点断开，Y001 线圈失电，Y001 端子内部的硬触点断开，HL1 灯熄灭。如果 SA 处于"正转"或"反转"位置时，[2] X002 或 X003 常闭触点断开，无法执行"RST Y000"指令，即电动机在正转或反转时，操作 SB2 按钮是不能断开变频器输入电源的。

（6）故障保护。如果变频器内部保护功能动作，A、C 端子间的内部触点闭合，PLC 的 X004 端子输入为 ON，程序中的 [2] X004 常开触点闭合，执行"RST Y000"指令，Y000 端子内部的硬触点断开，接触器 KM 线圈失电，KM 主触点断开，切断变频器的输入电源，保护变频器。另外，[18] X004 常开触点闭合，Y004 线圈得电，Y004 端子内部硬触点闭合，HL4 灯通电点亮，指示变频器有故障。

11.1.3 PLC 以开关量方式控制变频器实例 2——电动机多挡转速控制

变频器可以连续调速，也可以分挡调速，FR-500 系列变频器有 RH（高速）、RM（中速）和 RL（低速）3 个控制端子，通过这 3 个端子的组合输入，可以实现 7 挡转速控制。如果将 PLC 的输出端子与变频器这些端子连接，就可以用 PLC 控制变频器来驱动电动机多挡转速运行。

1. 控制线路图

PLC 以开关量方式控制变频器驱动电动机多挡转速运行电路如图 11-4 所示。

2. 参数设置

在用 PLC 对变频器进行多挡转速控制时，需要对变频器进行有关参数设置，参数可分为基本运行

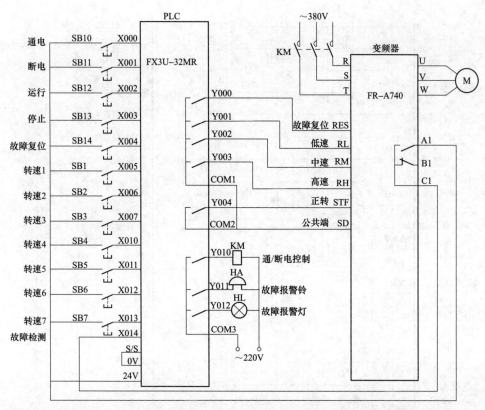

图 11-4　PLC 以开关量方式控制变频器驱动电动机多挡转速运行电路

参数和多挡转速参数。变频器的有关参数及设置值见表 11-2。

表 11-2　　　　　　　　　变频器的有关参数及设置值

分类	参数名称	参数号	设定值
基本运行参数	转矩提升	Pr. 0	5%
	上限频率	Pr. 1	50Hz
	下限频率	Pr. 2	5Hz
	基底频率	Pr. 3	50Hz
	加速时间	Pr. 7	5s
	减速时间	Pr. 8	4s
	加减速基准频率	Pr. 20	50Hz
	操作模式	Pr. 79	2
多挡转速参数	转速 1（RH 为 ON 时）	Pr. 4	15Hz
	转速 2（RM 为 ON 时）	Pr. 5	20Hz
	转速 3（RL 为 ON 时）	Pr. 6	50Hz
	转速 4（RM、RL 均为 ON 时）	Pr. 24	40Hz
	转速 5（RH、RL 均为 ON 时 L）	Pr. 25	30Hz
	转速 6（RH、RM 均为 ON 时）	Pr. 26	25Hz
	转速 7（RH、RM、RL 均为 ON 时）	Pr. 27	10Hz

3. 编写程序

PLC 以开关量方式控制变频器驱动电动机多挡转速运行的 PLC 程序如图 11-5 所示。

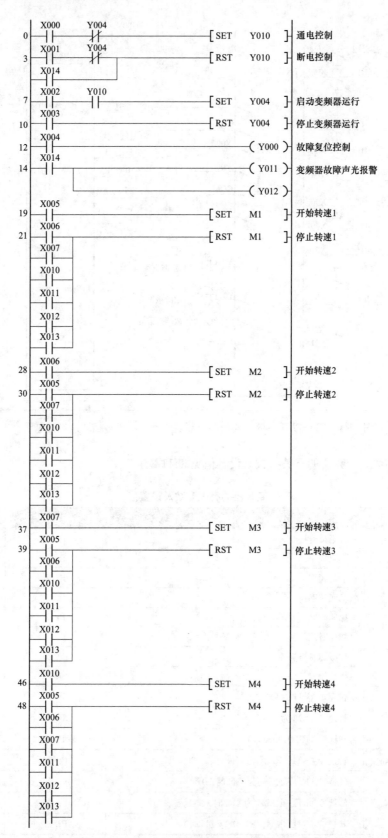

图 11-5 PLC 以开关量方式控制变频器驱动电动机多挡转速运行的 PLC 程序（一）

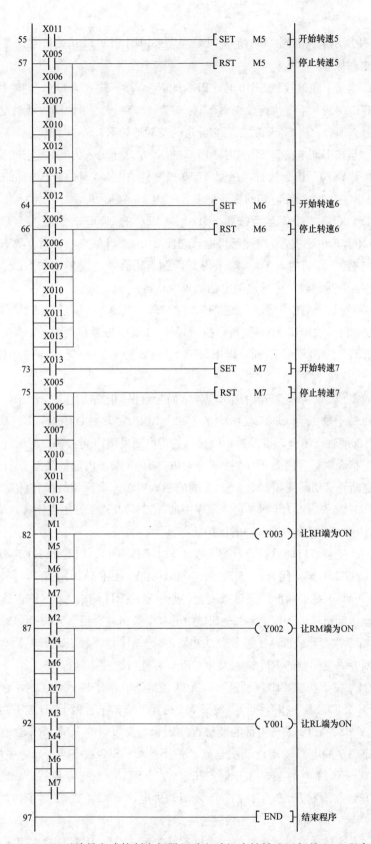

图 11-5 PLC 以开关量方式控制变频器驱动电动机多挡转速运行的 PLC 程序（二）

4. 工作原理

下面对照图 11-4 所示电路和图 11-5 所示 PLC 程序来说明 PLC 以开关量方式控制变频器驱动电动机多挡转速运行的工作原理。

(1) 通电控制。当按下通电按钮 SB10 时，PLC 的 X000 端子输入为 ON，它使程序中的 [0] X000 常开触点闭合，"SET Y010" 指令执行，线圈 Y010 被置 1，Y010 端子内部的硬触点闭合，接触器 KM 线圈得电，KM 主触点闭合，将 380V 的三相交源送到变频器的 R、S、T 端。

(2) 断电控制。当按下断电按钮 SB11 时，PLC 的 X001 端子输入为 ON，它使程序中的 [3] X001 常开触点闭合，"RST Y010" 指令执行，线圈 Y010 被复位失电，Y010 端子内部的硬触点断开，接触器 KM 线圈失电，KM 主触点断开，切断变频器 R、S、T 端的输入电源。

(3) 启动变频器运行。当按下运行按钮 SB12 时，PLC 的 X002 端子输入为 ON，它使程序中的 [7] X002 常开触点闭合，由于 Y010 线圈已得电，它使 Y010 常开触点处于闭合状态，"SET Y004" 指令执行，Y004 线圈被置 1 而得电，Y004 端子内部硬触点闭合，将变频器的 STF、SD 端子接通，即 STF 端子输入为 ON，变频器输出电源启动电动机正向运转。

(4) 停止变频器运行。当按下停止按钮 SB13 时，PLC 的 X003 端子输入为 ON，它使程序中的 [10] X003 常开触点闭合，"RST Y004" 指令执行，Y004 线圈被复位而失电，Y004 端子内部硬触点断开，将变频器的 STF、SD 端子断开，即 STF 端子输入为 OFF，变频器停止输出电源，电动机停转。

(5) 故障报警及复位。如果变频器内部出现异常而导致保护电路动作时，A、C 端子间的内部触点闭合，PLC 的 X014 端子输入为 ON，程序中的 [14] X014 常开触点闭合，Y011、Y012 线圈得电，Y011、Y012 端子内部硬触点闭合，报警铃和报警灯均得电而发出声光报警，同时 [3] X014 常开触点闭合，"RST Y010" 指令执行，线圈 Y010 被复位失电，Y010 端子内部的硬触点断开，接触器 KM 线圈失电，KM 主触点断开，切断变频器 R、S、T 端的输入电源。变频器故障排除后，当按下故障按钮 SB14 时，PLC 的 X004 端子输入为 ON，它使程序中的 [12] X004 常开触点闭合，Y000 线圈得电，变频器的 RES 端输入为 ON，解除保护电路的保护状态。

(6) 转速 1 控制。变频器启动运行后，按下按钮 SB1（转速 1），PLC 的 X005 端子输入为 ON，它使程序中的 [19] X005 常开触点闭合，"SET M1" 指令执行，线圈 M1 被置 1，[82] M1 常开触点闭合，Y003 线圈得电，Y003 端子内部的硬触点闭合，变频器的 RH 端输入为 ON，让变频器输出转速 1 设定频率的电源驱动电动机运转。按下 SB2～SB7 中的某个按钮，会使 X006～X013 中的某个常开触点闭合，"RST M1" 指令执行，线圈 M1 被复位失电，[82] M1 常开触点断开，Y003 线圈失电，Y003 端子内部的硬触点断开，变频器的 RH 端输入为 OFF，停止按转速 1 运行。

(7) 转速 4 控制。按下按钮 SB4（转速 4），PLC 的 X010 端子输入为 ON，它使程序中的 [46] X010 常开触点闭合，"SET M4" 指令执行，线圈 M4 被置 1，[87]、[92] M4 常开触点均闭合，Y002、Y001 线圈均得电，Y002、Y001 端子内部的硬触点均闭合，变频器的 RM、RL 端输入均为 ON，让变频器输出转速 4 设定频率的电源驱动电动机运转。按下 SB1～SB3 或 SB5～SB7 中的某个按钮，会使 X005～X007 或 X011～X013 中的某个常开触点闭合，"RST M4" 指令执行，线圈 M4 被复位失电，[87]、[92] M4 常开触点均断开，Y002、Y001 线圈均失电，Y002、Y001 端子内部的硬触点均断开，变频器的 RM、RL 端输入均为 OFF，停止按转速 4 运行。

其他转速控制与上述转速控制过程类似，这里不再叙述。RH、RM、RL 端输入状态与对应的电动机转速关系如图 11-6 所示。

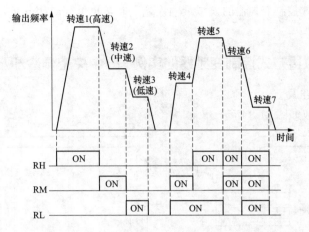

图 11-6　RH、RM、RL 端输入状态与对应的电动机转速关系

11.2　PLC 以模拟量方式控制变频器的硬件连接与实例

11.2.1　PLC 以模拟量方式控制变频器的硬件连接

变频器有一些电压和电流模拟量输入端子，改变这些端子的电压或电流输入值可以改变电动机的转速，如果将这些端子与 PLC 的模拟量输出端子连接，就可以利用 PLC 控制变频器来调节电动机的转速。模拟量是一种连续变化的量，利用模拟量控制功能可以使电动机的转速连续变化（无级变速）。

PLC 以模拟量方式控制变频器的硬件连接如图 11-7 所示，由于三菱 FX2N-32MR 型 PLC 无模拟量输出功能，需要给它连接模拟量输出模块（如 FX2N-4DA），再将模拟量输出模块的输出端子与变频器的模拟量输入端子连接。当变频器的 STF 端子外部开关闭合时，该端子输入为 ON，变频器启动电动机正转，PLC 内部程序运行时产生的数字量数据通过连接电缆送到模拟量输出模块（DA 模块），由其转换成 0~5V 或 0~10V 范围内的电压（模拟量）送到变频器的 2、5 端子，控制变频器输出电源的频率，进而控制电动机的转速，如果 DA 模块输出到变频器 2、5 端子的电压发生变化，变频器输出电源频率也会变化，电动机转速就会变化。

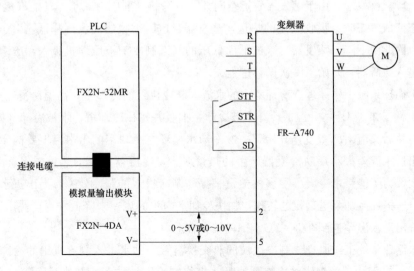

图 11-7　PLC 以模拟量方式控制变频器的硬件连接

　　PLC在以模拟量方式控制变频器的模拟量输入端子时，也可同时用开关量方式控制变频器的开关量输入端子。

11.2.2　PLC以模拟量方式控制变频器的实例——中央空调冷却水流量控制

1. 中央空调系统的组成

中央空调系统的组成如图11-8所示。

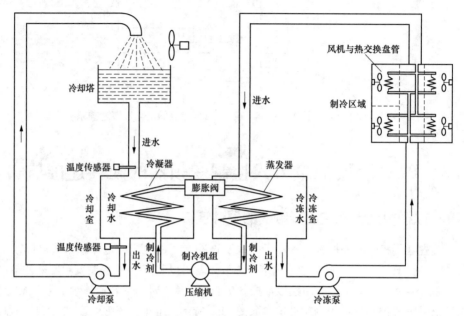

图11-8　中央空调的组成

　　中央空调系统由3个循环系统组成，分别是制冷剂循环系统、冷却水循环系统和冷冻水循环系统。

　　(1) 制冷剂循环系统工作原理。压缩机从进气口吸入制冷剂（如氟利昂），在内部压缩后排出高温高压的气态制冷剂进入冷凝器（由散热良好的金属管做成），冷凝器浸在冷却水中，冷凝器中的制冷剂被冷却后，得到低温高压的液态制冷剂，然后经膨胀阀（用于控制制冷剂的流量大小）进入蒸发器（由散热良好的金属管做成），由于蒸发器管道空间大，液态制冷剂压力减小，马上汽化成气态制冷剂，制冷剂在由液态变成气态时会吸收大量的热量，蒸发器管道因被吸热而温度降低，由于蒸发器浸在水中，水的温度也因此而下降，蒸发器出来的低温低压的气态制冷剂被压缩机吸入，压缩成高温高压的气态制冷剂又进入冷凝器，开始下一次循环过程。

　　(2) 冷却水循环系统工作原理。冷却塔内的水流入制冷机组的冷却室，高温冷凝器往冷却水散热，使冷却水温度上升（如37℃），升温的冷却水被冷却泵抽吸并排往冷却塔，水被冷却（如冷却到32℃）后流进冷却塔，然后又流入冷却室，开始下一次冷却水循环。冷却室的出水温度要高于进水温度，两者存在温差，出进水温差大小反映冷凝器产生的热量多少，冷凝器产生的热量越多，出水温度越高，出进水温差越大，为了能带走冷凝器更多的热量来提高制冷机组的制冷效率，当出进水温度较大（出水温度高）时，应提高冷却泵电动机的转速，加快冷却室内水的流速来降低水温，使出进水温差减小，实际运行表明，出进水温差控制在3～5℃范围内较为合适。

　　(3) 冷冻水循环系统工作原理。制冷区域的热交换盘管中的水进入制冷机组的冷冻室，经蒸发器冷却后水温降低（如7℃），低温水被冷冻泵抽吸并排往制冷区域的各个热交换盘管，在风机作用下，空气通过低温盘管（内有低温水通过）时温度下降，使制冷区域的室内空气温度下降，热交换盘管内的水温则会升高（如升高到12℃），从盘管中流出的升温水汇集后又流进冷冻室，被低温蒸发器冷却后，再经冷冻泵抽吸并排往制冷区域的各个热交换盘管，开始下一次冷冻水循环。

2. 中央空调冷却水流量控制的 PLC 与变频器电路

中央空调冷却水流量控制的 PLC 与变频器电路如图 11-9 所示。

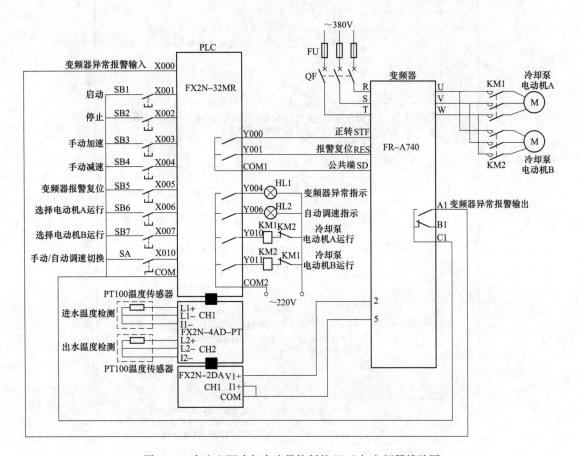

图 11-9　中央空调冷却水流量控制的 PLC 与变频器线路图

3. 编写程序

中央空调冷却水流量控制的 PLC 程序由 D/A 转换程序、温差检测与自动调速程序、手动调速程序、变频器启/停/报警及电动机选择程序组成。

（1）D/A 转换程序。D/A 转换程序的功能是将 PLC 指定存储单元中的数字量转换成模拟量并输出去变频器的调速端子。本例是利用 FX2N-2DA 模块将 PLC 的 D100 单元中的数字量转换成 0～10V 电压去变频器的 2、5 端子。D/A 转换程序如图 11-10 所示。

（2）温差检测与自动调速程序。温差检测与自动调速程序如图 11-11 所示。温度检测模块（FX2N-4AD-PT）将出水和进水温度传感器检测到的温度值转换成数字量温度值，分别存入 D21 和 D20，两者相减后得到温差值存入 D25。在自动调速方式（X010 常开触点闭合）时，PLC 每隔 4s 检测一次温差，如果温差值＞5℃，自动将 D100 中的数字量提高 40，转换成模拟量去控制变频器，使之频率提升 0.5Hz，冷却泵电动机转速随之加快，如果温差值＜4.5℃，自动将 D100 中的数字量减小 40，使变频器的频率降低 0.5Hz，冷却泵电动机转速随之降低，如果 4.5℃≤温差值≤5℃，D100 中的数字量保持不变，变频器的频率不变，冷却泵电动机转速也不变。为了将变频器的频率限制在 30～50Hz，程序将 D100 的数字量限制在 2400～4000。

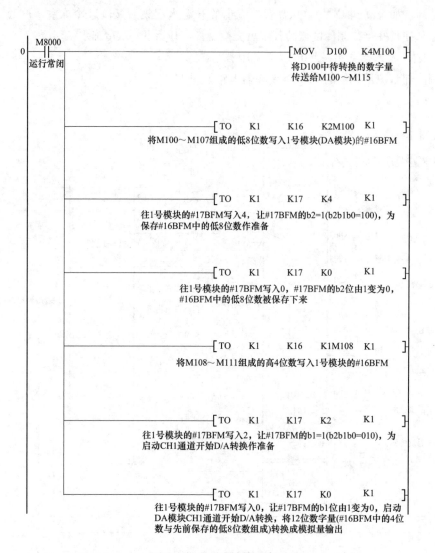

图 11-10　D/A 转换程序

（3）手动调速程序。手动调速程序如图 11-12 所示。在手动调速方式（X010 常闭触点闭合）时，X003 触点每闭合一次，D100 中的数字量就增加 40，由 DA 模块转换成模拟量后使变频器频率提高 0.5Hz，X004 触点每闭合一次，D100 中的数字量就减小 40，由 DA 模块转换成模拟量后使变频器频率降低 0.5Hz，为了将变频器的频率限制在 30～50Hz，程序将 D100 的数字量限制在 2400～4000 范围内。

（4）变频器启/停/报警及电动机选择程序。变频器启/停/报警及电动机选择程序如图 11-13 所示。下面对照图 11-9 所示电路和图 11-13 所示 PLC 程序来说明系统工作原理。

4. 工作原理

（1）变频器启动控制。按下启动按钮 SB1，PLC 的 X000 端子输入为 ON，程序中的 ［208］X001 常开触点闭合，将 Y000 线圈置 1，［191］Y000 常开触点闭合，为选择电动机做准备，［214］Y001 常闭触点断开，停止对 D100（用于存放用作调速的数字量）复位，另外，PLC 的 Y000 端子内部硬触点闭合，变频器 STF 端子输入为 ON，启动变频器从 U、V、W 端子输出正转电源，正转电源频率由 D100 中的数字量决定，Y001 常闭触点断开停止 D100 复位后，自动调速程序的 ［148］指令马上往 D100 写入 2400，D100 中的 2400 随之由 DA 程序转换成 6V 电压，送到变频器的 2、5 端子，使变频器输出的正转电源频率为 30Hz。

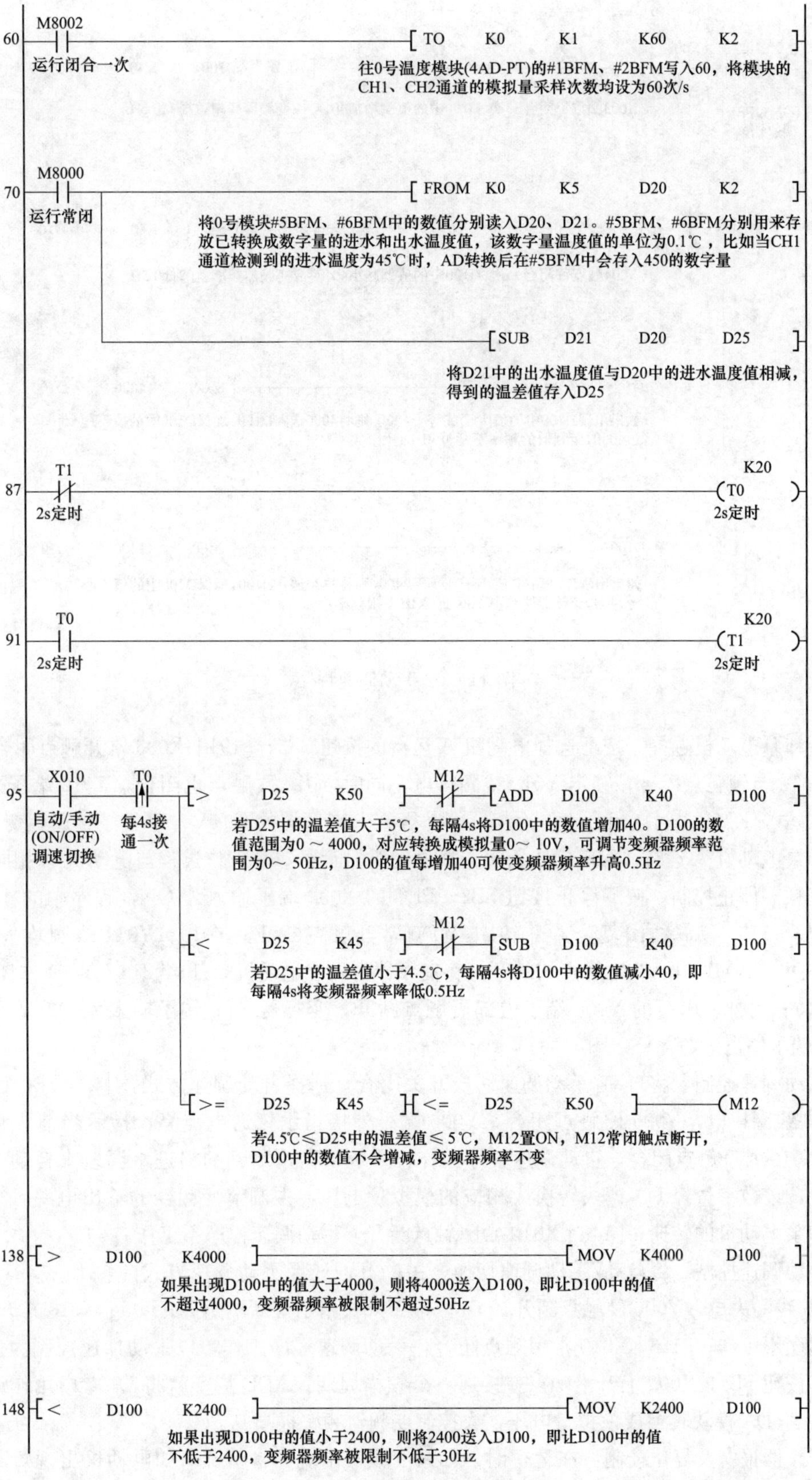

60 ┤ M8002 ├─────────────────────────────[TO   K0   K1   K60   K2]
     运行闭合一次
　　　　　　　　　　　　　　　　　往0号温度模块(4AD-PT)的#1BFM、#2BFM写入60，将模块的
　　　　　　　　　　　　　　　　　CH1、CH2通道的模拟量采样次数均设为60次/s

70 ┤ M8000 ├─────────────────────────────[FROM K0   K5   D20   K2]
     运行常闭
　　　　　　　　　　　　　　　　　将0号模块#5BFM、#6BFM中的数值分别读入D20、D21。#5BFM、#6BFM分别用来存
　　　　　　　　　　　　　　　　　放已转换成数字量的进水和出水温度值，该数字量温度值的单位为0.1℃，比如当CH1
　　　　　　　　　　　　　　　　　通道检测到的进水温度为45℃时，AD转换后在#5BFM中会存入450的数字量

　　　　　　　　　　　　　　　　　　　　　　　　[SUB   D21   D20   D25]
　　　　　　　　　　　　　　　　　将D21中的出水温度值与D20中的进水温度值相减，
　　　　　　　　　　　　　　　　　得到的温差值存入D25

87 ┤ T1 ├───(T0)─ K20
     2s定时   2s定时

91 ┤ T0 ├───(T1)─ K20
     2s定时   2s定时

95 ┤ X010 ├┤ T0 ├[> D25 K50]─┤/ M12 ├─[ADD D100   K40   D100]
   自动/手动 每4s接
   (ON/OFF) 通一次
   调速切换
　　　　　　　　　　　　　　　　　若D25中的温差值大于5℃，每隔4s将D100中的数值增加40。D100的数
　　　　　　　　　　　　　　　　　值范围为0～4000，对应转换成模拟量0～10V，可调节变频器频率范
　　　　　　　　　　　　　　　　　围为0～50Hz，D100的值每增加40可使变频器频率升高0.5Hz

　　　　　　　　　　　　　　　[< D25 K45]─┤/ M12 ├─[SUB D100   K40   D100]
　　　　　　　　　　　　　　　　　若D25中的温差值小于4.5℃，每隔4s将D100中的数值减小40，即
　　　　　　　　　　　　　　　　　每隔4s将变频器频率降低0.5Hz

　　　　　　　　　　　[>= D25 K45]─[<= D25 K50]──────────(M12)
　　　　　　　　　　　　　　　　　若4.5℃≤D25中的温差值≤5℃，M12置ON，M12常闭触点断开，
　　　　　　　　　　　　　　　　　D100中的数值不会增减，变频器频率不变

138 [> D100 K4000]──────────────────────────[MOV K4000   D100]
　　　　　　　　　　　　　　　　　如果出现D100中的值大于4000，则将4000送入D100，即让D100中的值
　　　　　　　　　　　　　　　　　不超过4000，变频器频率被限制不超过50Hz

148 [< D100 K2400]──────────────────────────[MOV K2400   D100]
　　　　　　　　　　　　　　　　　如果出现D100中的值小于2400，则将2400送入D100，即让D100中的值
　　　　　　　　　　　　　　　　　不低于2400，变频器频率被限制不低于30Hz

图 11-11　温差检测与自动调速程序

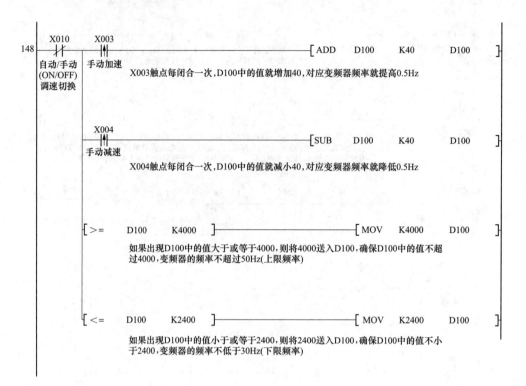

图 11-12　手动调速程序

（2）冷却泵电动机选择。按下选择电动机 A 运行的按钮 SB6，[191] X006 常开触点闭合，Y010 线圈得电，Y010 自锁触点闭合，锁定 Y010 线圈得电，同时 Y010 硬触点也闭合，Y010 端子外部接触器 KM1 线圈得电，KM1 主触点闭合，将冷却泵电动机 A 与变频器的 U、V、W 端子接通，变频器输出电源驱动冷却泵电动机 A 运行。SB7 接钮用于选择电动机 B 运行，其工作过程与电动机 A 相同。

（3）变频器停止控制。按下停止按钮 SB2，PLC 的 X002 端子输入为 ON，程序中的 [210] X002 常开触点闭合，将 Y000 线圈复位，[191] Y000 常开触点断开，Y010、Y011 线圈均失电，KM1、KM2 线圈失电，KM1、KM2 主触点均断开，将变频器与两个电动机断开；[214] Y001 常闭触点闭合，对 D100 复位；另外，PLC 的 Y000 端子内部硬触点断开，变频器 STF 端子输入为 OFF，变频器停止 U、V、W 端子输出电源。

（4）自动调速控制。将自动/手动调速切换开关闭合，选择自动调速方式，[212] X010 常开触点闭合，Y006 线圈得电，Y006 硬触点闭合，Y006 端子外接指示灯通电点亮，指示当前为自动调速方式；[95] X010 常开触点闭合，自动调速程序工作，系统根据检测到的出进水温差来自动改变用作调速的数字量，该数字量经 DA 模块转换成相应的模拟量电压，去调节变频器的输出电源频率，进而自动调节冷却泵电动机的转速；[148] X010 常闭触点断开，手动调速程序不工作。

（5）手动调速控制。将自动/手动调速切换开关断开，选择手动调速方式，[212] X010 常开触点断开，Y006 线圈失电，Y006 硬触点断开，Y006 端子外接指示灯断电熄灭；[95] X010 常开触点断开，自动调速程序不工作；[148] X010 常闭触点闭合，手动调速程序工作，以手动加速控制为例，每按一次手动加速按钮 SB3，X003 上升沿触点就接通一个扫描周期，ADD 指令就将 D100 中用作调速的数字量增加 40，经 DA 模块转换成模拟量电压，去控制变频器频率提高 0.5Hz。

（6）变频器报警及复位控制。在运行时，如果变频器出现异常情况（如电动机出现短路导致变频器过电流），其 A、C 端子内部的触点闭合，PLC 的 X000 端子输入为 ON，程序中的 [204] X000 常开触点闭合，Y004 线圈得电，Y004 端子内部的硬触点闭合，变频器异常报警指示灯 HL1 通电点亮。排

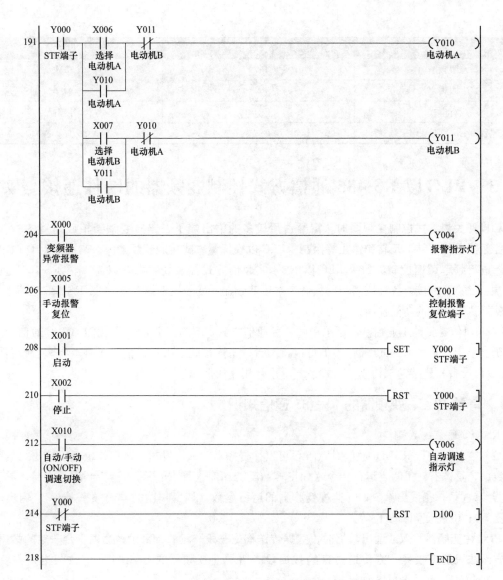

图 11-13 变频器启/停/报警及电机选择程序

除异常情况后，按下变频器报警复位按钮 SB5，PLC 的 X005 端子输入为 ON，[206] X005 常开触点闭合，Y001 端子内部的硬触点闭合，变频器的 RES 端子（报警复位）输入为 ON，变频器内部报警复位，A、C 端子内部的触点断开，PLC 的 X000 端子输入变为 OFF，最终使 Y004 端子外接报警指示灯 HL1 断电熄灭。

5. 变频器参数的设置

为了满足控制和运行要求，需要对变频器一些参数进行设置。本例中变频器的有关参数及设置值见表 11-3。

表 11-3　　　　　　　　　　　　变频器的有关参数及设置值

参数名称	参数号	设置值
加速时间	Pr. 7	3s
减速时间	Pr. 8	3s
基底频率	Pr. 3	50Hz

续表

参数名称	参数号	设置值
上限频率	Pr. 1	50Hz
下限频率	Pr. 2	30Hz
运行模式	Pr. 79	2（外部操作）
0~5V 和 0~10V 调频电压选择	Pr. 73	0（0~10V）

11.3 PLC 以 RS-485 通信方式控制变频器的硬件连接与实例

PLC 以开关量方式控制变频器时，需要占用较多的输出端子去连接变频器相应功能的输入端子，才能对变频器进行正转、反转和停止等控制；PLC 以模拟量方式控制变频器时，需要使用 DA 模块才能对变频器进行频率调速控制。如果 PLC 以 RS-485 通信方式控制变频器，只需一根 RS-485 通信电缆（内含 5 根芯线），直接将各种控制和调频命令送给变频器，变频器根据 PLC 通过 RS-485 通信电缆送来的指令就能执行相应的功能控制。

RS-485 通信是目前工业控制广泛采用的一种通信方式，具有较强的抗干扰能力，其通信距离可达几十米至上千米。采用 RS-485 通信不但可以将两台设备连接起来进行通信，还可以将多台设备（最多可并联 32 台设备）连接起来构成分布式系统，进行相互通信。

11.3.1 有关 PLC、变频器的 RS-485 通信知识

1. RS-485 通信的数据格式

PLC 与变频器进行 RS-485 通信时，PLC 可以往变频器写入（发送）数据，也可以读出（接收）变频器的数据，具体有：①写入运行指令（如正转、反转和停止等）；②写入运行频率；③写入参数（设置变频器参数值）；④读出参数；⑤监视变频器的运行参数（如变频器的输出频率/转速、输出电压和输出电流等）；⑥将变频器复位等。

在 PLC 往变频器写入或读出数据时，数据传送都是一段一段的，每段数据须符合一定的数据格式，否则一方无法识别接收另一方传送过来的数据段。PLC 与变频器的 RS-485 通信数据格式主要有 A、A′、B、C、D、E、E′、F 共 8 种格式。

（1）**RS-485 通信的数据格式**各部分说明。

1）**控制代码**。每个数据段前面都要有控制代码，控制代码 ENQ 意为通信请求，其他控制代码见表 11-4。

表 11-4 控制代码

信号	ASCII 码	说明
STX	H02	数据开始
ETX	H03	数据结束
ENQ	H05	通信请求
ACK	H06	无数据错误
LF	H0A	换行
CR	H0D	回车
NAK	H15	有数据错误

2）**变频器站号**。变频器站号用于指定与 PLC 通信的变频器站号，可指定 0~31，该站号应与变频器设定的站号一致。

3）**指令代码**。指令代码是由 PLC 发送给变频器用来指明变频器进行何种操作的代码，如读出变频器输出频率的指令代码为 H6F，更多的指令代码见表 11-6。

4）**等待时间**。等待时间用于指定 PLC 传送完数据后到变频器开始返回数据之间的时间间隔，等待时间单位为 10ms，可设范围为 0~15（0~150ms），如果变频器已用参数 Pr.123 设定了等待时间，通信数据中不用指定等待时间，可节省一个字符，如果要在通信数据中使用等待时间，应将变频器的参数 Pr.123 设为 9999。

5）**数据**。数据是指 PLC 写入变频器的运行和设定数据，如频率和参数等，数据的定义和设定范围由指令代码来确定。

6）**总和校验码**。总和校验码的功能是用来校验本段数据传送过程中是否发生错误。将控制代码与总和校验码之间各项 ASCII 码求和，取和数据（十六进制数）的低 2 位作为总和校验码。总和校验码的求取举例如图 11-14 所示。

7）**CR/LF（回车/换行）**。当变频器的参数 Pr.124 设为 0 时，不用 CR/LF，可节省一个字符。

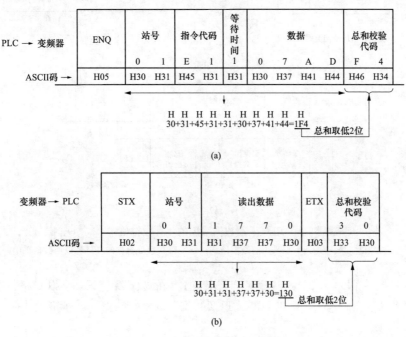

图 11-14　总和校验码求取举例
(a) 例 1；(b) 例 2

（2）PLC 往变频器传送数据时采用的数据格式。**PLC 往变频器传送数据采用的数据格式有 A、A′、B 共 3 种**，如图 11-15 所示。比如，PLC 往变频器写入运行频率时采用格式 A 来传送数据，写入正转控制命令时采用格式 A′，查看（监视）变频器运行参数时采用格式 B。

在编写通信程序时，数据格式中各部分的内容都要用 ASCII 码来表示。比如 PLC 以数据格式 A 往 13 号变频器写入频率，在编程时将要发送的数据存放在 D100~D112，其中 D100 存放控制代码 ENQ 的 ASCII 码 H05，D101、D102 分别存放变频器站号 13 的 ASCII 码 H31(1)、H33(3)，D103、D104 分别存放写入频率指令代码 HED 的 ASCII 码 H45(E)、H44(D)。

（3）变频器往 PLC 传送数据（返回数据）时采用的数据格式。**当变频器接收到 PLC 传送过来的数据，一段时间（等待时间）后会返回数据给 PLC。变频器往 PLC 返回数据采用的数据格式主要有 C、D、E、E′**，如图 11-16 所示。

1）如果 PLC 传送的指令是写入数据（如控制变频器正转、反转和写入运行频率），变频器以 C 格

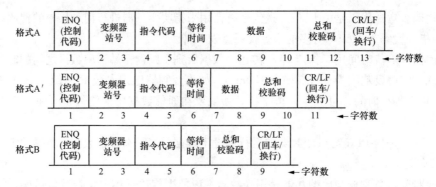

图 11-15　PLC 往变频器传送数据采用的 3 种数据格式（A、A′、B）

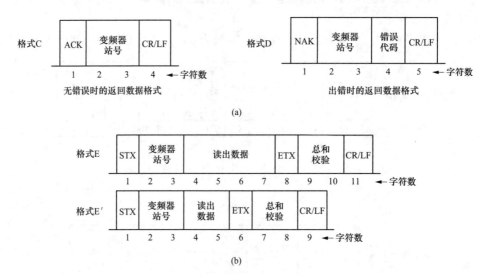

图 11-16　变频器往 PLC 返回数据采用的 4 种数据格式（C、D、E、E′）

（a）PLC 写入数据时变频器返回数据采用的数据格式；（b）PLC 读取数据时变频器返回数据采用的数据格式

式或 D 格式返回数据给 PLC。若变频器发现 PLC 传送过来的数据无错误，会以 C 格式返回数据，若变频器发现传送过来的数据有错误，则以 D 格式返回数据，D 格式数据中含有错误代码，用于告诉 PLC 出现何种错误。

2）如果 PLC 传送的指令是读出数据（如读取变频器的输出频率、输出电压），变频器以 E 或 E′格式返回数据给 PLC，这两种数据格式中都含有 PLC 要从变频器读取的数据，一般情况下变频器采用 E 格式返回数据，只有 PLC 传送个别指令代码时变频器才以 E′格式返回数据，如果 PLC 传送给变频器的数据有错误，变频器也会以 D 格式返回数据。三菱 FR500/700 变频器的错误代码含义见表 11-5。

表 11-5　　　　　　　　　　　　　　在通信时变频器返回的错误代码含义

错误代码	项目	定义	变频器动作
H0	计算机 NAK 错误	从计算机发送的通信请求数据被检测到的连续错误次数超过允许的再试次数	如果连续错误发生次数超过允许再试次数时将产生（E.PUE）报警并且停止
H1	奇偶校验错误	奇偶校验结果与规定的奇偶校验不相符	
H2	总和校验错误	计算机中的总和校验代码与变频器接收的数据不相符	
H3	协议错误	变频器以错误的协议接收数据，在提供的时间内数据接收没有完成或 CR 和 LF 在参数中没有用作设定	
H4	格式错误	停止位长不符合规定	
H5	溢出错误	变频器完成前面的数据接收之前，从计算机又发送了新的数据	

续表

错误代码	项目	定　义	变频器动作
H7	字符错误	接收的字符无效（在 0～9，A～F 的控制代码以外）	不能接受数据但不会带来报警停止
HA	模式错误	试图写入的参数在计算机通信操作模式以外或变频器在运行中	不能接受数据但不会带来报警停止
HB	指令代码错误	规定的指令不存在	
HC	数据范围错误	规定了无效的数据用于参数写入，频率设定等	

掌握变频器返回数据格式有利于了解变频器工作情况。比如，在编写 PLC 通信程序时，以 D100～D112 作为存放 PLC 发送数据的单元，以 D200～D210 作为存放变频器返回数据的单元，如果 PLC 要查看变频器的输出频率，它需要使用监视输出频率指令代码 H6F，PLC 传送含该指令代码的数据时要使用格式 B，当 PLC 以格式 B 将 D100～D108 中的数据发送给变频器后，变频器会以 E 格式将频率数据返回给 PLC（若传送数据出错则以 D 格式返回数据），返回数据存放到 PLC 的 D200～D210，由 E 格式可知，频率数据存放在 D203～D206 单元，只要了解这些单元的数据就能知道变频器的输出频率。

2. 变频器通信的指令代码、数据位和使用的数据格式

PLC 与变频器进行 RS-485 通信时，变频器进行何种操作是由 PLC 传送过来的变频器可识别的指令代码和有关数据来决定的，PLC 可以给变频器发送指令代码和接收变频器的返回数据，变频器不能往 PLC 发送指令代码，只能接收 PLC 发送过来的指令代码并返回相应数据，同时执行指令代码指定的操作。

要以通信方式控制某个变频器，必须要知道该变频器的指令代码，要让变频器进行某种操作时，只要往变频器发送与该操作对应的指令代码。三菱 FR500/700 变频器在通信时可使用的指令代码、数据位和数据格式见表 11-6，该表对指令代码后面的数据位使用也作了说明，对于无数据位（B 格式）的指令代码，该表中的数据位是指变频器返回数据的数据位。比如，PLC 要以 RS-485 通信控制变频器正转，它应以 A′格式发送一段数据给变频器，在该段数据的第 4、5 字符为运行指令代码 HFA，第 7、8 字符为设定正转的数据 H02，变频器接收数据后，若数据无错误，会以 C 格式返回数据给 PLC，若数据有错误，则以 D 格式返回数据给 PLC。以 B 格式传送数据时无数据位，表中的数据位是指返回数据的数据位。

表 11-6　　三菱 FR500/700 变频器在通信时可使用的指令代码、数据位和数据格式

编号	项目		指令代码	数据位说明	发送和返回数据格式
1	操作模式	读出	H7B	H0000：通信选项运行； H0001：外部操作； H0002：通信操作（PU 接口）	B、E/D
		写入	HFB	H0000：通信选项运行； H0001：外部操作； H0002：通信操作（PU 接口）	A、C/D
2	监示	输出频率[速度]	H6F	H0000～HFFFF：输出频率（十六进制）最小单位 0.01Hz； 当 Pr. 37＝1～9998 或 Pr. 144＝2～10，102～110 用转速（十六进制）表示最小单位 1r/min	B、E/D
		输出电流	H70	H0000～HFFFF：输出电流（十六进制）最小单位 0.1A	B、E/D
		输出电压	H71	H0000～HFFFF：输出电压（十六进制）最小单位 0.1V	B、E/D
		特殊监示	H72	H0000～HFFFF：用指令代码 HF3 选择监示数据	B、E/D

续表

编号	项目	指令代码		数据位说明	发送和返回数据格式

特殊监示选择号 读出 H73 / 写入 HF3

H01～H0E　监示数据选择

数据	说明	最小单位	数据	说明	最小单位
H01	输出频率	0.01Hz	H09	再生制动	0.1%
H02	输出电流	0.01A	H0A	电子过电流保护负荷率	0.1%
H03	输出电压	0.1V	H0B	输出电流峰值	0.01A
H05	设定频率	0.01Hz	H0C	整流输出电压峰值	0.1V
H06	运行速度	1r/min	H0D	输入功率	0.01kW
H07	电机转矩	0.1%	H0E	输出电力	0.01kW

读出 H73 → 发送和返回数据格式 B、E'/D

写入 HF3 → 发送和返回数据格式 A'、C/D

编号 2　监示

报警定义　指令代码 H74 至 H77　发送和返回数据格式 B、E/D

H0000～HFFFF：最近的两次报警记录

读出数据：如 H30A0

（前一次报警……THT）

（最近一次报警……OPT）

```
b15      …      b8 b7      …      b0
 0  0  1  1  0  0  0  0  1  0  1  0  0  0  0  0
 └──────────────┘ └──────────────┘
   前一次报警         最近一次报警
    (H30)             (HA0)
```

报警代码

代码	说明	代码	说明	代码	说明
H00	没有报警	H51	UVT	HB1	PUE
H10	OC1	H60	OLT	HB2	RET
H11	OC2	H70	BE	HC1	CTE
H12	OC3	H80	GF	HC2	P24
H20	OV1	H81	LF	HD5	MB1
H21	OV2	H90	OHT	HD6	MB2
H22	OV3	HA0	OPT	HD7	MB3
H30	THT	HA1	OP1	HD8	MB4
H31	THM	HA2	OP2	HD9	MB5
H40	FIN	HA3	OP3	HDA	MB6
H50	IPF	HB0	PE	HDB	MB7

编号 3　运行指令　指令代码 HFA　发送和返回数据格式 A'、C/D

```
b7              …              b0
 0  1  0  0  1  1  0  0
```
（对于例1）

［例1］H02…正转

［例2］H00…停止

b0：_____

b1：正转（STF）

b2：反转（STR）

b3：_____

b4：_____

b5：_____

b6：_____

b7：_____

续表

编号	项目	指令代码	数据位说明		发送和返回数据格式
4	变频器状态监示	H7A	b7 ··· b0 | 0 | 0 | 0 | 0 | 0 | 0 | 1 | 0 | （对于例1） ［例1］H02…正转运行中 ［例2］H80…因报警停止 * 输出数据视 Pr.190~Pr.195 设定而设	b0：变频器正在运行（RUN）* b1：正转 b2：反转 b3：频率达到（SU）* b4：过负荷（OL）* b5：瞬时停电（IPF）* b6：频率检测（FU）* b7：发生报警 *	B、E/D
5	设定频率读出（E²PROM）	H6E	读出设定频率（RAM）或（E²PROM）； H0000~H2EE0：最小单位 0.01Hz（十六进制）		B、E/D
	设定频率读出（RAM）	H6D			
	设定频率写入（E²PROM）	HEE	H0000~H9C40：最小单位 0.001Hz（十六进制） （0~400.00Hz） 频繁改变运行频率时，请写入到变频器的 RAM（指令代码：HED）		A、C/D
	设定频率写入（RAM）	HED			
6	变频器复位	HFD	H9696：复位变频器； 当变频器在通信开始由计算机复位时，变频器不能发送回应答数据给计算机		A、C/D
7	报警内容全部消除	HF4	H9696：报警履历的全部清除		A、C/D
8	参数全部消除	HFC	所有参数返回到出厂设定值； 根据设定的数据不同有 4 种清除操作方式，如下： 当执行 H9696 或 H9966 时，所有参数被清除，与通信相关的参数设定值也返回到出厂设定值，当重新操作时，需要设定参数		A、C/D
9	用户消除	HFC	H9669：进行用户清除。		A、C/D
10	参数写入	H80~HE3	参考数据表写入和/或读出要求的参数； 注意有些参数不能进入		A、C/D
11	参数读出	H00~H63			B、E/D

编号 8 的清除操作方式表：

Pr. 数据	通信 Pr.	校准	其他 Pr.	HEC HF3 HFF
H9696	○	×	○	○
H9966	○	○	○	○
H5A5A	×	×	○	○
H55AA	×	○	○	○

编号 9 的用户消除表：

通信 Pr.	校验	其他 Pr.	HEC HF3 HFF
○	×	○	○

续表

编号	项目		指令代码	数据位说明	发送和返回数据格式
12	网络参数其他设定	读出	H7F	H00～H6C 和 H80～HEC 参数值可以改变； H00：Pr. 0～Pr. 96 值可以进入； H01：Pr. 100～Pr. 158，Pr. 200～Pr. 231，Pr. 900～Pr. 905 值可以进入；	B、E'/D
		写入	HFF	H02：Pr. 160～Pr. 199，Pr. 232～Pr. 287 值可以进入； H03：可读出，写入 Pr. 300～Pr. 342 的内容； H09：Pr. 990 值可以进入	A'、C/D
13	第二参数更改（代码 FF=1）	读出	H6C	设定编程运行（数据代码 H3D～H5A，HBD～HDA）的参数的情况 　　H00：运行频率 　　H01：时间 　　H02：回转方向	B、E'/D
		写入	HEC	设定偏差・增益（数据代码 H5E～H6A，HDE～HED）的参数的情况 　　H00：补偿/增益 　　H01：模拟 　　H02：端子的模拟值	A'、C/D

（表格中编号13读出行图示）
| 6 | 3 | 3 | B |
时间(分)　　分(秒)

11.3.2　PLC 以 RS-485 通信方式控制变频器正转、反转、加速、减速和停止的实例

1. 硬件线路图

PLC 以 RS-485 通信方式控制变频器正转、反转、加速、减速和停止的硬件电路如图 11-17 所示，当操作 PLC 输入端的正转、反转、手动加速、手动减速或停止按钮时，PLC 内部的相关程序段就会执行，通过 RS-485 通信方式将对应指令代码和数据发送到给变频器，控制变频器正转、反转、加速、减速或停止。

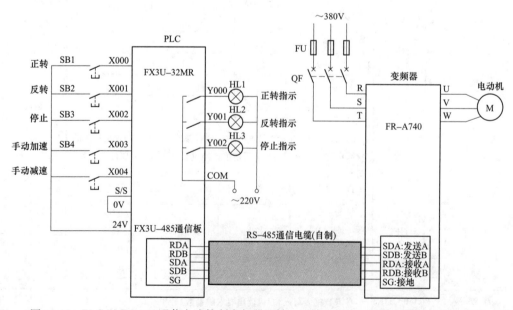

图 11-17　PLC 以 RS-485 通信方式控制变频器正转、反转、加速、减速和停止的硬件电路

2. 变频器通信设置

变频器与 PLC 通信时，需要设置与通信有关的参数值，有些参数值应与 PLC 保持一致。三菱
FR500/700 变频器与通信有关的参数及设置值见表 11-7。

表 11-7 三菱 FR500/700 变频器与通信有关的参数及设置值

参数号	名称	设定值		说 明	本例设置值
Pr.79	操作模式	0~8		0—电源接通时，为外部操作模式，PU 或外部操作可切换；1—PU 操作模式；2—外部操作模式；3—外部/PU 组合操作模式 1；4—外部/PU 组合操作模式 2；5—程序运行模式；6—切换模式；7—外部操作模式（PU 操作互锁）；8—切换到除外部操作模式以外的模式（运行时禁止）	1
Pr.117	站号	0~31		确定从 PU 接口通信的站号；当两台以上变频器接到一台计算机上时，就需要设定变频器站号	0
Pr.118	通信速率	48		4800bit/s	192
		96		9600bit/s	
		192		19 200bit/s	
Pr.119	停止位长/字节长	8位	0	停止位长 1 位	1
			1	停止位长 2 位	
		7位	10	停止位长 1 位	
			11	停止位长 2 位	
Pr.120	奇偶校验有/无	0		无	2
		1		奇校验	
		2		偶校验	
Pr.121	通信再试次数	0~10		设定发生数据接收错误后允许的再试次数，如果错误连续发生次数超过允许值，变频器将报警停止	9999
		9999（65535）		如果通信错误发生，变频器没有报警停止，这时变频器可通过输入 MRS 或 RES 信号，变频器（电动机）滑行到停止；错误发生时，轻微故障信号（LF）送到集电极开路端子输出；用 Pr.190~Pr.195 中的任何一个分配给相应的端子（输出端子功能选择）	
Pr.122	通信校验时间间隔	0		不通信	9999
		0.1~999.8		设定通信校验时间间隔（单位：s）	
		9999		如果无通信状态持续时间超过允许时间，变频器进入报警停止状态	
Pr.123	等待时间设定	0~150ms		设定数据传输到变频器和响应时间	20
		9999		用通信数据设定	
Pr.124	CR，LF 有/无选择	0		无 CR/LF	0
		1		有 CR	
		2		有 CR/LF	

3. PLC 程序

PLC 以通信方式控制变频器时，需要给变频器发送指令代码才能控制变频器执行相应的操作，给
变频器发送何种指令代码是由 PLC 程序决定的。

PLC 以 RS-485 通信方式控制变频器正转、反转、加速、减速和停止的程序如图 11-18 所示。

M8161 是 RS、ASCI、HEX、CCD 指令的数据处理模式特殊继电器，当 M8161＝ON 时，这些指令只处理存储单元的低 8 位数据（高 8 位忽略），当 M8161＝OFF 时，这些指令将存储单元 16 位数据分高 8 位和低 8 位处理。D8120 为通信格式设置特殊存储器。RS 为串行数据传送指令，ASCI 为十六进制数转ASCII 码指令，HEX 为 ASCII 码转十六进制数指令，CCD 为求总和校验码指令。

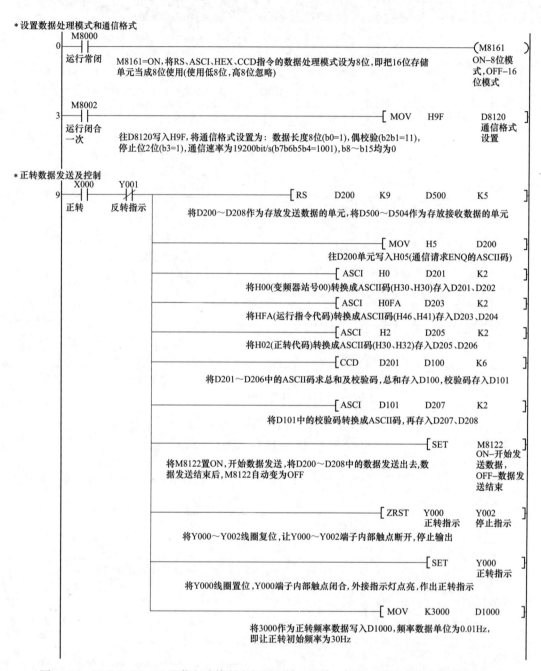

图 11-18 PLC 以 RS-485 通信方式控制变频器正转、反转、加速、减速或停止的程序（一）

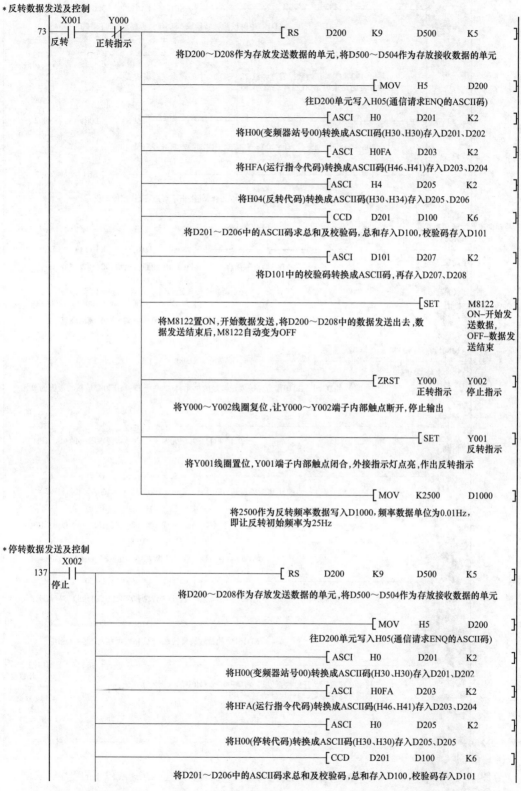

图 11-18 PLC 以 RS-485 通信方式控制变频器正转、反转、加速、减速或停止的程序（二）

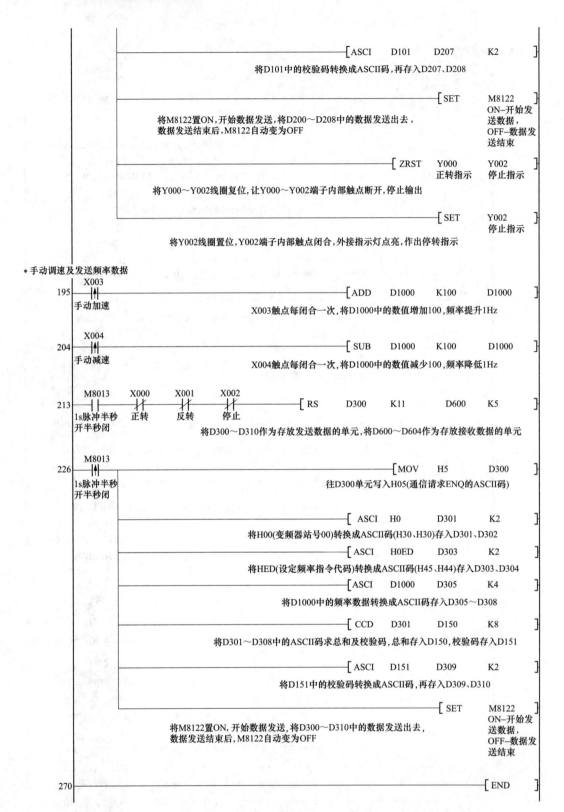

图 11-18 PLC 以 RS-485 通信方式控制变频器正转、反转、加速、减速或停止的程序（三）

第12章

三菱触摸屏（人机界面HMI）介绍

12.1　触摸屏基础知识

触摸屏是一种带触摸显示功能的数字输入输出设备，利用触摸屏可以使人们直观方便地进行人机交互，又称人机界面（HMI）。利用触摸屏不但可以在触摸屏上对 PLC 进行操作，还可在触摸屏上实时监视 PLC 的工作状态。要使用触摸屏操作和监视 PLC，必须用专门的软件为触摸屏制作（又称组态）相应的操作和监视画面。

12.1.1　基本组成

触摸屏主要由触摸检测部件和触摸屏控制器组成。触摸检测部件安装在显示器屏幕前面，用于检测用户触摸位置，然后送给触摸屏控制器；触摸屏控制器的功能是从触摸点检测装置上接收触摸信号，并将它转换成触点坐标，再送给有关电路或设备。

触摸屏的基本结构如图 12-1 所示。触摸屏的触摸有效区域被分成类似坐标的 X 轴和 Y 轴，当触摸某个位置时，该位置对应坐标一个点，不同位置对应的坐标点不同，触摸屏上的检测部件将触摸信号送到控制器，控制器将其转换成相应的触摸坐标信号，再送给其他电路或设备。

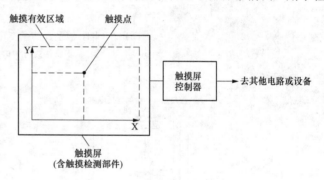

图 12-1　触摸屏的基本结构

12.1.2　4 种类型的触摸屏及工作原理

根据工作原理不同，触摸屏主要分为电阻式、电容式、红外线式和表面声波式 4 种。

1. 电阻式触摸屏

电阻式触摸屏的基本结构与电路连接如图 12-2 所示。电阻式触摸屏由一块 2 层透明复合薄膜屏组成，下面是由玻璃或有机玻璃构成的基层，上面是一层外表面经过硬化处理的光滑防刮塑料层，在基板和塑料层的内表面都涂有透明金属导电层 ITO（氧化铟），在两导电层之间有许多细小的透明绝缘支点把它们隔开，当按压触摸屏某处时，该处的两导电层会接触，如图 12-2（a）所示。

触摸屏的两个金属导电层是触摸屏的两个工作面，在每个工作面的两端各涂有一条银胶，称为该工作面的一对电极，为分析方便，这里认为上工作面左右两端接 X 电极，下工作面上下两端接 Y 电极，X、Y 电极都与触摸屏控制器连接，如图 12-2（b）所示。当 2 个 X 电极上施加一固定电压，而 2 个 Y 电极不加电压时，在 2 个 X 极之间的导电涂层各点电压由左至右逐渐降低，这是因为工作面的金属涂层有一定的电阻，越往右的点与左 X 电极电阻越大，这时若按下触摸屏上某点，上工作面触点处的电压经触摸点和下工作面的金属涂层从 Y 电极（Y＋或 Y－）输出，触摸点在 X 轴方面越往右，从 Y 电极输出电压越低，即将触点在 X 轴的位置转换成不同的电压；同样地，如果给 2 个 Y 电极施加一固定电压，当按下触摸屏某点时，会从 X 电极输出电压，触摸点越往上，从 X 电极输出的电压越高。电阻式触摸屏工作原理说明如图 12-3 所示。

电阻式触摸屏采用分时工作，先给 2 个 X 电极加电压而从 Y 电极取 X 轴坐标信号，再给 2 个 Y 电极加电压，从 X 电极取 Y 轴坐标信号。分时施加电压和接收 X、Y 轴坐标信号都由触摸屏控制器来完成。

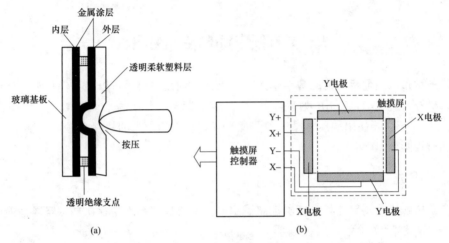

图 12-2　电阻触摸屏的基本结构与电路连接

（a）基本结构；（b）电路连接

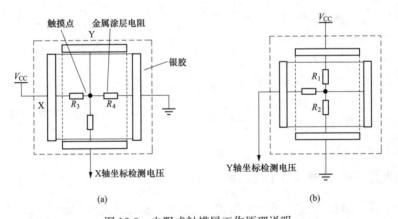

图 12-3　电阻式触摸屏工作原理说明

（a）X 电极加电压，Y 电极取 X 轴坐标电压；（b）Y 电极加电压，X 电极取 Y 轴坐标电压

电阻式触摸屏除了有四线式外，常用的还有五线式。五线式电阻触摸屏内部也有两个金属导电层，与四线式不同的是，五线式电阻触摸屏的 4 个电极分别加在内层金属导电层的四周，工作时分时给两对电极加电压，外金属导电层用作纯导体，在触摸时，触摸点的 X、Y 轴坐标信号分时从外金属层送出（触摸时，内金属层与外金属层会在触摸点处接通）。五线式电阻触摸屏内层 ITO 需四条引线，外层只作导体仅仅一条，触摸屏的引出线共有 5 条。

2. 电容式触摸屏

电容式触摸屏是利用人体的电流感应进行工作的。电容式触摸屏是一块 4 层复合玻璃屏，玻璃屏的内表面和夹层各涂有一层透明导电金属层 ITO（氧化铟），最外层是一薄层矽土玻璃保护层，夹层

ITO涂层作为工作面，从它的4个角上引出4个电极，内层ITO为屏蔽层，以保证良好的工作环境。电容式触摸屏的工作原理如图12-4所示，当手指触碰触摸屏时，人体手指、触摸屏最外层和夹层（金属涂层）形成一个电容，由于触摸屏的四角都加有高频电流，四角送入高频电流经导电夹层和形成的电容流往手指（人体相当一个零电势体）。触摸点不同，从4个角流入的电流会有差距，利用控制器精确计算4个电流比例，就能得出触摸点的位置。

3. 红外线触摸屏

红外线触摸屏通常在显示器屏幕的前面安装一个外框，在外框的 X、Y 方向有排布均匀的红外发射管和红外接收管，一一对应形成横竖交错的红外线矩阵，在工作时，由触摸屏控制器驱动红外线发射管发射红外光，当手指或其他物体触摸屏幕时，就会挡住经过该点的横竖红外线，由控制器判断出触摸点在屏幕的位置。红外线触摸屏的工作原理如图12-5所示。

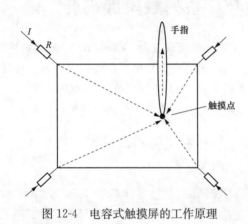

图12-4 电容式触摸屏的工作原理

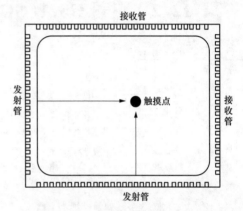

图12-5 红外线触摸屏的工作原理

4. 表面声波式触摸屏

表面声波是超声波的一种，它可以在介质（如玻璃、金属等刚性材料）表面浅层传播。表面声波触摸屏的触摸屏部分可以是一块平面、球面或是柱面的玻璃平板，安装在显示器屏幕的前面。玻璃屏的左上角和右下角都安装了竖直和水平方向的超声波发射器，右上角则固定了两个相应的超声波接收换能器，玻璃屏的4个周边则刻有由疏到密间隔非常精密的45°反射条纹。表面声波式触摸屏的工作原理如图12-6所示。

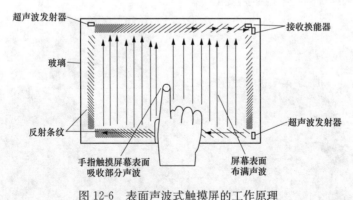

图12-6 表面声波式触摸屏的工作原理

表面声波式触摸屏的工作原理说明（以右下角的X轴发射换能器为例）：右下角的发射器将触摸屏控制器送来的电信号转化为表面声波，向左方表面传播，声波在经玻璃板的一组精密45°反射条纹时，反射条纹把水平方面的声波反射成垂直向上声波，声波经玻璃板表面传播给上方45°反射条纹，再经上方这些反射条纹聚成向右的声波传播给右上角的接收换能器，接收换能器将返回的表面声波变为电信号。

当发射换能器发射一个窄脉冲后，表面声波经不同途径到达接收换能器，最右边声波最先到达接收器，最左边的声波最后到达接收器，先到达的和后到达的这些声波叠加成一个连续的波形信号，不难看出，接收信号集合了所有在 X 轴方向历经长短不同路径回归的声波，它们在 Y 轴走过的路程是相同的，但在 X 轴上，最远的比最近的多走了两倍 X 轴最大距离。在没有触摸屏幕时，接收信号的波形与参照波形完全一样。当手指或其他能够吸收或阻挡声波的物体触摸屏幕某处时，X 轴途经手指部位向上传播的声波在触摸处被部分吸收，反应在接收波形上即某一时刻位置上的波形有一个衰减缺口，控制器通过分析计算接收信号缺口位置就可得到触摸处的 X 轴坐标。同样地，利用左上角的发射换成器和右上角的接收器，可以判定出触摸点的 Y 坐标。确定触摸点的 X、Y 轴坐标后，控制器就将该坐标信号送给主机。

12.2　三菱 GS21(GOT simple) 系列触摸屏简介

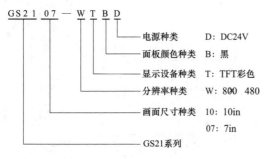

图 12-7　三菱 GS21 系列触摸屏型号含义

GS21 系列触摸屏又称 GOT simple 系列触摸屏，是三菱公司推出的操作简单、功能强大、可靠性高的精简型人机界面，目前有 GS2110 和 GS2107 两个型号。因其性价比高，故被广大初中级用户选用。

12.2.1　型号含义与面板说明

1. 型号含义

三菱 GS21 系列触摸屏有 GS2110 和 GS2107 两个型号。三菱 GS21 系列触摸屏型号含义如图 12-7所示。

2. 面板说明

三菱 GS2110 和 GS2107 型触摸屏除屏幕大小不同外，其他的基本相同。图 12-8为三菱 GS2107 型触摸屏的实物外形与各组成部分说明。

12.2.2　技术规格

三菱 GS21 系列触摸屏的技术规格见表 12-1。

三菱 GS21 系列触摸屏介绍

(a)

图 12-8　三菱 GS2107 型触摸屏的实物外形及各组成部分说明（一）

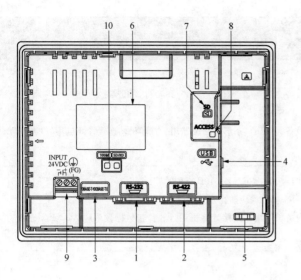

编号	名称	说明
1	RS-232 接口（D-Sub 9 针 公）	用于连接可编程控制器、条形码阅读器、RFID 等；或者连接计算机（OS 安装、工程数据下载、FA 透明功能）
2	RS-422 接口（D-Sub 9 针 母）	用于与连接可编程控制器、微型计算机等
3	以太网接口	用于与连接可编程控制器、微型计算机等（RJ-45 连接器）
4	USB 接口	数据传送、保存用 USB 接口（主站）
5	USB 电缆脱落防止孔	可用捆扎带等在该孔进行固定，以防止 USB 电缆脱落
6	额定铭牌（铭牌）	记载型号、消耗电流、生产编号、H/W 版本、BootOS 版本
7	SD 卡接口	用于将 SD 卡安装到 GOT 的接口
8	SD 卡存取 LED	点亮：正在存取 SD 卡，熄灭：未存取 SD 卡时
9	电源端子	电源端子、FG 端子[用于向 GOT 供应电源（DC24V）及接地线]
10	以太网通信状态 LED	SD RD：收发数据时绿灯点亮，100M：100Mbit/s 传送时绿灯点亮

(b)

图 12-8　三菱 GS2107 型触摸屏的实物外形及各组成部分说明（二）

(a) 实物外形；(b) 各组成部分说明

表 12-1　　　　三菱 GS21 系列触摸屏的技术规格

项　目			规　格	
			GS2110-WTBD	GS2107-WTBD
显示部分		种类	TFT 彩色液晶	
		画面尺寸	10 英寸	7 英寸
		分辨率	800×480（点）	
		显示尺寸	222mm×132.5mm（$w×h$）（横向显示时）	154mm×85.9mm（$w×h$）（横向显示时）
		显示字符数	16 点字体时：50 字×30 行（全角）（横向显示时）	
		显示色	65536 色	
		亮度调节	32 级调整	
	背光灯		LED 方式（不可以更换）；可以设置背光灯 OFF/屏幕保护时间	
触摸面板		方式	模拟电阻膜方式	
		触摸键尺寸	最小 2×2（点）（每个触摸键）	
		同时按下	不可同时按下（仅可触摸 1 点）	
		寿命	100 万次（操作力 0.98N 以下）	
存储器	C 驱动器		内置快闪卡 9M 字节（工程数据存储用、OS 存储用）	
			寿命（写入次数）10 万次	
内置接口	RS-422		RS-422，1ch；传送速度：115200/57600/38400/19200/9600/4800bit/s；连接器形状：D-Sub 9 针（母）；用途：连接设备通信用；终端电阻：330Ω 固定	

续表

项 目		规 格	
		GS2110-WTBD	**GS2107-WTBD**
内置接口	RS-232	RS-232、1ch； 传送速度：115200/57600/38400/19200/9600/4800bit/s； 连接器形状：D-Sub 9 针（公）； 用途：连接设备通信用，条形码阅读器用、打印机、连接计算机用（FA 透明功能）	
	以太网	数据传送方式：100BASE-TX、10BASE-T、1ch； 连接器形状：RJ-45（模块插孔）； 用途：连接设备通信用、连接计算机用（软件包数据读取/写入、FA 透明功能）	
	USB	依据串行 USB（全速 12Mbps）标准、1ch； 连接器形状：Mini-B； 用途：连接计算机用（软件包数据读取/写入、FA 透明功能）	
	SD 存储卡	依据 SD 规格 1ch； 支持存储卡：SDHC 存储卡、SD 存储卡； 用途：软件包数据读取/写入、日志数据保存	
蜂鸣输出		单音色（长/短/无可调整）	
保护构造		1P65F（仅面板正面部分）	
外形尺寸		272mm×214mm×56mm（$w×h×d$）	206mm×155mm×50mm（$w×h×d$）
面板开孔尺寸		258mm×200mm（$w×h$）（横向显示时）	191mm×137mm（$w×h$）（横向显示时）
质量		约 1.3kg（不包括安装用的金属配件）	约 0.9kg（不包括安装用的金属配件）
对应软件包（GT Designer3 的版本）		Version 1.105K 以后	

12.3 触摸屏与其他设备的连接

三菱 GS21 系列触摸屏可以连接很多制造商的设备，在启动 GT Designer 软件使用向导创建项目时，在"工程的新建向导"对话框的制造商项可以查看到触摸屏支持连接的制造商名称，如图 12-9（a）所示，在机种项中可查看到所选制造商的具体支持设备，如图 12-9（b）所示，由于 GS21 系列触摸屏为三菱电机公司推出的产品，故支持连接本公司各种各样其他设备（如 PLC、变频器和伺服驱动器等）。

12.3.1 触摸屏与三菱 FX 系列 PLC 的以太网连接通信

GS21 系列触摸屏有一个以太网接口，通过该接口可与三菱 FX 系列 PLC 进行以太网连接通信，由于三菱 FX1、FX2 系列 PLC 推出的时间较早，无以太网通信功能，GS21 系列触摸屏仅支持与三菱 FX3 系列 PLC 进行以太网通信。GX21 系列触摸屏与三菱 FX 系列 PLC 的以太网连接通信设备如图 12-10 所示。

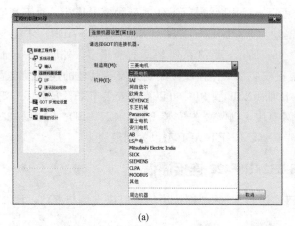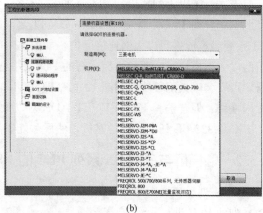

(a)　　　　　　　　　　　　　　(b)

图 12-9　"工程的新建向导"对话框
（a）查看支持的制造商；（b）查看支持的制造商的设备

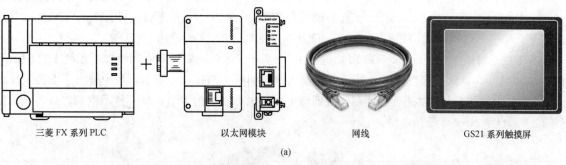

三菱 FX 系列 PLC　　　以太网模块　　　网线　　　GS21 系列触摸屏

(a)

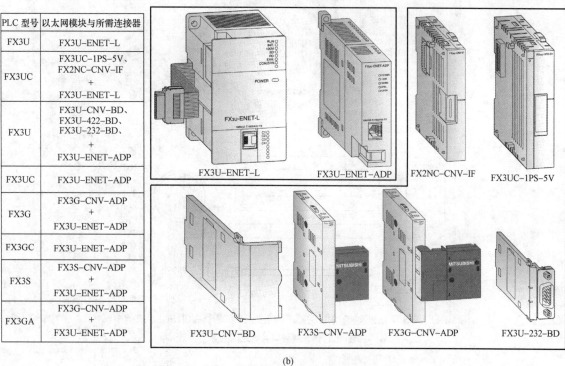

PLC 型号	以太网模块与所需连接器
FX3U	FX3U-ENET-L
FX3UC	FX3UC-1PS-5V、FX2NC-CNV-IF + FX3U-ENET-L
FX3U	FX3U-CNV-BD、FX3U-422-BD、FX3U-232-BD、 + FX3U-ENET-ADP
FX3UC	FX3U-ENET-ADP
FX3G	FX3G-CNV-ADP + FX3U-ENET-ADP
FX3GC	FX3U-ENET-ADP
FX3S	FX3S-CNV-ADP + FX3U-ENET-ADP
FX3GA	FX3G-CNV-ADP + FX3U-ENET-ADP

(b)

图 12-10　GS21 系列触摸屏与三菱 FX 系列 PLC 的以太网连接通信设备
（a）以太网连接设备；（b）以太网通信的 PLC、以太网模块及所需的连接器

对于本身带以太网接口的 PLC（如 FX3GE），可以直接用网线与 GS21 系列触摸屏连接，对于其他型号的 FX 系列 PLC，需要给 PLC 安装以太网模块（FX3U-ENET-L、FX3U-ENET-ADP）才能与 GS21 系列触摸屏进行以太网连接通信，如图 12-10（a）所示，FX3 系列 PLC 种类很多，外形不一，而可用的以太网模块只有两种，因此有的 PLC 不能直接安装以太网模块，而是先安装其他的连接板或适配器，再安装以太网模块，如图 12-10（b）所示，比如 FX3U 型 PLC 可以直接安装 FX3U-ENET-L 型以太网模块，但若选择 FX3U-ENET-ADP 型以太网模块，则需要先安装 FX3U-CNV-BD、FX3U-422-BD、FX3U-232-BD 任意一种功能板，然后才能安装 FX3U-ENET-ADP 型以太网模块。

12.3.2　触摸屏与三菱 FX 系列 PLC 的 RS-232/RS-422 连接通信

GS21 系列触摸屏支持与三菱 FX 所有系列的 PLC 进行 RS-422 连接通信，但仅支持与 FX1、FX2、FX3 系列的 PLC 进行 RS-232 连接通信。

1. RS-422 连接通信

三菱 FX 系列 PLC 自身带有一个 RS-422 接口，可以直接用这个接口与 GS21 系列触摸屏进行 RS-422 连接通信，如果不使用这个接口，也可给 PLC 安装 RS-422 扩展功能板，使用扩展板上的 RS-422 接口连接触摸屏。常见的 RS-422 扩展功能板有 FX1N-422-BD（适用 FX1S、FX1N）、FX2N-422-BD（适用 FX2N）、FX3G-422-BD（适用 FX3S、FX3G）、FX3U-422-BD（适用 FX3U）。

GS21 系列触摸屏与三菱 FX 系列 PLC 进行 RS-422 连接通信需要用到专用电缆，如图 12-11 所示。电缆一端为 D-sub 9 针公接口，另一端为 8 针圆接口，如图 12-11（a）所示，其中列出了 5 种长度的 RS-422 通信电缆的型号；如果无法购得这种通信电缆，也可以按图 12-11（b）所示的两接口各针之间的连接关系自制 RS-422 通信电缆。

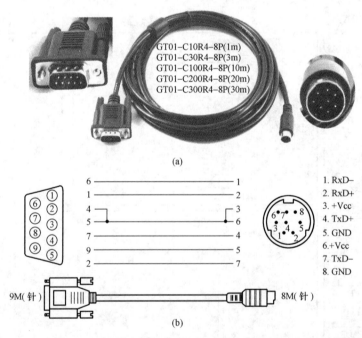

图 12-11　GS21 系列触摸屏与三菱 FX 系列 PLC 连接的 RS-422 通信电缆
(a) 实物外形；(b) 两接口各针之间的连接关系

2. RS-232 连接通信

三菱 FX 系列 PLC 自身不带 RS-232 接口，如果要与 GS21 系列触摸屏进行 RS-232 连接通信，可给 PLC 安装 RS-232 扩展功能板，使用扩展板上的 RS-232 接口连接触摸屏。常见的 RS-232 扩展功能板有

FX1N-232-BD（适用 FX1S、FX1N）、FX2N-232-BD（适用 FX2N）、FX3G-232-BD（适用 FX3S、FX3G）、FX3U-232-BD（适用 FX3U）。

GS21 系列触摸屏与三菱 FX 系列 PLC 进行 RS-232 连接通信需要用到专用电缆（GT01-C30R2-9S），如图 12-12 所示。该电缆两端均为 D-sub 9 针（孔）母接口，如图 12-12（a）所示；如果无法购得这种通信电缆，也可以按图 12-12（b）所示的两接口各针的连接关系自制 RS-232 通信电缆。

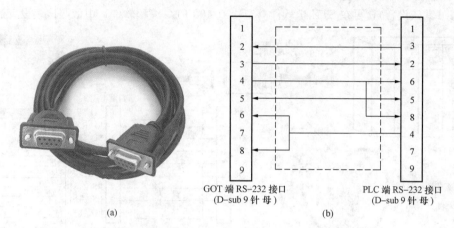

图 12-12 GS21 系列触摸屏与三菱 FX 系列 PLC 连接的 RS-232 通信电缆

(a) 实物外形；(b) 两接口各针的连接关系

12.3.3 触摸屏与西门子 S7-200 PLC 的 RS-232 连接通信

西门子 S7-200 PLC 自身带有一个或两个 RS-485 接口，而 GS21 系列触摸屏有 RS-232 接口，没有 RS-485 接口，两者可使用具有 RS-232/RS-485 相互转换功能的 PC/PPI 电缆进行 RS-232 连接通信。在通信时，除了硬件连接外，还需要进行通信设置，在 GT Designer 软件打开"连接机器设置"窗口，按图 12-13 右下角的表格进行设置（默认设置），再在 STEP7-Micro/WIN 软件（S7-200 PLC 编程软件）的系统块中依照该表设置通信参数，另外 PC/PPI 电缆的通信速率要设成与 GOT、PLC 相同。

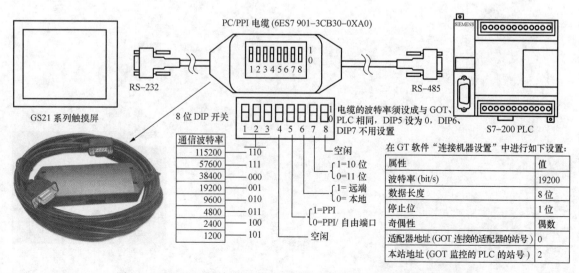

图 12-13 GS21 系列触摸屏与西门子 S7-200 PLC 的 RS-232 连接通信

12.3.4　触摸屏与西门子 S7-300/400 PLC 的 RS-232 连接通信

西门子 S7-300/400 PLC 自身带有 RS-485 接口，而 GS21 系列触摸屏没有 RS-485 接口，两者可使用具有 RS-232/RS-485 相互转换功能的 HMI Adapter（型号为 6ES7 972-0CA11-0XA0）进行 RS-232 连接通信，连接时还要用到一根 RS-232 通信电缆（可自制）将 HMI Adapter 与触摸屏连接起来，如图 12-14 所示。通信设置时，在 GT Designer 软件中打开"连接机器设置"窗口，按图 12-14 右下角的表格进行设置（默认设置），再在 STEP7 软件（S7-300/400 PLC 编程软件）中依照该表设置通信参数。

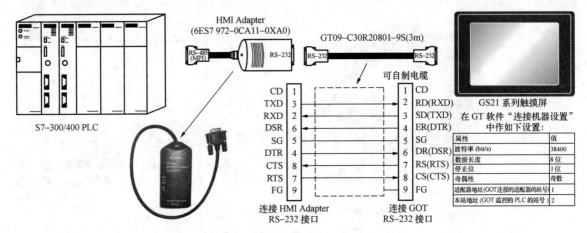

图 12-14　GS21 系列触摸屏与西门子 S7-300/400 PLC 的 RS-232 连接通信

第13章

三菱 GT Works3 组态软件快速入门

GT Works3 软件是三菱触摸屏（人机界面，或称 HMI）软件，包括 GT Designer3 和 GT Simulator3 两个组件，其中 GT Designer3 为画面组态（意为设计、配置）软件，用于组态控制和监视画面，GT Simulator3 为仿真软件（也称仿真器），相当于一台软件模拟成的触摸屏。当用 GT Designer3 组态好画面工程后，将其传送给 GT Simulator3，就可以在 GT Simulator3 窗口（与触摸屏的屏幕相似）显示出来的画面上进行操作或监视，并能查看到相应的操作和监视效果。

13.1 GT Works3 软件的安装与卸载

13.1.1 系统要求

GT Works3 软件安装与使用的系统要求见表 13-1。

表 13-1   **GT Works3 软件安装与使用的系统要求**

项目	内容
机种	运行 Windows 的个人计算机
操作系统	Windows XP/Windows Vista/Windows 7/Windows 8/Windows 10
CPU	推荐 Intel Core2 Duo 处理器 2.0GHz 以上
存储器	• 使用 64 位版 OS 时，推荐 2GB 以上 • 使用 32 位版 OS 时，推荐 1GB 以上
显示器	分辨率 XGA（1024 点×768 点）以上
硬盘可用空间	• 安装时：推荐 5GB 以上 • 执行时：推荐 512MB 以上
显示颜色	High Color（16 位）以上

13.1.2 软件的下载

如果需要获得 GT Works3 软件安装包，可在计算机浏览器输入"http：//cn. mitsubishielectric. com/fa/zh/"登陆三菱电机自动化官网，再在该网站的搜索栏输入"GT Works3"，如图 13-1 所示，即可找到 GT Works3 软件。在安装该软件时，为了使安装顺利进行，安装前请关闭计算机的安全软件（如 360 安全卫士）和其他正在运行的软件。

13.1.3 软件的安装

GT Works 软件的安装如图 13-2 所示。GT Works3 软件安装包的文件中有 Disk1～Disk5 共 5 个文

图 13-1　从三菱电机自动化官网下载 GT Works3 软件

GT Works3
软件的安装

件夹和一些文件，如图 13-2（a）所示；双击打开 Disk1 文件夹，找到"setup. exe"文件，如图 13-2（b）所示；双击该文件开始安装，弹出如图 13-2（c）所示的对话框，提示关闭计算机当前正在运行的程序和拔掉 USB 接口连接的设备，按其操作后单击"确定"；出现如图 13-2（d）所示的对话框，输入姓名、公司名和软件序列号后，单击"下一步"；出现如图 13-2（e）所示的对话框，从中选择需要安装的组件，通常保持默认选择，单击"下一步"；开始正式安装软件，出现如图 13-2（f）所示的安装进度对话框；GT Works3 软件安装需要较长的时间，安装快结束时，出现如图 13-2（g）所示对话框，显示已成功安装的组件，单击"下一步"；出现如图 13-2（h）所示的对话框，将两项都勾选，这样在计算机桌面上会出现"GT Designer3"和"GT Simulator3"快捷图标，然后单击"OK"按钮；出现如图 13-2（i）所示的安装完成对话框，选择"是，立即重新启动计算机"，再单击"结束"按钮，完成 GT Works3 软件的安装。

13.1.4　软件的启动及卸载

GT Works3
软件的卸载

1. 软件的启动

软件安装后，单击计算机桌面左下角的"开始"按钮，从"程序"中找到"GT Designer3"，如图 13-3 所示，单击即可启动该软件，也可以直接双击计算机桌面上的"GT Designer3"图标来启动软件。如果在 GT Designer3 软件中执行仿真操作时，会自动启动 GT Simulator3 软件。

2. 软件的卸载

GT Works3 软件可以使用计算机控制面板的"卸载或更改程序"来卸载。单击计算机桌面左下角的"开始"按钮，在弹出的菜单中找到"控制面板"，单击打开"控制面板"窗口，在其中找到并打开"程序和功能"，出现"卸载或更改程序"对话框，从中找到"GT Works3"项，右击，在弹出的菜单中选择"卸载"，即可将软件从计算机中卸载掉，如图 13-4 所示。

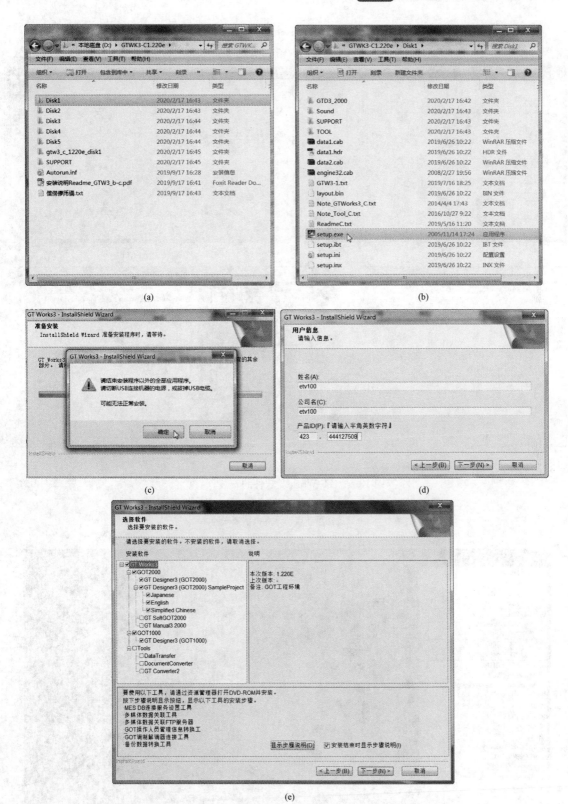

图 13-2　GT Works3 软件的安装（一）

(a) GT Works3 软件安装包中的文件夹和文件；(b) 双击 Disk1 文件夹中的"setup. exe"文件开始安装

(c) 提示安装前关闭正在运行的其他程序；(d) 输入姓名、公司名和序列号（产品 ID）

(e) 选择需要安装的组件（一般选择默认）

(f)　　　　　　　　　　　　　　　　　　　　(g)

(h)　　　　　　　　　　　　　　　　　　　　(i)

图 13-2　GT Works3 软件的安装（二）

（f）显示安装进度；（g）显示已成功安装的组件；（h）将两项勾选；
（i）选择重新启动计算机结束安装

图 13-3　GT Works3 软件的启动

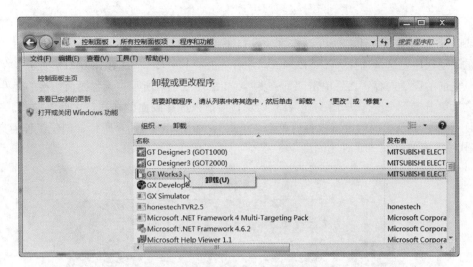

图 13-4 GT Works3 软件的卸载

13.2 用 GT Works3 软件组态和仿真一个简单的画面工程

GT Works3 软件功能强大，下面通过组态一个简单的画面工程来快速了解该软件的使用。图 13-5 所示为组态完成的工程画面，当单击画面中的"开灯 X0"按钮时，指示灯（圆形 Y0）颜色变为红色，单击画面中的"关灯 X1"按钮时，圆形颜色变为黑色。

图 13-5 要组态的工程画面

13.2.1 工程的创建与保存

1. 工程的创建

利用向导创建新工程的过程如图 13-6 所示。在开始菜单找到"GT Designer3"并单击（也可直接双击计算机桌面上的"GT Designer3"图标），启动 GT Designer3 软件，出现图 13-6（a）所示的"工程选择"对话框，单击"新建"；在弹出的"新建工程向导"对话框中单击"下一步"，如图 13-6（b）所示；选择触摸屏系列，这里选择 GS 系列，之后单击"下一步"，如图 13-6（c）所示；选择触摸屏机种（型号），这里选择 GS21＊＊-W（800＊480），之后单击"下一步"，如图 13-6（d）所示；在出现的对话框中确认先前的设置内容，之后单击"下一步"，如图 13-6（e）所示；选择触摸屏连接设备的制造商，这里选择"三菱电机"，之后单击

工程的创建
与保存

"下一步"，如图 13-6 (f) 所示；选择设备的机种，这里选择 MELSEC-FX，之后单击"下一步"，如图 13-6 (g) 所示；选择触摸屏于其他设备连接的端口类型，之后单击"下一步"，如图 13-6 (h) 所示；选择设备的驱动程序，这里选择 MELSEC-FX，之后单击"下一步"，如图 13-6 (i) 所示；在出现的对话框中确认先前的设置内容，之后单击"下一步"，如图 13-6 (j) 所示；设置画面切换的元件，通常保持默认，之后单击"下一步"，如图 13-6 (k) 所示；接下来选择画面的样式，之后单击"下一步"，如图 13-6 (l) 所示；确认之前的设置内容后单击"结束"，如图 13-6 (m) 所示；创建工程后启动的 GT Designer3 软件界面如图 13-6 (n) 所示。

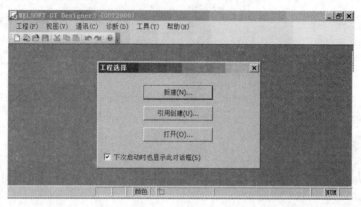

(a)

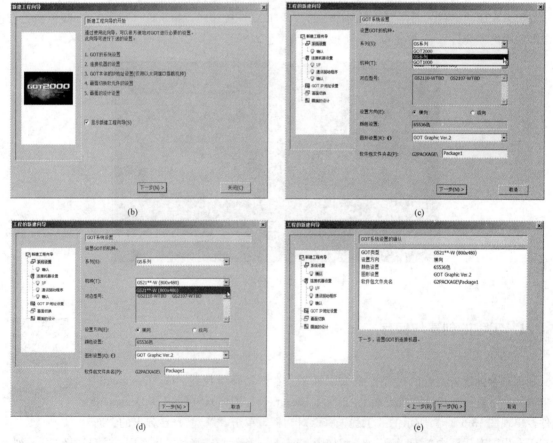

图 13-6　利用向导创建新工程（一）

(a) 单击"新建"开始创建新工程；(b) 单击"下一步"；(c) 选择触摸屏系列（GS 系列）；
(d) 选择触摸屏机种（型号）后单击"下一步"；(e) 单击"下一步"确认先前的设置内容

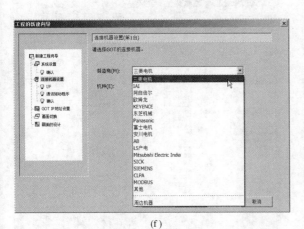

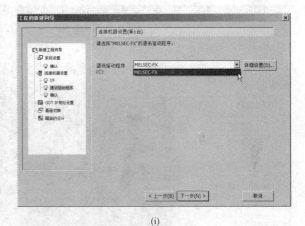

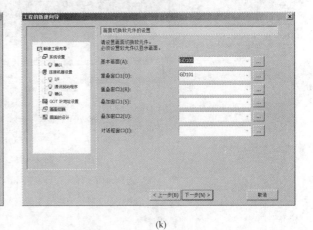

图 13-6 利用向导创建新工程（二）

（f）选择触摸屏连接设备的制造商（三菱电机）；（g）选择设备的机种（MELSEC-FX）；

（h）选择触摸屏与其他设备连接的端口类型；（i）选择设备的驱动程序（MELSEC-FX）；

（j）单击"下一步"确认先前的设置内容；（k）设置画面切换的元件（保持默认）

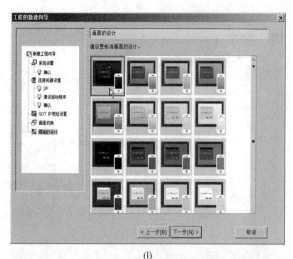

(l)

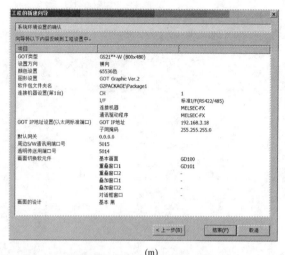

(m)

(n)

图 13-6 利用向导创建新工程（三）

（l）选择画面的样式；（m）单击"结束"确认所有的设置内容；

（n）创建工程后启动的 GT Designer3 软件界面

2. 工程的保存

为了避免计算机断电造成组态的工程丢失，也为了以后查找管理工程方便，建议创建工程后将工程更名并保存下来。工程的保存如图 13-7 所示。在 GT Designer3 软件中执行菜单命令"工程"→"保存"，出现"工程另存为"对话框，如图 13-7（a）所示，在该对话框中选择工程保存的位置并输入工作区名和工程名，当前工程所有的文件都保存在工作区名的文件夹中，单击对话框左下角的"切换为单文件格式工程"，将弹出 13-7（b）所示的对话框，可在此对话框将当前工程保存成一个文件。

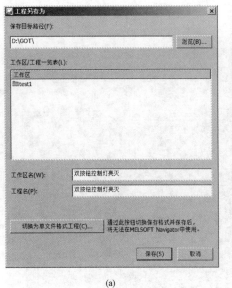

(a)   (b)

图 13-7 工程的保存

（a）工作区格式保存；（b）单文件格式保存

13.2.2 GT Designer3 软件界面组成

GT Designer3 版本不同或者创建工程时选择的连接设备不同，软件界面会有所不同，图 13-8 所示为 GT Designer3 软件的典型界面。GT Designer3 软件有大量的工具，将鼠标移到某工具上停留，会出现该工具的说明，以"数据一览表"为例，将鼠标移到该工具上，出现说明文字"折叠窗口：数据一览表"，单击该工具，则出现"数据一览表"窗口，如图 13-9 （a）所示；可以用这个方法了解各个工具的功能，工具栏的大多数工具可以在菜单栏找到相应的命令，比如"数据一览表"工具对应的菜单命令为"视图→折叠窗口→数据一览表"，如图 13-9 （b）所示。

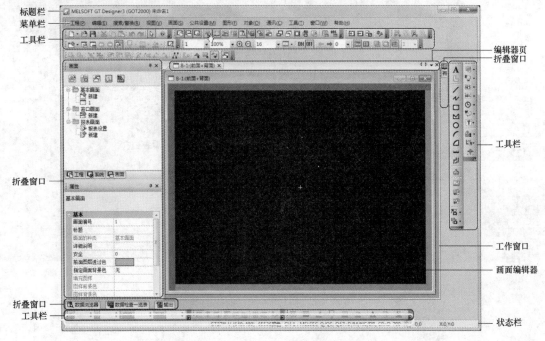

图 13-8 GT Designer3 软件的典型界面

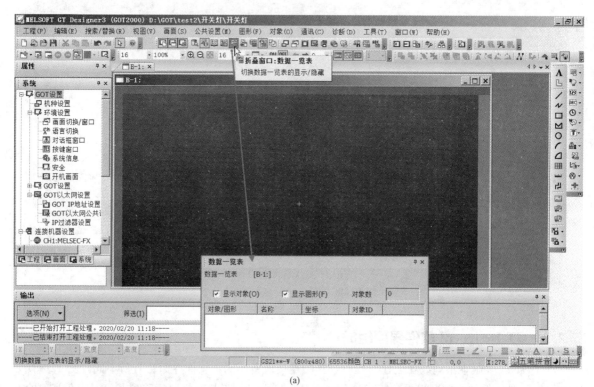

(a)

(b)

图 13-9 查看工具说明的方法与对应的菜单命令

（a）鼠标移到工具上会出现该工具的说明文字；（b）数据一览表工具对应的菜单命令

13.2.3 组态触摸屏画面工程

1. 组态指示灯

组态指示灯是指在画面上放置指示灯图形，并设置其属性。组态指示灯的操作过程见表 13-1。

组态触摸屏画面工程

表 13-1 组态指示灯的操作过程

序号	操作说明	操 作 图
1	在 GT Designer3 软件的左方单击"画面"选项卡，切换到画面窗口，打开"基本画面"，双击其中的"1"画面，软件中间的画面编辑器将"1"画面打开	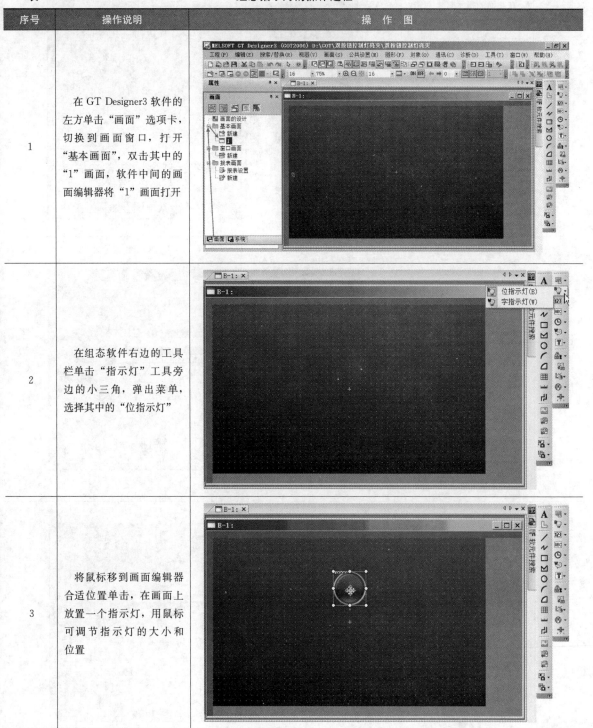
2	在组态软件右边的工具栏单击"指示灯"工具旁边的小三角，弹出菜单，选择其中的"位指示灯"	
3	将鼠标移到画面编辑器合适位置单击，在画面上放置一个指示灯，用鼠标可调节指示灯的大小和位置	

续表

序号	操作说明	操　作　图
4	在画面的指示灯上双击，弹出"位指示灯"对话框，单击"软元件/样式"选项卡，在指示灯种类项选择"位"，软元件项可直接输入 Y0，或单击右边的"…"按钮，弹出"＜位＞CH1"对话框，将软元件设为"Y0000"	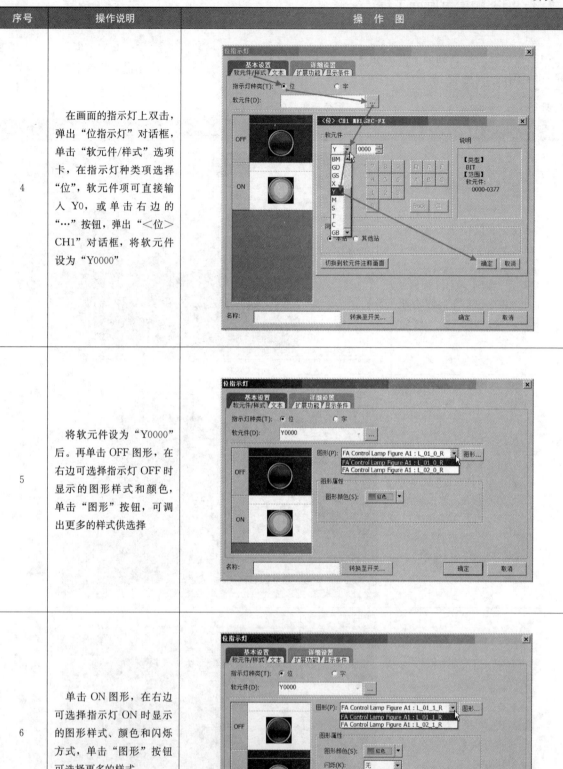
5	将软元件设为"Y0000"后。再单击 OFF 图形，在右边可选择指示灯 OFF 时显示的图形样式和颜色，单击"图形"按钮，可调出更多的样式供选择	
6	单击 ON 图形，在右边可选择指示灯 ON 时显示的图形样式、颜色和闪烁方式，单击"图形"按钮可选择更多的样式	

续表

序号	操作说明	操 作 图
7	在"位指示灯"对话框单击"文本"选项卡,设置指示灯显示的文本	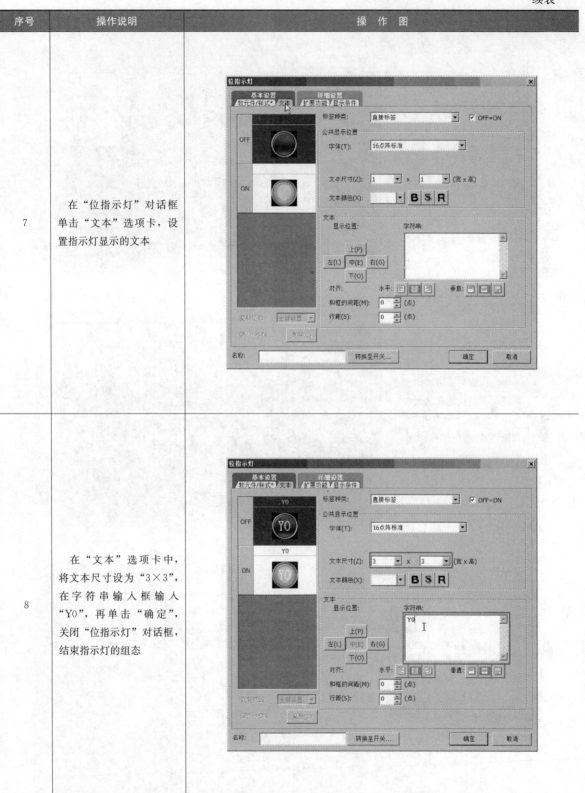
8	在"文本"选项卡中,将文本尺寸设为"3×3",在字符串输入框输入"Y0",再单击"确定",关闭"位指示灯"对话框,结束指示灯的组态	

2. 组态开关

组态开关是指在画面上放置开关按键图形,并设置其属性。组态开关的操作过程见表 13-2。

表 13-2 组态开关的操作过程

序号	操作说明	操 作 图
1	在 GT Designer3 软件右边的工具栏单击"开关"工具旁边的小三角,弹出菜单,选择其中的"位开关"	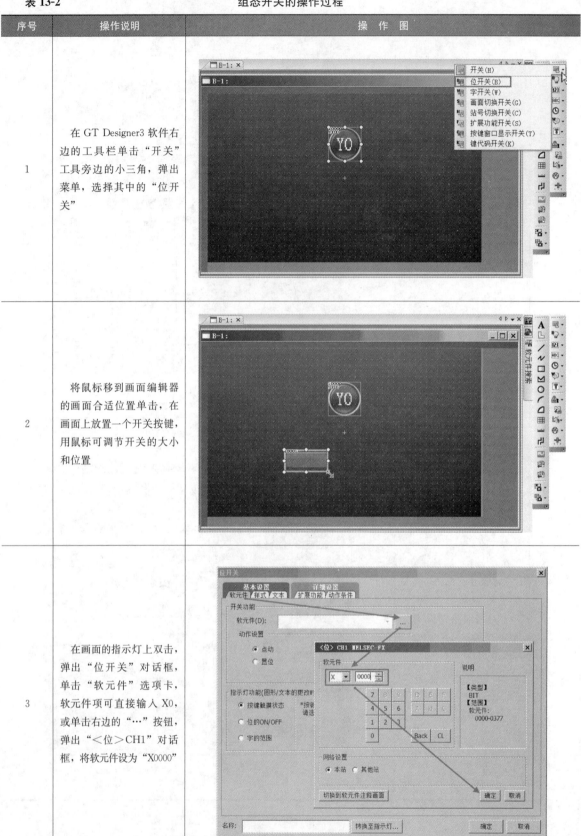
2	将鼠标移到画面编辑器的画面合适位置单击,在画面上放置一个开关按键,用鼠标可调节开关的大小和位置	
3	在画面的指示灯上双击,弹出"位开关"对话框,单击"软元件"选项卡,软元件项可直接输入 X0,或单击右边的"…"按钮,弹出"<位>CH1"对话框,将软元件设为"X0000"	

续表

序号	操作说明	操作图
4	将软元件设为"X0000"后。在动作设置项选择"点动",指示灯功能项选择"按键触摸状态"	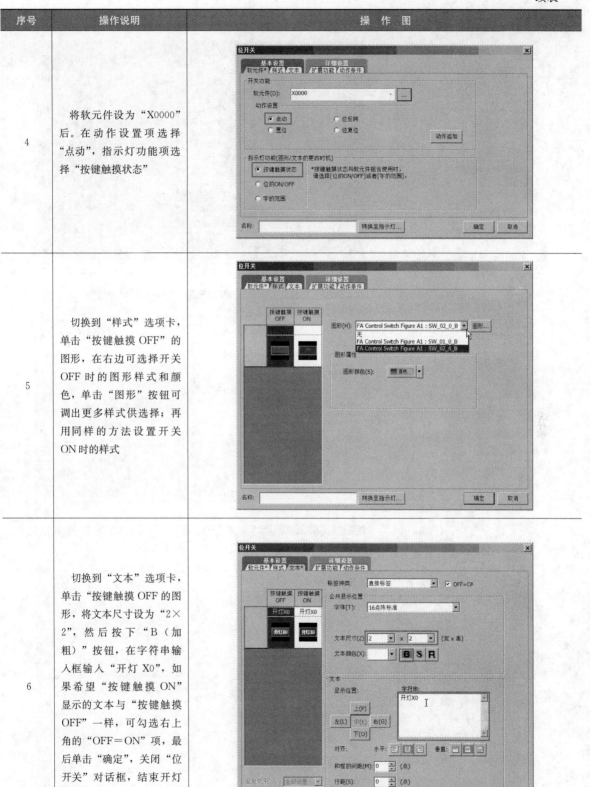
5	切换到"样式"选项卡,单击"按键触摸 OFF"的图形,在右边可选择开关 OFF 时的图形样式和颜色,单击"图形"按钮可调出更多样式供选择;再用同样的方法设置开关 ON 时的样式	
6	切换到"文本"选项卡,单击"按键触摸 OFF 的图形,将文本尺寸设为"2×2",然后按下"B(加粗)"按钮,在字符串输入框输入"开灯 X0",如果希望"按键触摸 ON"显示的文本与"按键触摸 OFF"一样,可勾选右上角的"OFF=ON"项,最后单击"确定",关闭"位开关"对话框,结束开灯按键开关的组态	

序号	操作说明	操作图
7	在画面编辑器的画面上选中"开灯 X0"按键，复制出一个相同的按键	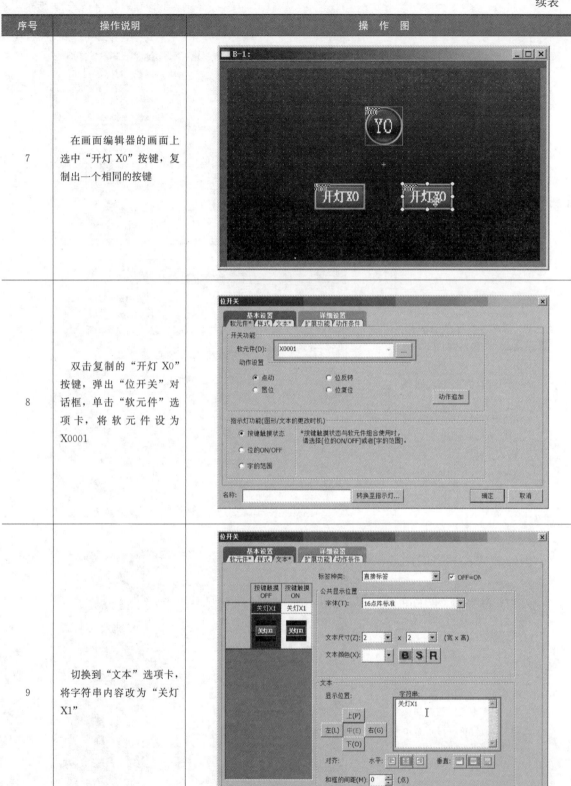
8	双击复制的"开灯 X0"按键，弹出"位开关"对话框，单击"软元件"选项卡，将软元件设为 X0001	
9	切换到"文本"选项卡，将字符串内容改为"关灯 X1"	

续表

序号	操作说明	操 作 图
10	画面上复制出来的"开关 X0"按键被更改成"关灯 X1"按键，至此画面全部内容组态完成	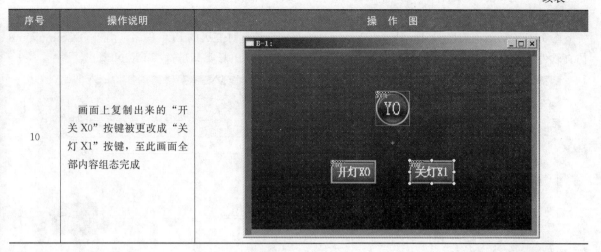

13.2.4 触摸屏、PLC 与仿真器（仿真软件）

PLC 和触摸屏
仿真器

用 GT Designer3 软件组态好画面工程后，若要测试画面的控制能否达到预期，可将画面工程写入到触摸屏，如果触摸屏控制对象为 PLC，还要给 PLC 编写与画面工程配合的程序，并将 PLC 程序写入 PLC，然后用通信电缆将触摸屏与 PLC 连接起来，如图 13-10（a）所示，这样当操作触摸屏画面上的按键（如前面介绍的"开灯 X0"键）时，通过通信电缆使 PLC 中相应的软元件的值发生变化，PLC 程序运行后使某些元件的值发生变化，这些元件的值又通过通信电缆传送给触摸屏，触摸屏上与这些 PLC 元件对应的画面元件随之发生变化（如图形指示灯变亮）。

在学习时由于条件限制，无法获得触摸屏和 PLC 设备，这时可使用触摸屏仿真器（GT Simulator 软件）和 PLC 仿真器（GX Simulator 软件），分别模拟实际的触摸屏和 PLC，如图 13-10（b）所示，在仿真时，两仿真软件在同一台计算机中运行，两者是使用软件间连接通信。

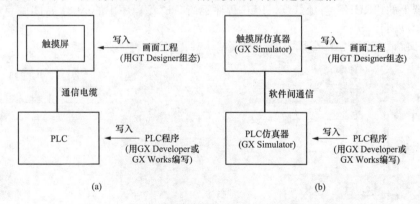

图 13-10 触摸屏、PLC 与仿真器
（a）触摸屏与 PLC 使用通信电缆通信；（b）触摸屏仿真器与 PLC 仿真器使用软件间通信

触摸屏操控
PLC 仿真测试

13.2.5 编写 PLC 程序并启动 PLC 仿真器

1. 编写 PLC 程序

三菱 FX 系列 PLC 的程序可使用 GX Developer 或 GX Works 软件编写，GX Works 软件自带仿真软件，GX Developer 软件不带仿真软件，仿真时需要另外安

装仿真软件（GX Simulator 6），虽然 GX Developer 软件功能不如 GX Works 软件，但体积小，使用简单，适合初中级用户使用。

图 13-11 所示为使用 GX Developer 软件编写的双按钮控制灯亮灭的 PLC 程序，由于 GX Simulator6 仿真软件不能对 FX3U 系列 PLC 仿真，在新建 PLC 工程时，PLC 类型可选择 FX2N 型。

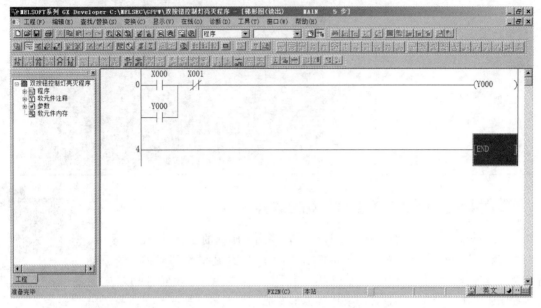

图 13-11 使用 GX Developer 软件编写的双按钮控制灯亮光的 PLC 程序

2. 启动 PLC 仿真器

在 GX Developer 软件中启动仿真器时，要确保计算机中已安装了 GX Simulator6 仿真软件。在启动 PLC 仿真器时，执行菜单命令"工具→梯形图逻辑测试起动（结束）"，也可单击工具栏上的 工具，如图 13-12 所示，GX Developer 软件马上启动图示的 PLC 仿真器，并将当前的 PLC 程序写入 PLC 仿真器，仿真器上的"RUN"指示灯亮，PLC 程序运行，PLC 程序中的 X001 常闭触点上有一个蓝色方块，表示处于导通状态。

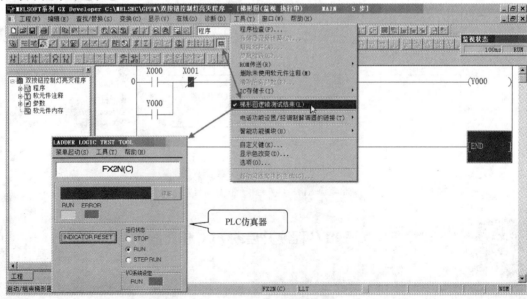

图 13-12 在 PLC 编程软件中启动仿真器

13.2.6 启动触摸屏仿真器

在 GT Designer 软件中启动触摸屏仿真器如图 13-13 所示。执行菜单命令"工具→模拟器→启动"，也可单击工具栏上的 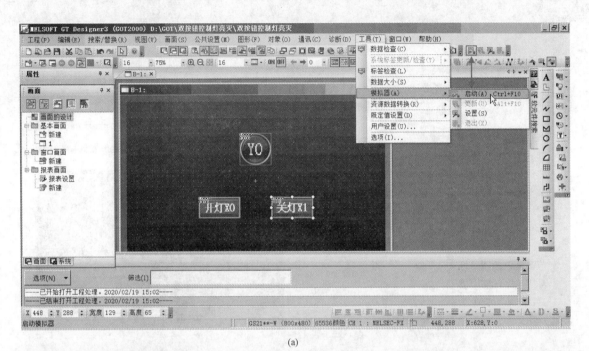 工具，如图 13-13（a）所示，触摸屏仿真器马上被启动，同时当前画面工程内容被写入触摸屏仿真器，仿真器屏幕上出现组态的画面，如图 13-13（b）所示。

(a)

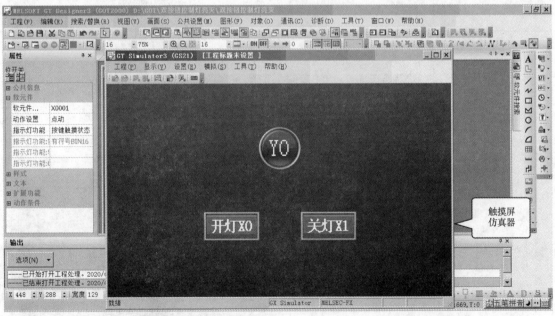

(b)

图 13-13 在 GT Designer 软件中启动触摸屏仿真器

(a) 启动触摸屏仿真器的菜单操作；(b) 启动的触摸屏仿真器

13. 2. 7 画面工程的仿真测试

为了便于查看画面操作与 PLC 程序之间的关系，可将触摸屏仿真器、PLC 仿真器和 PLC 程序显示在同一窗口。画面工程仿真测试操作见表 13-3。

表 13-3　　　　　　　　　　　　　　　　画面工程仿真测试操作

序号	操作说明	操 作 图
1	按下触摸屏仿真器上的 "开灯 X0" 按键，该按键使 PLC 程序（相当于运行在 PLC 仿真器）中的 X000 常开触点导通（有蓝色方块），Y000 线圈通电（Y000 状为1），因为 Y000 线圈与画面上的指示灯对应，故触摸屏仿真器画面上的 Y0 指示灯变亮	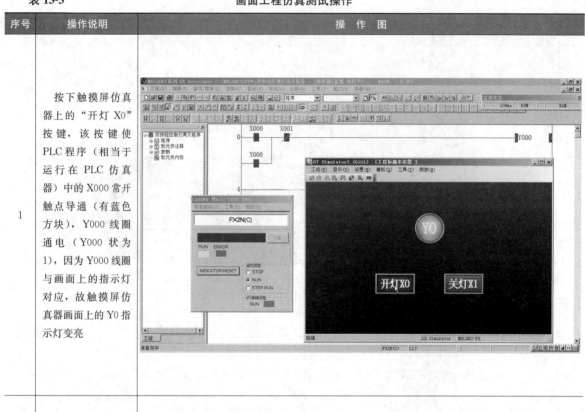
2	单击（点动）触摸屏仿真器上的 "关灯 X1" 按键，该按键使 PLC 程序中的 X001 常闭触点先断开后闭合，Y000 线圈失电，触摸屏仿真器画面上的 Y0 指示灯熄灭	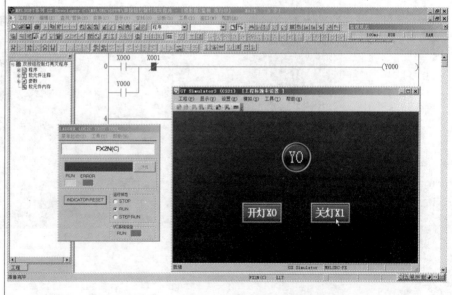

续表

序号	操作说明	操 作 图
3	在 GT Designer 软件中,单击工具栏上的 工具,关闭 PLC 仿真器	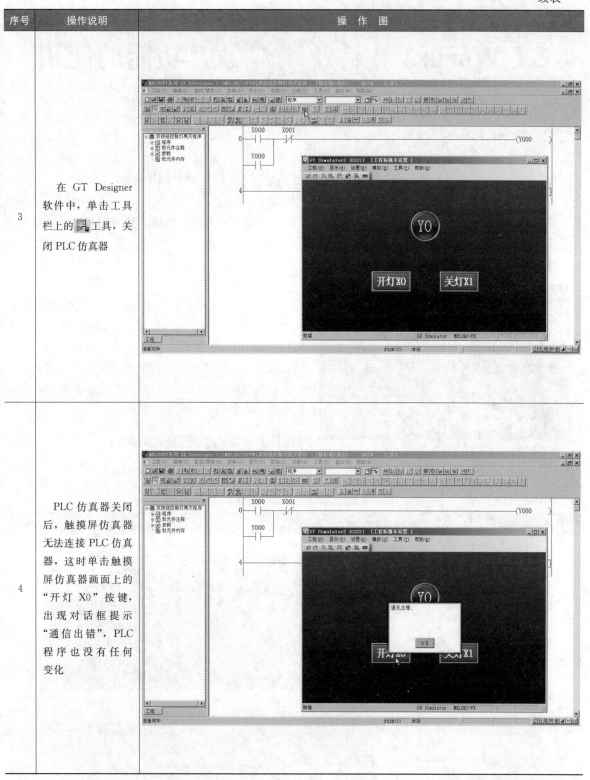
4	PLC 仿真器关闭后,触摸屏仿真器无法连接 PLC 仿真器,这时单击触摸屏仿真器画面上的"开灯 X0"按键,出现对话框提示"通信出错",PLC 程序也没有任何变化	

第14章

GT Works3 软件常用对象及功能的使用

14.1　数值输入/显示对象的使用举例

数值输入对象的功能是将数值输入软元件，同时也会显示软元件的数值，数值显示对象的功能是将软元件中的数值显示出来。

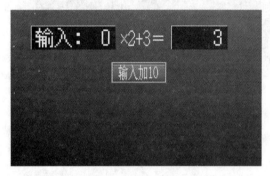

图 14-1　数值显示/输入对象的使用画面

14.1.1　组态任务

图 14-1 所示为数值显示/输入对象的使用画面，左边的框为数值输入对象，右边的框为数值显示对象，下方为字开关对象，当单击输入数值框时，可以输入数值，在数值显示框马上会显示运算结果值，每单击一次"输入加 10"按钮，输入值会增 10，数值显示框的数值同时会作相应变化。

14.1.2　组态数值输入对象

数值输入对象的组态过程见表 14-1。

表 14-1　　　　　　　　　　　　　数值输入对象的组态过程

序号	操作说明	操作图
1	在 GT Works3 软件中，单击右边工具栏上的"数值显示/输入"工具旁的小三角，弹出菜单，选择"数值输入"	
2	将鼠标移到画面编辑器的合适位置，拖出一个数值输入对象	

序号	操作说明	操 作 图
3	双击画面上的数值输入对象，弹出"数值输入"对话框，选择"软元件"选项卡，将软元件设为"D100"，再在格式字符串栏输入"输入：＃＃＃"	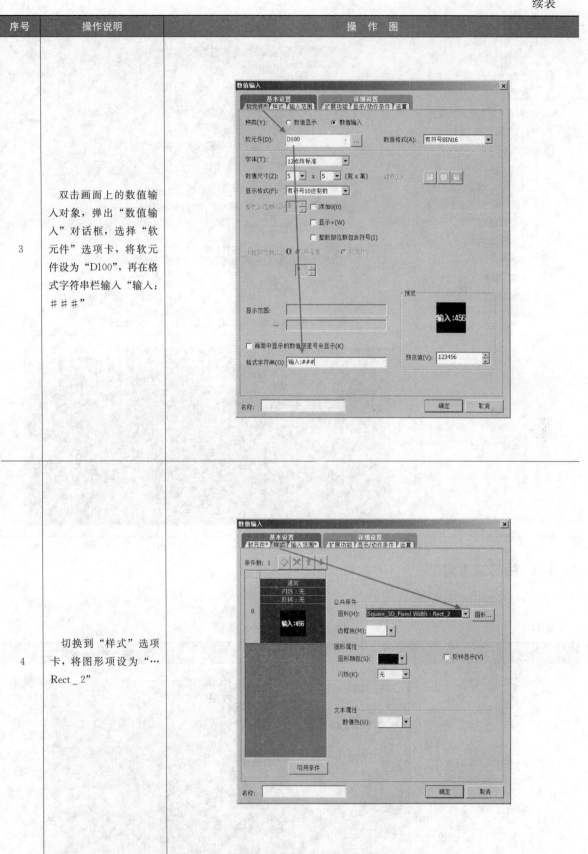
4	切换到"样式"选项卡，将图形项设为"…Rect_2"	

续表

序号	操作说明	操 作 图
5	切换到"输入范围"选项卡，单击"＋"按钮，再单击"范围"按钮，弹出"范围的输入"对话框，依次作如下操作： 　　(1) 设"A≤B（软元件值）≤C"； 　　(2) 常数数据格式设为"10进制"； 　　(3) 分别将 A、C 设为 0 和 200。 　　这样就将软元件 D100 的值范围设定为 0≤D100 的值≤200	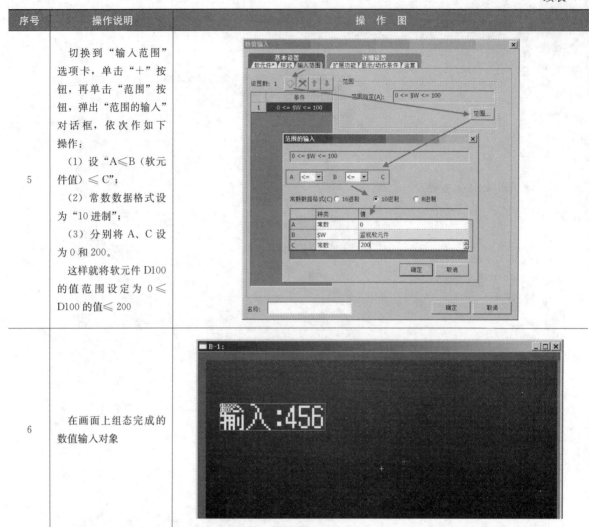
6	在画面上组态完成的数值输入对象	

14.1.3　组态文本对象

文本对象的组态过程见表 14-2。

表 14-2　　　　　　　　　　　　　　文本对象的组态过程

序号	操作说明	操 作 图
1	在 GT Works3 软件中，单击右边工具栏上的"文本"工具	

续表

序号	操作说明	操 作 图
2	将鼠标移到画面编辑器合适位置单击,弹出"文本"对话框,在字符串输入框内输入"×2+3=",再将文本尺寸设为"3×4",然后单击"确定"按钮关闭对话框	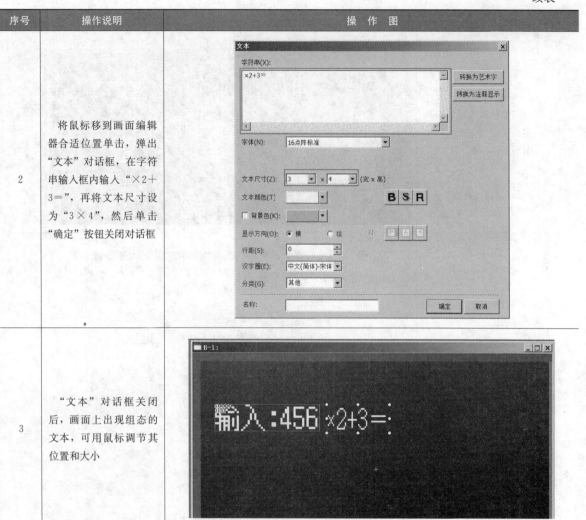
3	"文本"对话框关闭后,画面上出现组态的文本,可用鼠标调节其位置和大小	

14.1.4 组态数值显示对象

数值显示对象的组态过程见表14-3。

表 14-3 数值显示对象的组态过程

序号	操作说明	操 作 图
1	在 GT Works3 软件中,单击右边工具栏上的"数值显示/输入"工具旁的小三角,弹出菜单,选择"数值显示"	

续表

序号	操作说明	操作图
2	将鼠标移到画面编辑器合适位置，拖出一个数值显示对象	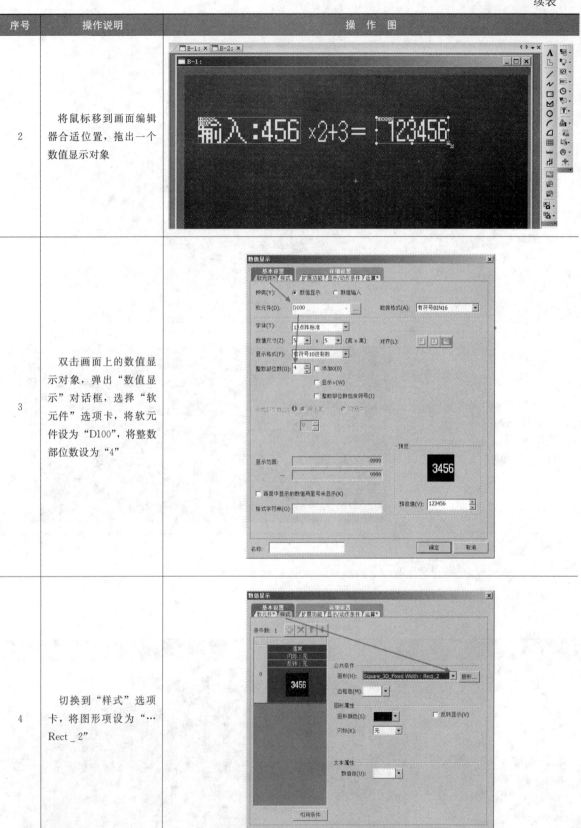
3	双击画面上的数值显示对象，弹出"数值显示"对话框，选择"软元件"选项卡，将软元件设为"D100"，将整数部位数设为"4"	
4	切换到"样式"选项卡，将图形项设为"…Rect_2"	

续表

序号	操作说明	操 作 图
5	切换到"运算"选项卡,将运算种类项设为"数据运算",再单击"运算式"按钮,弹出"式的输入"对话框,依次作如下操作: (1)将式的形式设"(A.B).C"和"A*B+C",即(A*B)+C; (2)常数数据格式设为十进制; (3)分别将B、C设为2和3	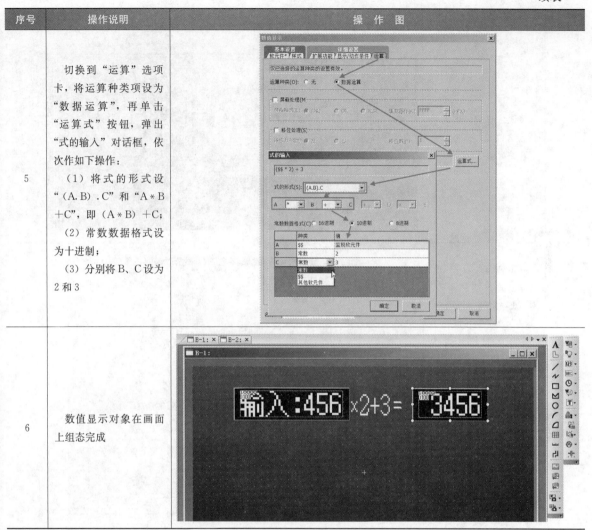
6	数值显示对象在画面上组态完成	

14.1.5　组态字开关对象

字开关对象的组态过程见表14-4。

表 14-4　　　　　　　　　　　　　字开关对象的组态过程

序号	操作说明	操 作 图
1	在 GT Works3 软件中,单击右边工具栏上的"开关"工具旁的小三角,弹出菜单,选择"字开关"	

续表

序号	操作说明	操作图
2	将鼠标移到画面编辑器合适位置，拖出一个字开关对象	
3	双击画面上的字开关对象，弹出"字开关"对话框，选择"软元件"选项卡，将软元件设为"D100"，将模式设为"数据加法"，变化量设为10，再勾选"初始值条件"，然后将条件值设为200，复位值设为0。 这样设置的作用是单击当前字开关时，将软元件D100的值加10，若D100的值大于200，则将该值复位为0	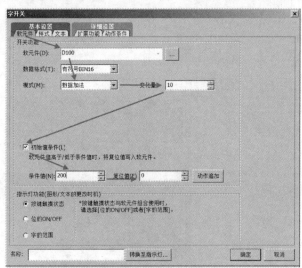
4	切换到"文本"选项卡，将文本尺寸设为"2×3"，再在字符串框内输入"输入加10"	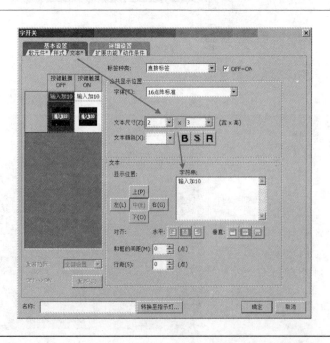

续表

序号	操作说明	操作图
5	字开关对象在画面上组态完成	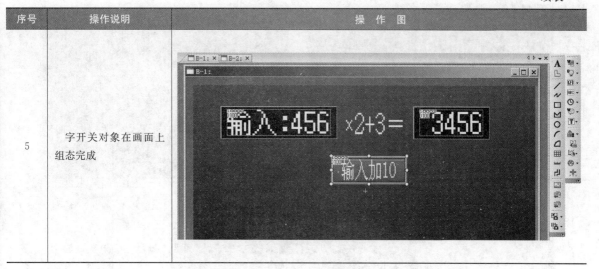

14.1.6　画面操作测试

　　画面组态完成后，在将画面工程下载到触摸屏前，一般应对其进行仿真操作测试，查看能否达到预期的效果。在 GT Works3 中进行仿真操作测试时，若触摸屏连接的设备为 FX 系列 PLC，需要在计算机中安装 GX Simulator 仿真软件，如果计算机中安装了 GX Works2 编程软件，由于该软件自带 GX Simulator 仿真软件，故无须另外安装仿真软件。在 GT Works3 中执行菜单命令"工具→模拟器→启动"，也可直接单击工具栏上的"🖳"工具，启动 GT Simulator3 仿真器（相当于一台 GS21 触摸屏），同时 GX Simulator 仿真器（相当于一台 FX 型 PLC）也被启动，并且两仿真器之间建立软件通信连接。

　　画面仿真操作测试如图 14-2 所示。图 14-2（a）所示为启动并运行画面工程的 GT Simulator3 仿真器；单击数值输入框，弹出数字键盘，输入数字 190，再单击"ENT（回车）"键，如图 14-2（b）所示；数值输入框输入 190 后，数值显示框显示 383，如图 14-2（c）所示；单击"输入加 10"按钮，数值输入框输入值变为 200，数值显示框显示值变为 403，如图 14-2（d）所示；再次单击"输入加 10"按钮，数值输入框输入值大于 200，输入值马上被复位为 0，数值显示框显示值也随之作相应变化，如图 14-2（e）所示。

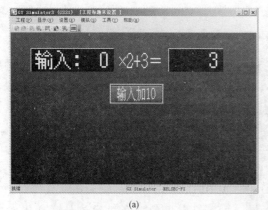

(a)

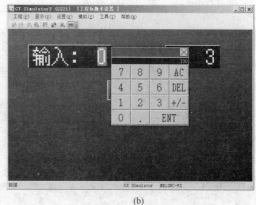

(b)

图 14-2　画面仿真操作测试（一）

（a）仿真运行画面；（b）单击数据输入对象后出现数字键盘

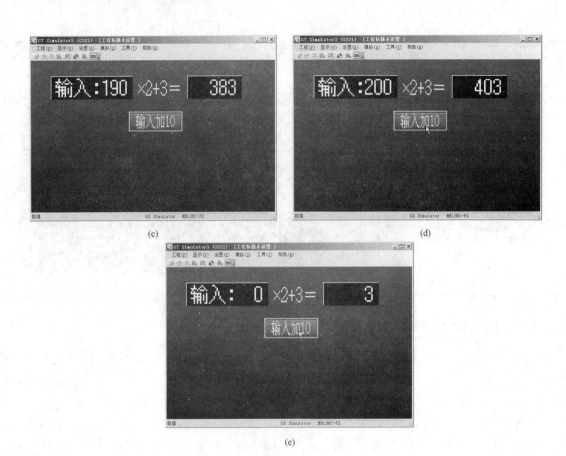

图 14-2 画面仿真操作测试（二）

（c）输入 190 后数值显示对象显示 383；（d）第 1 次单击"输入加 10"按钮；

（e）第 2 次单击"输入加 10"按钮

14.2 字符串显示/输入对象的使用举例

字符串输入对象的功能是将字符转换成二进制码输入给软元件，字符串显示对象的功能是将软元件中的二进制码转换成字符显示出来。

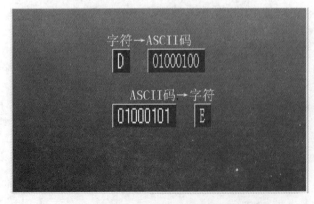

图 14-3 字符串显示/输入对象的使用画面

14.2.1 组态任务

图 14-3 所示为字符串显示/输入对象的使用画面，上方左边为字符串输入对象，上方右边为数值显示对象，下方左边为数值输入对象，下方右边为字符串显示对象，当在上方的字符串输入框输入字符时，右边的数值显示框会显示该字符对应的 ASCII 码，当在下方的数值输入框输入 ASCII 码时，右边的字符串显示框会显示该 ASCII 码对应的字符。

14.2.2 组态字符串输入对象

字符串输入对象的组态过程见表 14-5。

表 14-5   字符串输入对象的组态过程

序号	操作说明	操 作 图
1	在 GT Works3 软件中,单击右边工具栏上的"字符串显示/输入"工具旁的小三角,弹出菜单,选择"字符串输入"	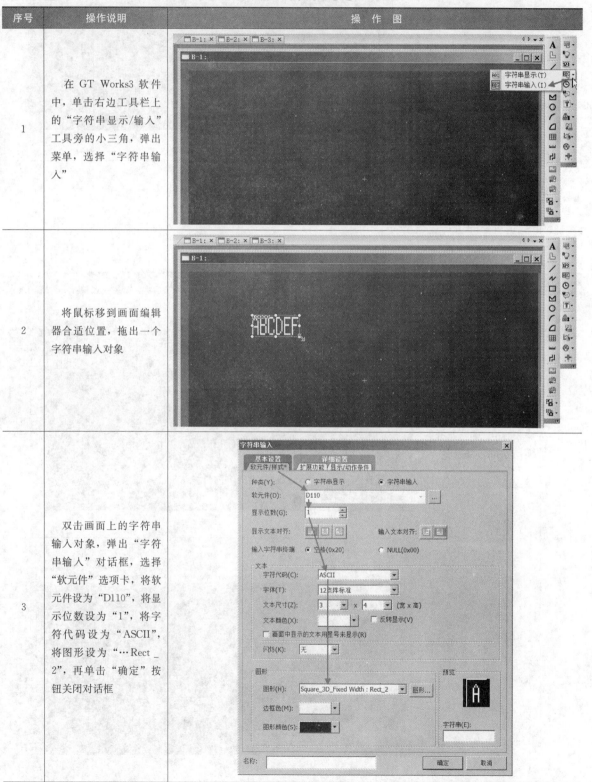
2	将鼠标移到画面编辑器合适位置,拖出一个字符串输入对象	
3	双击画面上的字符串输入对象,弹出"字符串输入"对话框,选择"软元件"选项卡,将软元件设为"D110",将显示位数设为"1",将字符代码设为"ASCII",将图形设为"…Rect_2",再单击"确定"按钮关闭对话框	

序号	操作说明	操作图
4	字符串输入对象在画面上组态完成	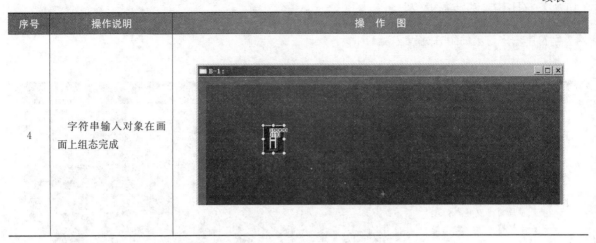

14.2.3 组态数值显示对象

数值显示对象的组态过程见表 14-6。

表 14-6   数值显示对象的组态过程

序号	操作说明	操作图
1	在 GT Works3 软件中，单击右边工具栏上的"数值显示/输入"工具旁的小三角，弹出菜单，选择"数值显示"	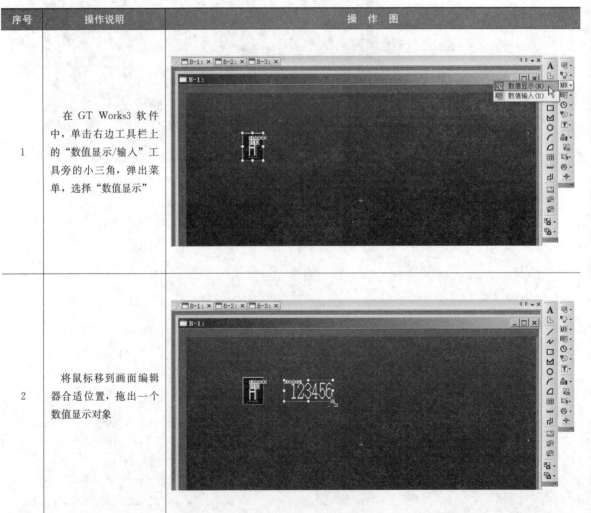
2	将鼠标移到画面编辑器合适位置，拖出一个数值显示对象	

续表

序号	操作说明	操 作 图
3	双击画面上的数值显示对象,弹出"数值显示"对话框,选择"软元件"选项卡,将软元件设为"D110",将数据格式设为"无符号BIN16",将显示格式设为"2进制数",将整数部位数设为"8",再勾选"添加0",不勾选则1左边的0不显示	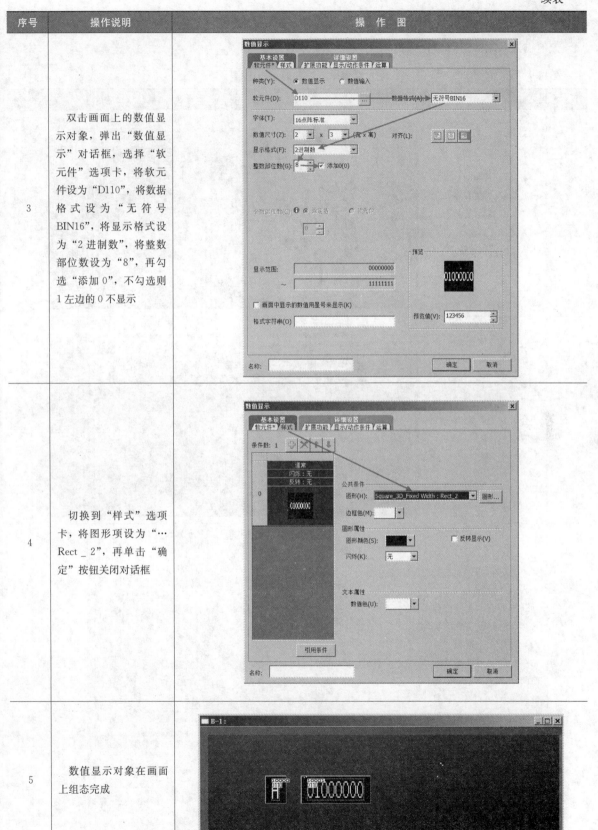
4	切换到"样式"选项卡,将图形项设为"…Rect _ 2",再单击"确定"按钮关闭对话框	
5	数值显示对象在画面上组态完成	

14.2.4　组态数值输入对象

数值输入对象的组态过程见表 14-7。

表 14-7　　　　　　　　　　　　　　　数值输入对象的组态过程

序号	操作说明	操作图
1	在 GT Works3 软件中，单击右边工具栏上的"数值显示/输入"工具旁的小三角，弹出菜单，选择"数值输入"	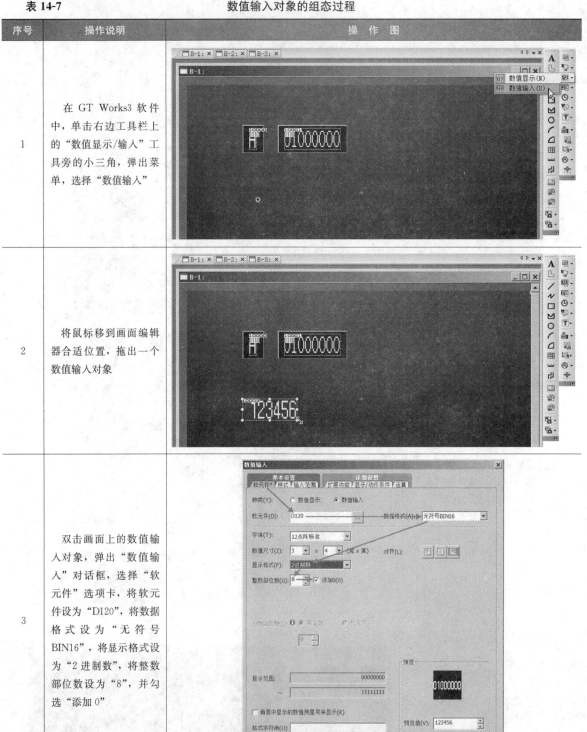
2	将鼠标移到画面编辑器合适位置，拖出一个数值输入对象	
3	双击画面上的数值输入对象，弹出"数值输入"对话框，选择"软元件"选项卡，将软元件设为"D120"，将数据格式设为"无符号 BIN16"，将显示格式设为"2 进制数"，将整数部位数设为"8"，并勾选"添加 0"	

续表

序号	操作说明	操 作 图
4	切换到"样式"选项卡,将图形项设为"…Rect_2",再单击"确定"按钮关闭对话框	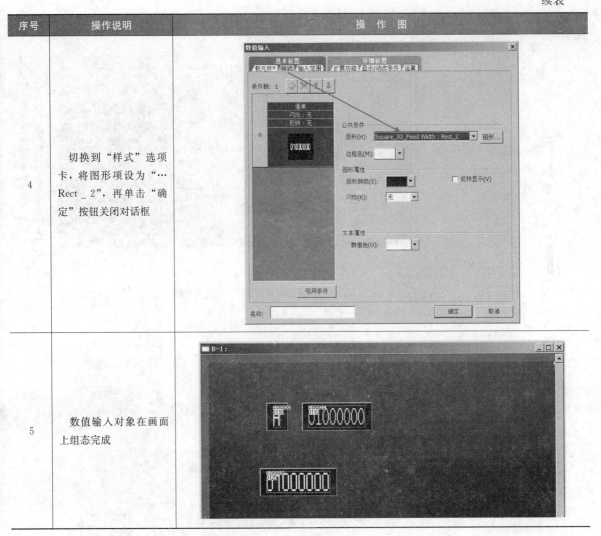
5	数值输入对象在画面上组态完成	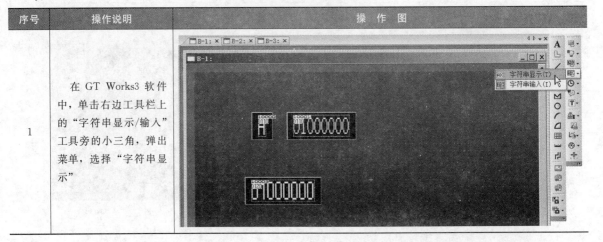

14.2.5 组态字符串显示对象

字符串显示对象的组态过程见表14-8。

表 14-8   字符串显示对象的组态过程

序号	操作说明	操 作 图
1	在 GT Works3 软件中,单击右边工具栏上的"字符串显示/输入"工具旁的小三角,弹出菜单,选择"字符串显示"	

续表

序号	操作说明	操作图
2	将鼠标移到画面编辑器合适位置，拖出一个字符串显示对象	
3	双击画面上的字符串显示对象，弹出"字符串显示"对话框，选择"软元件"选项卡，将软元件设为"D120"，将显示位数设为"1"，将字符代码设为"ASCII"，将图形设为"…Rect＿2"，再单击"确定"按钮关闭对话框	
4	字符串显示对象在画面上组态完成	

14.2.6 组态文本对象

文本对象的组态过程见表 14-9。

表 14-9 文本对象的组态过程

序号	操作说明	操 作 图
1	在 GT Works3 软件中，单击右边工具栏上的"文本"工具，在画面上单击，弹出"文本"对话框，在字符串框输入"字符→ASCII 码"，字体设为"宋体"，文本尺寸设为"36"，再单击"确定"按钮关闭对话框	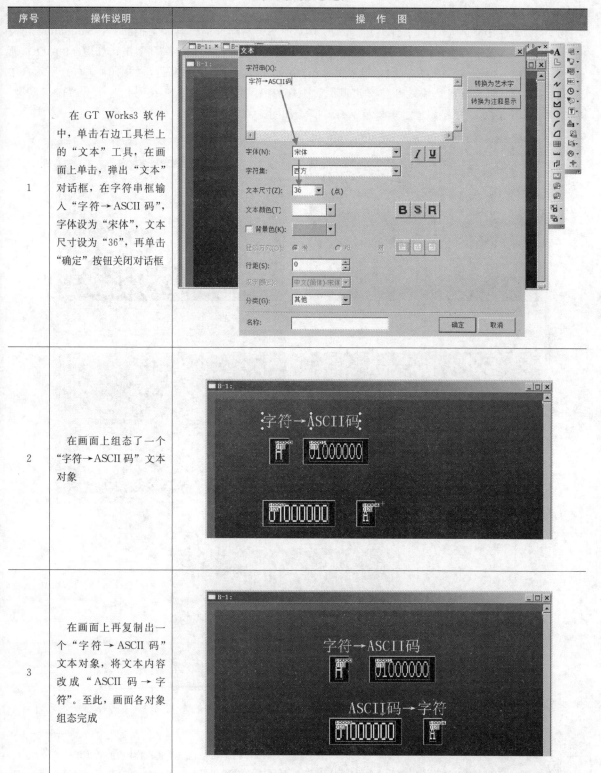
2	在画面上组态了一个"字符→ASCII 码"文本对象	
3	在画面上再复制出一个"字符→ASCII 码"文本对象，将文本内容改成"ASCII 码→字符"。至此，画面各对象组态完成	

14.2.7 画面操作测试

在 GT Works3 中执行菜单命令"工具→模拟器→启动",也可直接单击工具栏上的"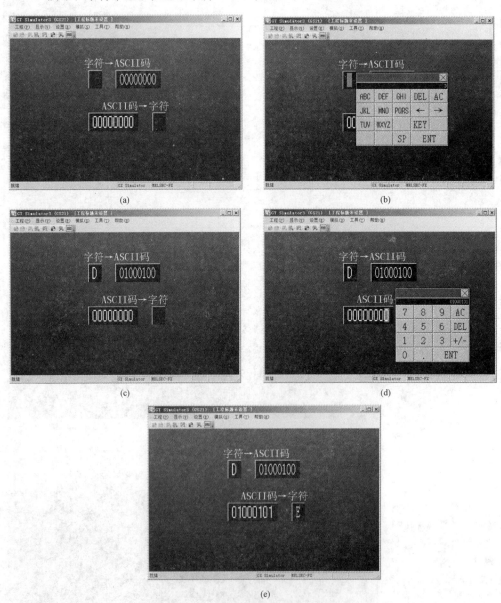"工具,启动 GT Simulator3 仿真器(相当于一台 GS21 触摸屏),同时 GX Simulator 仿真器(相当于一台 FX 型 PLC)也被启动,并且两仿真器之间建立软件通信连接。

画面仿真操作测试如图 14-4 所示。图 14-4(a)所示为启动并运行画面工程的 GT Simulator3 仿真器;单击画面上的字符串输入框,弹出键盘,输入字符"D",再单击"ENT"键,如图 14-4(b)所示;字符串输入框输入"D"后,数值显示框显示 01000100(D 的 ASCII 码),如图 14-4(c)所示;单击数值输入框,弹出键盘,输入 8 位 2 进制数"01000101(字符 E 的 ASCII 码)"单击"ENT"键,如图 14-4(d)所示;字符串显示框显示字符"E",如图 14-4(e)所示。

图 14-4　画面仿真操作测试

(a)仿真运行画面;(b)单击字符串输入框后出现键盘;(c)输入字符后数值显示框显示字符的 ASCII 码;

(d)单击数值输入框后出现键盘;(e)输入 ASCII 码后字符串显示框显示对应的字符

14.3 注释显示的使用举例

注释显示包括位注释显示、字注释显示和简单注释显示，位注释用于显示与位元件 ON、OFF 相对应的注释内容，字注释用于显示与字元件不同值相对应的注释内容，简单注释用于显示与位、字元件值无关的注释内容。

14.3.1 组态任务

图 14-5 所示为注释显示对象的使用画面，启/停按钮是位开关对象，当单击使软元件 Y1 为 ON 时，右边的位注释对象显示"运行中（Y1：ON）"，同时上方的简单注释对象显示"电动机运转"，画面上的矩形对象颜色变为红色；再次单击使软元件 Y1 为 OFF 时，位注释对象显示"停止中（Y1：OFF）"，上方的简单注释对象"电动机运转"消失，画面上的矩形对象颜色变为黄色。左下角为数值输入对象，当输入值（输入软元件 D20）小于 50 时，右边的字注释对象显示"液位过低"；当 50＜输入值≤950 时，右边的字注释对象显示"正常液位"；当输入值＞950 时，右边的字注释对象显示"液位过高"。

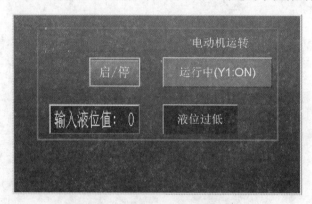

图 14-5 注释显示对象的使用画面

14.3.2 组态位注释对象

位注释对象的组态过程见表 14-10。

表 14-10　　　　　　　　　　　　　　位注释对象的组态过程

序号	操作说明	操 作 图
1	在 GT Works3 软件中，单击右边工具栏上的"注释显示"工具旁的小三角，弹出菜单，选择"位注释"	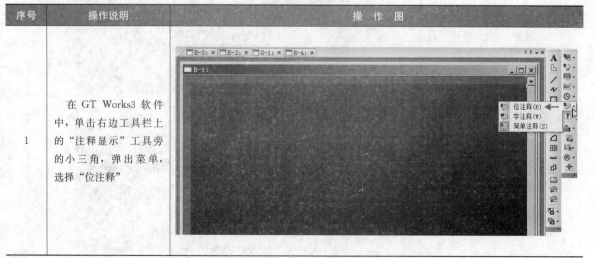

序号	操作说明	操作图
2	将鼠标移到画面编辑器的合适位置，拖出一个位注释对象	
3	双击画面上的位注释对象，弹出"注释显示（位）"对话框，选择"软元件"选项卡，将软元件设为"Y0001"，将图形项设为"…Rect＿2"	
4	切换到"显示注释"选项卡，将注释组号设为"11"、注释号设为"1"，再单击"编辑"按钮，弹出"注释编辑"对话框，在注释框内输入"停止中（Y1：OFF）"	

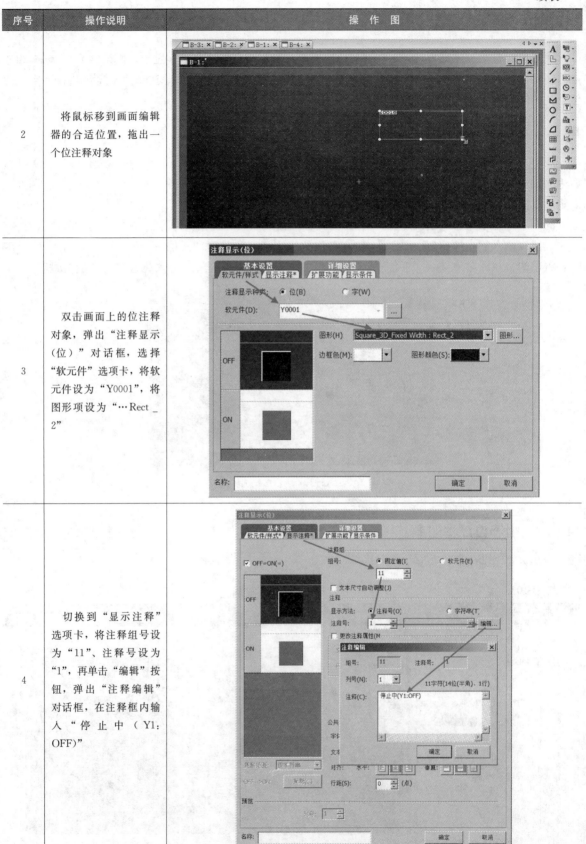

续表

序号	操作说明	操作图
5	将注释内容设为"停止中（Y1：OFF）"后，再设置合适的字体和文本尺寸	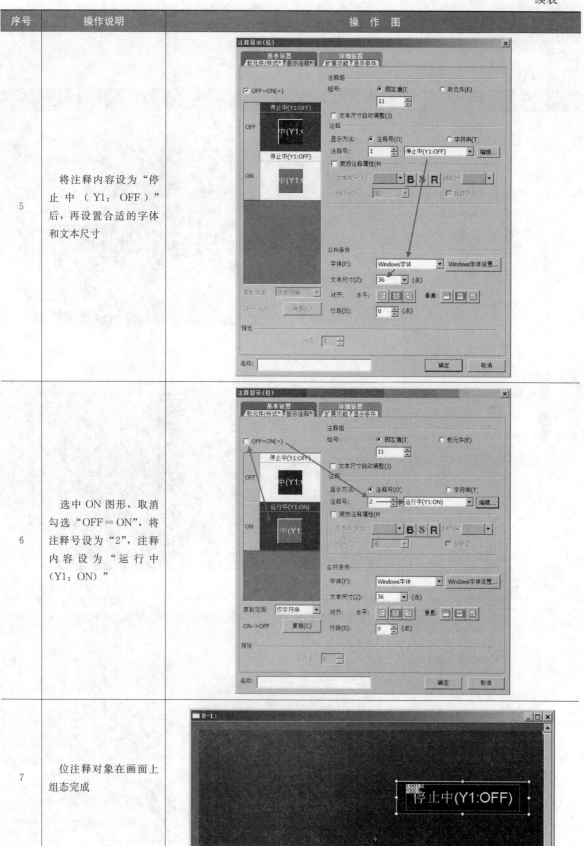
6	选中 ON 图形，取消勾选"OFF＝ON"，将注释号设为"2"，注释内容设为"运行中（Y1：ON）"	
7	位注释对象在画面上组态完成	

14.3.3 组态位开关对象

位开关对象的组态过程见表 14-11。

表 14-11 位开关对象的组态过程

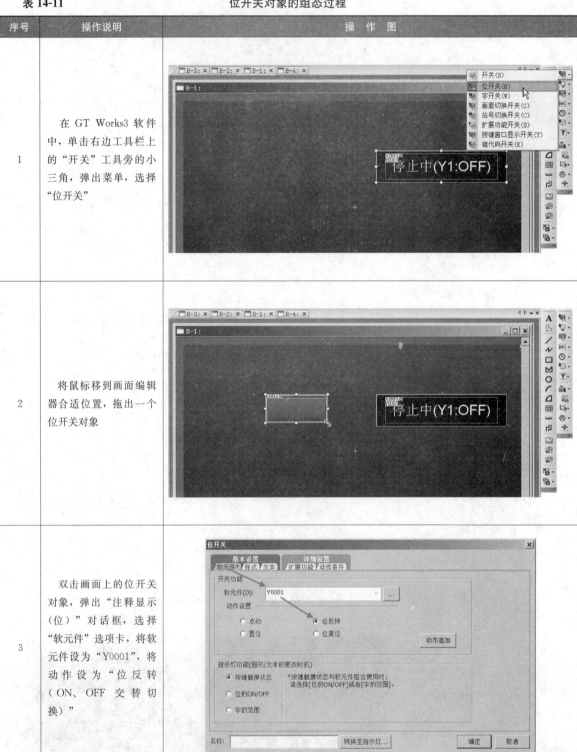

序号	操作说明	操作图
1	在 GT Works3 软件中，单击右边工具栏上的"开关"工具旁的小三角，弹出菜单，选择"位开关"	
2	将鼠标移到画面编辑器合适位置，拖出一个位开关对象	
3	双击画面上的位开关对象，弹出"注释显示（位）"对话框，选择"软元件"选项卡，将软元件设为"Y0001"，将动作设为"位反转（ON、OFF 交替切换）"	

续表

序号	操作说明	操 作 图
4	切换到"文本"选项卡,将字体设为"宋体",文本尺寸设为"36",在字符串框内输入"启/停"	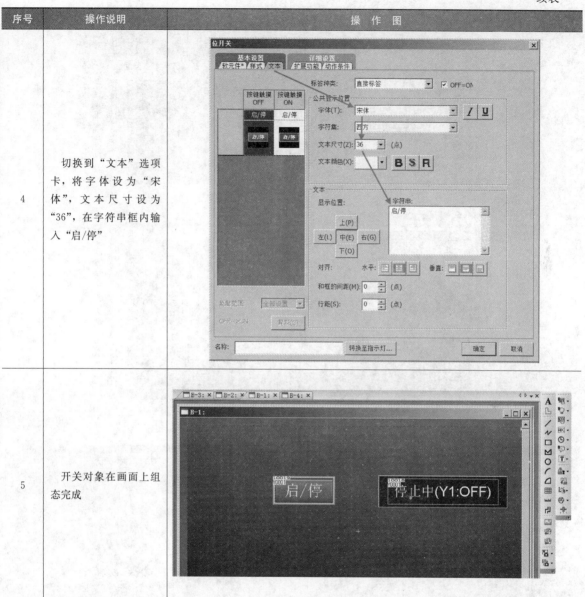
5	开关对象在画面上组态完成	

14.3.4 组态字注释对象

首先选择"字注释"工具,如图 14-6 (a) 所示;在画面上拖出一个字注释对象,如图 14-6 (b) 所示;将字注释对象对应的软元件设为 D20,如图 14-6 (c) 所示;单击"+"图标,新建注释显示条件,这里需要新建 3 条,如图 14-6 (d) 所示;将条件 1 的范围设为 D20≤50,如图 14-6 (e) 所示;将条件 2 的范围设为 D20≤950,如图 14-6 (f) 所示;将条件 3 的范围设为 D20>950,如图 14-6 (g) 所示;将条件 0 显示内容设为 12 组 0 号注释(空),如图 14-6 (h) 所示;将条件 1 显示内容设为 12 组 1 号注释(液位过低),如图 14-6 (i) 所示;将条件 2 显示内容设为 12 组 2 号注释(正常液位),如图 14-6 (j) 所示;将条件 3 显示内容设为 12 组 3 号注释(液位过高),如图 14-6 (k) 所示;至此,字注释对象组态完成,如图 14-6 (l) 所示;单击"公共设置"→"注释"→"打开",选择对应的注释组单击"打开"即可查看其中的内容,也可以在此修改注意内容,如图 14-6 (m) 所示。

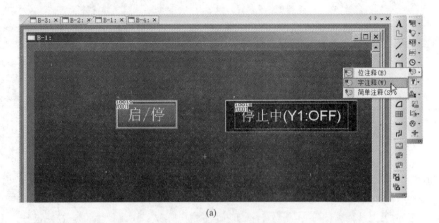

(a)

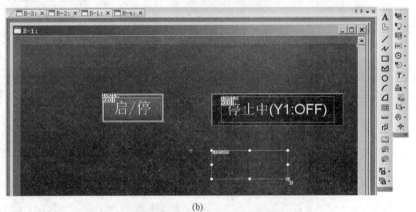

(b)

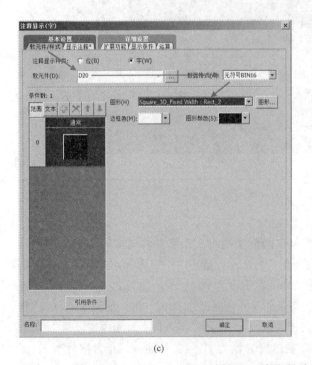

(c)

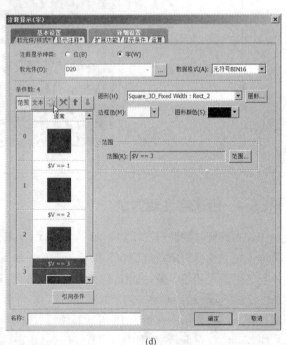

(d)

图 14-6　字注释对象组态过程（一）

(a) 选择"字注释"工具；(b) 在画面上拖出一个字注释对象；

(c) 将字注释对象对应的软元件设为 D20；(d) 点击"＋"图标新建 3 条注释显示条件

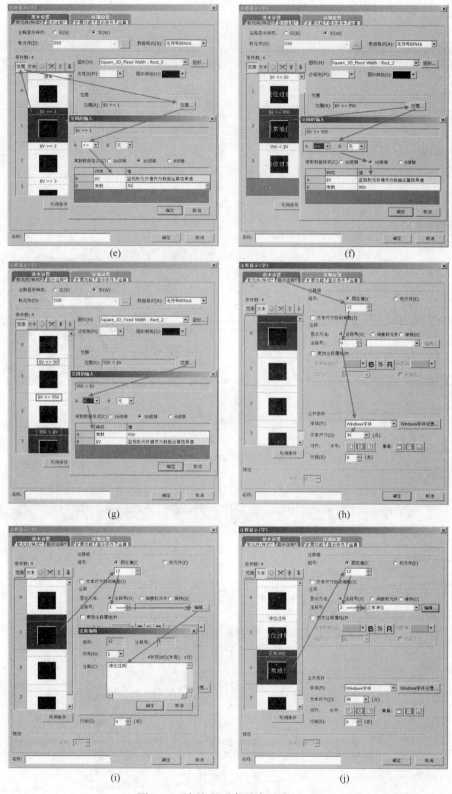

图14-6 字注释对象组态过程（二）

（e）将条件1的范围设为D20≤50；（f）将条件2的范围为D20≤950；（g）将条件3的范围设为D20＞950；
（h）将条件0显示内容设为12组0号注释（空）；（i）将条件1显示内容设为12组1号注释（液位过低）；
（j）将条件2显示内容设为12组2号注释（正常液位）

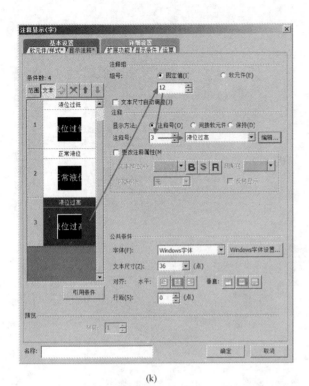

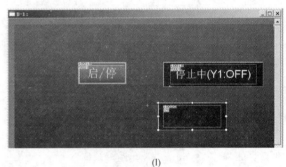

(k)   (l)

图 14-6　字注释对象组态过程（三）

（k）将条件 3 显示内容设为 12 组 3 号注释（液位过高）；（l）字注释对象组态完成；
（m）查看生成的注释组内容（也可在此修改注释内容）

14.3.5　组态数值输入对象

数值输入对象组态过程如图 14-7 所示，首先选择"数值输入"工具，如图 14-7（a）所示；然后在画面上拖出一个数值输入对象，如图 14-7（b）所示；将数值输入对象对应的软元件设为 D20，如图 14-7（c）所示；接下来设置数值输入对象的图形样式，如图 14-7（d）所示；设置数值输入对象的输入范围为 0～999，如图 14-7（e）所示；至此，数值输入对象组态完成。

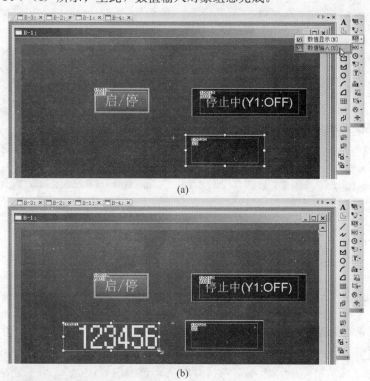

(a)

(b)

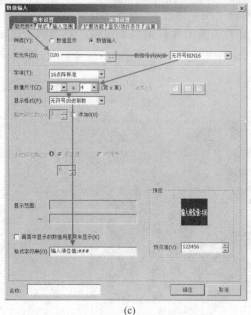

(c)

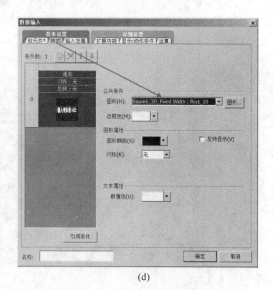

(d)

图 14-7　数值输入对象组态过程（一）

（a）选择"数值输入"工具；（b）在画面上拖出一个数值输入对象；（c）将数值输入对象对应的软元件设为 D20；
（d）设置数值输入对象的图形样式

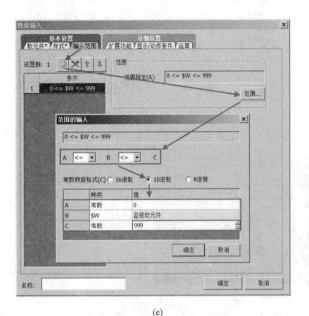

(e)　　　　　　　　　　　　　　　(f)

图 14-7　数值输入对象组态过程（二）
（e）设置数值输入对象的输入范围为 0～999；（f）数值输入对象组态完成

14.3.6　组态简单注释对象

简单注释对象组态过程如图 14-8 所示。首先，选择"简单注释"工具，如图 14-8（a）所示；在画面上拖出一个简单对象，如图 14-8（b）所示在画面上放置简单注释后，双击该对象，弹出"注释显示（简单）"对话框，如图 14-8（c）所示，先将简单注释显示内容设为 13 组 1 号注释，单击"编辑"按钮，在弹出的对话框输入注释内容"电动机运转"，再将控制显示/隐藏的软元件设为"Y0001"，显示条件设为"ON 中显示"，这样当 Y0001 为 ON 时画面上的简单注释对象会显示注释内容"电动机运转"；至此，简单注释对象组态完成，如图 14-8（d）所示。

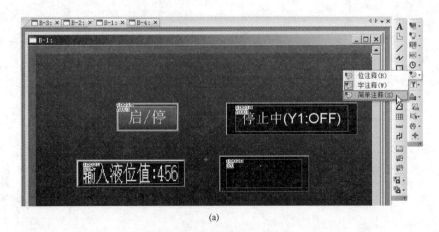

(a)

图 14-8　简单注释对象组态过程（一）
（a）选择"简单注释"工具

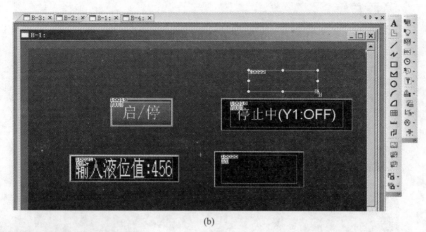

(b)

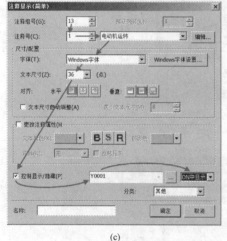

(c)

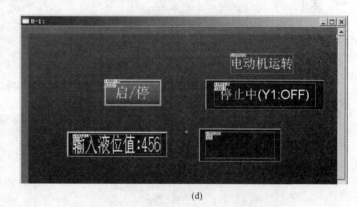

(d)

图 14-8　简单注释对象组态过程（二）

（b）在画面上拖出一个简单注释对象；（c）设置简单注释的显示内容和控制显示的软元件；（d）简单注释对象组态完成

14.3.7　组态矩形对象

矩形对象组态过程如图 14-9 所示。先在右边的工具栏上选择矩形工具，如图 14-9（a）所示；再在画面拖出一个矩形对象，如图 14-9（b）所示；双击矩形，弹出"矩形"对话框，先在"样式"选项卡设置矩形的线宽和颜色，如图 14-9（c）所示；再在指示灯功能选项卡将矩形颜色变化（使用指示灯属性）与 Y000 元件关联，并将 ON 时的颜色设为红色，单击"确定"关闭对话框，如图 14-9（d）所示；至此，矩形对象组态完成，如图 14-9（e）所示。

14.3.8　画面操作测试

在 GT Works3 中执行菜单命令"工具→模拟器→启动"，也可直接单击工具栏上的"🖳"工具，启动 GT Simulator3 仿真器（相当于一台 GS21 触摸屏），同时 GX Simulator 仿真器（相当于一台 FX 型 PLC）也被启动，并且两仿真器之间建立软件通信连接。

画面仿真操作测试如图 14-10 所示。图 14-10（a）所示为启动并运行画面工程的 GT Simulator3 仿真器，单击画面上的"启/停"按钮，右边的位注释对象显示"运行中（Y1：ON）"，右上方的简单注释对象显示"电动机运转"，同时矩形颜色为红色；再次单击启/停按钮，右边的位注释对象显示"停止中（Y1：OFF）"，右上方简单注释对象无显示，矩形颜色变为黄色，如图 14-10（b）所示；当下方

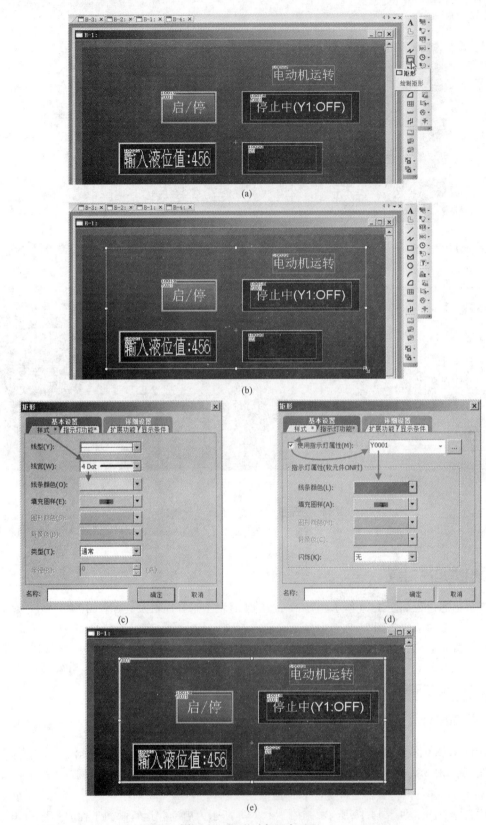

图 14-9　矩形对象组态过程

（a）选择"矩形"工具；（b）在画面上拖出一个矩形对象；（c）设置矩形的线宽和颜色；
（d）勾选"使用指示灯属性"后设置对应的软元件；（e）矩形对象组态完成

的数值输入对象的值为 0（≤50）时，其右边的字注释对象显示"液位过低"，现单击数值输入对象，弹出键盘，如图 14-10（c）所示；输入数值 450（≤950），字注释对象显示变成"正常液位"，如图 14-10（d）所示；再输入数值 960（＞950），字注释对象显示变成"液位过高"，如图 14-10（e）所示。

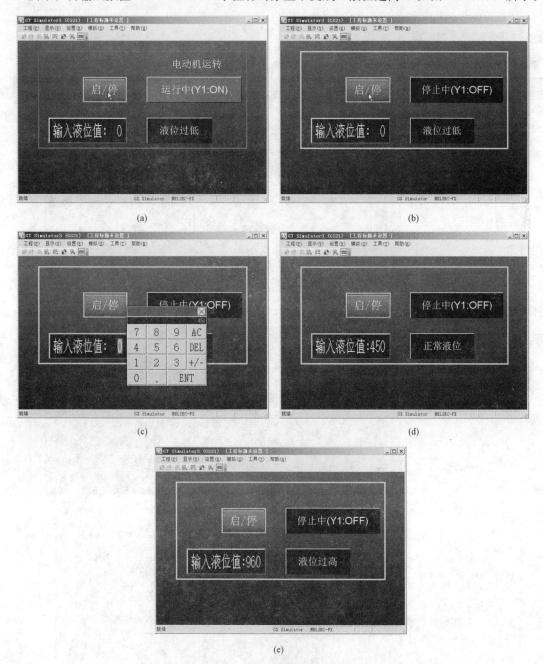

图 14-10 画面仿真操作测试

（a）单击"启/停"按钮；（b）再次单击"启/停"按钮；（c）单击数值输入对象时弹出键盘；（d）数值输入值为 450 时字注释对象显示"正常液位"；（e）数值输入值为 960 时字注释对象显示"液位过高"

14.4 多控开关、画面切换开关和扩展功能开关的使用举例

多控开关可以用一个开关同时控制多个软元件，画面切换开关用于控制画面之间的切换，扩展功

能切换开关用于打开实用菜单、扩展功能等窗口。

14.4.1 多控开关的使用与操作测试

1. 组态多控开关

多控开关的组态过程见表 14-12。

表 14-12 多控开关的组态过程

序号	操作说明	操作图
1	在 GT Works3 软件中，单击右边工具栏上的"开关"工具旁的小三角，弹出菜单，选择"开关"	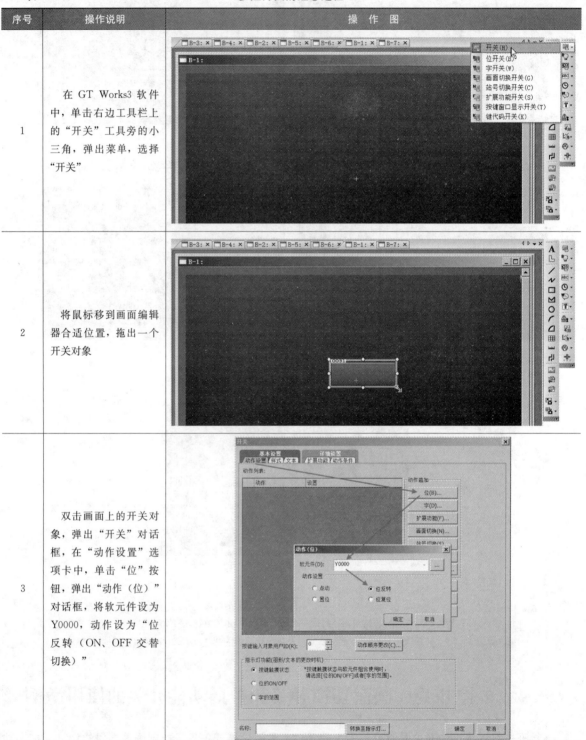
2	将鼠标移到画面编辑器合适位置，拖出一个开关对象	
3	双击画面上的开关对象，弹出"开关"对话框，在"动作设置"选项卡中，单击"位"按钮，弹出"动作（位）"对话框，将软元件设为 Y0000，动作设为"位反转（ON、OFF 交替切换）"	

续表

序号	操作说明	操作图
4	在"动作设置"选项卡中,再单击"字"按钮,弹出"动作(字)"对话框,将软元件设为D0,动作设为D0值加5,初始值条件设为D0值高于100时复位为0	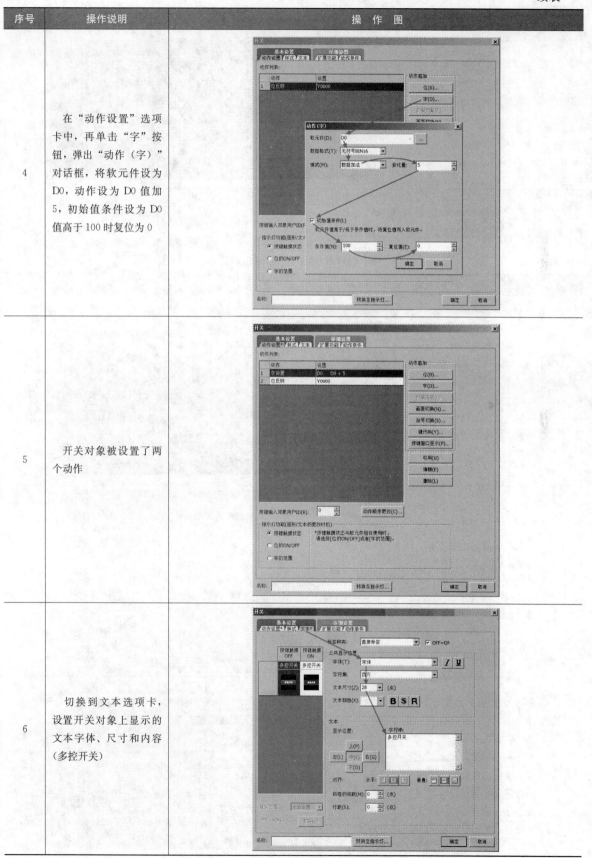
5	开关对象被设置了两个动作	
6	切换到文本选项卡,设置开关对象上显示的文本字体、尺寸和内容(多控开关)	

续表

序号	操作说明	操作图
7	多控开关对象在画面上组态完成	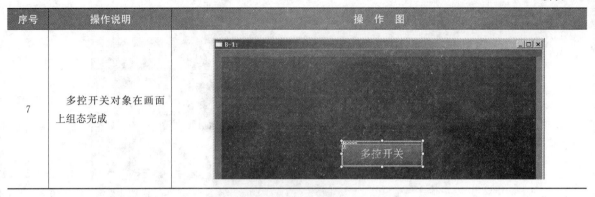

2. 组态指示灯和数值显示对象

指示灯和数值显示对象的组态过程见表 14-13。

表 14-13 指示灯和数值显示对象的组态过程

序号	操作说明	操作图
1	在 GT Works3 软件中，单击右边工具栏上的"指示灯"工具旁的小三角，弹出菜单，选择"位指示灯"，再将鼠标移到画面编辑器合适位置，拖出一个指示灯对象	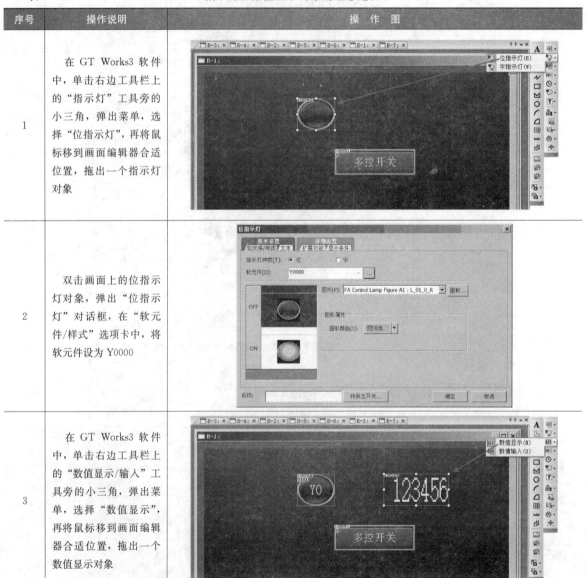
2	双击画面上的位指示灯对象，弹出"位指示灯"对话框，在"软元件/样式"选项卡中，将软元件设为 Y0000	
3	在 GT Works3 软件中，单击右边工具栏上的"数值显示/输入"工具旁的小三角，弹出菜单，选择"数值显示"，再将鼠标移到画面编辑器合适位置，拖出一个数值显示对象	

续表

序号	操作说明	操 作 图
4	双击画面上的数值显示对象,弹出"数值显示"对话框,选择"软元件"选项卡,将软元件设为D0,在格式字符串栏输入"D0值:###"	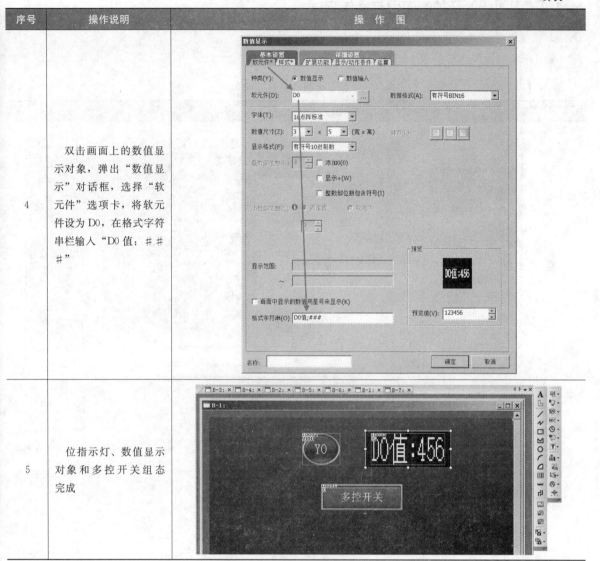
5	位指示灯、数值显示对象和多控开关组态完成	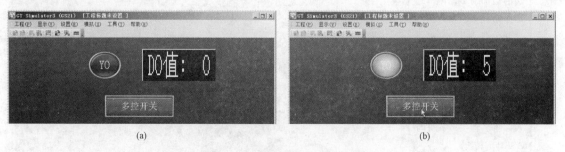

3. 画面操作测试

在 GT Works3 中执行菜单命令"工具→模拟器→启动",也可直接单击工具栏上的"🖳"工具,启动 GT Simulator3 仿真器。多控开关使用画面操作测试如图 14-11 所示。图 14-11(a)所示为启动并运行画面工程的 GT Simulator3 仿真器;单击画面上的多控开关,指示灯变亮,同时 D0 值加 5,由 0 变为 5,如图 14-11(b)所示。

![(a) GT Simulator3 仿真运行画面,D0值为0;(b) 单击多控开关后D0值为5]

(a)　　　　　　　　　　　　　　　　(b)

图 14-11　多控开关使用画面操作测试

(a)仿真运行的画面;(b)单击"多控开关"后两对象同时变化

14.4.2　画面切换开关的使用与操作测试

1. 画面设置标题

画面标题的设置过程见表 14-14。

表 14-14　　　　　　　　　　　　　　画面标题的设置过程

序号	操作说明	操 作 图
1	在 GT Works3 软件左边的折叠窗口，单击画面选项卡，打开画面窗口，双击其中的"2"画面图标，右边的画面编辑器打开"2"画面，再在"2"画面图标上右击，弹出菜单，选择其中的"画面的属性"	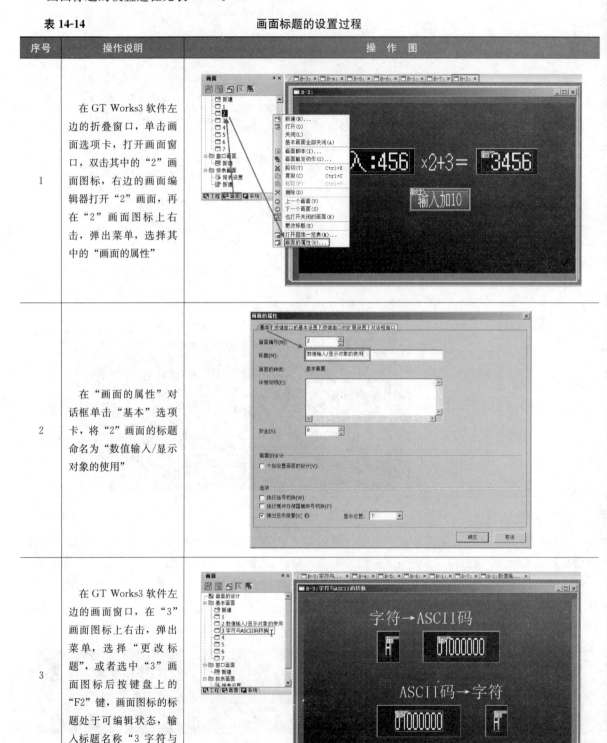
2	在"画面的属性"对话框单击"基本"选项卡，将"2"画面的标题命名为"数值输入/显示对象的使用"	
3	在 GT Works3 软件左边的画面窗口，在"3"画面图标上右击，弹出菜单，选择"更改标题"，或者选中"3"画面图标后按键盘上的"F2"键，画面图标的标题处于可编辑状态，输入标题名称"3 字符与 ASCII 码转换"	

续表

序号	操作说明	操 作 图
4	用同样的方法，将"1"画面的标题命名为"1 主画面"	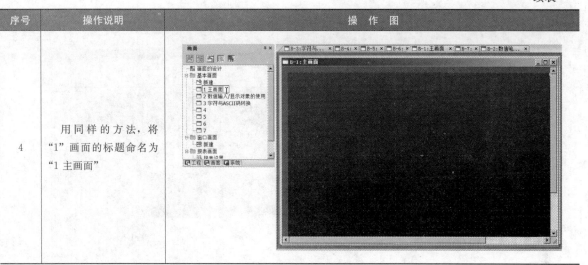

2. 组态画面切换开关

画面切换开关的组态过程见表14-15。

表 14-15　　　　　　　　　　画面切换开关的组态过程

序号	操作说明	操 作 图
1	在 GT Works3 软件中，先打开"1 主画面"画面，再单击软件右侧工具栏上"开关"工具旁的小三角，弹出菜单，选择"画面切换开关"，再将鼠标移到画面编辑器合适位置，拖出一个画面切换开关	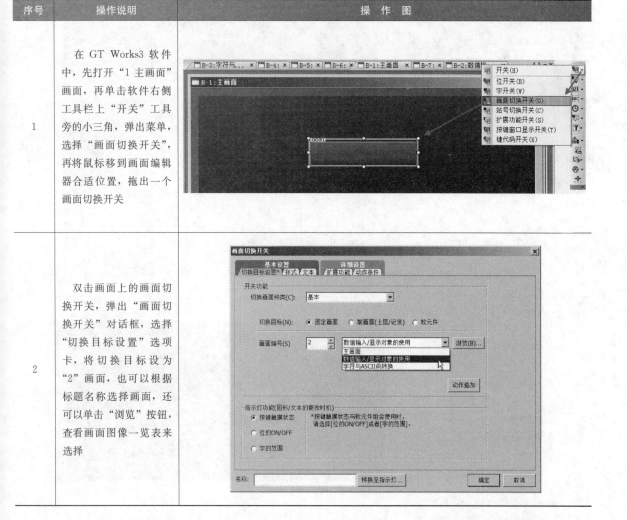
2	双击画面上的画面切换开关，弹出"画面切换开关"对话框，选择"切换目标设置"选项卡，将切换目标设为"2"画面，也可以根据标题名称选择画面，还可以单击"浏览"按钮，查看画面图像一览表来选择	

续表

序号	操作说明	操 作 图
3	在画面图像一览表中查看缩小的画面，单击选择要切换的画面	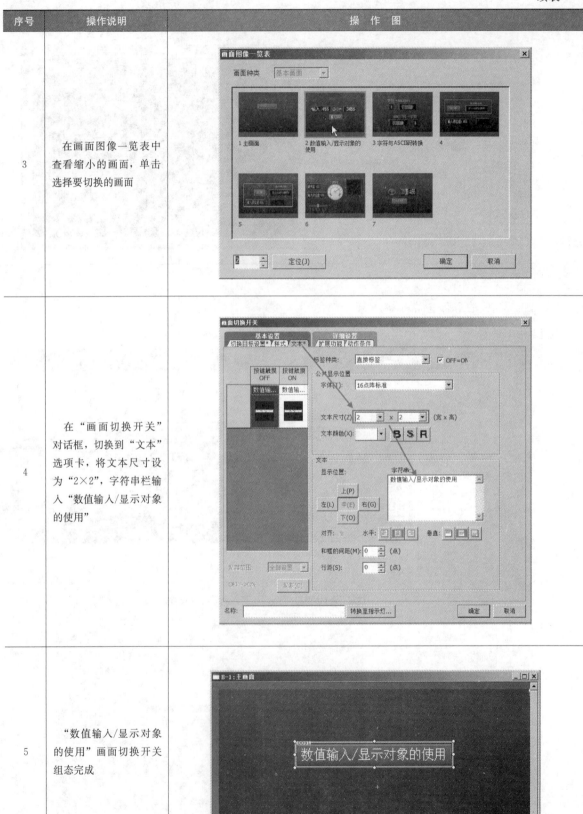
4	在"画面切换开关"对话框，切换到"文本"选项卡，将文本尺寸设为"2×2"，字符串栏输入"数值输入/显示对象的使用"	
5	"数值输入/显示对象的使用"画面切换开关组态完成	

续表

序号	操作说明	操 作 图
6	在画面上再复制出一个"数值输入/显示对象的使用"画面切换开关	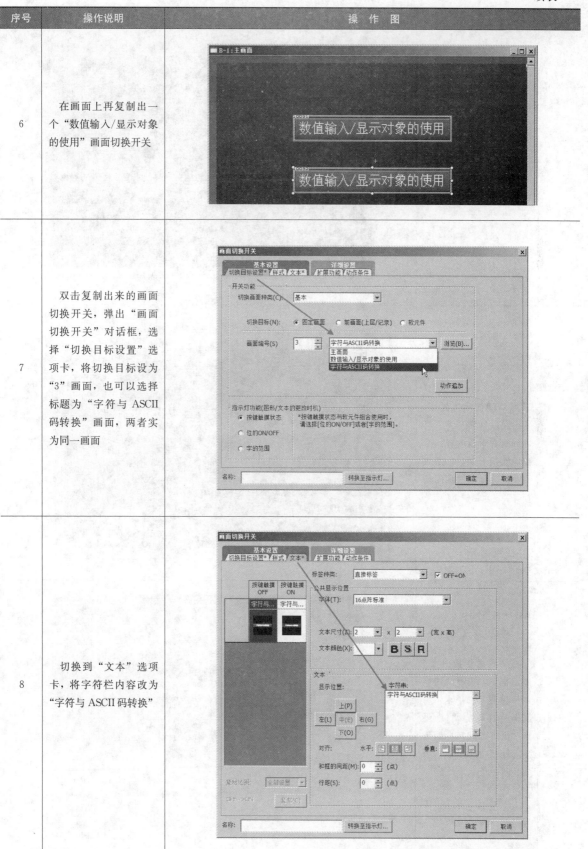
7	双击复制出来的画面切换开关,弹出"画面切换开关"对话框,选择"切换目标设置"选项卡,将切换目标设为"3"画面,也可以选择标题为"字符与 ASCII 码转换"画面,两者实为同一画面	
8	切换到"文本"选项卡,将字符栏内容改为"字符与 ASCII 码转换"	

续表

序号	操作说明	操 作 图
9	两个画面切换开关在画面上组态完成	
10	打开"2 数值输入/显示对象的使用"画面，再用画面切换开关工具在画面右下角放置一个画面切换开关，双击该开关，会弹出"画面切换开关"对话框	
11	在"画面切换开关"对话框中，选择"切换目标设置"选项卡，将切换目标设为"1"画面，也可以选择标题为"主画面"的画面，两者实为同一画面	

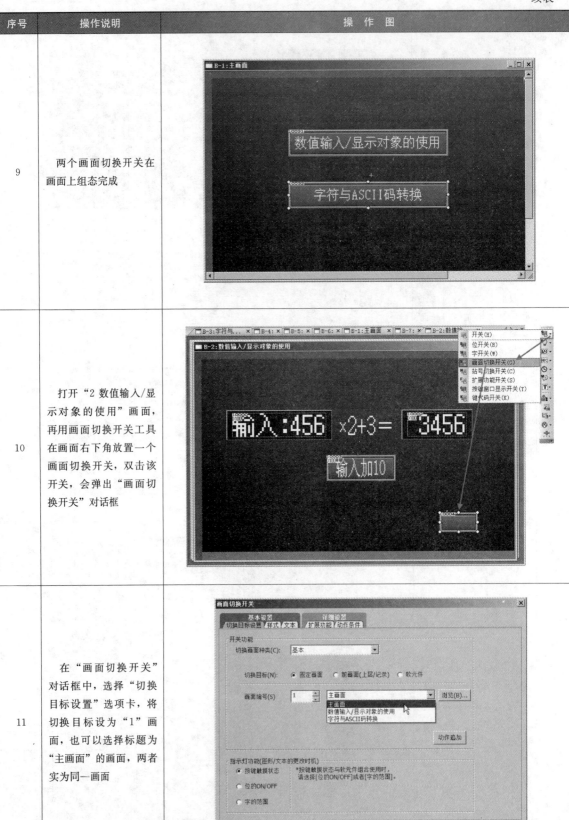

续表

序号	操作说明	操 作 图
12	切换到"文本"选项卡，在字符栏输入"返回主画面"	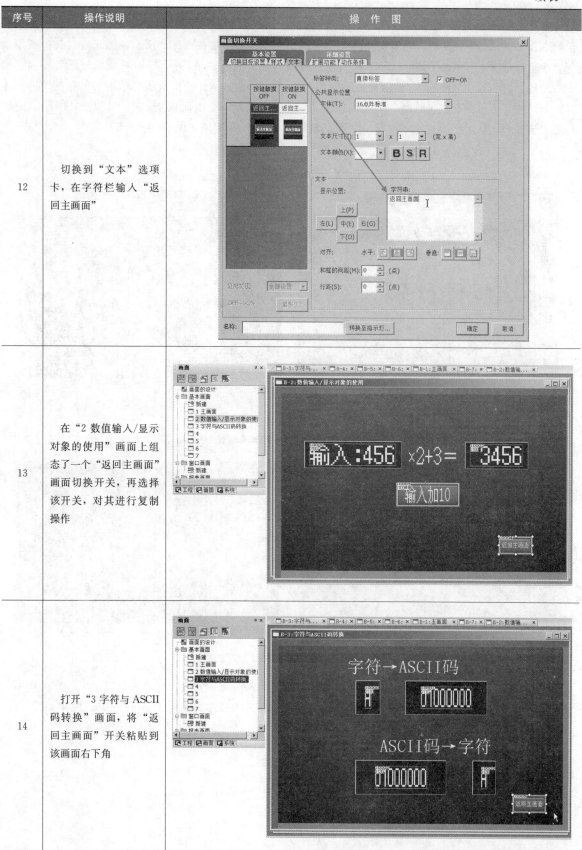
13	在"2 数值输入/显示对象的使用"画面上组态了一个"返回主画面"画面切换开关，再选择该开关，对其进行复制操作	
14	打开"3 字符与ASCII码转换"画面，将"返回主画面"开关粘贴到该画面右下角	

3. 画面操作测试

在 GT Works3 中执行菜单命令"工具→模拟器→启动",也可直接单击工具栏上的"🖳"工具,启动 GT Simulator3 仿真器。画面切换开关使用画面的操作测试如图 14-12 所示。图 14-12 (a) 所示为启动并运行画面工程的 GT Simulator3 仿真器;单击画面上的"数值输入/显示对象的使用"画面切换开关,马上切换到"数值输入/显示对象的使用"画面,如图 14-12 (b) 所示;单击右下角的"返回主画面"开关,又返回到"主画面"画面,如图 14-12 (c) 所示;单击画面上的"字符与 ASCII 码转换"画面切换开关,马上切换到"字符与 ASCII 码转换"画面,如图 14-12 (d) 所示。

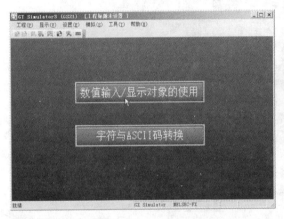

(a)

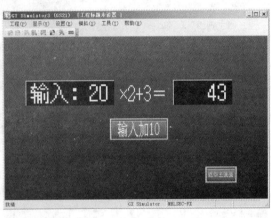

(b)

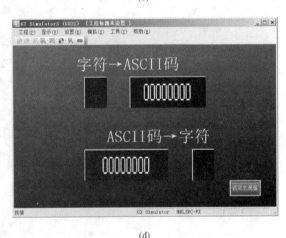

(c)
(d)

图 14-12 画面切换开关使用画面的操作测试
(a) 单击"数值输入/显示对象的使用"画面切换开关;(b) 切换到"数值输入/显示对象的使用"画面;
(c) 单击"字符与 ASCII 码转换"画面切换开关;(d) 切换到"字符与 ASCII 码转换"画面

14.4.3 扩展功能开关的使用与操作测试

1. 组态扩展功能开关

扩展功能开关的组态过程见表 14-16。

表 14-16　　　　　　　　　　　　　　扩展功能开关的组态过程

序号	操作说明	操作图
1	在 GT Works3 软件中，单击右边工具栏上的"开关"工具旁的小三角，弹出菜单，选择"扩展功能开关"，再将鼠标移到画面左上角，拖出一个扩展功能开关	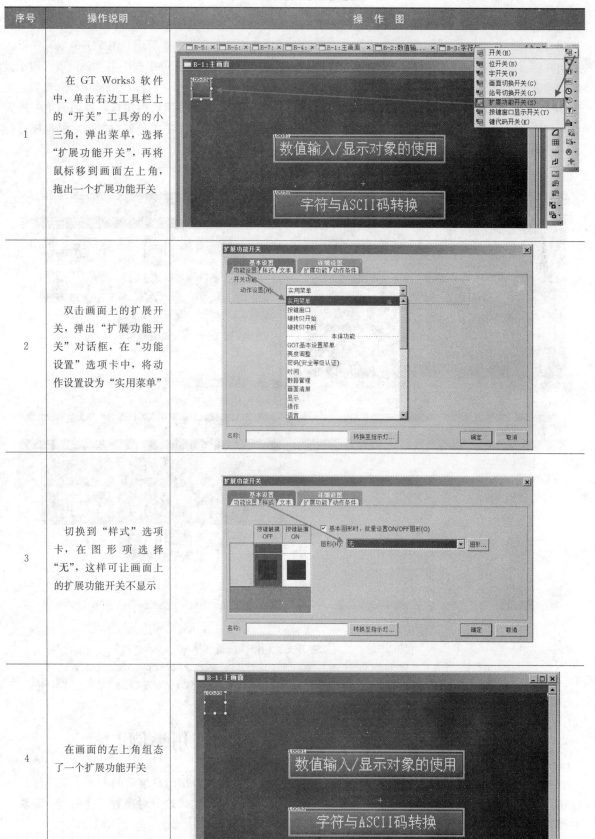
2	双击画面上的扩展开关，弹出"扩展功能开关"对话框，在"功能设置"选项卡中，将动作设置设为"实用菜单"	
3	切换到"样式"选项卡，在图形项选择"无"，这样可让画面上的扩展功能开关不显示	
4	在画面的左上角组态了一个扩展功能开关	

2. 画面操作测试

在 GT Works3 中执行菜单命令"工具→模拟器→启动",也可直接单击工具栏上的"🖳"工具,启动 GT Simulator3 仿真器。扩展功能开关使用画面的操作测试如图 14-13 所示。图 14-13(a)所示为启动并运行画面工程的 GT Simulator3 仿真器;在画面左上角单击,打开应用程序主菜单窗口(用于设置触摸屏),如图 14-13(b)所示;单击"Language(语言设置)"图标,打开"Language"窗口,如图 14-13(c)所示;选择"English"项,再单击右上角的关闭按钮,关闭当前窗口,返回到上一级窗口,如图 14-13(d)所示。在画面上使用扩展功能开关来调出应用程序主菜单窗口,可对触摸屏进行各种设置。

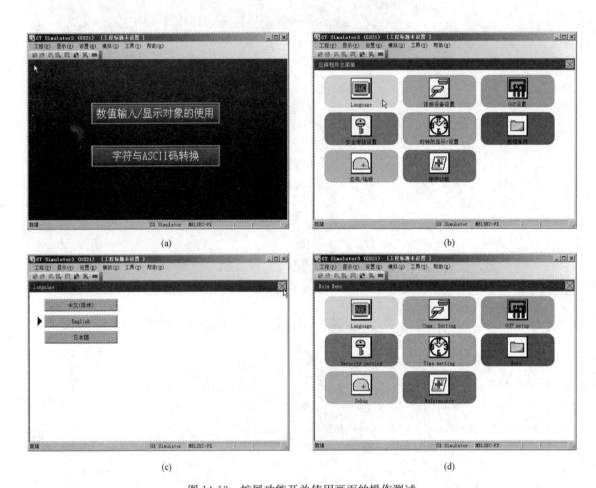

(a) (b)

(c) (d)

图 14-13 扩展功能开关使用画面的操作测试

(a) 在画面左上角扩展功能开关(被隐藏)处单击;(b) 在出现的窗口中双击"Language"图标;
(c) 选择"English"后再关闭当前窗口;(d) 应用程序主菜单窗口变为英文界面

14.5 图表、仪表和滑杆的使用举例

图表采用点、线或图形的方式来表示软元件的值,仪表采用表针指示刻度值的方式来表示软元件的值,滑杆可通过移动滑杆上的滑块来改变软元件的值,反过来,如果改变对应软元件的值,滑块会在滑杆上移到相应的位置。

14.5.1 图表的使用与操作测试

1. 组态图表使用画面

图表使用画面的组态过程见表14-17。

表 14-17 图表使用画面的组态过程

序号	操作说明	操 作 图
1	在 GT Works3 软件中，单击右边工具栏上的"图表"工具旁的小三角，弹出菜单，选择"条形图表"，再将鼠标移到画面上，拖出一个图表对象	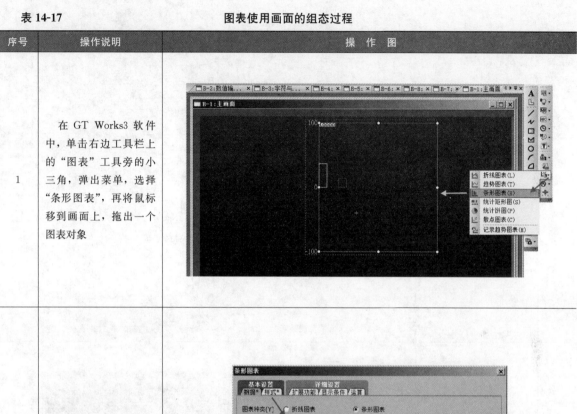
2	在画面上的条形图表对象上双击，弹出"条形图表"对话框，选择"数据"选项卡，将图表数目设为"2"，将数据格式设为"无符号BIN16"，将软元件设为"连续"，再在表格中设置 D20、D21 对应图表的属性，然后分别将下限值、上限值和基准值分别设为 0、1000、0	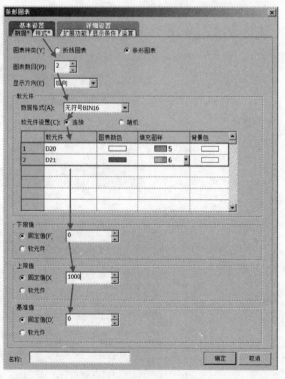

续表

序号	操作说明	操作图
3	切换到"样式"选项卡，将刻度数设为"11"，然后设置刻度值显示和条形图表各项属性	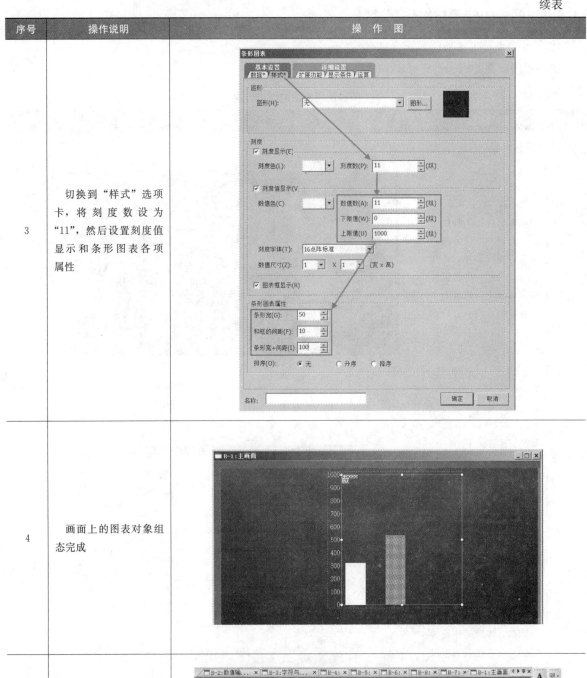
4	画面上的图表对象组态完成	
5	在 GT 软件右侧单击工具栏上"数值显示/输入"工具旁的小三角，弹出菜单，选择"数值显示"，再将鼠标移到画面上，拖出一个数值显示对象	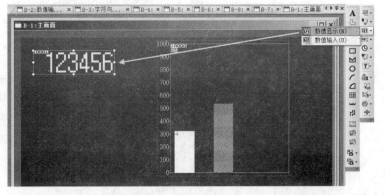

续表

序号	操作说明	操 作 图
6	在画面上的数值显示对象上双击，弹出"数值显示"对话框，选择"软元件"选项卡，将软元件设为"D20"，将数据格式设为"无符号BIN16"，将显示格式设为"无符号10进制数"，在格式字符串栏输入"D20值：＃＃＃"	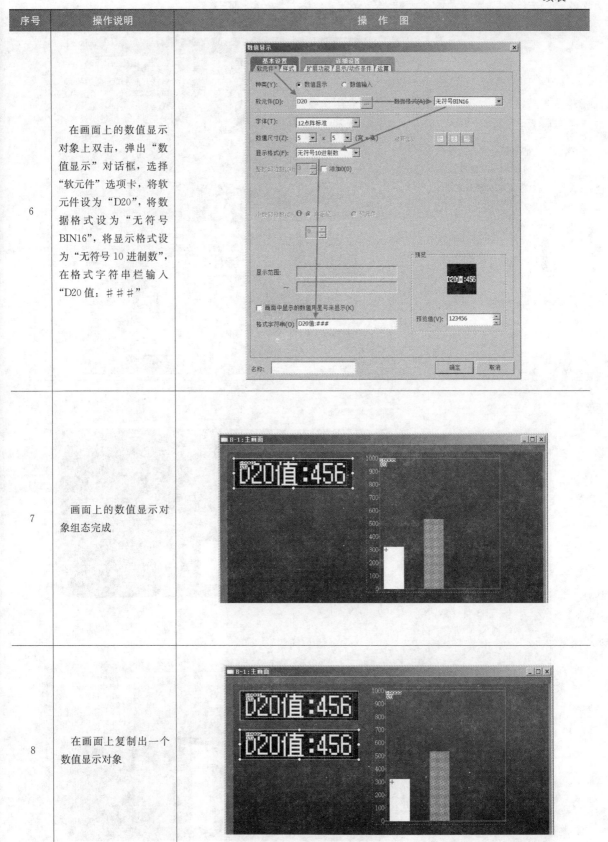
7	画面上的数值显示对象组态完成	
8	在画面上复制出一个数值显示对象	

续表

序号	操作说明	操作图
9	在画面上双击复制出来的数值显示对象，弹出"数值显示"对话框，选择"软元件"选项卡，将软元件改为"D21"，在格式字符串栏输入"D21值：＃＃＃"	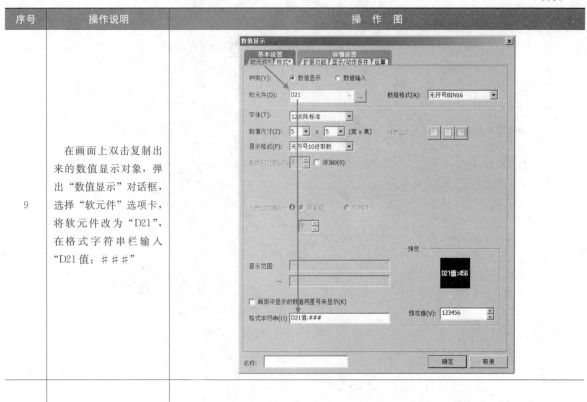
10	画面上第 2 个数值显示对象组态完成	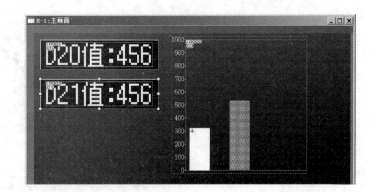
11	在 GT 软件右侧单击工具栏上"开关"工具旁的小三角，弹出菜单，选择"开关"，再将鼠标移到画面上，拖出一个开关（多控）对象	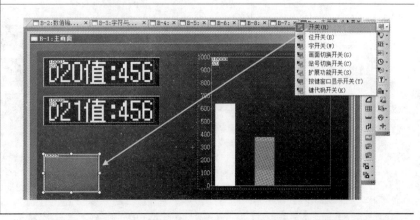

续表

序号	操作说明	操 作 图
12	双击画面上的开关对象，弹出"开关"对话框，在"动作设置"选项卡中，单击"字"按钮，弹出"动作（字）"对话框，将软元件设为"D20"，在模式项选择"数据加法"，变化量设为50	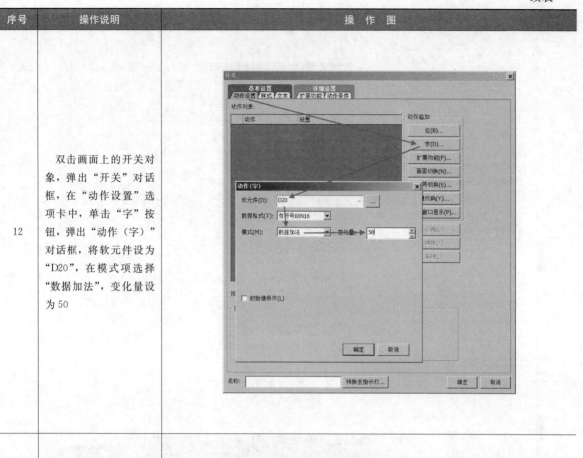
13	在"开关"对话框的"动作设置"选项卡中插入一个"D20＋50"动作后，再单击"字"按钮，弹出"动作（字）"对话框，将软元件设为"D21"，在模式项选择"数据加法"，变化量设为100	

续表

序号	操作说明	操作图
14	切换到"文本"选项卡，将文字尺寸设为"2×2"，在字符串栏输入"D20+50 D21+100"	
15	画面上的开关（多控）对象组态完成	

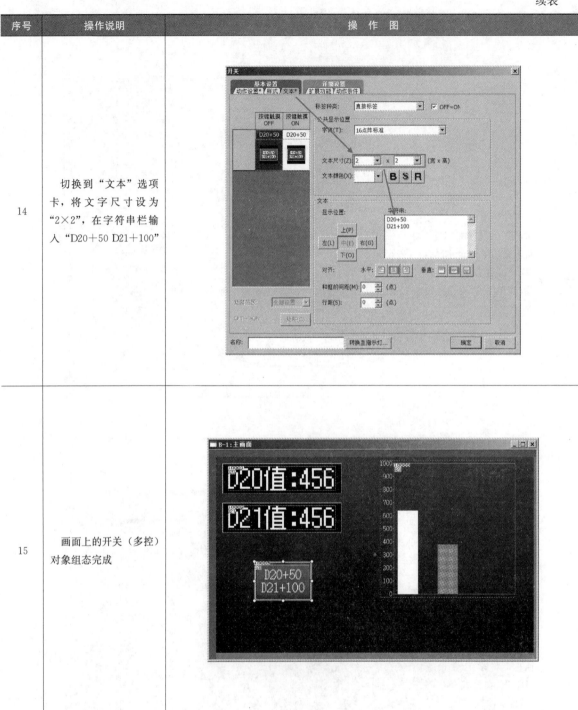

2. 画面操作测试

在 GT Works3 中执行菜单命令"工具→模拟器→启动"，也可直接单击工具栏上的"🖳"工具，启动 GT Simulator3 仿真器。图表使用画面的操作测试如图 14-14 所示。图 14-14（a）所示为启动并运行画面工程的 GT Simulator3 仿真器；单击开关对象，D20 值显示为 50，D21 值显示为 100，同时图表中表示 D20 值的图形长度指示为 50，表示 D21 值的图形长度指示为 100，如图 14-14（b）所示。如果再单击开关对象，D20 值会变为 100，D21 值变成 200，图表中的两个图形长度也会作相应变化。

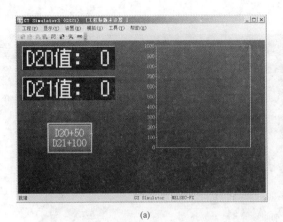 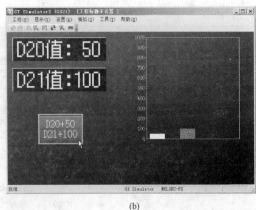

(a)   (b)

图 14-14   图表使用画面的操作测试

(a) 运行画面；(b) 单击开关对象

14.5.2   仪表和滑杆的使用与操作测试

1. 组态仪表和滑杆的使用画面

仪表和滑杆使用画面的组态过程见表 14-18。

表 14-18   仪表和滑杆使用画面的组态过程

序号	操作说明	操 作 图
1	在 GT Works3 软件的右侧工具栏单击"精美仪表"工具旁的小三角，弹出菜单，选择"扇形仪表"，再将鼠标移到画面上，拖出一个扇形仪表	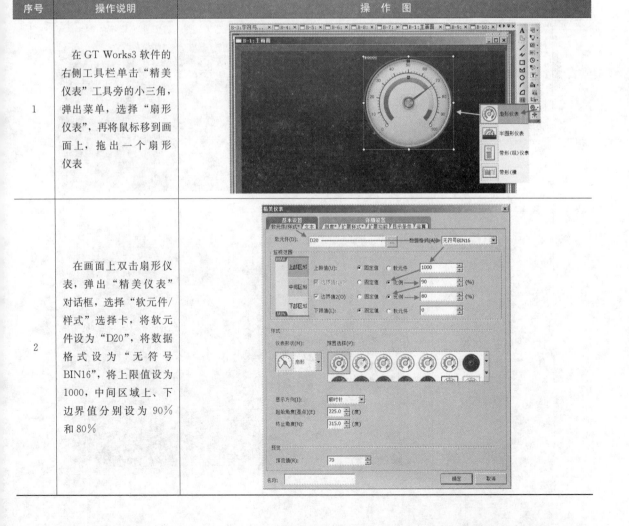
2	在画面上双击扇形仪表，弹出"精美仪表"对话框，选择"软元件/样式"选择卡，将软元件设为"D20"，将数据格式设为"无符号 BIN16"，将上限值设为 1000，中间区域上、下边界值分别设为 90% 和 80%	

续表

序号	操作说明	操作图
3	切换到"刻度"选项卡，将仪表刻度的上限值（最大刻度值）设为1000	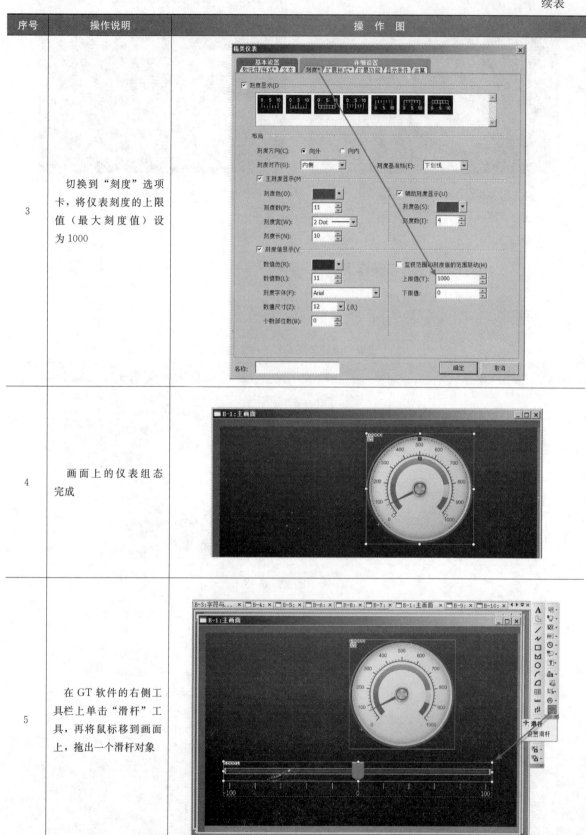
4	画面上的仪表组态完成	
5	在 GT 软件的右侧工具栏上单击"滑杆"工具，再将鼠标移到画面上，拖出一个滑杆对象	

序号	操作说明	操作图
6	在画面上双击滑杆，弹出"滑杆"对话框，选择"软元件/样式"选择卡，将软元件设为"D20"，将数据格式设为"无符号 BIN16"，将上限值设为1000	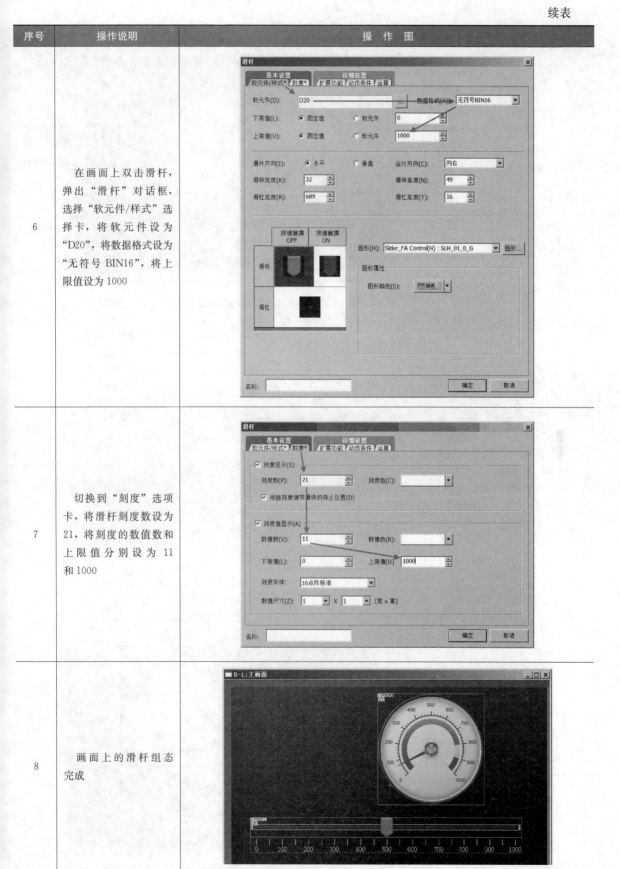
7	切换到"刻度"选项卡，将滑杆刻度数设为21，将刻度的数值数和上限值分别设为 11 和1000	
8	画面上的滑杆组态完成	

续表

序号	操作说明	操 作 图
9	使用数值显示工具在画面上拖出一个数值显示对象	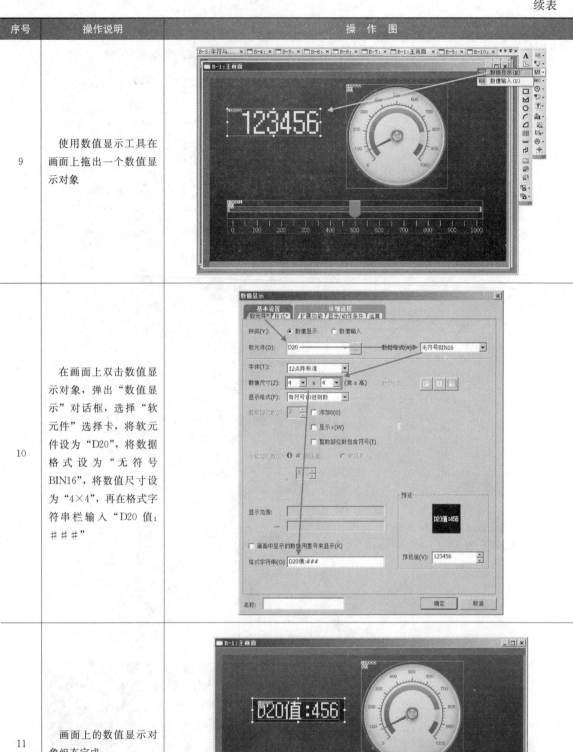
10	在画面上双击数值显示对象,弹出"数值显示"对话框,选择"软元件"选择卡,将软元件设为"D20",将数据格式设为"无符号BIN16",将数值尺寸设为"4×4",再在格式字符串栏输入"D20值:###"	
11	画面上的数值显示对象组态完成	

2. 画面操作测试

在 GT Works3 中执行菜单命令"工具→模拟器→启动",也可直接单击工具栏上的"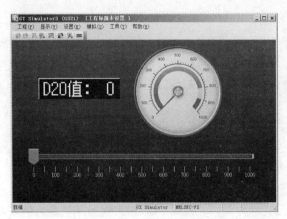"工具,启动 GT Simulator3 仿真器。仪表和滑杆使用画面的操作测试如图 14-15 所示。图 14-15(a)所示为启动并运行画面工程的 GT Simulator3 仿真器;用鼠标按住滑块拖到"500"刻度值处,仪表的表针马上指到"500"处,数值显示对象同时显示"500",如图 14-15(b)所示,也就是说移动滑块可以改变软元件的值。

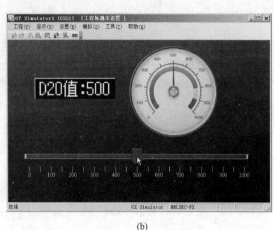

(a)　　　　　　　　　　　　　　　　　　　(b)

图 14-15　仪表和滑杆使用画面的操作测试

(a) 运行画面;(b) 移动滑块可改变仪表和数值显示对象的值

第15章

三菱触摸屏操作和监视 PLC 全程实战

单独一台触摸屏是没有多大使用价值的，如果将其与 PLC 连接起来使用，不但可用作输入设备给 PLC 输入指令或数据，还能用作显示设备，将 PLC 内部软元件的状态和数值直观显示出来，也就是说，使用触摸屏可以操作 PLC 内部的软元件，也可以监视 PLC 内部的软元件。使用触摸屏操控 PLC 的一般过程如下。

（1）明确系统的控制要求，考虑需要用的软元件，再绘制电气线路图；

（2）在计算机中用编程软件为 PLC 编写相应的控制程序，再把程序下载到 PLC；

（3）在计算机中用组态软件为触摸屏组态操控 PLC 的画面工程，并将工程下载到触摸屏；

（4）将触摸屏和 PLC 用通信电缆连接起来，然后通电对触摸屏和 PLC 进行各种操作和监控测试。

本章以三菱触摸屏连接 PLC 控制电动机正转、反转和停转，并监视 PLC 相关软元件状态为例来介绍上述各个过程。

15.1 实例开发规划

15.1.1 明确控制要求

用触摸屏上的 3 个按钮分别控制电动机正转、反转和停转，当单击触摸屏上的正转按钮时，电动机正转，画面上的正转指示灯亮，当单击反转按钮时，电动机反转，画面上的反转指示灯亮，当单击停转按钮时，电动机停转，画面上的正转和反转指示灯均熄灭。另外在触摸屏的监视器可以实时查看 PLC 的 Y7～Y0 端的输出状态。

15.1.2 选择设备并确定软元件和 I/O 端子

触摸屏是通过改变 PLC 内部的软元件值来控制 PLC 的。本例中的 PLC 选用 FX3U-32MT 型 PLC，触摸屏选用 GS2107 型。用到的 PLC 软元件和 I/O 端子见表 15-1。

表 15-1   用到的 PLC 软元件和 I/O 端子

软元件或端子	外接部件	功能
M0	无	正转/停转控制
M1	无	反转/停转控制
Y000	外接正转接触器线圈	正转控制输出
Y001	外接反转接触器线圈	反转控制输出

15.1.3 规划电气线路

三菱 GS2107 型触摸屏连接三菱 FX3U-MT/ES 型 PLC 控制电动机正反转的电路如图 15-1 所示，触摸屏与 PLC 之间采用 RS-422 通信连接，通信电缆型号为 GT01-C10R4-8P，接触器 KM1、KM2 的线圈电压为直流 24V。

电气线路实现的控制功能如下：当点按触摸屏画面上的"正转"按钮时，画面上的"正转指示"灯亮，画面上的监视器显示值为 00000001，同时 PLC 上的 Y0 端（即 Y000 端）指示灯亮，该端内部触点导通，有电流流过 KM1 接触器线圈，线圈产生磁场吸合 KM1 主触点，三相电源送到三相异步电动机，电动机正转；当点按触摸屏画面上的"停转"按钮时，画面上的"正转指示"灯熄灭，画面上的监视器显示值为 00000000，同时 PLC 上的 Y0 端指示灯也熄灭，Y000 端内部触点断开，KM1 接触器线圈失电，KM1 主触点断开，电动机失电停转；当点按触摸屏画面上的"反转"按钮时，画面上的"反转指示"灯亮，画面上的监视器显示值为 00000010，PLC 上的 Y1 端（即 Y001 端）指示灯同时变亮，Y1 端内部触点导通，KM2 接触器线圈有电流流过，KM2 主触点闭合，电动机反转。

触摸屏连接 PLC 控制电动机正反转的电气线路

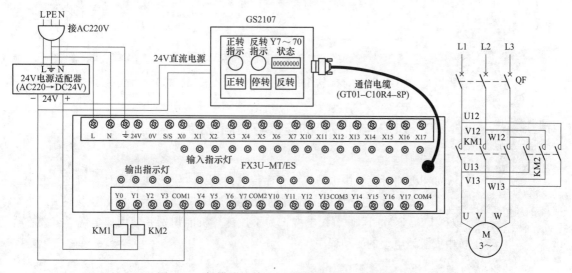

图 15-1　触摸屏连接 PLC 控制电动机正反转的电路

15.2　编写 PLC 程序并下载到 PLC

15.2.1　编写 PLC 程序

编写 PLC 程序

在计算机中启动三菱 GX-Developer 编程软件，编写电动机正反转控制的 PLC 程序，如图 15-2 所示。

程序说明：当辅助继电器 M0 状态置 1 时，M0 常开触点闭合，Y000 线圈得电（即输出继电器 Y000 状态变为 1），一方面通过 PLC 的 Y0 端子控制电动机正转，另一方面 Y000 常开自锁触点闭合，确保辅助继电器 M0 状态复位为 0，M0 常开触点断开时，Y000 线圈能继续得电；当 M1 状态置 1 时，M1 常开触点闭合，Y001 线圈得电（即输出继电器 Y001 状态变为 1），通过 PLC 的 Y1 端子控制电动机反转。当辅助继电器 M2 状态置 1 时，两个 M2 常闭触点均断开，Y000、Y001 线圈都失电（状态变为 0），电动机停转。M0、M1 常闭触点为联锁触点，分别串接在 Y001、Y000 线圈所在的程序段中，保证两线圈不能同时得电。

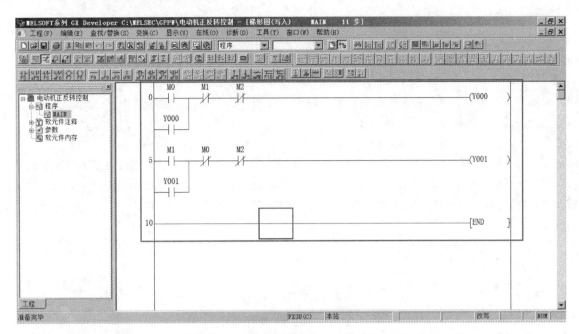

图 15-2　在 GX-Developer 软件中编写电动机正反转控制的 PLC 程序

计算机与
PLC 的通信
硬件连接

15.2.2　PLC 与计算机的连接与通信设置

1. 硬件连接

如果要将计算机中编写好的程序传送到 PLC，应把 PLC 和计算机连接起来。三菱 FX3U 型 PLC 与计算机的硬件通信连接如图 15-3 所示，两者连接使用 USB-FX（或称 USB-SC09-FX）编程电缆，为了让计算机能识别并使用该电缆，需要在计算机中安装该电缆的驱动程序。

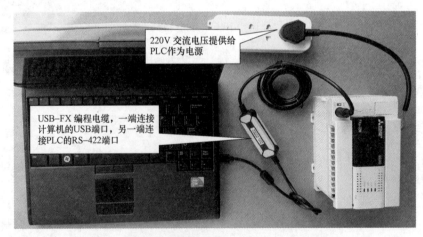

图 15-3　三菱 FX3U 型 PLC 与计算机的硬件通信连接

2. 通信设置

（1）查看计算机与 USB-FX 电缆连接的端口号。采用 USB-FX 电缆将计算机与 PLC 的连接起来后，还需要在计算机中安装这条电缆的驱动程序，计算机才能识别使用该电缆。在成功安装 USB-FX 电缆的驱动程序后，在计算机的"设备管理器"中可查看计算机分配给该电缆的连接端口号，如图 15-4 所示，这里显示计算机与 USB-FX 电缆连接的端口号为 COM3，电缆插入计算机不同的 USB 口，该端口号会不同，记住该端口号，在计算机与 PLC 通信设置需要选择该端口号。

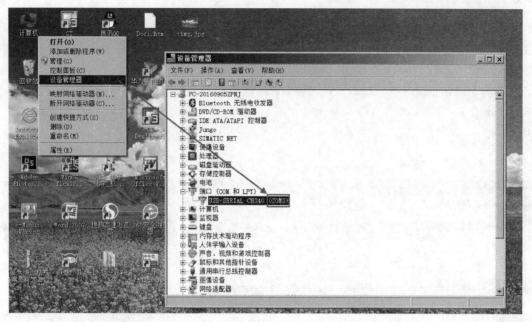

图 15-4   在设备管理器中查看计算机与 USB-FX 电缆连接的端口号

（2）通信设置。在 GX-Developer 软件中进行通信设置如图 15-5 所示。在 GX-Developer 软件中执行菜单命令"在线→传输设置"，弹出"传输设置"对话框，双击"串行 USB"，弹出串口详细设置对话框，先选择"RS-232C"，在 COM 端口项选择"COM3（与设备管理器查看到的端口号一致）"，单击"确认"按钮关闭当前对话框，返回到"传输设置"对话框，确认后退出通信设置。

通信设置与
下载 PLC 程序

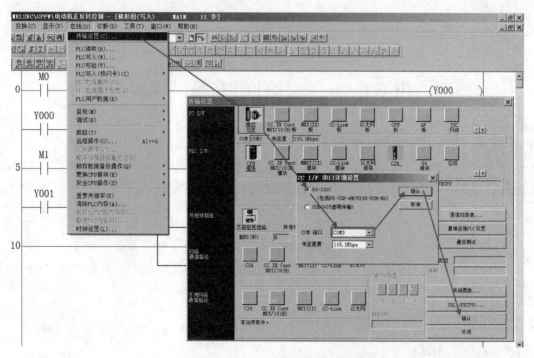

图 15-5   在 GX-Developer 软件中进行通信设置

15.2.3　下载程序到PLC

用 USB-FX 电缆将计算机与 PLC 连接起来并进行通信设置后，就可以将 PLC 程序下载到 PLC。在 GX-Developer 软件中将 PLC 程序传送给 PLC 如图 15-6 所示。执行菜单命令"在线"→"PLC写入"，弹出"PLC写入"对话框，单击"参数＋程序"按钮，下方的"程序"和"参数"项被选中，再单击"执行"按钮，出现询问对话框，询问是否远程让 PLC 进行 STOP 模式（PLC 处于 RUN 模式时不能下载程序），单击"是"，GX-Developer 软件让 PLC 进入 STOP 模式后将 PLC 程序传送给（写入）PLC。

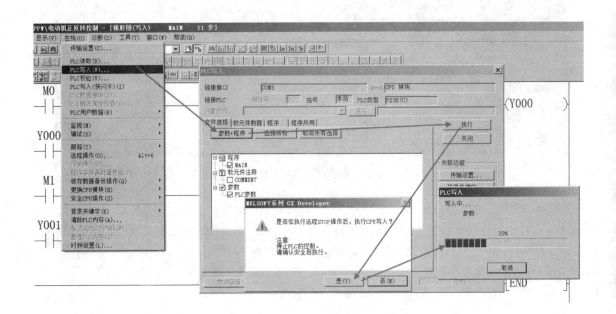

图 15-6　在 GX-Developer 软件中将 PLC 程序传送给 PLC

15.3　用 GT Works 软件组态触摸屏画面工程

15.3.1　创建触摸屏画面工程

创建画面
工程

用 GT-Designer3 软件创建画面工程如图 15-7 所示。在计算机中启动 GT-Designer3 软件（GT Works 的一个组件），在弹出的工程选择对话框中选择"新建"，如图 15-7（a）所示；在"工程新建向导"对话框中，触摸屏（GOT）型号选择"GS系列"，单击"下一步"，如图 15-7（b）所示；触摸屏连接的机器选择三菱 FX 系列，单击"下一步"，如图 15-7（c）所示，触摸屏与 PLC 连接通信的方式选择 RS422/485，单击"下一步"，如图 15-7（d）所示；软件会自动创建一个名称为"无标题"的触摸屏画面工程文件，将其保存并更名为"电动机正反转控制画面 .GTX"，如图 15-7（e）所示。

15.3.2　组态正转、停转和反转按钮开关

正转、停转和反转按钮开关的组态过程见表 15-2。

组态画面

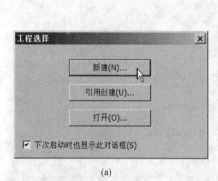

(a)

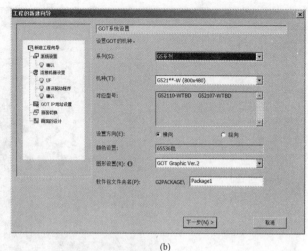

(b)

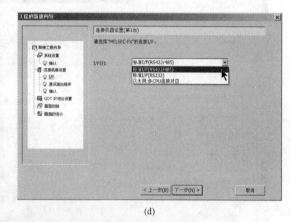

(c)

(d)

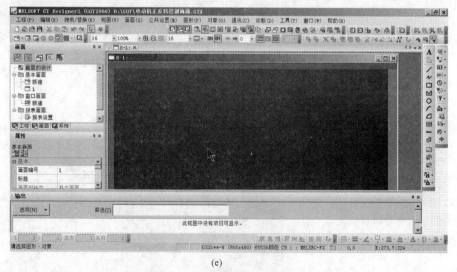

(e)

图 15-7　用 GT-Designer3 软件创建画面工程

（a）选择"新建"；（b）触摸屏（GOT）选择 GS 系列；

（c）触摸屏连接的机器选择三菱 FX 系列；（d）触摸屏与 PLC 连接通信方式选择 RS422/485；

（e）新建了一个"电动机正反转控制画面"画面工程

表 15-2   正转、停转和反转按钮开关的组态过程

序号	操作说明	操作图
1	在 GT 软件右侧单击工具栏"开关"工具旁的小三角，弹出菜单，选择"位开关"，再将鼠标移到画面上，拖出一个位开关对象	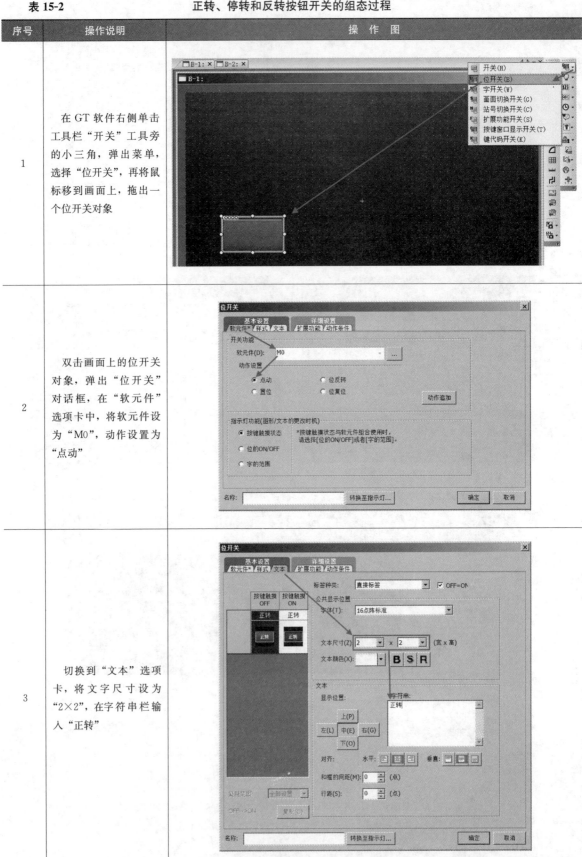
2	双击画面上的位开关对象，弹出"位开关"对话框，在"软元件"选项卡中，将软元件设为"M0"，动作设置为"点动"	
3	切换到"文本"选项卡，将文字尺寸设为"2×2"，在字符串栏输入"正转"	

续表

序号	操作说明	操作图
4	画面上的正转开关组态完成	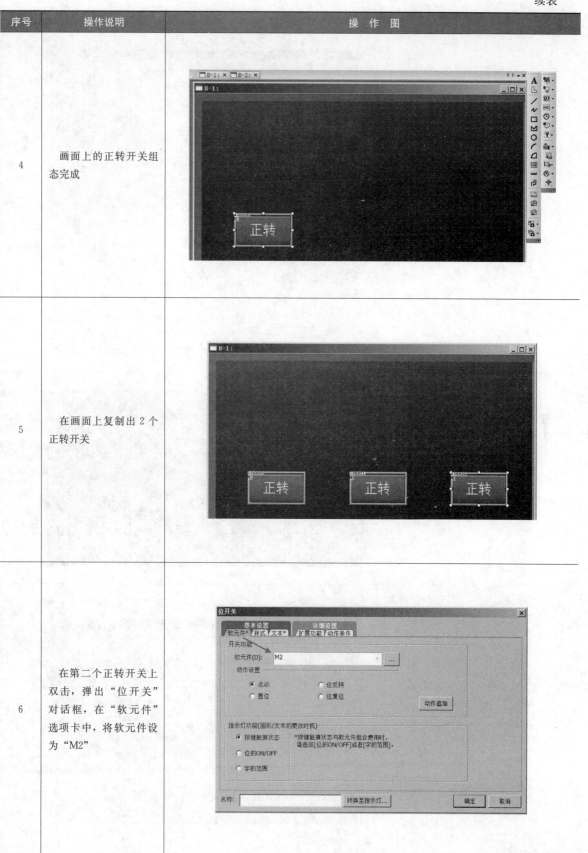
5	在画面上复制出 2 个正转开关	
6	在第二个正转开关上双击，弹出"位开关"对话框，在"软元件"选项卡中，将软元件设为"M2"	

续表

序号	操作说明	操 作 图
7	切换到"文本"选项卡，在字符串栏输入"停转"	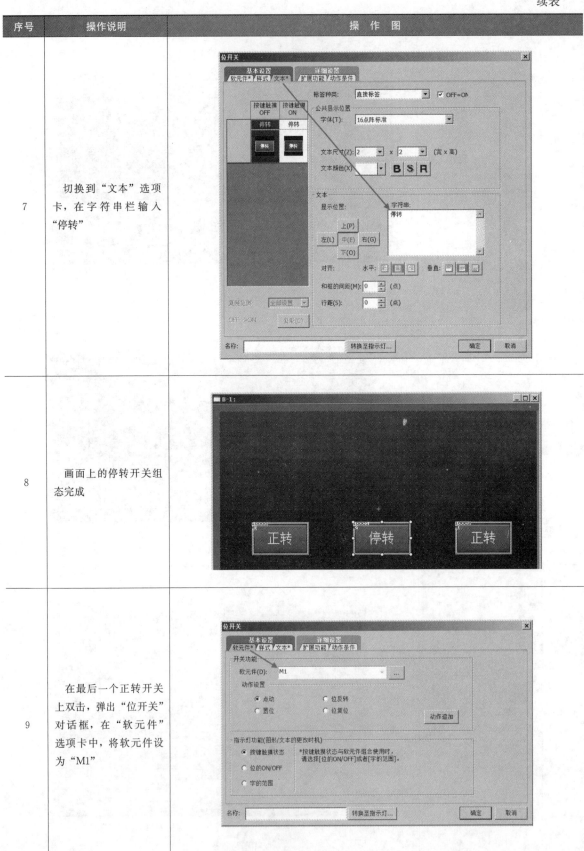
8	画面上的停转开关组态完成	
9	在最后一个正转开关上双击，弹出"位开关"对话框，在"软元件"选项卡中，将软元件设为"M1"	

续表

序号	操作说明	操作图
10	切换到"文本"选项卡，在字符串栏输入"反转"	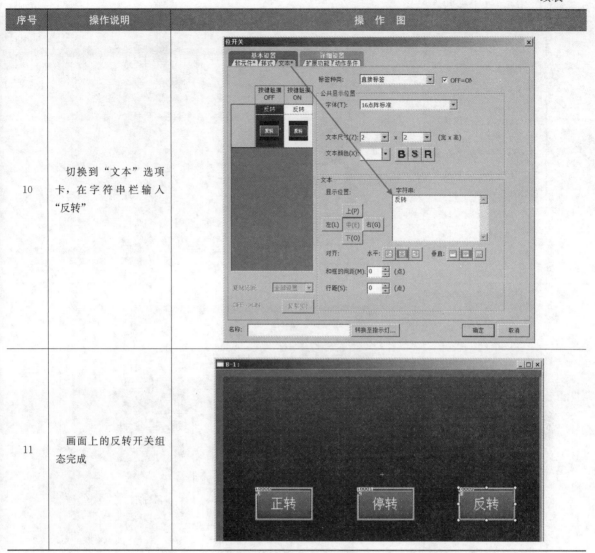
11	画面上的反转开关组态完成	

15.3.3 组态 Y0、Y1 指示灯

在画面上组态"Y0"和"Y1"2个指示灯。指示灯的组态过程见表 15-3。

表 15-3   指示灯的组态过程

序号	操作说明	操作图
1	在 GT 软件右侧单击工具栏的"指示灯"工具旁的小三角，弹出菜单，选择"位指示灯"，再将鼠标移到画面上，拖出一个位指示灯对象	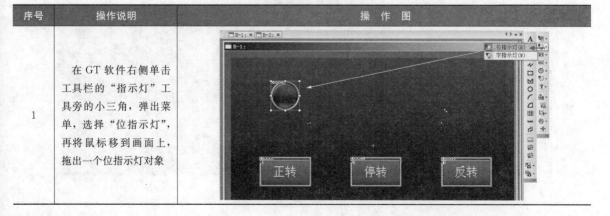

续表

序号	操作说明	操 作 图
2	双击画面上的位指示灯，弹出"位指示灯"对话框，在"软元件/样式"选项卡中，将软元件设为"Y0000"	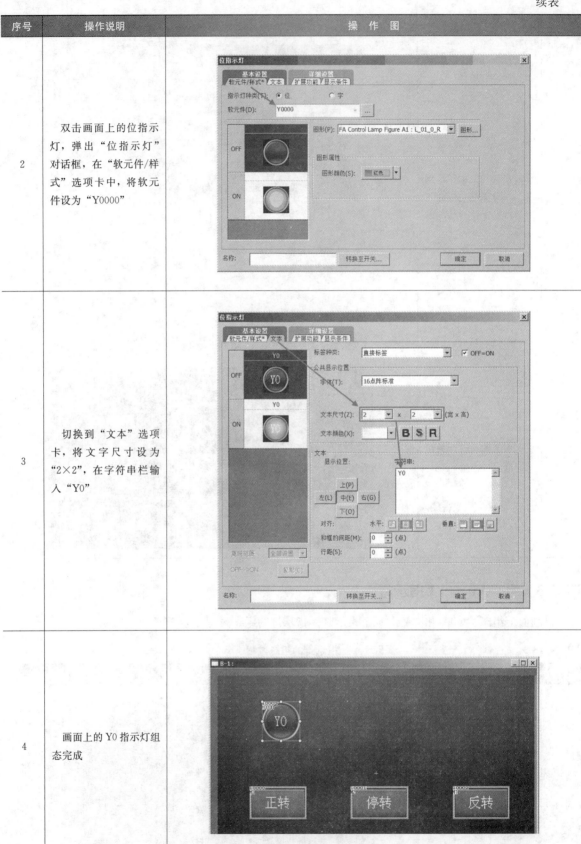
3	切换到"文本"选项卡，将文字尺寸设为"2×2"，在字符串栏输入"Y0"	
4	画面上的Y0指示灯组态完成	

续表

序号	操作说明	操 作 图
5	在画面上复制出一个Y0指示灯	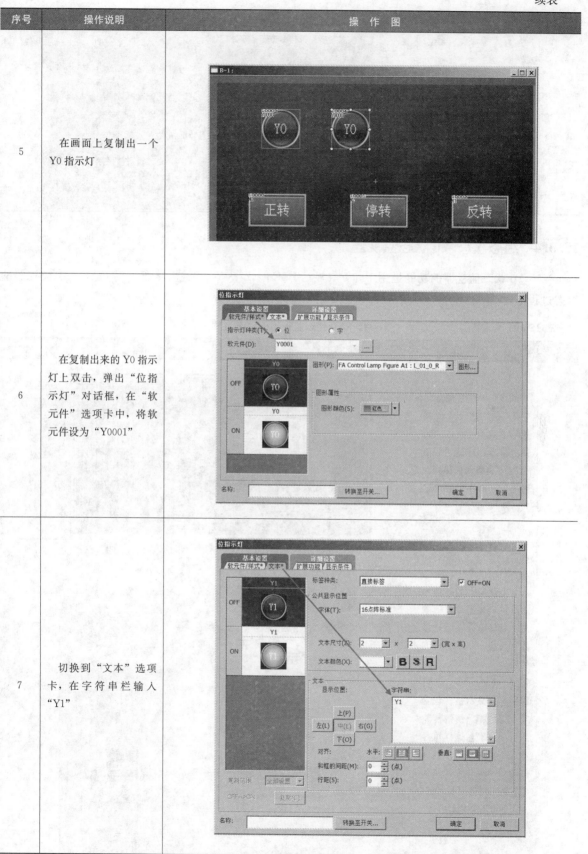
6	在复制出来的Y0指示灯上双击,弹出"位指示灯"对话框,在"软元件"选项卡中,将软元件设为"Y0001"	
7	切换到"文本"选项卡,在字符串栏输入"Y1"	

序号	操作说明	操作图
8	画面上的Y1指示灯组态完成	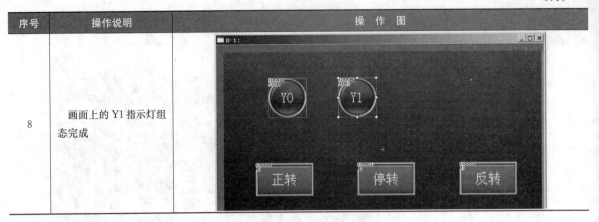

15.3.4 组态 Y7～Y0 状态监视器

Y7～Y0 状态监视器的功能是用1和0来显示 PLC 的 Y7～Y0 端输出状态。Y7～Y0 状态监视器的组态过程见表 15-4。

表 15-4 Y7～Y0 状态监视器的组态过程

序号	操作说明	操作图
1	在 GT 软件右侧单击工具栏的"数值显示/输入"工具旁的小三角，弹出菜单，选择"数值输入"，再将鼠标移到画面上，拖出一个数值输入对象	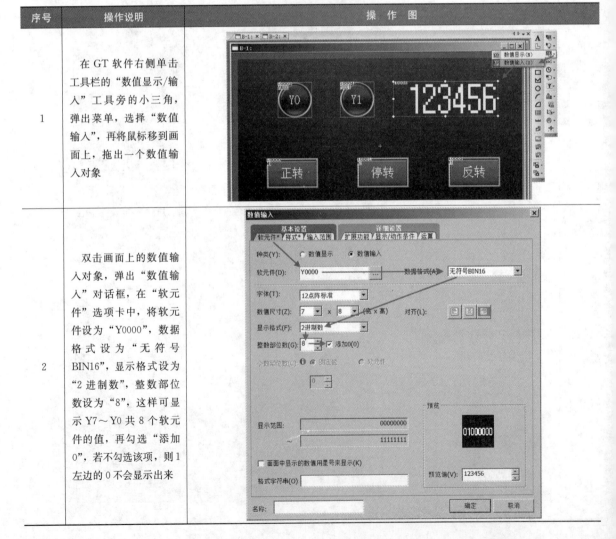
2	双击画面上的数值输入对象，弹出"数值输入"对话框，在"软元件"选项卡中，将软元件设为"Y0000"，数据格式设为"无符号BIN16"，显示格式设为"2进制数"，整数部位数设为"8"，这样可显示Y7～Y0共8个软元件的值，再勾选"添加0"，若不勾选该项，则1左边的0不会显示出来	

续表

序号	操作说明	操作图
3	切换到"样式"选项卡，给数值输入对象设置一个图形样式	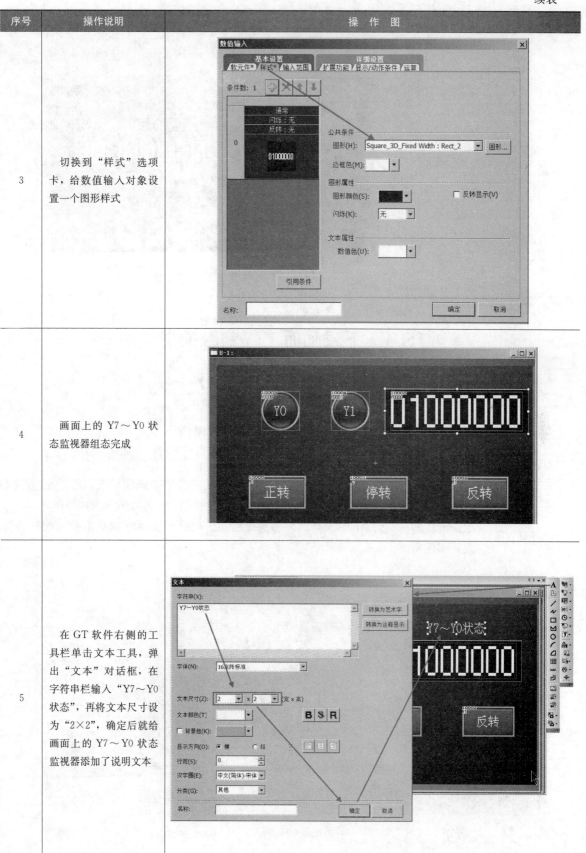
4	画面上的 Y7～Y0 状态监视器组态完成	
5	在 GT 软件右侧的工具栏单击文本工具，弹出"文本"对话框，在字符串栏输入"Y7～Y0状态"，再将文本尺寸设为"2×2"，确定后就给画面上的 Y7～Y0 状态监视器添加了说明文本	

续表

序号	操作说明	操 作 图
6	用文本工具给反转指示灯和正转指示灯添加说明文本	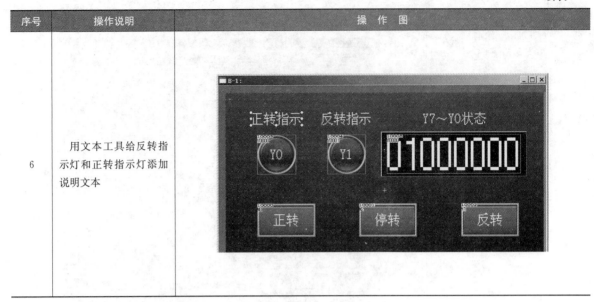

15.4　下载画面工程到触摸屏

若要将 GT-Designer3 软件组态好的画面工程传送给 GS21 触摸屏（人机界面 HMI），可采用 3 种方式：①用 USB 电缆传送；②用网线传送；③用 SD 卡传送。

触摸屏与
计算机的
USB 下载连接

15.4.1　用 USB 电缆下载画面工程到触摸屏

1. 硬件连接

GS21 触摸屏支持用 USB 电缆与计算机通信连接下载画面工程，两者通过 USB 电缆连接如图 15-8 所示，该 USB 电缆与计算机连接的一端为标准的 USB 口，与触摸屏连接的一端为 Mini USB 口。在下载画面工程时，需要用 24V 电源适配器为触摸屏提供电源。

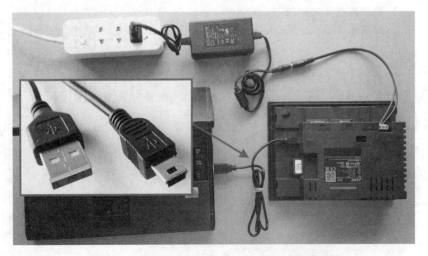

图 15-8　GS21 触摸屏与计算机通过 USB 电缆连接

USB 方式
下载操作

2. 下载画面工程

用 USB 电缆将画面工程传送给 GS21 触摸屏的操作过程见表 15-5。

表 15-5　　　　　用 USB 电缆将画面工程传送给 GS21 触摸屏的操作过程

序号	操作说明	操 作 图
1	在 GT-Designer3 软件中，单击菜单栏上的"通信"，在弹出的菜单选择"写入到 GOT"，也可直接单击工具栏上的 **⮌** 工具，同样会弹出"通信设置"对话框	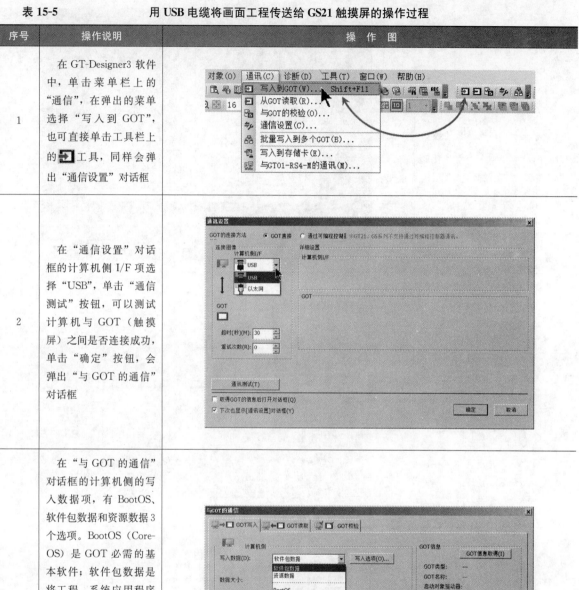
2	在"通信设置"对话框的计算机侧 I/F 项选择"USB"，单击"通信测试"按钮，可以测试计算机与 GOT（触摸屏）之间是否连接成功，单击"确定"按钮，会弹出"与 GOT 的通信"对话框	
3	在"与 GOT 的通信"对话框的计算机侧的写入数据项，有 BootOS、软件包数据和资源数据 3 个选项。BootOS（Core-OS）是 GOT 必需的基本软件；软件包数据是将工程、系统应用程序（基本功能、扩展功能）、通信驱动程序打包在一起的数据集合；资源数据是通过配方功能等收集的数据及通过复制粘贴保存的图像文件等，可以在 GOT 各种功能中使用。 　在对话框的 GOT 侧的写入目标驱动器项，有"A：标准 SD 卡"和"C：内置闪存"2 项	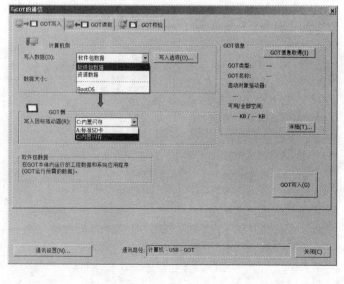

续表

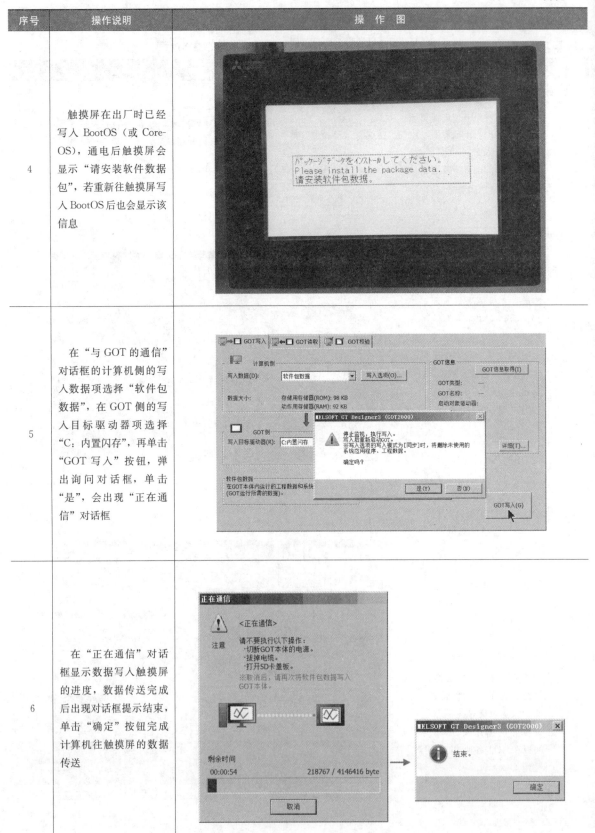

序号	操作说明	操作图
4	触摸屏在出厂时已经写入 BootOS（或 CoreOS），通电后触摸屏会显示"请安装软件数据包"，若重新往触摸屏写入 BootOS 后也会显示该信息	
5	在"与 GOT 的通信"对话框的计算机侧的写入数据项选择"软件包数据"，在 GOT 侧的写入目标驱动器项选择"C：内置闪存"，再单击"GOT 写入"按钮，弹出询问对话框，单击"是"，会出现"正在通信"对话框	
6	在"正在通信"对话框显示数据写入触摸屏的进度，数据传送完成后出现对话框提示结束，单击"确定"按钮完成计算机往触摸屏的数据传送	

序号	操作说明	操作图
7	画面工程传送结束后，触摸屏会重新启动并运行画面工程，屏幕显示组态的画面，由于当前触摸屏未连接 PLC，故屏幕画面不显示反映 PLC 软元件 Y0、Y1 状态的指示灯	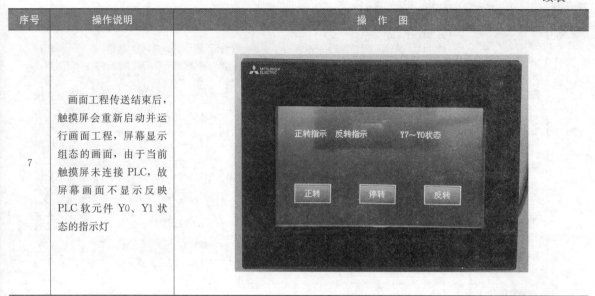

15.4.2 用网线下载画面工程到触摸屏

1. 硬件连接

GS21 触摸屏支持用网线与计算机通信连接下载画面工程，两者通过网线连接如图 15-9 所示，网线一端插入计算机的 RJ-45 口（网线插口），另一端插入触摸屏的 RJ-45 口。在下载画面工程时，需要用 24V 电源适配器为触摸屏提供电源。

触摸屏与计算机的以太网下载连接

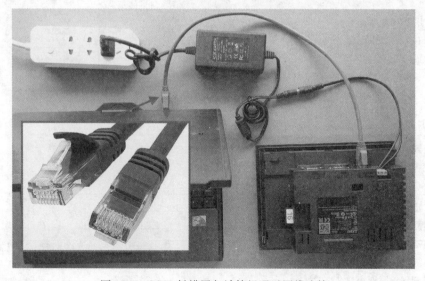

图 15-9　GS21 触摸屏与计算机通过网线连接

以太网方式下载操作

2. 下载画面工程

为了让 GS21 触摸屏能与计算机建立以太网通信连接，除了确保两者硬件连接正常外，还需要为触摸屏安装以太网驱动，并且设置计算机的 IP 地址，使其前三组数与触摸屏相同，第四组不同。用网线将画面工程传送给 GS21 触摸屏的操作过程见表 15-6。

表 15-5   用网线将画面工程传送给 GS21 触摸屏的操作过程

序号	操作说明	操 作 图
1	GS21 触摸屏需含有以太网驱动才能与计算机建立以太网通信连接。 在 GT-Designer3 软件中，单击菜单栏上的"公共设置"，在弹出的菜单选择"I/F 连接一览表"，弹出对话框，在以太网的"CH No"栏选择"9"，这样会将以太网下载驱动打包到软件资源包中	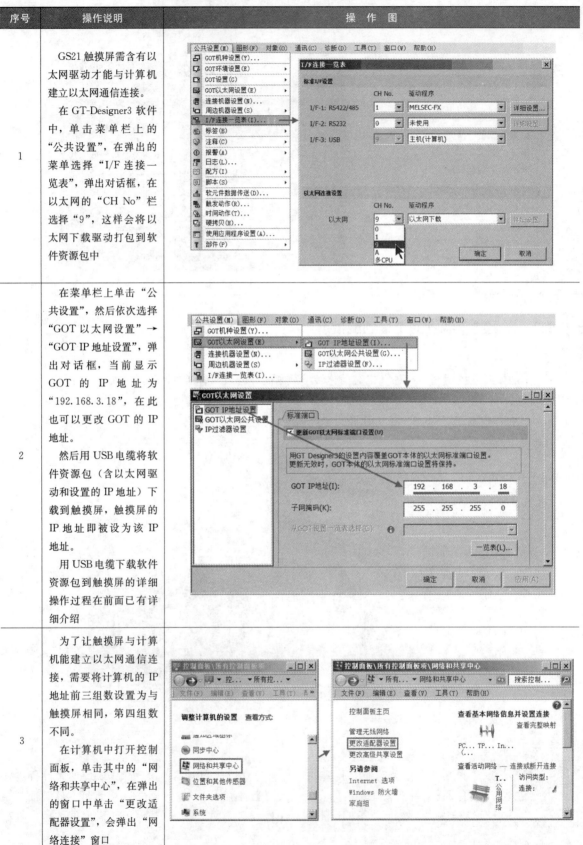
2	在菜单栏上单击"公共设置"，然后依次选择"GOT 以太网设置"→"GOT IP 地址设置"，弹出对话框，当前显示 GOT 的 IP 地址为"192.168.3.18"，在此也可以更改 GOT 的 IP 地址。 然后用 USB 电缆将软件资源包（含以太网驱动和设置的 IP 地址）下载到触摸屏，触摸屏的 IP 地址即被设为该 IP 地址。 用 USB 电缆下载软件资源包到触摸屏的详细操作过程在前面已有详细介绍	
3	为了让触摸屏与计算机能建立以太网通信连接，需要将计算机的 IP 地址前三组数设置为与触摸屏相同，第四组数不同。 在计算机中打开控制面板，单击其中的"网络和共享中心"，在弹出的窗口中单击"更改适配器设置"，会弹出"网络连接"窗口	

序号	操作说明	操作图
4	在网络连接窗口，右击"本地连接"，在弹出的右键菜单中选择"属性"，弹出"本地连接属性"对话框，选择"…（TCP/IPv4）"，单击"属性"按钮，弹出属性对话框，将计算机 IP 地址的前三组数设置成与触摸屏相同（即"192.168.3"），第四组数不同	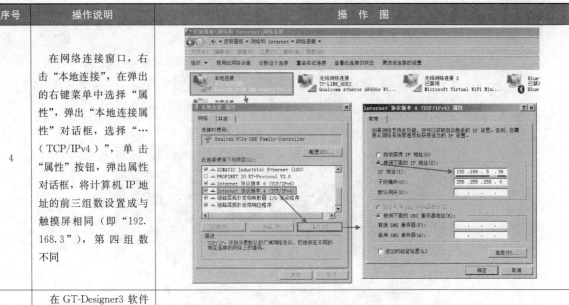
5	在 GT-Designer3 软件的菜单栏上单击"通信"，在弹出的菜单中选择"写入到 GOT"，会弹出"通信设置"对话框，在对话框的计算机侧 I/F 项选择"以太网"，在右边可设置 GOT 的 IP 地址，该地址应设成与触摸屏的 IP 地址相同。 单击"通信测试"按钮，可检测计算机与触摸屏以太网连接是否成功。 单击"确定"按钮，会弹出"与 GOT 的通信"对话框	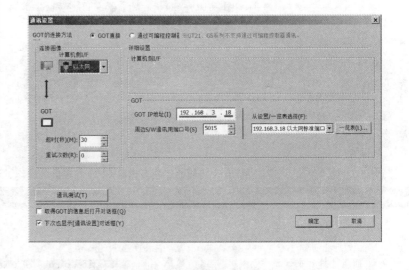
6	在"与 GOT 的通信"对话框中，写入数据栏选择"软件包数据"，写入目标驱动器栏选择"C：内置闪存"，再单击"GOT 写入"按钮，即可将软件包数据通过网线传送给触摸屏。 触摸屏通过以太网通信只能传送软件包数据和资源数据，不能传送 BootOS	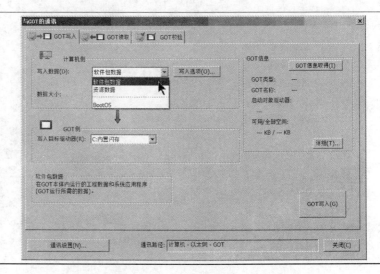

15.4.3　用SD卡下载画面工程到触摸屏

1. SD卡与读卡器

GS21触摸屏除了支持USB电缆和网线下载画面工程外，还可使用SD卡传送画面工程。为了方便往SD卡读写数据，需要用到读卡器，如果无法获得SD卡，也可以用TF卡（手机存储卡）插入SD卡套来代替SD卡。SD卡、读卡器、TF卡和SD卡套如图15-10所示。

图15-10　SD卡、读卡器、TF卡和SD卡套

2. 下载画面工程

用SD卡将画面工程传送给GS21触摸屏的操作过程见表15-7。

画面工程
拷贝到SD卡

SD卡的数据
拷贝到触摸屏

表15-7　　　　　　　　　用SD卡将画面工程传送给GS21触摸屏的操作过程

序号	操作说明	操作图
1	将插入SD卡的读卡器插到计算机的USB接口，在计算机中可查看到读卡器的盘符。 在GT-Designer3软件的菜单栏上单击"通信"，→"写入到存储卡"，弹出"传送到存储卡"对话框，在写入目标存储卡栏选择"I:（要与计算机显示读卡器的盘符相同）"，再单击"存储卡写入"按钮，即将软件包数据写入到SD卡	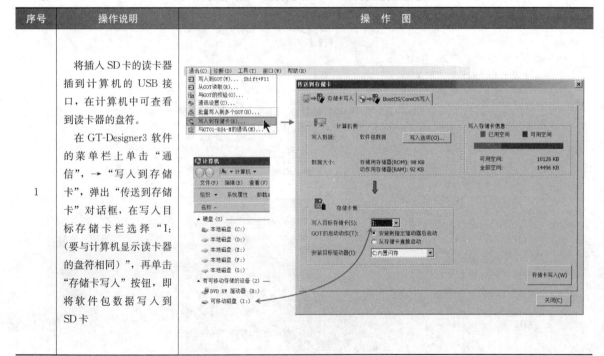

续表

序号	操作说明	操 作 图
2	切断触摸屏的电源，将写入软件数据包（含画面工程）的SD卡插入触摸屏的SD卡插槽	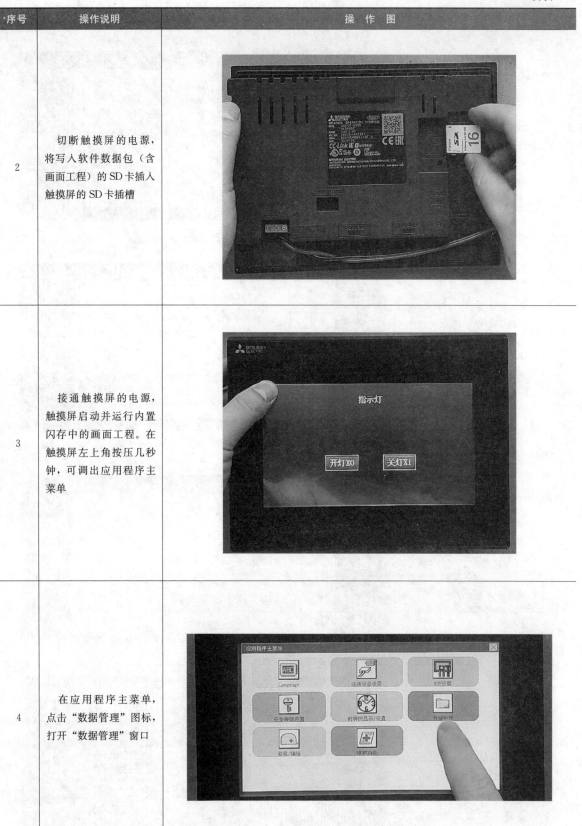
3	接通触摸屏的电源，触摸屏启动并运行内置闪存中的画面工程。在触摸屏左上角按压几秒钟，可调出应用程序主菜单	
4	在应用程序主菜单，点击"数据管理"图标，打开"数据管理"窗口	

续表

序号	操作说明	操作图
5	在"数据管理"窗口，点按"数据复制"图标，打开"数据复制"对话框	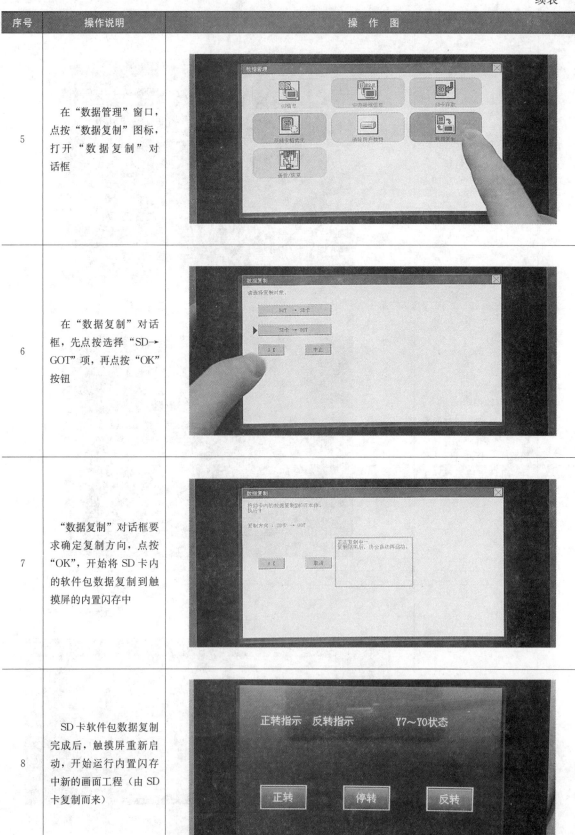
6	在"数据复制"对话框，先点按选择"SD→GOT"项，再点按"OK"按钮	
7	"数据复制"对话框要求确定复制方向，点按"OK"，开始将SD卡内的软件包数据复制到触摸屏的内置闪存中	
8	SD卡软件包数据复制完成后，触摸屏重新启动，开始运行内置闪存中新的画面工程（由SD卡复制而来）	

15.5 触摸屏连接 PLC 的操作与监视测试

触摸屏要操作和监视 PLC，必须两者之间建立通信连接。GS21 触摸屏与 FX3U 型 PLC 连接通信主要有 RS-422/485 通信和 RS-232 通信 2 种通信方式。

15.5.1 三菱触摸屏与 FX 型 PLC 的 RS-422/485 通信连接与设置

三菱触摸屏
与 FX 型 PLC
的 RS422/485
通信连接与设置

1. 硬件连接

三菱 GS21 触摸屏与 FX 型 PLC 可以直接进行 RS-422/485 通信连接，两者使用 RS-422/485 通信电缆（型号 GT01-C10R4-8P）连接，如图 15-11 所示。

2. 通信设置

三菱 GS21 触摸屏要与 FX 型 PLC 建立 RS-422/485 通信连接，触摸屏须含有 RS-422/485 通信驱动，为此在将组态的画面工程下载到触摸屏前，应进行连接机器设置，如图 15-12 所示。在 GT-Designer3 软件中，单击菜单栏上的"公共设置"，在弹出的菜单选择

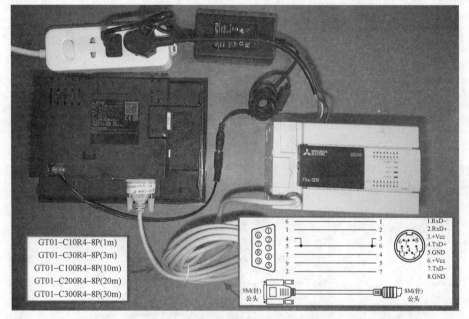

图 15-11　三菱 GS21 触摸屏与 FX 型 PLC 使用 RS-422/485 通信电缆连接

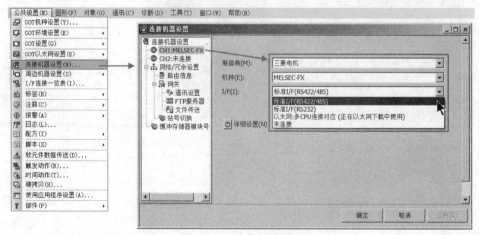

图 15-12　连接机器设置

"连接机器设置"，弹出对话框，在左侧选中"CH1:"，在右边设置触摸屏的连接机器信息，在 I/F 项选择"标准 I/F（RS422/485）"，这样 RS-422/485 通信驱动会与画面工程一起下载到触摸屏。

三菱触摸屏与
FX 型 PLC 的
RS-232 通信
连接与设置

15.5.2　三菱触摸屏与 FX 型 PLC 的 RS-232 通信连接与设置

1. 硬件连接

FX3U 型 PLC 面板上有一个 RS-422 通信口，如果要与触摸屏进行 RS-232 通信连接，应给 PLC 另外安装 RS-232 通信板。图 15-13 所示为 FX3U 型 PLC 使用的 FX3U-232-BD 通信板及安装。安装时先拆下 PLC 左侧保护板，再将通信板安装到 PLC 上。

FX3U 型 PLC 安装 FX3U-232-BD 通信板后，就可以使用 RS-232 通信电缆（型号为 GT01-C30R2-9S）与 GS21 触摸屏进行 RS-232 通信通信接。三菱 GS21 触摸屏与 FX 型 PLC 使用 RS-232 通信电缆连接如图 15-14 所示。

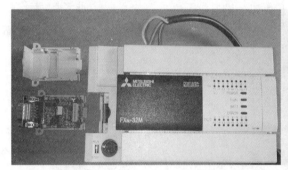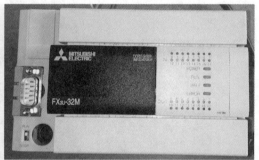

图 15-13　FX3U-232-BD 通信板及安装

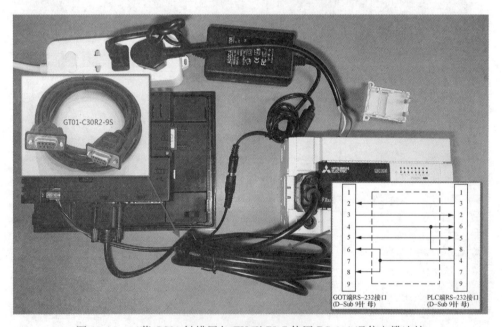

图 15-14　三菱 GS21 触摸屏与 FX 型 PLC 使用 RS-232 通信电缆连接

2. 通信设置

三菱 GS21 触摸屏要与 FX3U 型 PLC 建立 RS-232 通信连接，触摸屏须含有 RS-232 通信驱动，为此在将组态的画面工程下载到触摸屏前，应进行连接机器设置，如图 15-15 所示。在 GT-Designer3 软件中，单击菜单栏上的"公共设置"，在弹出的菜单选择"连接机器设置"，弹出"连接机器设置"对话框，在左侧选中"CH1："，在右边设置触摸屏的连接机器信息，在 I/F 项选择"标准 I/F（RS-232）"，这样 RS-232 通信驱动会与画面工程一起下载到触摸屏。

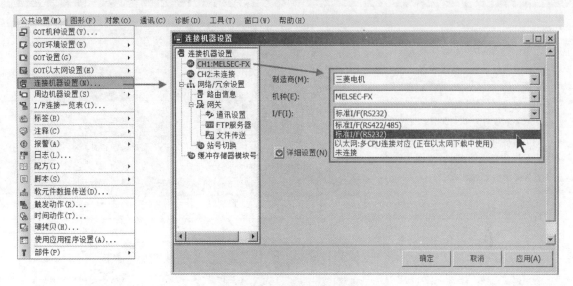

图 15-15　连接机器设置

15.5.3　三菱触摸屏连接 PLC 进行电动机正反转操作与监视测试

三菱触摸屏连接 PLC 控制电动机正反转操作与监视测试说明

如果触摸屏下载了画面工程，PLC 下载了与画面工程相关的 PLC 程序，那么就可以将触摸屏和 PLC 连接起来进行通信，这样操作触摸屏画面上的对象（比如按钮）时，就能改变 PLC 内部对应软元件的值，PLC 程序运行后会从指定的端子输出控制信号，相应的输出指示灯会点亮。

实际操作演示

三菱 GS21 触摸屏连接 FX3U 型 PLC 进行电动机正反转操作与监视测试过程见表 15-8。为了方便讲解，PLC 输出端子并没有接正转和反转接触器，而是通过观察 PLC 正转和反转输出端子的指示灯是否点亮来判断 PLC 有无输出正转和反转控制信号。

表 15-8　　　　三菱触摸屏连接 PLC 进行电动机正反转操作与监视的测试过程

序号	操作说明	操作图
1	按下电源开关，220V 交流电压一路直接提供给 PLC 作为电源，另一路经 24V 电源适配器转换成 24V 直流电压提供给触摸屏作为电源，触摸屏通电后出现启动画面	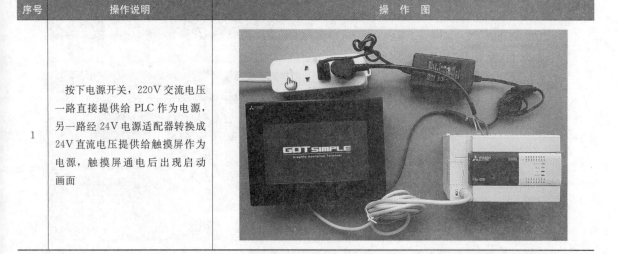

续表

序号	操作说明	操作图
2	触摸屏进入操作和监视画面后，画面上的监视器（数值输入/显示对象）显示"00000000"，表示PLC的8个输出继电器Y007～Y000状态均为0，Y007～Y000输出指示灯均不亮。若触摸屏与PLC未建立通信连接，画面上的监视器不会显示出来	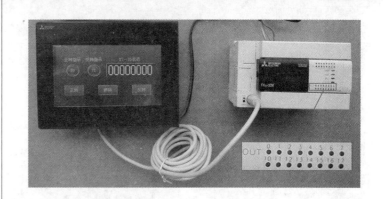
3	点按"正转"按钮，上方的正转指示灯变亮，监视器显示值为"00000001"，说明PLC输出继电器Y000状态为1，同时PLC的Y000输出指示灯变亮，表示Y000端子内部硬触点闭合	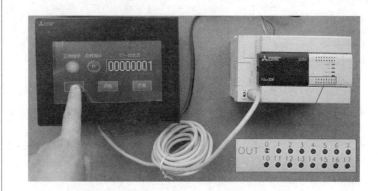
4	点按"停转"按钮，上方的正转指示灯熄灭，监视器显示值为"00000000"，说明PLC输出继电器Y000状态变为0，同时PLC的Y000输出指示灯熄灭，表示Y000端子内部硬触点断开	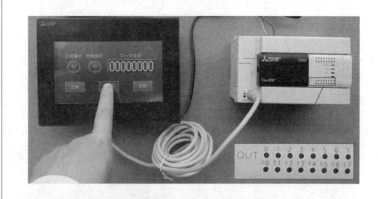
5	点按"反转"按钮，上方的反转指示灯变亮，监视器显示值为"00000010"，说明PLC输出继电器Y001状态为1，同时PLC的Y001输出指示灯变亮，表示Y001端子内部硬触点闭合	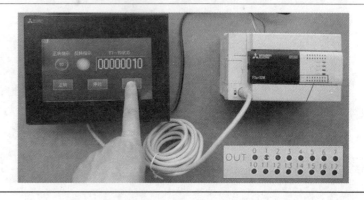

续表

序号	操作说明	操作图
6	点按"停转"按钮，上方的反转指示灯熄灭，监视器显示值为"00000000"，说明 PLC 输出继电器 Y001 状态变为 0，同时 PLC 的 Y001 输出指示灯熄灭，表示 Y001 端子内部硬触点断开	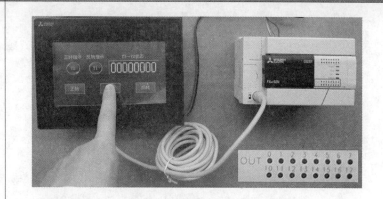
7	用手指在画面的监视器上点按，弹出屏幕键盘，输入"00001111"，再点按 ENT 键，即将该值输入给监视器	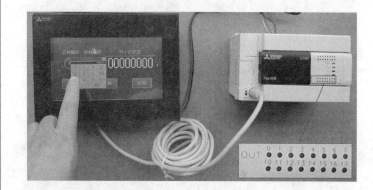
8	在监视器输入"00001111"后，通过通信使 PLC 的输出继电器 Y003～Y000 状态值均置 1，PLC 的 Y003～Y000 端子指示灯均变亮，由于 Y001、Y000 状态为 1，故画面上的正转和反转指示灯都变亮	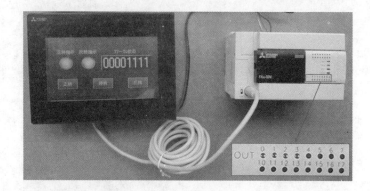
9	点按"停转"按钮，正转和反转指示灯都熄灭，监视器的显示值变为"00001100"，PLC 的 Y001、Y000 输出指示灯熄灭，说明停转按钮只能改变 Y001、Y000 输出继电器的状态	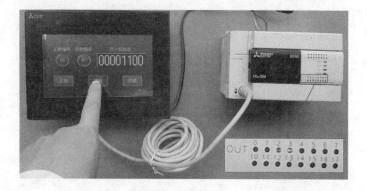